Einzelfallanalyse

Herausgegeben
von
Universitätsprofessor
Dr. Franz Petermann

3., verbesserte Auflage

R. Oldenbourg Verlag München Wien

Die Deutsche Bibliothek - CIP-Einheitsaufnahme

Einzelfallanalyse / hrsg. von Franz Petermann. - 3., verb. Aufl.
- München ; Wien : Oldenbourg, 1996

ISBN 3-486-23526-5
NE: Petermann, Franz [Hrsg.]

© 1996 R. Oldenbourg Verlag GmbH, München

Gesamtherstellung: R. Oldenbourg Graphische Betriebe GmbH, München

ISBN 3-486-23526-5

Inhaltsverzeichnis

Vorwort zur dritten Auflage

Die Diskussion um den Stellenwert der Einzelfallanalyse als methodischer Zugang setzte verstärkt Mitte der 70er Jahre in den Sozialwissenschaften ein und wurde vor allem von der Klinischen Psychologie und Medizin aufgegriffen. Sehr intensiv beschäftigte man sich in diesem Kontext mit Problemen der Versuchsplanung und Datenauswertung. Häufig standen dabei Forschungsergebnisse aus der Verhaltensmodifikation bzw. Verhaltensmedizin im Mittelpunkt des Interesses. Als zentrales statistisches Auswertungsverfahren wird immer noch und wieder die Zeitreihenanalyse diskutiert. – So betrachtet hat sich der Problemstand seit dem ersten Erscheinen des vorliegenden Buches nicht grundlegend verändert! Dies veranlaßte mich, einige Beiträge unverändert in dieses Buch zu übernehmen, obwohl sie vor über fünfzehn Jahren verfaßt wurden.

Die Bedeutung der Einzelfallanalyse läßt sich in verschiedener Weise belegen. In der Klinischen Psychologie und Medizin wird sie dazu herangezogen, diagnostische und therapeutische Entscheidungen zu begründen und zu optimieren. Die in diesen Disziplinen vorhandene fallbezogene Denkweise, die Ableitung von Einzelfallannahmen und das Interesse an Verlaufsstrukturaussagen, verhalf der Einzelfallanalyse zu einer großen Popularität; diese hält auch heute noch unvermindert an.

Die statistischen Auswertungsverfahren für Einzelfallstudien nahmen in den letzten Jahren wieder an Bedeutung zu und werden in dem vorliegenden Lehrbuch vertieft. Eine besondere Stellung nimmt die Zeitreihenanalyse ein, die sich als angemessenes – wenn auch komplexes – Auswertungsverfahren durchgesetzt hat. Die in diesem Kontext erstellbaren Transferfunktionsmodelle können theoriegeleitet spezifizierte Hypothesen zu Verlaufsformen und Interventionseffekten prüfen. Eine solche Präzisierung von Veränderungsaussagen ist eine wichtige Vorbedingung für neue Erkenntnisse im Bereich der Einzelfallforschung.

Ich hoffe, daß die Leser des vorliegenden Sammelbandes Anregungen zur Planung und Durchführung von Einzelfallanalysen gewinnen; auf diesem Wege kann die jetzt 20jährige empirisch-statistische Tradition fortgeführt werden.

Franz Petermann

Einzelfallanalyse – Definitionen, Ziele und Entwicklungslinien

Franz Petermann

1. Definitionen und Ziele der Einzelfallanalyse

Heute existiert eine große Anzahl von Begriffen, mit denen Ansätze der Einzelfallanalyse umschrieben werden. So spricht man häufig in diesem Kontext von N=1-Ansatz, Einzelfallexperiment, kontrollierter Fallstudie, Fallbeschreibung, Einzelfalldiagnostik, intensiver Forschungsstrategie, Fallbeobachtung, qualitativer und quantitativer Einzelfallforschung, intrapersonaler Einzelfallanalyse, systemtheoretischer Einzelfallprozeßforschung und verlaufsstrukturorientierter Einzelfalldiagnostik (*Guthke*, 1982; *Huber*, 1988; *Kazdin*, 1982; *Petermann*, 1981; *Schmitz*, 1987). Durch die Begriffswahl sollen offensichtlich bestimmte Ziele der Einzelfallanalyse besonders betont werden; da in allen Human- und Sozialwissenschaften Einzelfallanalysen teilweise mit unterschiedlichen Intentionen aufgegriffen werden, ist es sinnvoll, einige Definitionen der Zieldiskussion voranzustellen.

Binneberg (1979, S. 397) kennzeichnet den Einzelfallansatz (die Kasuistik) als die „Kunst eine *Fallbeobachtung* in eine *Falldarstellung* zu überführen und mit einer *Fallanalyse* zu verbinden". Der Autor sieht darin „ein ursprüngliches Stück Pädagogik", das „historisch und systematisch gesehen, Prinzip, Anfang, Ursprung jeder pädagogischen Theorie" ist.

Für die Psychiatrie unterstreicht *Tölle* (1987, S. 39) die zunehmende Bedeutung der Einzelfallanalyse und definiert den Ansatz wie folgt: „Bei der sogenannten *N=1-Forschung* wird der Proband selbst zur Kontrollperson, indem die Untersuchungsdaten intraindividuell aufeinander bezogen werden... Beispiele sind Untersuchungen psychopathologischer oder psychophysiologischer Parameter während der Krankheit, dann im gesunden Zustand bzw. im Intervall vor einer Wiedererkrankung". Ebenfalls für den Bereich der Psychotherapie- oder Psychiatrie-Forschung definiert *Fichter* (in diesem Buch) das *kontrollierte Fallexperiment* „als ein planmäßiges und replizierbares Verfahren, bei dem durch systematische Variation der unabhängigen Variablen (Intervention) und Konstanthaltung anderer Bedingungen die Veränderung der abhängigen Variablen über zahlreiche Meßzeitpunkte registriert wird".

Aus dem Blickwinkel des Forschungsmethodikers beschreibt *Krauth* (1986, S. 18) die Absichten der Einzelfallanalyse in vierfacher Weise. So dient die Einzelfallanalyse dazu

(1) individuelles Verhalten einer Person im Zeitverlauf zu beobachten und zu beschreiben,

(2) die zeitliche Abhängigkeitsstruktur der Beobachtungen zu analysieren, um Rückschlüsse auf die Struktur des zugrunde liegenden Prozesses ziehen zu können,

(3) einen psychologischen Prozeß kontrollieren zu wollen und

(4) die Wirkung einer Intervention auf einen Prozeß zu untersuchen, um gezielte Vorhersagen treffen zu können.

Eine weitaus differenziertere Sicht, die sich allerdings auf den Einsatz der Zeitreihenanalyse in der Einzelfallforschung bezieht, nimmt *Schmitz* (1987, S. 29ff) ein. Er unterscheidet vier Indikationsbereiche der Einzelfallanalyse:

- Analyse *einer* Prozeßvariablen (z.B. die Stimmungskurve einer Person),
- Analyse *mehrerer* Systemkomponenten (= Zusammenwirken mehrerer Variablen bei einer Person oder mehreren Personen),
- *differentielle* Prozeßanalysen (= Vergleich von Verlaufscharakteristika unterschiedlicher Personen oder Variablen) und
- *Interventions*analyse (= Außeneinwirkungen auf die Variablen eines Systems, z.B. Therapieeinfluß auf Patienten, Tagesereignisse auf Stimmungen).

Diese Hinweise decken sich mit meiner Definition von Einzelfalldiagnostik (*Petermann*, 1982, S. 24), wonach das Ziel darin besteht, „Gesetzmäßigkeiten bei psychischen und sozialen Prozessen zu beschreiben und vorherzusagen"; es wird zudem gefordert, die Verlaufsinformation mit Hilfe von statistischen Verfahren zu integrieren. Die Einzelfalldiagnostik dient dabei der Indikationsstellung, der Verlaufsabbildung und der differentiellen Indikationsstellung. Der methodische Zugang hängt im wesentlichen von der Fragestellung, der erwarteten Dichte der Verhaltens- und Ereignisfolge sowie der Trennbarkeit der Ereignisse im Erlebnis- und Verhaltensstrom ab (S. 19).

Nach *Lohaus* (1983) soll mit Hilfe der Einzelfallanalyse auf vernachlässigte Phänomene in der psychologischen Forschung aufmerksam gemacht werden; daraus lassen sich Hypothesengerüste für die weitere Forschung gewinnen. Bei manchen Fragestellungen wäre damit die Einzelfallanalyse die Vorstufe zu einer Gruppenanalyse. So würde man sich in einem ersten Schritt der intraindividuellen und in einem zweiten der interindividuellen Variation zuwenden.

Eine differenzierte Klassifikation der Ziele der Einzelfallanalyse diskutiert *Kratochwill* (1986). Er schlägt eine Unterscheidung in

- nicht-therapeutische Fallstudien,
- diagnostische Fallanalysen und
- einzelfallorientierte Interventionsstudien

vor. In die erste Rubrik fallen nicht-klinische Fragestellungen, die auf biographisches oder autobiographisches Material zurückgreifen (z.B. Baby-Biographien) und eine Entwicklung beschreiben. Solche Studien findet man häufig in der Entwicklungs- und Pädagogischen Psychologie. *Diagnostische Fallanalysen* beschäftigen sich mit verschiedenen psychometrischen Instrumenten zur Diagnostik und Beschreibung von Kognitionen oder Sozialverhalten. *Einzelfallorientierte Interventionsstudien* sollen klinische Phänomene beschreiben oder durch die Behandlung hervorgerufene Veränderungen differenziert erfassen.

Die vorangestellten Definitionen und Zielvorgaben stellen einen repräsentativen Querschnitt der aktuellen Diskussion dar und verdeutlichen das zentrale Problem: Zu viele Definitionen bzw. Vorgaben fließen in implizite Annahmen der Untersucher bzw. Autoren ein, die häufig zu eng auf den Bereich klinischer Interventionsstudien bezogen sind. Ich möchte aus diesem Grund abschließend einen allgemeiner gehaltenen Definitionsversuch vorstellen, der auf verschiedene Anwendungsgebiete übertragbar ist. Danach kann das Anliegen der Einzelfallanalyse durch drei Bestandteile definiert werden:

(1) Die Einzelfallanalyse geht von einer Betrachtung einer einzelnen Untersuchungseinheit aus, wobei diese im konkreten Fall aus einer Einzelperson, einer (homogenen) Gruppe, einer komplexeren Sozialstruktur, einer Gesellschaft oder Kultur bestehen kann.

(2) Ein sinnvoller Einsatz der Einzelfallanalyse liegt vor, wenn die Fragestellung sich auf die Untersuchungseinheit als Ganzes und nicht auf Untereinheiten bezieht. So interessiert z.b. bei der Analyse der Gruppenatmosphäre das Verhalten der Gruppe als nicht mehr teilbare Einheit und nicht das Verhalten eines einzelnen Gruppenmitgliedes oder aller Einzelpersonen der Gruppe. Die Untersuchungseinheit der Einzelfallanalyse wäre in diesem Fall damit das Verhalten als Ganzes.

(3) Die Untersuchungseinheit kann (a) hinsichtlich ihrer natürlicherweise innewohnenden, also nicht experimentell induzierten, Stabilität oder Variabilität (z.B. im Hinblick auf die Eigendynamik von Stimmungen) oder (b) bezüglich ihrer Veränderbarkeit durch das Einwirken einer unabhängigen Variablen, wie sie z.B. durch eine engumgrenzte Intervention gegeben ist, untersucht werden. – Zur Unterscheidung soll im Fall a von einer deskriptiven Einzelfallanalyse und im Fall b von einer explikativen gesprochen werden.

Die drei Bestandteile der Definition stellen ein Minimalkonzept dar, das konkretisiert werden muß. Eine Möglichkeit der Präzisierung ergibt sich aus der Diskussion der genannten Untersuchungseinheiten:

(a) Die Untersuchungseinheit = eine Person

Unter diese Rubrik fallen nahezu alle Untersuchungen aus dem Bereich der Verhaltenstherapieforschung oder psychiatrischen Forschung. Prinzipiell können jedoch auch andere Probleme analysiert werden, wie z.B. die Längsschnittbetrachtung von Entwicklungsverläufen, die intraindividuelle Variabilität von Einstellungsstrukturen oder die Darstellung von Lernwegen. Es ist davon auszugehen, daß unter diese Rubrik zur Zeit die meisten durchgeführten Einzelfallanalysen in der Psychologie fallen.

(b) Die Untersuchungseinheit = eine (homogene) Gruppe

Zieht man als Untersuchungseinheit eine Gruppe heran, so muß man zur Beschreibung von Veränderungen des Gruppengeschehens Maße heranziehen, die für die Gruppe als Ganzes repräsentativ sind. Auf diesem Hintergrund gesehen brauchen Maße zur Kennzeichnung des individuellen, subjektiven Wohlbefindens für die Betrachtung unter dieser Rubrik nicht aussagekräftig zu sein. Sehr viel angemessener erscheinen in vielen Fällen Kennwerte der Gruppenatmosphäre oder der Gruppenleistung, die das Verhalten der Gruppe als Ganzes abbilden (z.B. die Menge der gelösten Testaufgaben in einem Versuch, Maße für die Kommunikations- und Interaktionsfähigkeit (-häufigkeit), die Kohäsion einer Gruppe, das allgemeine, gruppenspezifische Wohlbefinden u.a. in der Gruppenpsychotherapie). In diesem Zusammenhang ließen sich Führungsmodelle prüfen, wobei man die Determinanten der Effektivität von Gruppen, situative Faktoren und die Stellung des Gruppenführers (Führungsstile) miteinander in Beziehung setzen könnte.

Als praktische Anwendungsbeispiele kann man weiterhin nennen: die Analyse des Verhaltens von Banden und Cliquen; die Beschreibung der Auswirkung eines bestimmten Führungsstils im Hinblick auf die Arbeitsleistung und die Gruppenatmosphäre; Benennung von Faktoren bei der Neubildung und dem Zerfall einer Gruppe; Auswirkung der Veränderung des Führungsstils in einer Gruppe; Analyse des Verhaltens einer Schulklasse vor und nach der Änderung von Faktoren der physikalischen Umwelt im Klassenzimmer. Solche Studien können sozialpsychologische Fragestellungen, wie die nach der Bedeutung von Gruppenprozessen beantworten, da auf diese Weise eine angemessene Untersuchungseinheit gewählt wird.

(c) Die Untersuchungseinheit = eine komplexere Sozialstruktur

Durch Ansätze, die unter Punkt c fallen, ist es möglich, die Sozialstruktur und deren sich änderndes Bedingungsgefüge über längere Zeiträume zu analysieren. Zur Verdeutlichung ließe sich folgendes Beispiel anführen: Im Rahmen einer ökopsychologischen Fragestellung soll untersucht werden, in welcher Weise sich das soziale Bedingungsgefüge aufgrund des Aus- und Einzuges von Studenten in einem großen Studentenwohnheim über ein Semester verändert; als wichtige Aspekte werden dabei die Sozialstruktur des gesamten Wohnheimes und die der einzelnen Wohneinheiten (z.B. Stockwerke) und die Wechselwirkung zwischen den Wohneinheiten betrachtet.

(d) Die Untersuchungseinheit = eine Gesellschaft oder Kultur

Unter diese Rubrik fallen vor allem kulturanthropologische, ethnologische und epidemiologische Studien, die bislang für den Wissensstand der Psychologie von geringem Interesse waren. Prinzipiell könnte man sich jedoch (auch) Anwendungsbeispiele in der Sozialpsychologie (z.b. die Untersuchung der Veränderungen von sozialpsychologischen Aspekten im „Brauchtum") und Klinischen Psychologie (z.b. die Untersuchung der Schichtabhängigkeit von psychiatrischen Diagnosen; die Bestimmung der Anteile von Neurosen und Psychosen und deren Entstehungsgeschichte in verschiedenen sozialen Schichten) vorstellen.

2. Einzelfall- und Gruppenanalyse

Die Angemessenheit einer Einzelfallanalyse läßt sich oft erst im Vergleich zum Gruppenansatz feststellen. Als Gruppenanalyse werden alle herkömmlichen Studien mit größeren Stichproben und wenigen Meßwiederholungen ver-

Tabelle 1. Gegenüberstellung von Einzelfall- und Gruppenanalyse.

BEURTEILUNGS-KRITERIEN	EINZELFALLANALYSE	GRUPPENANALYSE
Stichprobengröße	kleine Stichprobe (N=1)	große Stichprobe
Meßwiederholungen	beliebige	sehr wenige (2-3)
Meßfehlerkontrolle über die Zeit	möglich	über längere Zeitabschnitte nicht möglich
Stichprobeneffekte und Generalisierung der Ergebnisse	nach Replikation möglich	nach Kreuzvalidierung möglich
Handlungsfreiraum der Versuchsperson; Feldnähe des Ansatzes	feldnahe und geschehensnahe Forschung	laborexperiment., feldferne und geschehensferne Forschung (kaum komplexe Treatments möglich)
Aussagekraft und Interpretierbarkeit	Optimierung durch Replikation	Optimierung durch Kreuzvalidierung
Aufwand für die Datenerhebung	viele Erhebungszeitpunkte (Registrierung aufwendig)	viele Personen (in Einzelversuchen aufwendig; Gruppenversuche weniger aufwendig)
Verfälschung durch weitere Störfaktoren	Reduktion des Bedingungsgefüges macht Fehlerkontrolle möglich	komplexes Bedingungsgefüge erschwert die Fehlerkontrolle

standen. Die schon vor zehn Jahren eingeführten sogenannten „Klein-N-Studien" (= Studien an vier bis maximal zehn Personen; vgl. *Robinson & Forster*, 1979) werden im folgenden ausgeklammert, da sie konzeptuell eher der Einzelfallanalyse zuzurechnen sind. Als Beurteilungskriterien kann man verschiedene Hinweise auf die Validität empirischen Arbeitens heranziehen (vgl. *Kazdin*, 1982 und Tab. 1). Auf dem Hintergrund dieser methodischen Merkmale kann die Einzel- und Gruppenanalyse charakterisiert werden.

Charakterisierung der Einzelfallanalyse

Soll die Einzelfallanalyse in erster Linie beschreibenden Charakter besitzen und nur Interesse an einem bestimmten „Fall" bestehen, dann genügt eine Stichprobe von einer einzigen Person. Geht man von einigen Fällen aus, dann hält man sich von Anfang an die Möglichkeit offen, die einzelnen Einzelfallbefunde wechselseitig zu replizieren. Das letztgenannte Vorgehen sollte nach Möglichkeit gewählt werden.

Aufgrund der geringen Stichprobengröße sind aus technisch-organisatorischen Gründen beliebige Meßwiederholungen möglich, die wie erwähnt, eine gute Meßfehlerkontrolle über die Zeit gewähren. Eine Generalisierung der Ergebnisse ist anhand von Replikationsstudien, d.h. durch die Wiederholung von Einzelfallanalysen unter variierten Bedingungen, zulässig. Durch die wenigen Vorannahmen hinsichtlich der Stichprobenbeschaffenheit (Homogenität der Stichprobe hinsichtlich eines Zielverhaltens) ist eine feldnahe und geschehensnahe Forschung möglich, deren Ergebnisse im Hinblick auf ihre Aussagekraft und Interpretierbarkeit durch Replikationen untermauert werden. Es ist jedoch zu bedenken, daß sich bei der Zunahme der Komplexität der untersuchten Fragestellungen die Möglichkeiten der Replikation verringern, da immer mehr Aspekte bei einer Replikationsstudie beachtet und im Hinblick auf die zu replizierende Studie „vergleichbar" sein müssen. Eine Replikation unter der Konstanthaltung und systematischen Registrierung einer sehr großen Anzahl von Merkmalen ist sicherlich genauso schwierig wie eine Kreuzvalidierung von Ergebnissen aus komplexen Gruppenstudien.

Charakterisierung der Gruppenanalyse

Die Gruppenanalyse mit wiederholten Messungen geht von großen Stichproben aus, die zu wenigen Zeitpunkten (2 oder 3) betrachtet werden. Eine Analyse zu wenigen Zeitpunkten ergibt sich im wesentlichen aus der Tatsache, daß es aus technisch-organisatorischen Gründen nicht möglich ist, größere Zeitstichproben zu erheben. Die geringe Anzahl der Messungen impliziert, daß keine ausreichende Meßfehlerkontrolle über längere Zeitabschnitte möglich ist.

Konkreter formuliert: Bei wenigen Meßwiederholungen treten besonders deutlich die Auswirkungen des sogenannten „statistischen Regressionseffektes" hervor (vgl. Petermann, 1978). Werden jedoch viele Messungen durchgeführt, dann ist der Regressionseffekt bestimm- und korrigierbar.

Zieht man die Handlungsfreiheit der Versuchsperson in der experimentellen Situation selbst als Bewertungskriterium heran, so sind Gruppenanalysen, sofern sie als Laborexperimente geplant und durchgeführt werden, als feld- und geschehensferne Forschungsansätze zu bezeichnen. Weiterhin dürfte dies zur Folge haben, daß zumindest laborexperimentelle Ansätze aufgrund der Restriktionen der Erhebungssituation keine komplexen Treatments abbilden können.

Die Aussagekraft der Ergebnisse und damit deren Interpretierbarkeit ist erst nach der Durchführung von Kreuzvalidierungen möglich. Möchte man den Aufwand für die Datenerhebung benennen, so muß die Gruppenanalyse, sofern die Daten in Einzelversuchen erhoben werden müssen, als aufwendig bezeichnet werden. Können hingegen Gruppenversuche zur Datenerhebung herangezogen werden, ist der Aufwand weniger groß.

3. Entwicklungslinien der Einzelfallanalyse

Obwohl wir seit dem Zeitpunkt, zu dem die Psychologie eine eigenständige Disziplin wurde, Einzelfallanalysen durchführen (vgl. *Ebbinghaus* vor über 100 Jahren) und sehr früh ein Verständnis für quantitative Einzelfallanalysen bestand (vgl. Detailanalysen von Stimmungsbeeinflussungen bei *Flügel*, 1925), konnte sich der methodische Zugang nicht konsequent durchsetzen. Offensichtlich gelingt es der Einzelfallforschung nur partiell, ihren Platz innerhalb der Forschungsmethoden zu behaupten. Auch wenn aktuelle Entwicklungen Mut machen – so waren ein Großteil der empirischen Studien auf dem 2. Kongreß der Deutschen Gesellschaft für Verhaltensmedizin und Verhaltensmodifikation im März 1989 Einzelfallanalysen –, soll dennoch nach Gründen für diesen Zustand gesucht werden.

Die Entwicklung der Einzelfallanalyse wurde in den letzten Jahren durch mindestens vier unterschiedliche Hoffnungen bzw. Interessen getragen:

(1) Hoffnung auf eine angemessene Erfassung und Abbildung von Prozessen und Verläufen

Diese Tendenz resultiert aus der Kritik an der Mittelwertsstatistik, bei der prototypische Verläufe und Personencharakteristika zu nicht interpretierbaren, globalen Kennwerten zusammengefaßt wurden (vgl. *Huber,* 1988). Methodiker forderten vor zehn Jahren eine differenzierte Analyse von Prozessen und Verläufen, um damit die kaum lösbaren Probleme der Veränderungsmessung angehen zu können (u.a. *Petermann*, 1978; *Tack*, 1980). Diese Hoffnungen konnten zunächst nur durch sehr anforderungsreiche Verfahren, wie die Zeitreihenanalyse, realisiert werden, was den Interessen der Anwender nicht sehr entgegen kam. Die Fixierung auf die Zeitreihenanalyse führt zu verschiedenen Problemen, die z.b. *Schmitz* (1987) oder *Noack* (in diesem Buch) darlegen.

(2) Hoffnung auf das Erkennen der Individualität

Solche Erwartungen hegten vor allem Persönlichkeitspsychologen, die darin eine stärker der empirischen Forschung verhaftete Idiographie vermuten (vgl. *Fisseni*, 1987; *Thomae & Petermann*, 1983). Die damit verbundene Forderung, das Einmalige und Unverwechselbare einer Person hervorzuheben, wird immer wieder durch nomothetische Ansätze enttäuscht (vgl. *Franck*, 1982; *Petermann*, 1988). Leider wurde die Chance der Einzelfallanalyse, verbindend zwischen beschreibenden und explikativen Ansätzen zu wirken, bislang kaum zur Kenntnis genommen. Der Einsatz der Einzelfallanalyse setzt nämlich häufig einen mehrstufigen Forschungsablauf voraus, der bei qualitativen Studien beginnt über Einzelfallexperimente führt und bei Gruppenanalysen enden kann.

(3) Hoffnung auf eine Wende zur qualitativen Betrachtung

Im Hintergrund steht die Unzufriedenheit, den Probanden lediglich als „Datenträger" zu begreifen. So wird z.b. von *Lohaus* (1983) eine individuumzentrierte Datenerhebung und damit eine Zuwendung zu Alltagsphänomen gefordert; es werden neue, relativ aufwendige Erhebungsverfahren empfohlen, mit denen man die Sicht des Probanden besser erfassen kann (vgl. Repetory-Grid-Verfahren; Struktur-Lege-Technik; s. *Lohaus*, 1983). Zu diesen qualitativen Vorgehensweisen liegen bislang kaum Einzelfallanalysen vor. Dies hängt sicherlich auch damit zusammen, daß die sogenannte „qualitative Wende" (*Mayring,* 1988) von vielen, sich in ihren grundlegenden Ansprüchen ausschließenden Konzepten getragen wird (z.B. subjektive Lebensweltanalyse vs. Repetory-Grid-Verfahren).

(4) Hoffnung auf eine kontrollierte Praxis

Vor allem Autoren aus Bereichen, in denen man für die Kostenträger (Jugendämter, Krankenkassen, Rentenversicherer) die Effizienz psychologischer oder pädagogischer Maßnahmen nachweisen muß, möchten die Einzelfallanalyse zu einem Verfahren entwickeln, das den Anforderungen und Rahmenbedingungen praktischen Handelns entspricht (vgl. *Kratochwill & Piersel*, 1983; *Petermann*, 1982; *Reinecker*, 1987; *Möller* et al., 1989; *Yin*, 1986). Solche Autoren empfehlen praxisnahe Erhebungsverfahren und voraussetzungsarme Auswertungsansätze für Einzelfallstudien; durch die Einzelfallanalyse soll der Alltag durchschaubarer und allmählich optimiert werden. Diese Hoffnung wird von vielen Praktikern als Bedrohung oder Illusion zurückgewiesen, wodurch sich Konzepte einer Praxiskontrolle sehr langsam durchsetzen. Vielfach bewirkt erst der Kostendruck in der Praxis die fortschreitende Spezialisierung des psychosozialen Angebotes und die Verfügbarkeit von Mikro-Computern vor Ort, daß praktisches Handeln detailliert dokumentiert wird; hierdurch werden allmählich die Bedingungen einer einzelfallanalytischen Praxiskontrolle geschaffen.

Es wird deutlich, daß die vorgetragenen Hoffnungen noch eine längere Zeit benötigen, bis sie wirksam werden können. Manche Hoffnung wird sich allerdings als trügerisch herausstellen.

Einige Entwicklungen stimmen jedoch sehr zuversichtlich. So wird die Einzelfallanalyse verstärkt erprobt; die Beispiele reichen von der Psychosomatik (*Appelt & Strauß*, 1985), Psychiatrie (*Möller* et al., 1989; *Tölle*, 1987) bis zur Umweltpsychologie (*Bullinger & Keeser*, 1983). Es existieren immer mehr angesehene Zeitschriften, die Ergebnisse aus Einzelfallstudien bevorzugt oder verstärkt veröffentlichen. Einige sollen nur erwähnt werden:

• Behavior Therapy
• Journal of Applied Behavior Analysis
• Journal of Behavior Therapy and Experimental Psychiatry
• Journal of Experimental Analysis of Behavior
• Journal of Nervous and Mental Disease
• Verhaltensmodifikation und Verhaltensmedizin.

Darüber hinaus bestehen seit kurzem Zeitschriften, die sich auf Ergebnisse aus einzelfallanalytischen Zeitreihenanalysen spezialisiert haben. Solche Bemühungen und Möglichkeiten tragen längerfristig sicherlich dazu bei, daß die Einzelfallanalyse als methodischer Zugang an Glaubwürdigkeit gewinnt.

4. Aufbau des Buches

Das komplexe Gebiet der Einzelfallanalyse macht einen am Forschungsprozeß orientierten Aufbau des Buches erforderlich, der es dem Praktiker und Wissenschaftler ermöglicht, schnell eine Übersicht zu erlangen; unterschiedliche Anwenderinteressen werden dabei berücksichtigt. Die wesentlichen Schritte einer empirischen Studie dienen als Hauptgliederungspunkte:

I.   Hypothesen und Hypothesengenerierung
II. Untersuchungsdesigns
III. Statistische Auswertung
IV. Ergebnisinterpretation und Beispiele

Die Inhalte dieser Gliederungspunkte werden kurz erläutert.

Hypothesen und Hypothesengenerierung. Zunächst werden die unterschiedlichen Arten von Hypothesen aufgeführt, die für Einzelfallanalysen geeignet sind; es wird veranschaulicht, wie diese Hypothesen voneinander zu unterscheiden sind.

Untersuchungsdesigns. Je nach Anwendungsbereich werden unterschiedliche Entwürfe für den Ablauf einer Einzelfalluntersuchung dargestellt. Das Untersuchungsdesign – also die Umsetzung der Hypothese in eine Ablaufbeschreibung für die Studie – bildet einen zentralen Punkt bei der Realisierung der Einzelfallanalyse. Im Design werden die inhaltlichen Annahmen der Studie festgelegt und Vorentscheidungen über die Art der Datenauswertung getroffen.

Statistische Auswertung. Der Schwerpunkt dieses Kapitels liegt auf der Darstellung quantitativer und qualitativer Auswertungsmethoden. Die mathematischen Annahmen der Verfahren (z.B. Datenniveau, Verteilungsannahmen) werden genannt. Die Schwierigkeiten bei der Auswahl der Auswertungsmethode bestehen darin, ein Verfahren zu wählen, bei dem alle Vorannahmen durch die Daten bzw. Datenerfassung abgedeckt sind. Gelingt eine solche angemessene Auswahl nicht, dann sind die Ergebnisse der statistischen Analyse nicht interpretierbar.

Ergebnisinterpretation und Beispiele. Für Einzelfallstudien bestehen eine Reihe von Verfahren, mit denen man eine Aussage über Testgütekriterien treffen kann. Besonders bedeutsam ist die Abschätzung der Validität, da sie eine wichtige Schnittstelle zur Generalisierung einer Einzelfallanalyse bildet. Ebenso bedeutsam ist es, eine Entscheidung darüber zu treffen, wie man teilweise bestätigte Hypothesen in einen Forschungsprozeß integrieren kann. Um die Ausführungen zu erläutern, werden Beispiele aus der Medizin und Psychologie berichtet, die quantitative und qualitative Ansätze der Einzelfallanalyse illustrieren. An diesen Beispielen wird auch gezeigt, wie man Einzelfallbefunde in der Praxis umsetzen kann.

Literatur

Appelt, H. & Strauß, B. (Hrsg.) Ergebnisse einzelfallstatistischer Untersuchungen in Psychosomatik und klinischer Psychologie. Berlin: Springer, 1985.

Binneberg, K. Pädagogische Fallstudien. Ein Plädoyer für das Verfahren der Kasuistik in der Pädagogik. Zeitschrift für Pädagogik, 1979, 25, 395-402.

Bullinger, M. & Keeser, W. Zeitreihenanalyse in der Umweltpsychologie. Hamburg: 25. Tagung der experimentell arbeitenden Psychologen, 1983.

Fisseni, H.-J. Erträgnisse biographischer Forschung in der Persönlichkeitspsychologie. In G. Jüttemann & H. Thomae (Hrsg.), Biographie und Psychologie. Berlin: Springer, 1987.

Flügel, J. C. A quantitative study of feeling and emotion in everyday life. British Journal of Psychology, 1925, 15, 318-355.

Franck, I. Psychology as a science: Resolving the idiographic-nomthetic controversy. Journal of the Theory of Social Behaviour, 1982, 12, 1-20.

Guthke, J. Interindividuelle, intraindividuelle Variabilität und experimentelle Einzelfallanalyse in Persönlichkeitspsychologie und Psychodiagnostik. In H. Schröder (Hrsg.), Psychologie der Persönlichkeit und Persönlichkeitsentwicklung. Berlin: Gesellschaft für Psychologie der DDR, 1982.

Huber, H. P. Einzelfalldiagnostik. In R. S. Jäger (Hrsg.), Psychologische Diagnostik. München: Psychologie Verlags Union, 1988.

Kazdin, A. E. Single-case research designs: Methods of clinical and applied settings. New York: Oxford Press, 1982.

Kratochwill, T. R. Time-series research. New York: Academic Press, 1986.

Kratochwill, T. R. & Piersel, W. C. Time-series research: Contributions to empirical clinical practice. Behavioral Assessment, 1983, 5, 165-176.

Krauth, J. Probleme bei der Auswertung von Einzelfallstudien. Diagnostica, 1986, 32, 17-29.

Lohaus, A. Möglichkeiten individuumzentrierter Datenerhebung. Münster: Aschendorff, 1983.

Mayring, P. Die qualitative Wende. Augsburg: Berichte aus der Forschungsstelle für Entwicklungspsychologie und Pädagogische Psychologie, 1988.

Möller, H. J., Blank, R. & Steinmeyer, E. M. Single-case evaluation of sleep deprivation effects by means of time-series analysis according to the HTKA-model. European Archives of Psychiatry and Neurological Science, 1989, im Druck.

Petermann, F. Veränderungsmessung. Stuttgart: Kohlhammer, 1978.

Petermann, F. Die (verlaufs) strukturorientierte Einzelfalldiagnostik und ihre Aussagekraft innerhalb der Klinischen Psychologie. Zeitschrift für Klinische Psychologie, 1981, 10, 110-134.

Petermann, F. Einzelfalldiagnose und klinische Praxis. Stuttgart: Kohlhammer, 1982.

Petermann, F. Idiographie und Nomothetik. In R. S. Jäger (Hrsg.), Psychologische Diagnostik. München: Psychologie Verlags Union, 1988.

Reinecker, H. Einzelfallanalyse. In: E. Roth (Hrsg.), Sozialwissenschaftliche Methoden. München: Oldenbourg, 1987, 2. Auflage.

Robinson, P. W. & Forster, D. F. Experimental Psychology: A small-N approach. New York: Harper & Row, 1979.

Schmitz, B. Zeitreihenanalyse in der Psychologie. Verfahren zur Veränderungsmessung und Prozeßdiagnostik. Weinheim: Deutscher Studien Verlag, 1987.

Tack, W. Einzelfallstudien in der Psychotherapieforschung. In W. Wittling (Hrsg.), Handbuch der Klinischen Psychologie, Band 6. Hamburg: Hoffmann & Campe, 1980.

Thomae, H. & Petermann, F. Biographische Methode und Einzelfallanalyse. In J. Bredenkamp & H. Feger (Hrsg.), Enzyklopädie der Psychologie. Forschungsmethoden, Band 2. Göttingen: Hogrefe, 1983.

Tölle, R. Die Krankengeschichte in der Psychiatrie. In G. Jüttemann & H. Thomae (Hrsg.), Biographie und Psychologie. Berlin: Springer, 1987.

Yin, R. K. Case study research design and methods. London: Sage, 1986.

KAPITEL I

Hypothesen und Hypothesengenerierung

1. Einführung

Aus den Hypothesen werden Untersuchungsdesigns abgeleitet. Diese Ableitung wird von *Westmeyer* in diesem Kapitel beschrieben und anhand von Beispielen verdeutlicht. Dieser erste Schritt ist der entscheidende bei der Durchführung einer Untersuchung. Die Ableitung von Aussagen aus einer Theorie oder aus Vorannahmen, um konkrete Fragestellungen zu überprüfen, legt den Untersuchungsablauf fest.

Erstens müssen die zentralen Variablen einer Theorie gefunden werden. Die Frage nach der Zentralität einer Variablen ist nicht allgemein zu beantworten, sondern hängt von der wissenschaftlichen Fragestellung und dem damit verfolgten Ziel ab.

Zweitens ist es nötig, die möglichen Verknüpfungen der verschiedenen, als zentral eingestuften Variablen so zu formulieren, daß daraus Implikationen entstehen, die sämtliche Möglichkeiten der Verknüpfung von zentralen Variablen abdecken. Dies bedeutet, alle Hypothesen bei denen die Prämisse so formuliert wurde, daß sie nie eintreten kann, sind wahr. Die Implikation reicht also für die Formulierung einer Hypothese nicht aus. Wichtig ist zu prüfen, ob die Prämisse operationalisiert werden kann.

Durch den Schritt der Hypothesengenerierung werden das Untersuchungsdesign, das Skalenniveau (Nominal-, Ordinal-, Intervall- und Proportionalskala) und die statistische Auswertung festgelegt.

Da bei der Planung einer Einzelfallanalyse Überlegungen zum Skalenniveau besonders folgenreich sein können, sollen einige grundlegende Informationen zur Abgrenzung von Skalen ins Gedächtnis gerufen werden.

2. Wahl des Skalenniveaus

Nominalskalen. Hierbei handelt es sich um Skalen, bei denen jedes Element oder jede Ausprägung der Stichprobe durch eine beliebig gewählte Zahl repräsentiert wird. Wichtig ist dabei, daß jedes Element oder jede Ausprägung eindeutig durch die zugeordnete Zahl zu identifizieren ist, also einem Element oder einer Ausprägung nicht mehrere Zahlen bzw. mehreren Elemente oder Ausprägungen nicht die gleiche Zahl zugeordnet werden. Die Werte werden beliebig vergeben, d.h. aus ihrer Größe lassen sich keine Informationen ableiten; demnach ist das Maß der zentralen Tendenz für die Nominalskala der Modus. Als Transformation sind alle eineindeutigen Abbildungen erlaubt.

Ein Beispiel für diesen Skalentyp ist die Vergabe von Trikotnummern bei Mannschaftssportarten. An der Nummer ist jedes Mitglied einer Mannschaft eindeutig zu erkennen. Aussagen wie „Spieler Nr. 4 ist besser als Spieler Nr. 2" sind jedoch nicht möglich.

Ordinalskalen. Dieses Niveau liegt dann vor, wenn die Zuordnung von Zahlen zu Elementen oder Ausprägungen der Stichprobe nicht mehr beliebig ist, sondern die Position des Elementes oder die Ausprägung auf einer Dimension durch diese Zahl festgelegt wird. Dieses Ordnungsprinzip klassifiziert die Elemente oder Ausprägungen der Stichprobe nach größer/kleiner, mehr/weniger oder ähnlichem. Die Werte sind also nicht mehr, wie bei Nominalskalen beliebig zuordenbar, sondern größere Elemente oder Ausprägungen erhalten höhere Werte, wenn die Polung der Skala positiv ist oder niedrigere, wenn die Polung negativ ist. Daher ist es bei Ordinalskalen möglich, Aussagen darüber zu treffen, welche Position ein Element oder eine Ausprägung innerhalb der definierten Skala aufweist. Größere Werte bedeuten (bei einer positiven Polung) eine stärkere Ausprägung. Es kann jedoch keine Aussage darüber gemacht werden, um wieviel diese Ausprägung stärker ist. So verdeutlicht der Wert 6 eine stärkere Ausprägung als der Wert 3, aber die Aussage, daß die Ausprägung doppelt so stark ist, ist nicht möglich. Als Transformationen der Ordinalskala sind daher auch alle eineindeutigen Abbildungen erlaubt, die das Ordnungsprinzip erhalten. Das Maß der zentralen Tendenz ist der Median. Ein Beispiel für Ordinalskalen ist die Härteskala der Mineralstoffe. Die Werte liegen zwischen 1 für Graphit und 10 für Diamanten. Mit zunehmendem Wert steigt die Härte, wobei eine Aussage darüber nicht möglich ist, daß ein Mineral der Härte 8 doppelt so hart ist wie eines der Härte 4.

Intervallskalen. Zusätzlich zu den Aussagen von Ordinalskalen bieten Intervallskalen die Möglichkeit, den Abstand zwischen zwei Werten in der Form zu interpretieren, daß gleiche Differenzen zwischen den Werten auch gleiche Änderungen in der Ausprägungsstärke bedeuten. Für zwei Wertpaare wie 10 und 15 sowie 100 und 105 ist bekannt, daß beide sich in der Ausprägung um 5 Einheiten voneinander unterscheiden. Diese Vergleichbarkeit von verschiedenen Intervallen ist bei Tests, die Abweichungen zwischen verschiedenen Bereichen abdecken (z.B. t-Tests, F-Tests, Ch^2-Test), wichtig, da hier vergleichbare Varianzen in verschiedenen Skalenabschnitten vorausgesetzt werden. Das Maß der zentralen Tendenz ist bei Intervallskalen der Mittelwert. Durchführbare Transformationen bei diesem Skalenniveau sind alle Linearkombinationen in der Form:

$$Y = a * X + b.$$

X ist die Menge der alten Werte, Y die Menge der durch die Transformationen berechneten Werte, a und b sind Konstanten, wobei a ungleich 0 ist. Da die Skala frei verschiebbar ist (b muß nicht gleich 0 sein), besitzt sie keinen festen Nullpunkt. Bei positivem a bleibt die Polung der Skala erhalten, bei negativem a kehrt sie sich um (vgl. dazu die Proportionalskalen).

Ein Beispiel bieten hierfür die Einschätzungen der Therapiemitarbeit auf einer Liste mit fünf Abstufungen, wobei 1 geringe und 5 hohe Therapiemitarbeit repräsentieren. In diesem Fall stellt der Wert 4 eine höhere Therapiemitarbeit als der Wert 3 dar. Desweiteren sind Aussagen über die Differenz zweier Werte möglich: Beim Wert 5 ist die Therapiemitarbeit um 2 größer als bei 3; oder zwischen 5 und 3 sowie 3 und 1 ist die Differenz zwischen den Ausprägungen der Therapiemitarbeit gleich.

Proportionalskalen. Solche Skalen bieten zusätzlich zu den Eigenschaften der Intervallskalen die Möglichkeit, mit Hilfe der zugeordneten Werte Aussagen über das Verhältnis von Elementen oder Ausprägungen der Stichprobe zu treffen. Das Prinzip ist dabei nicht eine einfache Größer-Kleiner-Relation, sondern es wird zusätzlich berücksichtigt, um wieviel eine Ausprägung größer oder kleiner ist (etwa um das Doppelte oder die Hälfte). So ist bei diesem Skalenniveau die Aussage möglich, daß der Wert 10 doppelt so hoch ist wie der Wert 5. Als Transformation sind bei dieser Skala alle Umformungen der Art

$$Y = a * X$$

zugelassen, wobei X der alte Skalenwert, Y der neue Skalenwert, a eine beliebige Konstante mit a ungleich 0 ist. Ist a positiv, so bleibt die Polung der Skala erhalten, ist a negativ, kehrt sich die Polung um. Ein Beispiel mit umgekehrter Polung:

gegeben sei x_1 und $x_2 \in X$ mit $x_1 = 2$ und $x_2 = 4$
sowie: $a = -2$
also $f(x) = -2 * x$ oder $y = -2 * x$
Daraus resultieren folgende neue Werte y_1 und y_2:
$y_1 = -4$ und $y_2 = -8$.

Hieran wird ersichtlich, daß sich die Polung der Skalen im Bereich von $-\infty$ bis $+\infty$ umgekehrt hat: von 2 zu 4 auf -4 zu -8. Weiterhin ist die Aussage möglich, daß der erste Wert die Hälfte der Ausprägung des zweiten Wertes repräsentiert. Da hier Aussagen über das Verhältnis (also den Quotienten) zweier Werte zueinander gemacht werden, muß die Skala einen festen Nullpunkt haben. Daher fehlt auch – im Vergleich zur Intervallskalentransformation – der Wert b, der den Nullpunkt verschieben würde.

Ein Beispiel für eine Proportionalskala ist die Celsius-Temperaturskala; sie besitzt einen festen, am Gefrierpunkt des Wassers geeichten Nullpunkt, und es wären Aussagen in der Form „200°C sind eine doppelt so hohe Temperatur wie 100°C" möglich.

3. Zum Begriff „Messen"

Unter „Messen" versteht man einen Zuordnungsprozeß, wobei erfaßbaren Ereignissen wie Aggression, Blutdruck oder Warenumsatz Werte zugeordnet werden, die statistisch ausgewertet werden können. Beim Messen wird ein empirisches Relativ einem numerischen zugeordnet. Empirische Relative sind dabei die erfaßbaren, beobachtbaren Größen, die numerischen Relative die darauf reduzierbaren Zahlen und Werte. Das eigentliche Problem beim Messen sind aber nicht die empirischen Relative. Diese sind in den meisten Fällen durch eine Theorie gut in der Stärke ihrer Ausprägung zu klassifizieren. Ebenso einfach sind numerische Relative zu klassifizieren: Alle möglichen Skalen lassen sich in die oben beschriebenen Skalentypen einordnen. Das Problem besteht darin, eine Abbildung oder Funktion zu finden, mit der man die empirischen Relative angemessen in die numerischen überführen kann. So darf bei der Überführung vom empirischen in das numerische Relativ keine Information verloren gehen, aber auch keine Information zusätzlich im numerischen Relativ hinzukommen. Hierzu zwei Beispiele: Das erste soll verdeutlichen, wie Informationen bei der Überführung verloren gehen das zweite, wie man durch Auswahl von falschen Skalenniveaus ungerechtfertigterweise Informationen „gewinnt".

Beispiel 1. Ziel soll es sein, die Entwicklung des Warenumsatzes in einer bestimmten Branche zu beschreiben. Hierzu liefern einzelne Geschäfte wöchentlich die Umsatzdaten an die Zentrale. Die Umsätze werden in DM-Beträgen gemeldet. Als empirisches Relativ liegen Umsatzzahlen des zu bestimmenden Bereichs vor. In der Zentrale werden die Daten in Gruppen zusammengefaßt: „bis 1 000 000 DM = Gruppe 1", „1 000 000 DM bis 3 000 000 DM = Gruppe 2", „3 000 000 bis 5 000 000 DM = Gruppe 3" und „über 5 000 000 DM = Gruppe 4". Jede Woche wird die Gruppe für den Warenumsatz neu bestimmt. Die Sequenz für 4 Wochen könnte lauten: 2,2,3,1. Dem Ziel, den Warenumsatz zu beschreiben, wird diese Methode gerecht. Man erkennt in den ersten beiden Wochen bleibt der Umsatz konstant, steigt dann an und fällt in der vierten Woche ab. Was mit diesem Verfahren nicht mehr beschrieben werden kann, ist um wieviel Prozent der Warenumsatz fällt oder steigt, da die Gruppenbildung diese Information vernachlässigt hat, obwohl eine solche Aussage aufgrund des Ausgangsniveaus (DM-Beträge) möglich gewesen wäre. Die Analyse dieses Beispiels zeigt folgendes: Das Ordnungsprinzip des empirischen Relativs (DM-Beträge) beinhaltet nicht nur die Information über Größer-Kleiner-Relationen, sondern auch über die Verhältnisse dieser Entwicklung. Aussagen über die Verdoppelung, Halbierung u. ä. der DM-Beträge sind damit ableitbar. Das angemessene Skalenniveau für diese Art des empirischen Relativs wäre also die Proportionalskala gewesen, da sie Verhältnisse repräsentieren kann. Statt der Proportionalskala wurde aber in dem Beispiel das Ordinalskalenniveau gewählt (Einteilung in Gruppen unter Aufrechterhaltung der Größer-Kleiner-Relation), so daß die Information über die Verhältnisse verlorengingen.

Beispiel 2. Es soll die unterschiedliche Entwicklung einer Wirkstoffkonzentration im Blut von weiblichen und männlichen Versuchspersonen beschrieben werden. Gemessen wird diese stündlich und fünf Mal nachdem der Wirkstoff verabreicht wurde. Die Konzentration ist sehr gering und damit der Meßfehler sehr hoch. Das Analysegerät kann daher nur noch die Bereiche angeben, in denen die Konzentration liegt. Bereich 1 sei 0 ng/l - 2 ng/l, Bereich 2 sei 2 ng/l - 5 ng/l, Bereich 3 sei 5 ng/l - 10 ng/l. Zur weiteren Berechnung wird nun nur noch der Wert des Bereiches verwendet, also: 1,2,3 und 4. Bei weiteren Auswertungen wird der Meßvorgang nicht berücksichtigt.

Bei den männlichen Versuchspersonen fällt die Wirkstoffkonzentration von 4 auf 2 und bei den weiblichen von 4 auf 3 ab. Also, so die Interpretation, reduziert sich die Konzentration bei den männlichen Versuchspersonen um 50% und bei den weiblichen nur um 25%. Diese Differenz von 25% wird damit statistisch signifikant. Bei diesem Beispiel traten folgende Fehler auf: Bei den Wirkstoffkonzentrationen wurden lediglich die Größer-Kleiner-Relationen bestimmt. Die Werte wurden durch die Transformation mit den Werten 1,2,3 und 4 so dargestellt, als ob sie eine Verhältnisrelation aufweisen. Sie wurden so unberechtigterweise in eine Proportionalskala transformiert. Die festgestellte statistische Signifikanz resultiert also nicht aus den Meßwerten, sondern aus der Transformation des empirischen Relativs in ein nicht angemessenes numerisches Relativ.

Die Beurteilung des Ordnungsprinzips innerhalb des empirischen Relativs und die daran anschließende Transformation in das numerische Relativ ist überschattet von einem anderen Dilemma; es besteht darin, daß ein Reihe von statistischen Tests mindestens Intervallskalenniveau voraussetzen. Man wird also immer bestrebt sein, möglichst Intervallskalenniveau zu erreichen, um mit diesen Tests arbeiten zu können. Die Auswahl eines Skalenniveaus wird also nicht nur bestimmt durch die Qualität des empirischen Relativs, sondern auch durch das Interesse, ein möglichst hohes Niveau zu erreichen. Dabei wird nicht immer ein den Daten angemessenes Niveau gewählt, um mit einem hohen Skalenniveau weitaus mehr, bekanntere und leichter zu interpretierende statistische Tests durchführen zu können. Ob die damit erzielten Ergebnisse noch inhaltlich bedingt und damit auch zu interpretieren sind, darf in Frage gestellt werden.

Wissenschaftstheoretische Grundlagen der Einzelfallanalyse

Hans Westmeyer

1. Einführung

Obwohl die Methode der Einzelfallanalyse, wie etwa *Dukes* (1965), *Huber* (1973) und *Hersen & Barlow* (1976) zeigen, in der Psychologie auf eine lange Tradition zurückblicken kann und in manchen Bereichen, z.B. innerhalb des operanten Ansatzes (*Sidman* 1960) und der Verhaltenstherapie (*Lazarus & Davison* 1971; *Yates* 1970, 1975), eine dominierende Stellung einnimmt, fehlen noch immer Arbeiten, die sich primär mit wissenschaftstheoretischen Fragen der Einzelfallanalyse befassen. Die methodischen Grundlagen werden in den schon genannten und anderen Beiträgen (z.B. *Chassan,* 1960, 1967; *Huber,* 1977; siehe auch *Davidson & Costello,* 1969) ausführlich behandelt. Was man jedoch vermißt, ist eine Diskussion der mit dieser Untersuchungsform verbundenen Erkenntnisinhalte und -ziele und der Beziehung zwischen Methode, Inhalten und Zielen.

Wissenschaftstheoretische Analysen, die sich unter systematischen Gesichtspunkten mit Fragen dieser Art befassen, sind vielleicht in der Lage, verbindlichere Angaben über den Anwendungsbereich und die Leistungsfähigkeit von Einzelfalluntersuchungen zu machen.

Die mit dieser Untersuchungsform verbundenen wissenschaftstheoretischen Probleme sind allerdings so vielfältig und komplex, daß in diesem Beitrag nur einige exemplarisch diskutiert werden können.

Behandelt werden insbesondere Fragen (i) nach der Indikation für Einzelfall- versus Gruppenstudien, (ii) nach der Möglichkeit, mit einer Einzelfallanalyse eine allgemeine Hypothese zu widerlegen, und (iii) nach der Verallgemeinerbarkeit der Ergebnisse einer Einzelfalluntersuchung. Als Anstoß zu weiteren wissenschaftstheoretischen Auseinandersetzungen mit den Problemen der Einzelfallanalyse wird schließlich ein an wissenschaftstheoretischen Begrifflichkeiten orientiertes Klassifikationssystem für Einzelfalluntersuchungen skizziert und auf einige noch offene Probleme hingewiesen.

2. Vorbemerkungen

Der Thematik entsprechend sind für diesen Beitrag die traditionellen, vor allem von methodischen Überlegungen geleiteten Einteilungsgesichtspunkte für Einzelfalluntersuchungen (z.B.: mit und ohne Messung; mit und ohne experimentelle Kontrolle; diagnostische Einzelfalluntersuchungen, Therapiekontrollen, Forschungsexperimente) nur von untergeordnetem Interesse. Auf sie wird deshalb lediglich dann verwiesen, wenn sie sich einem auch aus wissenschaftstheoretischer Sicht relevanten Klassifikationsaspekt zuordnen lassen. Zwischen den Ausdrücken „Einzelfallanalyse", „Einzelfalluntersuchung" und „Einzelfallstudie" wird nicht unterschieden.

Der Unterscheidung zwischen Einzelfall- und Gruppenuntersuchung liegt in diesem Beitrag die Voraussetzung zugrunde, daß als Untersuchungseinheiten einzelne Personen (bzw. bei Gruppentherapien Personengruppen) auftreten, so daß Einzelfallanalysen an Personen (bzw. einer Personengruppe) und Gruppenstudien an Personenstichproben (bzw. Stichproben von Personengruppen) durchgeführt werden. Im Rahmen der Auswertung stehen dementsprechend bei Einzelfallanalysen Werte einzelner Personen, bei Gruppenstudien Statistiken von Personenstichproben im Vordergrund. Wenn man die Untersuchungseinheiten anders bestimmt, z.B. als Ausschnitte aus der Gesprächstherapie eines einzigen Klienten oder als Tage, während derer ein ganz bestimmter Klient verhaltenstherapeutisch behandelt wird, lassen sich auch Einzelfallanalysen als Gruppenstudien deuten, die sich z.B. auf Stichproben von Ausschnitten aus verschiedenen Phasen des Therapieverlaufs stützen.

3. Einzelfall- versus Gruppenstudien: Indikationsprobleme

Die Beschäftigung mit Indikationsfragen bei Einzelfallstudien nimmt meist ihren Ausgangspunkt bei einer Analyse der Probleme, denen sich Gruppenstudien in bestimmten Bereichen gegenübersehen. Eine weit verbreitete Auffassung besteht darin, Einzelfallstudien dort für sinnvoll zu halten, wo besondere Umstände die Durchführung von Gruppenstudien erschweren oder unmöglich machen.

Huber (1973) — im übrigen ein entschiedener Vertreter der Einzelfallforschung — äußert sich zu der Frage, wann Einzelfalluntersuchungen als Forschungsexperimente in Betracht kommen, so (S. 38):

„Während die Grenzen des extensiven Ansatzes im Bereich der psychologischen Diagnostik und experimentellen Therapiekontrolle unmittelbar abzusehen sind, ist das Problem der als Forschungsexperiment intendierten Fallstudie vielschichtig. Wenn wir dennoch den Versuch unternehmen, Indikationen für Einzelfallexperimente anzuführen, so gehen wir von der Vorstellung aus, daß der Anwendungsbereich der experimentellen Fallstudie in der psychologischen Forschung dort beginnt, wo die Voraussetzungen des gruppenstatistischen Ansatzes nicht mehr als gegeben betrachtet werden können. Dies ist der Fall: 1. wenn die Betrachtungsmöglichkeiten einer bestimmten Ereignisklasse begrenzt sind, weil es sich um zeitlich oder räumlich *selten* verteilte Ereignisse handelt; 2. wenn es nicht möglich ist, eine hinreichend homogene und angemessen große Patienten- oder Probandenstichprobe zu untersuchen; 3. wenn die Unabhängigkeit interindividueller Beobachtungswerte durch ‚ansteckende Effekte' nicht mehr gewährleistet ist; 4. wenn vom Prozeß der Patientenauswahl her gesehen der Begriff der Zufallsstichprobe für die zu untersuchende Patientengruppe nicht mehr zutrifft; und 5. wenn es sich um aufwendige Langzeitexperimente handelt. Eine besondere Stellung nimmt 6. die ‚ethische Indikation' ein. Sie gilt beispielsweise in der Arzneimittelprüfung immer dann, wenn eine Substanz zum *ersten Mal* am Menschen getestet wird".

Bei dieser Sichtweise des Indikationsproblems stehen methodische Fragen im Vordergrund. Im Rahmen der Forschung sind Einzelfallexperimente, so wird unterstellt, nur ein unvollkommener Ersatz für Gruppenexperimente, die eigentlich vorzuziehen sind, wenn nicht widrige Umstände dazu zwingen, auf ihre Durchführung zu verzichten.

In einer wissenschaftstheoretischen Analyse des Indikationsproblems sind die genannten methodischen Aspekte sekundär; von vorrangiger Bedeutung sind inhaltliche Fragen nach den Erkenntniszielen, auf die Einzelfall- und Gruppenexperimente im Rahmen der Forschung gerichtet sind. Unter diesem Aspekt ergibt sich ein ganz anderes Verhältnis der beiden Untersuchungsformen zueinander. Forschungsbezogene Einzelfall- und Gruppenexperimente richten sich auf unterschiedliche Erkenntnisziele und konkurrieren überhaupt nicht miteinander. Sie können deshalb einander in der Regel auch nicht ersetzen. Und wenn sich das Substitutionsproblem einmal doch stellt, dann in einer anderen Form: Können bestimmte Erkenntnisziele, die eigentlich in Einzelfallexperimenten verfolgt werden müßten, in Annäherung auch durch Gruppenexperimente erreicht werden, wenn Einzelfallexperimente nicht durchführbar sind? Der Ersatz von Gruppenexperimenten durch Einzelfallexperimente ist demgegenüber nur von untergeordneter Bedeutung. Ich will auf diese Behauptungen etwas näher eingehen, obwohl sie, wenn man sich den Blick auf die Erkenntnisziele nicht durch die Erkenntnismethoden verstellen läßt oder diese gar für die Ziele selbst hält, kaum umfangreicher Begründungen bedürfen.

Ein Weg zu einer Klärung führt über die Unterscheidung der verschiedenen Arten von Hypothesen, auf die sich Untersuchungen richten können. Für jede dieser Hypothesenarten kann die Frage gestellt werden, ob für eine Prüfung Experimente oder — allgemeiner — Untersuchungen an Einzelfällen oder an Gruppen die Methode der Wahl sind.

Mit *Bunge* (1967, S. 238) lassen sich folgende Hypothesenarten unterscheiden (vgl. für eine ausführliche Darstellung *Groeben & Westmeyer*, 1975, S. 108-130):

(1) **Singuläre Hypothesen:** Sie liegen z.B. dann vor, wenn Verhaltensweisen von Personen qualifiziert werden (adverbialer Beschreibungsmodus). Beispiele: Person a hat die Aufgabe 2 im Untertest AW des HAWIE richtig beantwortet. Person a hat im HAWIE einen IQ von 113 erreicht. Person b hat in dieser Sitzung ein hohes Ausmaß an Selbstexploration gezeigt. Der Therapeut hat mit Person b eine systematische Desensibilisierung dem Therapieplan entsprechend durchgeführt. Die Frequenz des unerwünschten Verhaltens von Person b im Anschluß an die Treatmentphase ist geringer als die Frequenz dieses Verhaltens während der Baseline-Phase. Mit diesem Treatment lassen sich bei diesem Patienten c die Therapieziele erreichen.

(2) **Pseudosinguläre (idiographische) Hypothesen:** Sie liegen z.B. dann vor, wenn Personen (oder Objekte) qualifiziert werden (adjektivischer bzw. substantivischer Beschreibungsmodus). Diese Aussagen, in denen Personen meist Dispositionen zugeschrieben werden, handeln zwar von *einer* Person, enthalten aber implizit Generalisierungen über Zeit, Situation und/oder andere Variablen. Beispiele: Person a hat eine hohe Intelligenz. Person c ist ein Agoraphobiker. Person d ist eine erfolgreiche Gesprächstherapeutin. Bei Person c ist die Verhaltensstörung beseitigt.

(3) **Unbestimmte Existenzhypothesen:** Sie liegen z.B. dann vor, wenn das Gegebensein bestimmter Sachverhalte oder der Eintritt bestimmter Ereignisse behauptet wird, dabei aber

einige oder alle wichtigen Variablen unbestimmt bleiben. Beispiele: Es gibt für jede Verhaltensweise sie aufrechterhaltende Konsequenzen. Es gibt Angstneurotiker mit klassischer Krankheitsgenese. Es gibt extravertierte Personen, die leichter konditionierbar sind als introvertierte. Es gibt Patienten, bei denen nach einer Psychotherapie eine Verschlechterung eintritt.

(4) Bestimmte (lokalisierende) Existenzhypothesen: Sie liegen z.B. dann vor, wenn in einer Existenzhypothese eine räumliche und/oder zeitliche Eingrenzung vorgenommen wird. Beispiele: Es gab um die Jahrhundertwende Personen in Wien, auf die die Freudsche Theorie zutraf. Es gibt unter den gegenwärtig in dieser Alkoholikerklinik befindlichen Patienten Personen, die mit Hilfe einer Aversionstherapie erfolgreich behandelt werden können. Es gibt in der Treatmentgruppe in dieser Untersuchung Personen, bei denen sich trotz Behandlung eine Verschlechterung ergeben hat.

(5) Quasi-universelle Hypothesen: Sie liegen z.B. dann vor, wenn die Annahmen zwar die Struktur universeller Hypothesen haben, aber Ausnahmen in bestimmter oder unbestimmter Zahl zugelassen sind. Beispiele: Wenn eine Reaktion bestraft wird, wird sie in den meisten Fällen seltener auftreten. Eine analytische Psychotherapie ist meist nicht wirksamer als ein einfaches Abwarten ohne Therapie. Ein reaktionskontingenter Entzug von Aufmerksamkeitszuwendung durch die Sozialpartner wird in den meisten Fällen selbstschädigendes Verhalten löschen.

(6) Beschränkte universelle Hypothesen: Sie liegen z.B. dann vor, wenn die Geltung der universellen Hypothese explizit auf die Elemente einer abgeschlossenen Menge von Personen oder Objekten beschränkt wird. Beispiele: Alle Personen in der vorliegenden Stichprobe sind Zwangsneurotiker mit stark ausgeprägter Symptomatik. Für alle bisher untersuchten klinischen Diagnostiker gilt, daß sie in ihren Vorhersagen ungenauer oder bestenfalls ebenso genau sind wie ihre paramorphen Modelle. Bei allen im Rahmen dieser Untersuchung behandelten Klienten hat sich durch die Variation der Variable „Selbsteinbringung des Therapeuten" das Ausmaß der Selbstexploration auf seiten des Klienten beeinflussen lassen.

(7) Unbeschränkte universelle Hypothesen: Sie liegen z.B. dann vor, wenn sich (deterministische) Annahmen auf alle Personen oder Objekte einer bestimmten Art beziehen und weder eine räumliche noch eine zeitliche Beschränkung vorgenommen wird. Beispiele: Ein hohes Erregungspotential führt bei entsprechender Verhaltensoszillation zu einer großen Reaktionsamplitude und einer geringen Reaktionslatenz. Für alle Reaktionen r und r' gilt: Wenn r mittels kontinuierlicher Verstärkung gelernt wird und r' mittels intermittierender Verstärkung, dann ist die Extinktionsresistenz von r geringer als die von r'. Die Entscheidungen von (beliebigen) Personen entsprechen denen, die bei Zugrundelegung des SEU-Modells zu erwarten sind.

(8) Aggregat-Hypothesen: Sie liegen z.B. dann vor, wenn nicht den einzelnen Elementen einer Klasse von Personen oder anderen Einheiten, sondern dieser Klasse (Population, Aggregat, Kollektiv) insgesamt Eigenschaften (z.B. Verteilungsfunktionen, Mittelwerte, Varianzen, Lokationsunterschiede, Korrelationen, Proportionen, Trends, statistische Strukturen) zugeschrieben werden. Beispiele: Die Struktur der Intelligenz läßt sich für die Population der Oberschüler in unserer Gesellschaft zum gegenwärtigen Zeitpunkt am besten in sieben voneinander unabhängige Faktoren gliedern. Für die Population der Agoraphobiker ist die systematische Desensibilisierung wirksamer als ein Verzicht auf eine Behandlung. Zwischen Introversion und Konditionierbarkeit besteht in der Bevölkerung ein positiver Zusammenhang. Die Wahrscheinlichkeit, bei neurotischen Patienten durch analytische Psychotherapie eine deutliche Besserung zu erzielen, beträgt 0.60.

Die Frage, ob Einzelfall- oder Gruppenstudien die Methode der Wahl bei der Überprüfung der einzelnen Hypothesenarten sind, kann nun sehr einfach beantwortet werden.

Für alle Hypothesenarten, bei denen Aussagen über einzelne Individuen gemacht werden, kommt die Analyse von Einzelfällen als Methode in Frage, also für die Hypothesenarten (1) bis (7). Bei diagnostischen Einzelfalluntersuchungen und Therapiekontrollen geht es vor allem um die Hypothesenarten (1) und (2),

bei forschungsbezogenen Einzelfallexperimenten um die Hypothesenarten (3) bis
(7). Ihre Prüfung allerdings nimmt wiederum auf singuläre und pseudosinguläre
Hypothesen Bezug. Methode der Wahl ist die Gruppenuntersuchung bei Aggregat-
Hypothesen, unmittelbar geeignet vielleicht noch bei quasi-universellen Hypothesen.

Diese Zuordnungen werden jedoch dadurch aufgeweicht, daß geeignete Gruppenuntersuchungen — zumindest im Prinzip — umgedeutet und ausgewertet werden können als Aggregation von Einzelfalluntersuchungen, wobei die untersuchten Personen nach bestimmten Gesichtspunkten und unter Einhaltung gewisser
Vorschriften ausgewählt worden sind. Bei einer derartigen personspezifischen Betrachtung der im Rahmen einer Gruppenuntersuchung angefallenen Daten können sich auch für die Hypothesenarten (3), (4), (6) und (7) relevante Informationen ergeben. Ebenso kann natürlich eine geeignete Serie (u.U. simultan durch-
geführter) systematischer Replikationsstudien an Einzelfällen, die nach stich-
probentheoretischen Aspekten seligiert und behandelt werden, zu einer Gruppenuntersuchung zusammengefaßt und entsprechend ausgewertet werden, so
daß — in diesem Sinne — Einzelfallanalysen auch in die Prüfung von Aggregat-Hypothesen eingehen können (vgl. *Hersen & Barlow*, 1976, S. 57 ff.). Die Zerlegung
einer Gruppenuntersuchung in eine Reihe von Einzelfallstudien ist natürlich nur
dann möglich, wenn die bei den untersuchten Personen vorgenommenen Messungen und Behandlungen in Art und Anzahl und im Hinblick auf das Ausmaß
gewährleisteter (experimenteller) Kontrolle den Erfordernissen einer Einzelfallbetrachtung genügen.

Die bisherigen Überlegungen zur Indikation für Einzelfall- bzw. Gruppenuntersuchungen bei unterschiedlichen Hypothesenarten machen eines deutlich: Die
beiden Untersuchungsformen konkurrieren direkt gar nicht miteinander, nur in
besonderen Fällen können sie einander ersetzen. Die Ansicht, Einzelfallanalysen
seien im Rahmen der Forschung nur da angemessen, wo sich Untersuchungen
an Gruppen aus methodisch-pragmatischen Gründen verbieten, ist deshalb nicht
haltbar. Einzelfallanalysen sind die Methode der Wahl bei der Prüfung aller Hypothesen, die direkt Aussagen über einzelne Individuen und nicht über Personen-
aggregate bzw. — bei individuumbezogener Interpretation — fiktive statistische
Durchschnittspersonen machen.

Die Frage, warum trotzdem, abgesehen etwa vom operanten Ansatz, für den
Untersuchungen an Einzelfällen immer schon selbstverständlich waren (vgl.
Sidman, 1960), Einzelfallanalysen und entsprechende Replikationen die Ausnahme und nicht die Regel in der psychologischen Forschung sind, kann ich hier
nur streifen. Ich glaube, einer der Gründe ist in der weitgehenden Methodenbe-
stimmtheit großer Teile psychologischer Forschung zu sehen. Die Erkenntnismethoden haben sich vielfach verselbständigt und verstellen den Blick auf die Erkenntnisinhalte und -ziele. Eine Untersuchung zieht die andere nach sich, die
Frage nach der Funktionalität wird nicht gestellt. Dazu tritt eine unpräzise Wis-

senschaftssprache, die ein Erkennen der mit diesem Vorgehen verbundenen Probleme erschwert. Dazu ein Beispiel.

Besonders häufig sind in der Psychologie Verwechslungen zwischen *komparativen Aggregat-Hypothesen* und *komparativen universellen Hypothesen.* Hypothesen, die einen Vergleich zweier oder mehrerer Aggregate im Hinblick auf bestimmte Merkmale implizieren, werden identifiziert mit Hypothesen, die einen Vergleich zweier oder mehrerer Einzelindividuen im Hinblick auf diese Merkmale implizieren (vgl. *Westmeyer,* 1976 c).

Eine positive Korrelation zwischen Introversion und Konditionierbarkeit, die eindeutig als Aggregat-Hypothese zu interpretieren ist, wird z.B. als komparative universelle Hypothese ausgedrückt: Introvertierte sind leichter konditionierbar als Extravertierte. Daß eine derartige Identifikation unzulässig ist, ergibt sich sofort, wenn man die universelle Hypothese in Standardform anschreibt: Für alle Personen p und p' gilt: Wenn p introvertiert und p' extravertiert ist, dann ist p leichter konditionierbar als p'. Lassen sich Personenpaare finden, in denen p introvertiert und p' extravertiert ist, aber p' ebenso leicht oder sogar leichter konditionierbar ist als p, ist die universelle Hypothese damit relativ zum Hintergrundwissen in Frage gestellt. Die Aggregat-Hypothese schließt derartige Ereignisse keineswegs aus, sie ist mit vielen Gegenbeispielen durchaus vereinbar. Die meisten als komparative universelle Hypothesen formulierten Aussagen in der Psychologie sind im Grunde komparative Aggregat-Hypothesen. Aussagen über die Wirksamkeit bestimmter Treatments im Vergleich zu anderen werden in der Regel in Versuchen geprüft, die eine varianzanalytische Auswertung erfordern. Sie müßten also eigentlich als Aggregat-Hypothesen formuliert werden. Häufiger ist jedoch die Formulierung als komparative universelle Hypothesen. Diesen Vorwurf müssen sich auch die meisten Arbeiten im Bereich der experimentellen Psychologie gefallen lassen, in denen Aussagen über signifikante Mittelwertsunterschiede mit Aussagen über Größer-/Kleiner-Relationen zwischen Individuen verwechselt werden. Aussagen über die psychometrischen Eigenschaften psychologischer Tests sind ohnehin Aggregat-Hypothesen.

Diese Verwechslung der beiden Hypothesenarten verstellt den Blick auf die Probleme, die sich ergeben, wenn Aggregat-Hypothesen auf den Einzelfall bezogen werden. Bei komparativen universellen Hypothesen ist das ja ohne weiteres möglich. Mit einigen dieser Probleme haben sich im Bereich psychologischer Forschung *Bakan* (1955), *Estes,* (1956), *Sidman* (1952) und *Sixtl* (1972) befaßt; auf Schwierigkeiten, die damit in der diagnostischen und therapeutischen Praxis verbunden sind, weist z.B. *Chassan* (1960, 1967) hin. Modelle für die Anwendung von Aggregat-Hypothesen auf den Einzelfall sind erst in den letzten Jahren, angeregt durch entsprechende Entwicklungen in der Wissenschaftstheorie, in der Psychologie vorgeschlagen und diskutiert worden (siehe dazu *Westmeyer,* 1972, 1974, 1975, 1976 a, 1979). Auf diese Modelle, die z.B. für den Bereich psychometrischer Einzelfallanalysen grundlegend sind, kann hier nur hingewiesen werden. Eine Übersicht gibt *Westmeyer* (1978 a).

Wenn Einzelfalluntersuchungen, wie wir gesehen haben, in ihrer Bedeutung für die psychologische Forschung auch häufig unterschätzt werden, so traut man ihnen andererseits doch in mancher Beziehung mehr zu, als sie wirklich zu leisten vermögen.

4. Einzelfallanalysen und die Widerlegung allgemeiner Hypothesen

Über eine Eigenschaft von Einzelfallanalysen ist man sich vergleichsweise einig: Die Ergebnisse *einer* Einzelfalluntersuchung können eine universelle Hypothese nicht bestätigen, sie reichen aber aus, um eine derartige Hypothese zu widerlegen. Das findet man z.B. bei *Dukes* (1965), das findet man bei *Chassan* (1967), und das übernimmt einschließlich der schon bei *Dukes* genannten Beispiele auch *Huber* (1973, vgl. 1977), der zu diesem Problem ausführt:

„Unabhängig davon, aus welchen Gründen auch immer ein Einzelfallexperiment durchgeführt wurde, gilt, daß eine wissenschaftliche Hypothese durch einen Einzelfall nicht bestätigt werden kann; wir müssen jedoch sofort hinzufügen, daß sich eine Hypothese auch nicht durch 10, 100 oder 1000 Fälle beweisen läßt, wenn sich ihre Gültigkeit auf eine abzählbare Population von unendlich vielen Individuen erstrecken soll. Auf der anderen Seite genügt *ein* Fall, um eine Hypothese zu widerlegen. Daraus folgt, daß der Verallgemeinerung von Einzelfallbefunden *nur bei positiver Beweisführung* Beschränkungen auferlegt sind" (1973, S. 41f.).

In dieser Auffassung verbindet sich überraschenderweise ein — wie man in der Wissenschaftstheorie sagt — naiver Falsifikationismus (Ein Gegenbeispiel reicht aus, um eine allgemeine Hypothese zu widerlegen.) mit einer speziellen Variante (vgl. *Carnap*, 1962) des induktiven Bestätigungsbegriffs (Der Bestätigungsgrad einer universellen Hypothese ist unabhängig von der Zahl vorliegender positiver Instanzen stets gleich Null.). Der Vorgang der Prüfung einer allgemeinen Hypothese H stellt sich dabei, wenn wir etwa das immer wieder in diesem Zusammenhang genannte Beispiel von *Teska* (1947) zur Veranschaulichung heranziehen, wie folgt dar: Aus H (Alle hydrozephalen Kinder sind debil.) wird eine auf einen Einzelfall bezogene empirische Folgerung E (Ein bestimmtes Kind mit kongenitalem Hydrozephalus ist auch debil.) abgeleitet. In einer diagnostischen Einzelfallanalyse wird dann ermittelt, ob der im Satz E beschriebene Sachverhalt tatsächlich zutrifft. Sollte das der Fall sein, so wäre das für die Hypothese H ohne Bedeutung, sollte das nicht der Fall sein (Das untersuchte Kind mit kongenitalem Hydrozephalus erweist sich nicht als debil.), so wäre damit die Falschheit der Hypothese H erwiesen, H wäre widerlegt, d.h. falsifiziert.

Teska (1947) gelang bei einem 6 1/2jährigen Kind mit kongenitalem Hydrozephalus eine derartige vermeintliche Widerlegung. Er konnte in diesem Fall einen Intelligenzquotienten von 113 nachweisen.

Diese simple Falsifikationsvorstellung wird den tatsächlichen Verhältnissen aus mehreren Gründen nicht gerecht. So wird etwa das *Hintergrundwissen*, das alle Voraussetzungen und Vorannahmen umfaßt, die mit in die Ableitung der empirischen Konsequenzen und in den Rückschluß auf die Falschheit der Hypothese eingehen, selbst aber bei dieser Darstellung nicht ausdrücklich thematisiert werden, unterschlagen (z.B. die verwendeten Definitionen der Ausdrücke „Hydrozephalus" und „debil", die der Feststellung eines Hydrozephalus zugrunde liegenden methodischen Annahmen, die dem verwendeten Intelligenztest zugrunde liegende Meßtheorie, allgemeine Angaben zu den Gütekriterien der herangezogenen diagnostischen Instrumente, Angaben über die Durchführung der diagnostischen Untersuchungen bei dem Probanden unter besonderer Berücksichtigung des Testleiterverhaltens, etc.).

Eine zu verbindlicheren Aussagen führende Beschäftigung mit der Frage, ob die Untersuchung eines Einzelfalls ausreicht, um eine allgemeine Hypothese zu widerlegen, nimmt zweckmäßigerweise ihren Ausgang von dem klassifikatorischen Begriff der *deduktiven Bestätigung* (vgl. *Groeben & Westmeyer*, 1975):

(DB) Eine allgemeine Hypothese H *bewährt* sich an einem Satz E relativ zu den Voraussetzungen A genau dann, wenn E aus H und A logisch ableitbar ist, aber nicht aus A allein und die Negation von A nicht aus H logisch folgt.

In dieser Definition steht H für die Hypothese, die den Gegenstand der Prüfung bildet, A für das in diesem Zusammenhang zunächst nicht thematisierte Hintergrundwissen, E ist der Satz, an dem sich H relativ zu A bewährt. Die Relation der Bewährung besteht zwischen einer Hypothese H, einem Satz E und Voraussetzungen A laut Definition genau dann, wenn E logisch aus der Theorie und den Voraussetzungen ableitbar ist, aber nicht schon aus den Voraussetzungen allein gefolgert werden kann und die Voraussetzungen mit der Theorie logisch verträglich sind (für eine Begründung vgl. *Groeben & Westmeyer*, 1975, S. 110).

Auf der Grundlage dieses Begriffs lassen sich zwei weitere Ausdrücke einführen:

(DE) Eine allgemeine Hypothese H wird durch einen Satz E relativ zu den Voraussetzungen A *entkräftet*, wenn H sich an der Negation von E relativ zu A bewährt.

(DI) Eine allgemeine Hypothese ist *indifferent* gegenüber dem Satz E relativ zu den Voraussetzungen A, wenn H sich relativ zu A an E weder bewährt noch durch E entkräftet wird.

Die beiden dreistelligen Relationsbegriffe der Entkräftigung und Indifferenz drücken die beiden anderen möglichen Beziehungen aus, die zwischen H, E und A bestehen können. Der Begriff der Entkräftigung tritt dabei an die Stelle des Begriffs der *Falsifikation.* Während etwa, wenn sich die Hypothese H an dem Satz E relativ zu den Voraussetzungen A *bewährt,* die Negation von E die Konjunktion von H und A *falsifiziert,* wird H allein nur durch den Satz E relativ zu den Voraussetzungen A *entkräftet.* H wird nicht widerlegt oder falsifiziert, weil unter diesen Umständen der Fehler ja auch in A liegen könnte. Man spricht deshalb nur von einer Entkräftigung relativ zu A, nicht von einer definitiven Falsifikation.

Aus diesen Begriffsbestimmungen wird die Abfolge der Schritte bei einer Überprüfung einer allgemeinen Hypothese deutlich. Zunächst ist die Hypothese H, die den eigentlichen Gegenstand der Prüfung bildet, zu formulieren und von den Voraussetzungen A, dem Hintergrundwissen, abzuheben. Dabei ist zu prüfen, ob H und A miteinander logisch verträglich sind. Es ist dann ein Satz E aus der Hypothese und den Voraussetzungen abzuleiten, der nicht schon aus A allein logisch folgt. Erfüllt E diese Bedingungen, bewährt sich H an E relativ zu A, während H durch die Negation von E relativ zu A entkräftet wird. Die Beurteilung von H hängt nun davon ab, ob man A und E als wahr akzeptieren kann. Sollte das etwa aufgrund der Ergebnisse einer Einzelfallanalyse der Fall sein, so wäre bei dieser Prüfung kein Grund gefunden, H zu verwerfen. Ist dagegen die Falschheit von E zu akzeptieren, so ist die Konjunktion von H und A zu verwerfen. Ob das nun zu der Verwerfung der Hypothese H oder einer oder mehrerer Voraussetzungen A führt, hängt von weiteren Überprüfungen ab, in denen Elemente des Hintergrundwissens explizit problematisiert und zum zentralen Gegenstand der Prüfung erklärt werden. Nicht immer wird man sich dabei auf Einzelfallanalysen beschränken können – man denke etwa an die Überprüfung der Gütekriterien der verwendeten diagnostischen Instrumente.

Die Annahme, eine Einzelfallanalyse könnte (bei negativer Beweisführung) eine allgemeine Hypothese widerlegen, trifft jedenfalls nicht zu. Aber natürlich können sich, wie schon im deduktiven Bestätigungsbegriff ausgedrückt, allgemeine Hypothesen relativ zum Hintergrundwissen an den Ergebnissen von Einzelfalluntersuchungen bewähren. Das ist ja gerade die charakteristische Art und Weise, wie sich universelle Hypothesen, die Aussagen direkt über Individuen (Einzelfälle) und nicht über Kollektive machen, bestätigen lassen. Eine derartige Bestätigung einer allgemeinen Hypothese ist natürlich weder ein *Beweis* für die Wahrheit dieser Hypothese, noch macht sie sie wahrscheinlicher.

Die in diesem Zusammenhang zu stellende Frage nach der Beziehung zwischen der Bewährung einer Hypothese und der Strenge ihrer Prüfung etwa im Rahmen von Einzelfallexperimenten verweist auf wissenschaftstheoretische Detailprobleme, die hier nicht mehr behandelt werden können (vgl. z.B. *Popper*, 1969).

5. Generalisierungsprobleme bei Einzelfallanalysen

Ich will hier nicht allgemein auf die Probleme der internen und externen Validität bei Einzelfalluntersuchungen eingehen – sie werden an vielen Stellen kompetent behandelt (z.B. *Campbell & Stanley*, 1970, *Gadenne*, 1976, *Kirchner* et al., 1977, vgl. *Petermann* in Kapitel II in diesem Band) –, sondern nur einen speziellen Aspekt im Kontext externer Validität thematisieren, der wissenschafts-theoretisch von Bedeutung ist und der z.B. von *Chassan* (1960) angesprochen wird.

Unter wissenschaftstheoretischen Gesichtspunkten sollte jede Untersuchung, ob nun am Einzelfall oder nicht, von einer explizit formulierten Hypothese ausgehen und vor allem auch die Randbedingungen, unter denen die Geltung der Hypothese behauptet wird, nennen. Die Ergebnisse einer Einzelfalluntersuchung lassen sich dann unmittelbar auf die geprüfte Hypothese beziehen und können, wenn die Hypothese den Ergebnissen gegenüber nicht indifferent ist, als Bestätigung oder Entkräftung der Hypothese relativ zum verwendeten Hintergrundwissen interpretiert werden.

Wenn z.B. im Rahmen der Prüfung einer universellen Hypothese singuläre Hypothesen abgeleitet und in einer Einzelfalluntersuchung relativ zum Hintergrundwissen bestätigt werden, kann das zugleich als Bestätigung der universellen Hypothese relativ zum Hintergrundwissen gedeutet werden. Eine Verallgemeinerung im Sinne einer *induktiven* Generalisierung findet bei diesem deduktiven Vorgehen nicht statt.

In der psychologischen Praxis allerdings steht die Prüfung allgemeiner Hypothesen selten im Vordergrund. In diesem Bereich werden meist singuläre und pseudosinguläre Hypothesen zu prüfen sein, die sich nicht aus allgemeineren Aussagen ableiten lassen. Die Frage, ob es andere Personen gibt, für die diese Hypothesen — natürlich nach Ersetzung der Individuenkonstante — auch gelten, wenn sie sich in einem Einzelfall bestätigt haben, und um was für Personen es sich dabei handelt, liegt dann nahe.

Ein Therapeut a habe z.B. die singuläre Hypothese: „Klient b wird durch Anwendung einer systematischen Desensibilisierung ohne Entspannung seine Agoraphobie verlieren". Durch eine experimentelle Einzelfalluntersuchung an Klient b sei es dem Therapeuten gelungen, diese singuläre Hypothese relativ zum Hintergrundwissen zu bestätigen. Nehmen wir nun an, daß es zur Wirksamkeit des Treatments bei Agoraphobikern noch keine einschlägigen Erfahrungen gibt. Die Formulierung einer unbeschränkten allgemeinen Hypothese der Form „Bei allen Agoraphobikern beseitigt eine systematische Desensibilisierung ohne Entspannung die phobischen Symptome" wird ebenso wie die Formulierung einer beschränkten allgemeinen Hypothese der Form „Bei allen von Therapeut a behandelten Agoraphobikern beseitigt eine von ihm durchgeführte systematische Desensibilisierung ohne Entspannung die phobischen Symptome" für voreilig und unrealistisch gehalten. Welchen Nutzen kann Therapeut a dennoch aus diesem einen Einzelfallexperiment ziehen?

An dieser Stelle werden die Überlegungen von *Chassan* (1960) interessant. Er geht davon aus, daß (a) durch ein Einzelfallexperiment mit einem statistisch signifikanten Ergebnis der Nachweis erbracht ist, daß das angewendete Treatment wirklich effektiv war, (b) in einem solchen Fall die Werte einer Reihe vor allem auf den Klienten bezogener spezifischer Parameter und Hintergrundvariablen angegeben werden können, bei deren Vorliegen der Behandlungserfolg möglich war, (c) eine derartige Untersuchung zumindest zeigt, daß keiner dieser Werte und keines der vorliegenden Merkmale für sich in der Lage waren, den in der statistischen Signifikanz zum Ausdruck kommenden Behandlungserfolg in Frage zu stellen bzw. zu verhindern, (d) andere Personen existieren mit denselben oder ähnlichen Merkmalen und Ausprägungen in den erfaßten Variablen, in Bezug auf die die Annahme, das Treatment werde sich auch bei ihnen bewähren, durchaus als plausibel und vernünftig bezeichnet werden kann (nach *Chassan,* 1969, S. 36).

Chassan könnte deshalb dem Therapeuten a empfehlen, über die Agoraphobie hinaus weitere den Klienten kennzeichnende Merkmale und Variablenwerte zu erheben und bei weiteren agoraphoben Klienten dann eine systematische Desensibilisierung ohne Entspannung durchzuführen, wenn sie dem Therapeuten in den erfaßten Eigenschaften hinreichend ähnlich mit dem Klienten a erscheinen.

Allerdings sind die Überlegungen von *Chassan,* auf denen diese Empfehlungen beruhen, in allen Punkten problematisch.

(a) Ein statistisch signifikantes Ergebnis in einer Einzelfalluntersuchung läßt sich nicht als Beweis für die Effektivität des Treatments interpretieren, es belegt nur, daß eine statistisch bedeutsame Veränderung aufgetreten ist. Diese Veränderung kann auch durch andere Faktoren bedingt sein. Derartige Faktoren, die die interne Validität eines Einzelfallexperiments bedrohen, lassen sich in jeder Untersuchung aufweisen. Es kommt darauf an, durch möglichst weitgehende und sorgfältige experimentelle Kontrolle den Einfluß dieser Faktoren auszuschalten oder doch zumindest gering zu halten. Aufschluß darüber, in welchem Ausmaß das gelungen ist, läßt sich nicht aus dem statistisch signifikanten Ergebnis gewinnen, dazu sind die Elemente des Hintergrundwissens, in denen z.B. das Nichtvorliegen störender Einflüsse behauptet wird, ihrerseits einer Prüfung zu unterziehen.

(b) Bei erfolgreicher Prüfung einer singulären Hypothese, wie sie Therapeut a für Klient b formuliert hat, lassen sich zwar eine ganze Reihe auf Klient b zutreffender Eigenschaften und Merkmale formulieren, es fehlen aber Hinweise darauf, welche dieser Charakteristika wirklich relevant sind für einen Therapieerfolg. Eine Person läßt sich niemals erschöpfend, d.h. vollständig beschreiben. Jede Beschreibung ist endlich und vernachlässigt Aspekte, die auch hätten aufgenommen werden können. Therapeut a hat deshalb keinerlei Gewähr dafür, daß die Merkmale, für die er sich entscheidet, in irgendeinem Zusammenhang zum Therapieerfolg stehen. Unter Umständen sind die meisten, vielleicht sogar alle relevanten Aspekte nicht erfaßt worden.

(c) Eine erfolgreiche Einzelfallstudie zeigt keineswegs, daß die Umstände und Merkmale für sich genommen außerstande sind, einen Behandlungserfolg zu verhindern. Sie macht lediglich deutlich, daß die in dem ganz konkreten, in dieser Form nicht wiederholbaren Fall vorliegende Kombination aller Umstände und Eigenschaften mit einem Treatmenterfolg vereinbar ist. Selbst wenn diese Kombination, abgesehen vom Zeitpunkt, vollständig wiederholbar wäre, könnte man sich nur bei unterstelltem deterministischen Zusammenhang fest auf einen weiteren Treatmenterfolg verlassen. Für sich genommen oder in anderer Kombination können die zunächst fördernd oder neutral erscheinenden Aspekte durchaus einen Treatmenterfolg verhindern.

(d) Die Empfehlung, so etwas wie eine induktive Generalisierung von einem Fall auf andere in bestimmter Hinsicht ähnliche Fälle vorzunehmen, verliert ihre Plausibilität, wenn die relevanten Merkmale, in Bezug auf die Ähnlichkeit wünschenswert ist, in dem vorliegenden Fall nicht von den irrelevanten unterschieden werden können. Außerdem spricht nichts dagegen, daß bei der für den ursprünglichen Fall typischen Merkmalskombination andere Treatments ebenso wirksam oder vielleicht noch wirksamer sind, so daß es sinnvoller sein könnte, diese Treatments zu entdecken und auszuprobieren, oder daß bei Klienten mit anderen Merkmalskombinationen das ursprüngliche Treatment auch erfolgreich ist, so daß es keinen Grund gibt, diesen Personen das Treatment nur deshalb vorzuenthalten, weil sie dem ursprünglichen Klienten nicht ähnlich genug sind.

Aus dieser kritischen Diskussion der Überlegungen *Chassans* ergibt sich, daß das Ergebnis der Prüfung etwa der singulären Hypothese „Klient b wird durch Anwendung einer systematischen Desensibilisierung ohne Entspannung seine Agoraphobie verlieren" unter den angenommenen Bedingungen durch Therapeut a nur auf diese Hypothese bezogen werden kann, eine Verallgemeinerung über diesen einen Fall hinaus läßt sich nicht rechtfertigen und kann deshalb auch nicht als vernünftig bezeichnet werden.

Bringt das z.B. für die therapeutische Praxis Probleme mit sich? Ich glaube nicht. Solange therapeutische Praxis als kontrollierte Praxis verstanden und betrieben wird und Therapien, soweit das möglich ist, als Einzelfallexperimente konzipiert werden, kommt es vor allem auf Erfindungsgabe und Geschick des einzelnen Therapeuten bei der Formulierung und Prüfung singulärer Hypothesen an. Im Rahmen einer kontrollierten Praxis kann er Erfolge und Mißerfolge als solche identifizieren, aus Fehlern lernen und sich neuen Gegebenheiten etwa durch die Entwicklung neuer Treatments anpassen. Abläufe und Ergebnisse dieser Lern- und Anpassungsprozesse sind Elemente des Gegenstandsbereichs der Psychologie, sie sind einer wissenschaftstheoretischen Begründung nicht zugänglich und bedürfen einer solchen auch nicht. Über ihre Qualität entscheiden letztlich der Erfolg, die Bewährung des Therapeuten in einer durch kontrollierte Einzelfalluntersuchungen konstituierten Praxis.

Nun wird man es dabei nicht belassen wollen und versuchen, trotz der genannten Probleme über singuläre und pseudosinguläre Hypothesen hinaus Aussagen mit weiterem Geltungsanspruch für den Bereich psychologischer Praxis zu gewinnen. Dieses Ziel wird, sofern man sich dabei auf Einzelfallanalysen stützt, gewöhnlich in Serien direkter und systematischer Replikationen (*Sidman*, 1960, *Hersen & Barlow*, 1976) verfolgt, in denen forschungspragmatische Gesichtspunkte überwiegen und die deshalb auch in erster Linie pragmatisch, d.h. von ihren Ergebnissen her, zu rechtfertigen sind. Ein Rekonstruktionsversuch einer derartigen Serie im Rahmen eines deduktiven Bestätigungsmodells könnte etwa wie folgt aussehen.

Am Beginn steht eine quasi-universelle Hypothese, z.B. ,,Bei Agoraphobikern verschwinden meistens durch Anwendung einer systematischen Desensibilisierung ohne Entspannung die phobischen Symptome". In einer experimentellen Einzelfallstudie wird diese Hypothese durch die erfolgreiche Prüfung einer entsprechenden fallbezogenen singulären Hypothese relativ zum Hintergrundwissen bestätigt. In einer direkten Replikationsstudie an einem anderen Agoraphobiker kommt es zu einer weiteren Bestätigung. Selbst bei einer systematischen Replikation, bei der ein anderer Therapeut die Desensibilisierung durchführt, läßt sich ein Therapieerfolg sichern. Dann kommt es jedoch bei einem weiteren direkten Replikationsversuch zu einem Mißerfolg. In einem solchen Fall stehen viele Möglichkeiten offen. Man kann die Hypothese beibehalten, da Ausnahmen ja ausdrücklich zu erwarten sind; man kann die Klientenkennzeichnung ergänzen und so die Geltungsbedingungen einschränken; man kann das Treatment so modifizieren, daß es auch in diesem Fall wirksam ist; usw.

Wie immer man sich auch entscheidet, weitere Replikationsstudien sind nötig, um die Geltung der ursprünglichen Hypothese oder ihrer Modifikation abzuklären. Im Labor wird man dabei vor allem die experimentelle Kontrolle verbessern, Störbedingungen aufspüren und sukzessive ausschließen, in der therapeutischen Praxis stößt man bei diesem Bemühen allerdings bald an Grenzen. Es ist deshalb keineswegs selbstverständlich, daß aus noch so vielen Replikationsstudien letztlich eine Hypothese mit allgemeinerer Geltung hervorgeht; es ist ebenso möglich, daß man scheitert und am Ende wieder bei singulären und pseudosingulären Hypothesen anlangt.

Wenn eine bestimmte quasi-universelle Hypothese direkte und systematische Replikationsstudien erfolgreich überstanden hat, kann das in ihr empfohlene Treatment bei weiteren Klienten der beschriebenen Art auch von anderen Therapeuten vielleicht sogar unter veränderten Umständen erfolgversprechend eingesetzt werden. In dieser Situation können Gruppenuntersuchungen sinnvoll durchgeführt werden. Wenn man sich z.B. für den Effektivitätswert (die Bewährungswahrscheinlichkeit) des Treatments unter den angegebenen Bedingungen interessiert oder das Treatment bei Klienten der beschriebenen Art mit einem anderen, ebenfalls in Replikationsuntersuchungen etablierten Treatment in Bezug auf seine Effektivität vergleichen will, sind Gruppenexperimente durchaus sinnvoll (vgl. *Hersen & Barlow,* 1976, S. 63f.).

Die Einzelfallanalysen und Replikationsstudien sind derartigen Gruppenexperimenten als eine Art Filter vorgeschaltet, der darüber entscheidet, welche Treatments überhaupt unter welchen Bedingungen zu den aufwendigeren und weniger flexiblen Gruppenuntersuchungen zugelassen werden. Von Anfang an in Bereichen, in denen man nur probabilistische Zusammenhänge erwartet, mit Gruppenexperimenten zu arbeiten, wäre unökonomisch, viel zu zeitaufwendig und in vielen Fällen gar nicht möglich. Ihre mangelnde Flexibilität läßt darüber hinaus daran zweifeln, ob sie wirklich zielführend wären (vgl. *Chassan*, 1960).

6. Skizze eines Klassifikationsschemas für Einzelfallanalysen

In den vorangegangenen Abschnitten sind Einzelfalluntersuchungen vor allem im Kontext der Prüfung verschiedener Arten von Hypothesen diskutiert worden. Eine differenziertere Sichtweise ergibt sich, wenn man einerseits die verschiedenen Arten psychologiebezogener Tätigkeiten und andererseits die Entdeckungs-, Begründungs- und Verwertungszusammenhänge der Produkte dieser Tätigkeiten in die Betrachtung einbezieht. Ein daraus resultierendes Klassifikationsschema für Einzelfalluntersuchungen, das zugleich als Anregung zu weiterführenden wissenschaftstheoretischen Analysen gedacht ist, sei hier abschließend skizziert.

Psychologiebezogene Tätigkeiten lassen sich nach *Herrmann* (1979) in drei Klassen einteilen:

K_1: (psychologisch-) wissenschaftliche Innovations- bzw. Forschungstätigkeiten (Wissenschaft),

K_2: (psychologisch-) technologische Innovations- bzw. Forschungstätigkeiten (Technologie),

K_3: nichtforschende, technisch-praktische psychologiebezogene Tätigkeiten (Praxis).

Die zu K_1 gehörenden, also Wissenschaft konstituierenden Tätigkeiten zielen vor allem auf Erkenntnis im Sinne von Wahrheit ab, auf eine Repräsentation bestimmter Aspekte der Realität innerhalb theoretischer Systeme, während die zu K_2, d.h. zur Technologie zu rechnenden Aktivitäten auf die Entwicklung und Erprobung effektiver Treatments gerichtet sind, die unter bestimmten Umständen eine Erreichung vorgegebener Ziele erlauben sollen. Die zu K_3, also zur Praxis zu zählenden Tätigkeiten beziehen sich z.B. auf die Produkte der Aktivitäten aus K_1 (wahre wissenschaftliche Theorien, Gesetze und Hypothesen) und K_2 (effektive technologische Regeln und ihnen zugeordnete Effektivitätswerte) und bestehen in der heuristischen Nutzung bzw. Anwendung dieser Ergebnisse auf konkrete Fälle in geeigneten Situationen.

Für eine ausführliche Diskussion der Unterscheidung zwischen Wissenschaft, Technologie und Praxis siehe *Bunge* (1977) und *Westmeyer* (1978 b).

Unterscheidet man nun im Hinblick auf die Produkte der Tätigkeiten K_1 und K_2 noch zwischen ihrem Entstehungs- (Entdeckungs-), Begründungs- und Verwertungszusammenhang, so resultiert das in Abbildung 1 dargestellte Klassifikationsschema für Einzelfallanalysen, das hier an einigen Beispielen verdeutlicht werden soll.

| | Produkte psychologiebezogener Tätigkeiten der Klasse | |
	K₁ : Wissenschaft	K₂ : Technologie
Entstehungszusammenhang	(1)	(4)
Begründungszusammenhang	(2)	(5)
Verwertungszusammenhang	(3)	(6)

Abb. 1. Klassifikationssystem für Einzelfallanalysen.

(1) *Exploratorische Einzelfallanalysen im Entstehungszusammenhang wissenschaftlicher Theorien, Gesetze und Hypothesen.* Beispiele: Unkontrollierte oder kontrollierte Fallstudien, geglückte oder mißglückte Experimente an einzelnen Organismen, die zum Aufstellen bestimmter wissenschaftlicher Hypothesen oder zur Konstruktion einer wissenschaftlichen Theorie anregen.

(2) *Konfirmatorische Einzelfallanalysen im Begründungszusammenhang wissenschaftlicher Theorien, Gesetze und Hypothesen.* Beispiele: Forschungsbezogene Einzelfallexperimente unter Laborbedingungen, in denen eine Theorie oder eine allgemeine Hypothese einer strengen Prüfung unterzogen wird.

(3) *Einzelfallanalysen im Verwertungszusammenhang wissenschaftlicher Theorien, Gesetze und Hypothesen,* d.h. im Rahmen angewandter Wissenschaft oder bestimmter Bereiche technischer Praxis. Beispiele: Analyse eines Einzelfalls mit diagnostischer oder prognostischer Zielsetzung durch Anwendung einer wissenschaftlichen Theorie im logisch-systematischen Sinne; Einzelfallanalysen im Rahmen einer durch Anwendung technologischer Regeln bestimmten Praxis, wobei die Formulierung der verwendeten technologischen Regeln durch wissenschaftliche Theorien, Gesetze oder Hypothesen nahegelegt wurde; durch ein handlungsrelevantes Hintergrundwissen als Orientierungsgrundlage angeregte und angeleitete Einzelfallanalysen im Rahmen therapeutischer Praxis, wobei in den Aufbau dieses Hintergrundwissens wissenschaftliche Theorien, Gesetze und Hypothesen als Bausteine eingehen.

(4) *Exploratorische Einzelfallanalysen im Entstehungszusammenhang technologischer Regeln.* Beispiele: Unkontrollierte oder kontrollierte Fallstudien, geglückte oder mißglückte Experimente an einzelnen Individuen, die zum Aufstellen bestimmter technologischer Regeln und entsprechender Effektivitätsbehauptungen (etwa in Form quasi-universeller Hypothesen) anregen.

(5) *Konfirmatorische Einzelfallanalysen im Begründungszusammenhang technologischer Regeln.* Beispiele: Einzelfallanalysen innerhalb einer Serie von Replikationsstudien, die den Anwendungsbereich und die Effektivität einer bestimmten technologischen Regel abklären sollen; Untersuchungen an Einzelfällen,

in denen die relative Effektivität konkurrierender technologischer Regeln vergleichend geprüft werden soll.

(6) *Einzelfallanalysen im Verwertungszusammenhang technologischer Regeln*,
d.h. im Rahmen technischer Praxis. Beispiele: Einzelfallanalysen innerhalb einer
an technologischen Regeln orientierten psychologischen Praxis, in der nicht die
Forschung, sondern die Erreichung fallbezogener Ziele im Vordergrund steht.

In diesem Klassifikationsschema kommen einige, für eine weitergehende
wissenschaftstheoretische Beschäftigung mit den Grundlagen der Einzelfallanalyse
wichtige Aspekte zum Ausdruck. Es führt allerdings nicht zu einander ausschließenden Klassen, da zwischen Technologie und Wissenschaft ebenso Verbindungen bestehen wie zwischen den Entstehungs-, Begründungs- und Verwertungszu-
sammenhängen einer Disziplin.

7. Offene Probleme

In diesem Beitrag sind nur einige Aspekte von Einzelfallanalysen, die unter
wissenschaftstheoretischen Gesichtspunkten von Interesse sind, behandelt worden, viele Probleme werden nicht einmal berührt. Auf die wichtigsten unter
ihnen sei zumindest hingewiesen:

(i) Welche Konsequenzen ergeben sich aus den beiden Auffassungen von der
Eigenart wissenschaftlicher Theorien — der Aussagenkonzeption und der struk-
turalistischen Konzeption — für eine wissenschaftstheoretische Einordnung der
Einzelfallanalyse?

(ii) Welche Konsequenzen ergeben sich in dieser Beziehung aus den verschiedenen Interpretationen des abstrakten Wahrscheinlichkeitsbegriffs — z.B. als
Grenzwert relativer Häufigkeit, als rationaler Glaubensgrad, als Propensität —
und den verschiedenen Ansätzen zur statistischen Testtheorie — z.B. klassischer
Ansatz, Bayes-Ansatz, Likelihood-Theorie?

(iii) Welche Modelle können die Anwendung von Aggregathypothesen auf den
Einzelfall etwa im Rahmen der psychometrischen Einzelfalldiagnostik legiti-
mieren?

Literatur

Bakan, D. The general and the aggregate: A methodological distinction. *Perceptual and Motor Skills*, 1955, *5*, 211-212.

Bunge, M. Scientific research I/II. New York: Springer, 1967.

Bunge, M. The philosophical richness of technology. In *F. Suppe & P. D. Asquith* (Eds.) PSA 1976, Volume Two, East Lansing: Philosophy of Science Association, 1977, 153-172.

Campbell, D. T. & Stanley, J. C. Experimentelle und quasi-experimentelle Anordnungen in der Unterrichtsforschung. In *K. Ingenkamp & E. Parey* (Eds.), Handbuch der Unterrichtsforschung, Teil 1. Weinheim: Beltz, 1970, 445-632.

Carnap, R. Logical foundations of probability. Chicago: University of Chicago Press, 1962.

Chassan, J. B. Statistical inference and the single case in clinical design. *Psychiatry*, 1960, *23*, 173-184. Abgedruckt in *P. O. Davidson & C. G. Costello* (Eds.), N=1: Experimental studies of single cases. New York: Van Nostrand, 1969, 26-45.

Chassan, J. B. Research design in clinical psychology and psychiatry. New York: Appleton-Century-Crofts, 1967.

Davidson, P. O. & Costello, C. G. N=1. Experimental studies of single cases. New York: Van Nostrand, 1969.

Dukes, W. F. N=1. *Psychological Bulletin*, 1965, *64*, 74-79.

Estes, W. K. The problem of inference from curves based on group data. *Psychological Bulletin*, 1956, *53*, 134-140.

Gadenne, V. Die Gültigkeit psychologischer Untersuchungen. Stuttgart: Kohlhammer, 1976.

Groeben, N. & Westmeyer, H. Kriterien psychologischer Forschung. München: Juventa, 1975.

Herrmann, T. Pädagogische Psychologie als psychologische Technologie. In *Th. Herrmann & K. A. Schneewind* (Hrsg.), Erziehungsstilforschung. Göttingen: Hogrefe, 1979.

Hersen, M. & Barlow, D. H. Single case experimental designs. New York: Pergamon Press, 1976.

Huber, H. P. Psychometrische Einzelfalldiagnostik. Weinheim: Beltz, 1973.

Huber, H. P. Single-case analysis. *Behavioral Analysis and Modification*, 1977, *2*.

Kirchner, F. T., Kissel, E., Petermann, F. & Böttger, P. Interne und Externe Validität empirischer Untersuchungen in der Psychotherapieforschung. In *F. Petermann* (Ed.), Psychotherapieforschung. Weinheim: Beltz, 1977, 51-102.

Lazarus, A. A. & Davison, G. C. Clinical innovation in research and practice. In *A. E. Bergin & S. L. Garfield* (Eds.), Handbook of psychotherapy and behavior change. New York: Wiley, 1971, 196-213. In deutscher Übersetzung abgedruckt in *H. Westmeyer & N. Hoffmann* (Eds.), Verhaltenstherapie: Grundlegende Texte. Hamburg: Hoffmann & Campe, 1977, 144-166.

Popper, K. R. Logik der Forschung. Tübingen: Mohr, 1969, (3. Aufl.).

Sidmann, M. A note on functional relations obtained from group data. *Psychological Bulletin*, 1952, *49*, 263-269.

Sidman, M. Tactics of scientific research. New York: Basic Books, 1960.

Teska, P. T. The mentality of hydrocephalics and a description of an interesting case. *Journal of Psychology*, 1947, *23*, 197-203.

Westmeyer, H. Logik der Diagnostik. Stuttgart: Kohlhammer, 1972.

Westmeyer, H. Statistische Analysen in der psychologischen Diagnostik. *Diagnostica*, 1974, *22*, 31-42.

Westmeyer, H. The diagnostic process as a statistical-causal analysis. *Theory and Decision*, 1975, *6*, 57-86.

Westmeyer, H. Grundlagenprobleme psychologischer Diagnostik. In *K. Pawlik* (Ed.), Diagnose der Diagnostik. Stuttgart: Klett, 1976 a, 71-101.

Westmeyer, H. Verhaltenstherapie: Anwendung von Verhaltenstheorien oder kontrollierte Praxis? In *P. Gottwald & C. Kraiker* (Eds.), Zum Verhältnis von Theorie und Praxis in der Psychologie. München: GVT, 1976 b, 9-31. Abgedruckt in *H. Westmeyer & N. Hoffmann* (Eds.), Verhaltenstherapie. Hamburg: Hoffmann & Campe, 1977, 187-203.

Westmeyer, H. Zur Gegenstandsbestimmung in der Psychologie. In *G. Eberlein & R. Pieper* (Eds.), Psychologie – Wissenschaft ohne Gegenstand? Frankfurt: Campus Verlag, 1976 c, 151-178.

Westmeyer, H. Grundbegriffe: Diagnose,

Prognose, Entscheidung. In *K. J. Klauer* (Ed.), Handbuch für pädagogische Diagnostik. Band I. Düsseldorf: Schwann, 1978 a, 15-26.

Westmeyer, H. Wissenschaftstheoretische Grundlagen klinischer Psychologie. In *U. Baumann, H. Berbalk & G. Seidenstücker* (Eds.), Klinische Psychologie – Trends. Band 1. Bern: Huber, 1978 b, 108-132.

Westmeyer, H. Die rationale Rekonstruktion einiger Aspekte psychologischer Praxis. In *H. Albert & K. H. Stapf* (Eds.), Grundprobleme der Sozialwissenschaften. Stuttgart: Klett, 1979.

Yates, A. J. Misconceptions about behavior therapy: A point of view. *Behavior Therapy*, 1970, *1*, 92-107. In deutscher Übersetzung abgedruckt in *H. Westmeyer & N. Hoffmann* (Eds.), Verhaltenstherapie. Hamburg: Hoffmann & Campe, 1977, 131-144.

Yates, A. J. Theory and practice in behavior therapy. New York: Wiley, 1975. Das 1. Kapitel in deutscher Übersetzung abgedruckt in *H. Westmeyer & N. Hoffmann* (Eds.), Verhaltenstherapie. Hamburg: Hoffmann & Campe, 1977, 203-226.

KAPITEL II

Untersuchungsdesigns

1. Einführung

Ein Untersuchungsdesign beschreibt den Ablauf einer Untersuchung und legt u.a. die Art und den Zeitpunkt der Erhebung, die Stichprobengröße und -zusammenstellung fest. Eine solche Planung orientiert sich an Theorien oder Modellen. Da normalerweise verschiedene Gruppen gegeneinander getestet werden sollen, liegt der Beschreibungsschwerpunkt auf der Stichprobendefinition. Das primäre Ziel einer Einzelfallanalyse ist jedoch nicht der Vergleich von Stichproben, sondern Aussagen darüber, wie sich ein Merkmal über die Zeit verändert. Aus diesem Grund müssen bei Einzelfallanalysen verschiedene Zeitabschnitte in einem definierten Zeitkontinuum abgegrenzt werden. Die verschiedenen Zeitabschnitte sind durch die Planung von Interventionen (vgl. *Petermann*, 1982) oder Therapieverläufen (vgl. *Grawe*, 1989; *Roth*, 1985) festgelegt.

Bei der Wahl eines Einzelfall-Untersuchungsdesign müssen über folgende Aspekte Entscheidungen getroffen werden:
a) Anzahl der verschiedenen Phasen im Untersuchungszeitraum,
b) Sequenz der Wiederholungen dieser Phasen,
c) Anzahl der Messungen an verschiedenen Versuchspersonen zum gleichen Zeitpunkt,
d) der Anzahl der pro Phase zu erfassenden Variablen,
e) Auswahl der Bezugsgrößen (Verhalten, Personen oder Situationen) und
f) bei Interventionsstudien: Veränderungen der Anforderungen in der Zeit.

Darüber hinaus sind Entscheidungen erforderlich, wenn man Periodizität oder Phasen entdecken möchte (vgl. *Metzler & Nickel*, 1986; *Kleiter*, 1986). Auf die einzelnen Aspekte soll detailliert eingegangen werden.

In der Praxis haben sich verschiedene Designs etablieren können, die in dem Beitrag von *Fichter* in diesem Band dargestellt werden.

2. Wahl eines Untersuchungsdesigns

Anzahl der verschiedenen Phasen. Das einfachste Vorgehen bezieht sich auf zwei gleichlange Phasen (A und B), wobei A die Baseline und B die Interventionsphase bildet. Sowohl die Werte der Baseline als auch der Interventionsphase werden an einer Versuchsperson erhoben. Der unterschiedliche Verlauf der Kurven in der Baseline und Interventionsphase wird interpretiert. Es handelt sich um ein einfaches Design mit Meßwiederholung, wobei nur der Interventionserfolg beurteilt werden soll. Bekannt ist dieses Design unter der Bezeichnung AB-Design. Wählt man drei Phasen A, B und C, dann kann nach der Intervention auch noch ihre langfristige Wirkung bestimmt werden, oder aber die Effekte einer anderen, zweiten Intervention in Phase C; es liegt dann ein ABC-Design vor (vgl. *Hersen & Barlow*, 1976).

Wiederholungen. Teilt man ein Design in zwei Phasen, so kann man diese alternierend kombinieren (A_1, B_1, A_2, B_2 usw.). Man kann auch die Länge der Phasen variieren: Phase A kann 20 Meßzeitpunkte erfassen, Phase B 30. Mit einem solchen Design ist es z.b. möglich, die Auswirkungen eines zweiten Interventionszeitpunktes (B_2) zu bestimmen (vgl. *Yarnold*, 1988). Mit zunehmender Anzahl der verschiedenen Phasen (A, B, C,...) wächst die Möglichkeit der Kombinationen. Mit diesen Designs wird es dann möglich, die Auswirkungen von zwei verschiedenen aufeinanderfolgenden Interventionen bei einer Person und die langfristigen Effekte dieser Interventionen zu bestimmen.

Verschiedene Versuchspersonen. Werden zu mehreren Zeitpunkten Messungen an verschiedenen Personen durchgeführt, müssen die Werte der einzelnen Personen zunächst für eine Verlaufsanalyse zusammengefaßt werden. In Abhängigkeit vom Datenniveau wählt man dafür den Modus, Median oder Mittelwert. Wesentlich ist dabei die Homogenität der Personengruppe, da nicht Abweichungen innerhalb verschiedener Subgruppen zu einem Zeitpunkt, sondern Abweichungen im Zeitverlauf für den Einzelfall bestimmt werden sollen. Ein Nachteil dieses Verfahrens besteht darin, daß mangelnde Homogenität auftritt, und damit für jede Person unterschiedliche, und deshalb schwer zu bestimmende und zu eliminierende serielle Abhängigkeiten entstehen. Der Vorteil läge in einer besseren Generalisierung der Ergebnisse, da nicht der einzelne Fall eine Gruppe repräsentiert, sondern mehrere Fälle zusammengefaßt werden können, was nach den Gesetzen der Klassischen Testtheorie den Meßfehler minimiert, weil dieser bei steigender Gruppengröße gegen Null strebt. Dieses Design ist entsprechend mit allen anderen Anordnungen kombinierbar. Allerdings bereitet bei zu komplexen Versuchsanordnungen die Zuordnung der Fehler Schwierigkeiten. Durch die mangelnde Homogenität innerhalb einer Gruppe wird es schwer, die Fehler zuzuordnen, da sie entweder durch die Varianz der Personen untereinander, durch verschiedene Erhebungsphasen oder durch unterschiedliche Reaktionen der Personen auf eine eventuelle Intervention bedingt sein können.

Variablen pro Phase. Ebenso, wie es möglich ist, Werte von verschiedenen Personen zu einem Meßzeitpunkt zu bestimmen, besteht die Möglichkeit, verschiedene Variablen bzw. Interventionen in einer Phase zu erheben bzw. durchzuführen. Diese können dann getrennt voneinander oder kombiniert ausgewertet werden. Mit diesem Design ist es möglich, die Effektivität der Kombination verschiedener Interventionen langfristig zu beurteilen. Geht man von drei verschiedenen Interventionen I_1, I_2 und I_3 aus, so kann man nach einer Baseline in der ersten Interventionsphase I_1 und I_2 kombinieren, danach folgt eine interventionsfreie Phase; dann wird mit einer Kombination von z.B. I_1 und I_3 interveniert. In einer weiteren interventionsfreien Phase können dann die Auswirkungen der Kombinationen in dieser Reihenfolge bestimmt werden. Auf diese Weise sind Vergleiche mit anderen Kombinationen und Reihenfolgen möglich, wodurch man die effektivsten Kombinationen bestimmen kann. Auch dieses Design läßt sich mit den bisher beschiebenen Formen verknüpfen.

Auswahl der Bezugsgrößen. Veränderungen, die durch eine Intervention bedingt sind, können oft nur mit viel Aufwand kausal der Intervention zugeordnet werden. Ein Ausweg aus dieser Schwierigkeit ist, die Intervention unter verschiedenen Bedingungen zeitverschoben durchzuführen. Solche Bezugsgrößen können verschiedene Personen, Verhaltensweisen (z.B. verbale oder körperliche Aggression) oder Situationen (z.B. Freizeit- vs. Arbeitsbereich) sein. Ändert sich der Kurvenverlauf bei allen Bezugsgrößen nach der Intervention vergleichbar, kann davon ausgegangen werden, daß die Veränderung durch die Intervention verursacht wurde. Durch ein solches Design kann man den Interventionseffekt bei unterschiedlichen Verhaltensweisen, bei unterschiedlichen Personen oder in unterschiedlichen Situationen beurteilen (vgl. *Taylor & Adams*, 1982).

Veränderung der Anforderungen über die Zeit. In der Regel soll ein auffälliges Verhalten durch eine Intervention reduziert werden. Da dieses Verhalten während der Therapiezeit verändert wird, ist die Zeitreihenanalyse geeignet, die Therapieeffekte aufzudecken. Legt man vor der Intervention ein starres Ziel fest, besteht die Gefahr, durch eine überhöhte Vorgabe die Motivation des Klienten negativ zu beeinflussen. Die Alternative besteht darin, in aufeinanderfolgenden Interventionsabschnitten, die Anforderungen solange langsam zu steigern, bis das Ziel erreicht ist. Diese Vorgabe entspricht einem A, B_1, B_2,..., B_n – Design, in dem mit steigendem n die Anforderungen erhöht werden.

Entdeckung von Periodizität. Die bisherigen Ausführungen basieren auf der Annahme, daß die Einteilung der Phasen im Verlauf theoriegeleitet vorgenommen wird. In einigen Fällen ist es jedoch schwer oder unmöglich, klar zwischen den Phasen zu trennen. Der Grund hierfür ist, daß entweder zu wenig theoretische Informationen zur Verfügung stehen oder aber es bestehen zu einem Bereich sich widersprechende Hypothesen, die schwer zu operationalisieren sind. Beispiele wären periodische Blutdruckschwankungen, der Verlauf von Wirkstoffkombinationen im Blut oder die Änderung der Leistungsfähigkeit von

Sportlern über die Zeit. Da für diese Fälle unzureichende theoretische Vorannahmen vorliegen, muß die Einteilung in Phasen bzw. die Untersuchung auf Periodizität aufgrund des Datenmaterials erfolgen. Eine Möglichkeit, Verlaufsdaten in Phasen einzuteilen, bildet z.b. die hierarchische Trend-Abschnitt-Komponenten-Analyse (HTAKA) von *Kleiter* (1986). Periodizitäten innerhalb von Zeitreihendaten kann man mit Autokorrelationen, Fourieranalysen oder – speziell im medizinischen Bereich – mit Spektralanalysen (vgl. *Mulder* et al., 1989) auffinden.

Kriteriumsorientiertes Auswerten. Da bei diesem Ansatz nicht eine Bezugsgruppe als Norm dient, sondern eine definiertes Kriterium, eignen sich fast alle kriteriumsorientierten Tests zur Durchführung von Einzelfalluntersuchungen. Der Einzelne kann an einem Kriterium gemessen werden. Aus diesem Grund ist es bei dieser Art der Messung und Auswertung nicht unbedingt nötig, eine Zeitreihe als Datenpool zu haben, sondern die Meßergebnisse einer einzelnen Person zu einem Zeitpunkt reichen aus, um zu prüfen, ob der Proband ein Kriterium erfüllt hat oder nicht.

3. Klein-N-Studien und Replikationsstudien

Einen methodischen Übergang zwischen Einzelfall- und Gruppenstudien stellen die Klein-N-Studien dar. Nach *Robinson & Forster* (1979) kann zwischen Klein-N-Studien und Groß-N-Studien gemäß der in Tabelle 2 aufgeführten Aspekte unterschieden werden:

Tabelle 2. Gegenüberstellung von Klein-N- und Groß-N-Studien (erheblich modifiziert aus: *Robinson & Forster*, 1979, S. 84).

BESCHREIBUNGS-GEGENSTAND	KLEIN-N-STUDIE	GROSS-N-STUDIE
Anzahl der Versuchspersonen	2 bis 5	über 30
Messung der anhängigen Variablen	Meßwiederholung pro Versuchsperson	Eine Messung pro Versuchsperson und wiederholte Messung
Abhängigkeit von der Erhebungstechnologie	hoch	mittel
Erforderliche Kontrolltechniken	Elimination, Konstanthaltung, Einführung von Hilfsvariablen	Zusätzlich: Randomizieren, statistische Kontrolle
Signifikanzprüfung	Visueller Tests (teilweise statistische Tests)	Statistische Tests
Generalisierung	Systematische Wiederholung der Studie	Zufällige Auswahl von Einzelergebnissen

Konzeptuell ordnen wir Klein-N-Studien der Einzelfallmethodologie zu. Dies ist vor allem deshalb gerechtfertigt, da die Untersuchungsdesigns und Auswertungsverfahren den Ansätzen der Einzelfallanalyse vergleichbar sind. Klein-N-Studien sollte man jedoch nur dann in Erwägung ziehen, wenn die Varianz im Ausgangswert (Baseline) und im Zeitverlauf (Interventionsphase) zwischen den Personen sehr klein ausfällt. Liegen solche Daten nicht vor, sollten Einzelfallanalysen realisiert werden.

Replikationsstrategien. Das Ziel einer Replikation ist es, durch wiederholte Durchführung ähnlich angelegter Studien, Ergebnisse abzusichern (*Petermann*, 1982). *Hersen & Barlow* (1976) unterschieden zwei Unterziele: *erstens*, die Bestimmung der Zuverlässigkeit des Einzelfalls, und *zweitens*, die Abschätzung der Generalisierbarkeit. Diese Ziele kann man vor allem durch die direkte und systematische Replikation erreichen.

Direkte Replikation. Bei dieser Form müssen drei Grundbedingungen erfüllt sein. Erstens sollten die situativen Bedingungen und die Variablen des Versuchsleiters (z.B. Therapeuten) hinsichtlich ihrer zentralen Inhalte vergleichbar sein. Zweitens wird von den Versuchspersonen der Replikationsstudie verlangt, daß sie denen der ersten Studie entsprechen; und drittens, die Bedingungsvariablen der Einzelfallstudie müssen genau beachtet und dokumentiert werden, um eine Wiederholung möglich zu machen.

Systematische Replikation. Hersen & Barlow (1976) verstehen darunter den Versuch, Ergebnisse einer Studie bei wechselnden Situationsbedingungen, Therapeuten, Verhaltensweisen u.a. zu wiederholen. Das Ziel ist hier, durch eine Veränderung von Variablen von Studie zu Studie zu einer Generalisierung der zentralen Aussagen zu gelangen. Die Verallgemeinerung kann in dreifacher Weise erfolgen: über Versuchspersonen (Patienten), Versuchsleiter (Therapeuten) und Situationsbedingungen. In den Replikationsstudien dürfen nur die Variablen verändert werden, über die nicht verallgemeinert werden soll.

Replikation durch Meta-Analysen. Faßt man die empirischen Ergebnisse aus bereits durchgeführten Studien zusammen, dann spricht man von Meta-Analysen. Bei dieser Strategie sollen demnach die Befunde einer Studie durch thematisch vergleichbare andere Studien repliziert werden (vgl. *Fricke & Treinies,* 1985). Meta-Analysen in der Einzelfallforschung bieten sich jedoch nur dann an, wenn man von Anfang an eine systematische Replikation beabsichtigt und relativ einfache Designs anwendet. Bei komplexen, multiplen Baseline Designs stößt man schnell an Grenzen. Basieren solche Designs auf unterschiedlichen Ausgangsbedingungen und werden schrittweise verschiedene Interventionen eingeführt, dann liegt eine mangelnde Vergleichbarkeit vor.

Replikationsstudien sind für die Einzelfallforschung zentral und bieten folgende Vorteile: umfassende Dokumentation, Abschätzung der Interventionswirkung bei unterschiedlichen Personen, Übertragung von Interventionen auf andere Gruppen und eine langfristige Qualitätskontrolle.

Literatur

Fricke, R. & Treinies, G. Einführung in die Meta-Analyse. Bern: Huber, 1985.

Grawe, K. Differentielle Prozeßdiagnostik. Zeitschrift für Klinische Psychologie, 1989, 18, 26-34.

Hersen, M. & Barlow, D. H. Single case and experimental designs: Strategies for studying behavior change. New York: Pergamon, 1976.

Kleiter, E. F. HTAKA: Hierarchische - Trend-Abschnitt-Komponenten-Analyse. Ein Verfahren zur Analyse von Zeitreihen. Zeitschrift für Empirische Pädagogik und Pädagogische Psychologie. Beiheft 2, 1986.

Metzler, P. & Nickel, B. Zeitreihen und Verlaufsdaten. Leipzig: Hirzel, 1986.

Mulder, L. J. M., van Dellen, H., van der Meulen, P. & Opheikens, B. CARSPAN: A spectral analysis program for cardiovascular time-series. In Maarse, F. J., Mulder, L. J. M., Sjouw, W. & Akkerman, A. (Eds.), Computers in psychology: Methods, instrumentation and psychodiagnostics. Lisse: Swets & Zeitlinger, 1989.

Petermann, F. Einzelfalldiagnose und klinische Praxis. Stuttgart: Kohlhammer, 1982.

Roth, W. Praxisorientierte Evaluationsmethodologie – Trends in der Einzelfallversuchsplanung. Zeitschrift für Klinische Psychologie, 1985, 14, 113-129.

Robinson, P. W. & Forster, D. F. Experimental Psychology: A small-N-approach. New York: Harper & Row, 1979.

Taylor, R. L. & Adams, G. L. A review of single-subject methodologies in applied settings. The Journal of Applied Behavioral science, 1982, 18, 95-103.

Yarnold, P. R. Classical test theory methods for repeated-measures N = 1 research designs. Educational and Psychological Measurement, 1988, 48, 913-919.

Praktische Probleme bei der Planung und Durchführung von Therapieverlaufsstudien

Franz Petermann

1. Einleitung

Die Vorzüge der N=1-Methodologie werden von verschiedenen Autoren besonders hervorgehoben (vgl. *Barlow & Hersen,* 1977; *Dahme,* 1977; *Hersen & Barlow,* 1976; *Huber,* 1973; 1978; *Leitenberg,* 1977; *Petermann,* 1978; 1982 u.v.a.), wobei bei der Argumentation zumindest unterschwellig die Ökonomie des Vorgehens der N=1-Methodologie oder die Erfordernisse des Gegenstandes (vgl. begrenzte Stichprobengröße u.a.) eine tragende Rolle spielt. Diese Argumentation ist sicherlich auf der einen Seite sehr einleuchtend, auf der anderen Seite jedoch auch problematisch, da die N=1-Methodologie als Surrogat einer empirischen Prüfstrategie im klinischen Bereich angesehen wird, die dann zum Einsatz kommt, wenn kein klassisches Experiment mehr durchgeführt werden kann.

Die nachfolgenden Ausführungen gehen jedoch von folgender Prämisse aus, die sich pointiert wie folgt formulieren läßt: Die N=1-Methodologie stellt einen *eigenen* methodischen Zugang zur Erforschung unterschiedlicher klinischer Fragestellungen dar, der nicht unter dem Aspekt der Minimierung des Aufwandes diskutiert werden kann, der hinsichtlich der Realisierung eines Experiments notwendig ist. Die Ansprüche und praktischen Erfordernisse im Rahmen der N=1-Methodologie sind nicht geringer als die der Gruppenstudie — es sind jedoch andere!

Die eben kurz angerissenen Probleme lassen sich mit dem Stichwort „Standortbestimmung der N=1-Methodologie" umschreiben. Eine solche Standortbestimmung erscheint bisher nur unzureichend geleistet (vgl. *Huber,* 1973; *Hersen & Barlow,* 1976) und kann prinzipiell auf zweierlei Weise erfolgen:
a) durch eine wissenschaftstheoretische Legitimationsstrategie, wie sie beispielsweise *Westmeyer* in Kap. I leistet, und komplementär dazu
b) durch eine Einordnung der Technologie selbst in den Rahmen der sozialwissenschaftlichen Forschungstechnologie insgesamt.
Da Punkt (a) in Kap. I des Bandes angegangen wurde, soll nur Punkt (b) berücksichtigt werden.

Die Ausführungen zu Punkt (b) machen es erforderlich, Informationen zu folgenden Aspekten zusammenzustellen:
— Versuchspläne (Versuchspläne werden vor allem von *Fichter* in diesem Band diskutiert und deshalb wird nachfolgend nur auf das von *Fichter* nicht behandelte Interaktionsdesign eingegangen.),
— Versuchspläne und ihre Validität,

- Erhebungsinstrumente im Rahmen der N=1-Methodologie (Kriteriumsmessung) und
- Probleme der Integration und Interpretation von einzelfallanalytischen Befunden.

2. Versuchspläne

N=1-Studien machen auf der Ebene der Versuchsplanung ein Umdenken erforderlich und es ist zunächst notwendig, auf mögliche Versuchspläne einzugehen (vgl. jedoch ausführlicher *Fichter* in diesem Band). In einem zweiten Schritt müssen dann N=1-Versuchspläne auf ihre Validität hin untersucht werden (vgl.3.).

Das Umdenken auf der Ebene der Versuchsplanung ist insofern von Nöten, da man zur Überprüfung der Veränderungen bei Einzelpersonen von einer Vielzahl von abhängigen Messungen ausgehen muß. Die Meßwerte werden entweder in Phasen der Nicht-Behandlung, allgemein als Baseline-Phasen bzw. einfach als Baseline[1]) bezeichnet, oder in Phasen der Behandlung, allgemein als Intervention bezeichnet, gewonnen. Die Abfolge von Nicht-Behandlung und Behandlung kennzeichnet den jeweiligen Versuchsplan. Wichtig bei der Konzeptualisierung eines Versuchsplanes ist, daß die einzelnen Phasen des Planes ungefähr gleich lang sein und eine Mindestzahl von Beobachtungen aufweisen sollen. Diese Mindestzahl von Beobachtungen richtet sich u.a. nach den zugrunde gelegten statistischen Auswertungsmodellen (vgl. etwa die Diskussion bei *Glass* et al., 1975; *Noack; Revenstorf & Keeser; Revenstorf & Vogel* in diesem Band). Eine solche Mindestzahl ist für die Schätzung der Interventionseffekte nötig. In diesem Zusammenhang ist es wichtig darauf hinzuweisen, daß aus ethischen Gründen es oft nicht vertretbar ist, sehr viele Phasen hintereinanderzuschalten. Da der Beitrag von *Fichter* in diesem Band und eine Vielzahl von leicht zugänglichen Arbeiten (vgl. *Campbell & Stanley*, 1970; *Campbell*, 1969; *Barlow & Hersen*, 1977; *Hersen & Barlow*, 1976; *Leitenberg*, 1977 u.a.) in grundlegender Weise N=1-Pläne darstellen, braucht hier nicht weiter auf einzelne Versuchspläne eingegangen werden.

Zur Verdeutlichung der Komplexität und der damit verbundenen Aussagekraft von N=1-Versuchsplänen soll ein einziges Design herausgegriffen werden. Es handelt sich dabei um das sogenannte Interaktionsdesign, das *Glass* et al. (1975) diskutieren, und das als Gegenstück zu dem klassischen, faktoriellen Design im Rahmen von N=1-Studien anzusehen ist. Für den einfachsten Fall eines 2X2-faktoriellen Designs sieht der Versuchsplan wie folgt aus (0=Beobachtung; I=Intervention):

---

[1]) Normalerweise wird der Begriff Baseline ausschließlich zur Kennzeichnung der Datenerhebungsphase vor der Therapie herangezogen. Es scheint jedoch auch möglich, von einer Baseline zu reden, wenn nach einem Therapieabschnitt mit einer Phase der Datenregistrierung, in der keine Behandlung stattfindet, ein neuer Abschnitt der Therapie eingeleitet wird.

Phase 1   Phase 2   Phase 3   Phase 4

$\boxed{0\ 0\ 0}$ $\boxed{I_1\ 0\ I_1\ 0\ I_1\ 0}$ $\boxed{I_2\ 0\ I_2\ 0\ I_2\ 0}$ $\boxed{I_1\ I_2\ 0\ I_1\ I_2\ 0\ I_1\ I_2\ 0}$

Der Versuchsplan baut sich aus vier Phasen auf:
Phase 1 = reine Datenregistrierung ohne Intervention,
Phase 2 = Datenregistrierung und Intervention 1,
Phase 3 = Datenregistrierung und Intervention 2 und
Phase 4 = Datenregistrierung und Intervention 1 und 2 kombiniert.

Durch die Unterteilung in die vier Phasen sind in dem vorgestellten Design die Haupteffekte und die Interaktion separierbar, wobei das Design prinzipiell auf k verschiedene Interventionen angewandt werden kann. Zu bedenken ist jedoch, daß die Zahl der möglichen bzw. notwendigen Kombinationen exponential wächst und sich meines Erachtens nur dreifaktorielle Designs noch durchführen lassen. Dies aus rein ökonomischen Gesichtspunkten.

3. Versuchspläne und ihre Validität

Die Validität eines Experiments läßt sich einerseits als interne Validität und andererseits als externe Validität begreifen. Hinsichtlich der Therapieforschung spezifiziert bedeutet dies: Inwieweit läßt sich die beobachtete Veränderung im Patientenverhalten durch andere Einflüsse als die der durchgeführten Therapie erklären (Definition der internen Validität; vgl. *Kirchner, Kissel, Petermann & Böttger*, 1977, S. 61)? Die externe Validität läßt sich nach *Kirchner* et al. (1977, S. 69) analog spezifizieren. Hierbei wird danach gefragt, inwieweit sich das vorgefundene Behandlungsergebnis auf andere Patienten, andere Therapeuten und andere Behandlungsbedingungen übertragen läßt. Bis zu diesem Punkt treffen die Aussagen hinsichtlich der Validität sowohl für Gruppen- als auch Einzelfallexperimente zu.

Glass, Willson & Gottman (1975) spezifizieren und konkretisieren das Konzept der Validität im Hinblick auf Einzelfallexperimente. Die Autoren diskutieren im pädagogischen Bereich folgende Störfaktoren der Validität, die in Anlehnung an *Campbell & Stanley* (1970) und *Campbell* (1969) wie folgt zu benennen sind (vgl. *Glass* et al., 1975):

a) zwischenzeitliche Geschehen (äußere Einflußgrößen wirken in ähnlicher Weise wie die Intervention oder ihr entgegen; z.B. Verlust der Arbeitsstelle, neue Arbeitsstelle, Beförderung, neue Freundin);
b) reaktive Intervention (Veränderungen aufgrund der Intervention sind mit Veränderungen des Systems konfundiert, z.B. Reifung);
c) Interferenz multipler Interventionen (eine vorhergegangene Intervention beeinflußt eine nachfolgende);

d) Instrumentation (Meßinstrumente verändern sich über die Zeit);

e) Instabilität (aufgrund des statistischen Fehlers treten nicht durch die Intervention begründbare Fluktuationen auf, z.B. statistische Regression);

f) experimentelle Einbußen (Selektion von Probanden während einer therapeutischen Behandlung; Dropouts) und

g) Interaktion von Selektion und anderen Störfaktoren (z.B. Selektion von Probanden und zwischenzeitliches Geschehen).

Bei der Wahl eines Versuchsplanes ist dann ein Ausgleich zwischen notwendiger Komplexität einer Versuchsanordnung und einer minimalen Beeinträchtigung durch Störfaktoren zu suchen. So ist etwa bei dem Grunddesign (einer Behandlung wird eine Phase der Datenerhebung voran- und nachgestellt) eine Interferenz multipler Interventionen nicht möglich, da nur eine Intervention stattfindet, deren Effekte allerdings nicht eindeutig aufgrund des einfachen versuchsplanerischen Vorgehens geprüft werden können. Ebenso ist es beispielsweise unmöglich, daß eine Interaktion von Selektion und Instrumentation bei der randomisierten Form des Umkehrdesigns auftritt, da die Randomisierung die Selektion kontrolliert (vgl. *Glass* et al. 1975). *Glass* et al. zeigen, daß durch eine optimale Versuchsplanung (vgl. etwa Randomisierung), durch Meßverfahren, die eine geringe meßfehlerbedingte Verzerrung aufweisen und durch ein Modell der Datenbeschreibung, das die Instabilität der Meßwerte in den Griff bekommt (vgl. Zeitreihenmodelle; *Noack; Revenstorf & Keeser* in diesem Band), eine weitgehende Kontrolle der Störfaktoren erreicht werden kann und eine befriedigende interne Validität gewährleistet ist.

Es ist zu fragen, inwieweit das Konzept, das *Glass* et al. (1975) vorschlagen, in der Klinischen Psychologie anwendbar ist. Problematisch erscheinen die vorgestellten Listen der Validität aus Gründen, die *Kirchner* et al. (1977) zusammenfassen. Diese Autoren gehen davon aus, daß experimentell eine unbegrenzte Zahl von Faktoren zu finden sind, die die Validität gefährden. Die Hervorhebung einiger Variablen, wie dies in der Konzeption von *Campbell & Stanley* (1970) oder auch in der von *Glass* et al. (1975) geschehen ist, muß zurückgewiesen werden, da dieser Schritt zu einer Blickverengung bzw. -verzerrung führt. Dazu kommt, daß es sich bei der Auflistung der Störfaktoren einerseits um sehr allgemeine (vgl. etwa zwischenzeitliches Geschehen) und andererseits um sehr spezifische Bereiche (vgl. Instrumentation) handelt. So ist unter der Störquelle ,,zwischenzeitliches Geschehen" vollkommen Unterschiedliches und Gegensätzliches subsumiert (etwa Umzug, Verlust des Arbeitsplatzes, neue Freundin u.a.). Die Konzeption der genannten Autoren (*Glass* et al.; *Campbell & Stanley*) zeichnet sich weiterhin noch durch eine geringe Gegenstandsverankerung hinsichtlich klinischer Forschungsfragen aus. Die Kriterien für die Beurteilung der Validität eines Experiments sind durchweg abstrakt formuliert, ohne einen Bezug zur klinischen Forschung aufzuweisen. Eine stärker gegenstandsverankerte Konzeption der Validität schlagen deshalb *Kirchner* et al. (1977) vor. Hierbei müssen sich die

Autoren, wie angedeutet, kritisch von dem Kriterienkatalog von *Campbell &
Stanley* (1970) und *Glass* et al. (1975) abgrenzen.

Kirchner et al. postulieren fünf Quellen der Beeinträchtigung der internen und
externen Validität im Hinblick auf die Psychotherapieforschung:

(1) Externe Einflüsse auf den Patienten: u.a. Veränderung der individuellen
    Lebenssituation; interferierende Behandlungen, die der Patient erfährt;
    gleichzeitige Veränderungen;
(2) Patientenmerkmale (situationsspezifische Effekte; Persönlichkeitseigen-
    schaften);
(3) Therapeutenmerkmale (situationsspezifische Effekte; Persönlichkeitseigen-
    schaften);
(4) Variablen der therapeutischen Technik (Bestandteile der Therapie bzw. des
    Trainings; Dauer des Trainings; verwendete Arbeitsmaterialien) und
(5) Kriteriumsmessung (Art des Kriteriums; mögliche Artefakte; Zahl und
    Anordnung der Meßzeitpunkte).

Im einzelnen versucht die folgende Tabelle 3, die sich an *Kirchner* et al. (1977,
S. 86) anlehnt, einen Überblick über die Bereiche der Störquellen zu geben.
Weiterhin wird jeweils ein Beispiel dafür angegeben, wie sich konkret eine Konfundierung mit den therapeutischen Effekten bemerkbar macht. In der linken
Spalte der Tabelle wird eine Beziehung zu den Faktorenlisten von *Glass* et al.
(1975) hergestellt. Es wird hierzu jeweils die laufende Numerierung (a) – (g) angegeben (s.o.).

Die Gliederung der Störquellen in Tabelle 3 richtet sich nicht nach der Auflistung der Faktoren von *Campbell & Stanley* bzw. *Glass* et al., sondern geht von
den Wirkgrößen des sozialen Bedingungsgefüges aus (vgl. *Orne*, 1962; *Gniech,*
1976; *Mertens, 1975; Timaeus,* 1974), in dem eine klinische Intervention wirkt.
Von daher bietet sich zunächst der Einflußfaktor „Patient", die „therapeutische
Technik" und der „Therapeut" selbst an. Da neben der therapeutischen Technik
auch eine Vielzahl von äußeren Einflüssen auf den Patienten einwirken, müssen
diese bei der Abbildung des sozialen Bedingungsgefüges ebenfalls berücksichtigt
werden. Diese Faktoren wurden als „externe Einflüsse auf den Patienten" bezeichnet (s.o.).

Der Klassifikationsvorschlag von *Kirchner* et al. (1977) geht über die Systematik von *Glass* et al. (1975) hinaus, da *Glass* et al. die Bereiche „Therapeutenmerkmale" und „Variablen der therapeutischen Technik" ausklammern (vgl.
Tabelle 3). *Bracht & Glass* (1975) weisen ebenfalls auf diese Probleme hin und
führten weitere Störbedingungen ein. Als Erweiterungen sind zu nennen: Das
Wirken des Versuchsleitereffektes (im klinischen Bereich im Sinne des Wirkens
von Therapeutenmerkmalen auf den Patienten zu interpretieren) oder die Analyse der unabhängigen Variablen (im klinischen Bereich im Sinne des Einflusses
der therapeutischen Technik auf den Patienten zu interpretieren). Die Erweiterung von *Bracht & Glass* (1975), die vor allem den Aspekt der externen Validität stärker betonen, wurde bisher noch nicht umfassend in der Klinischen Psycho-

Tabelle 3. Übersicht über die einzelnen Störfaktoren im Rahmen der Psychotherapiefor-schung (vgl. *Kirchner* et al., 1977, S. 86).

1 Externe Einflüsse auf den Patienten		
Faktoren bei *Glass* et al.	Bereich	Beispiel
(a – c)	Veränderungen in der individuellen Lebens-situation	Beruflicher Aufstieg bewirkt positive Ver-änderung der psychischen Situation.
	Veränderung der allge-meinen Lebenssituation	Ökonomischer Aufschwung bewirkt Ver-besserung der psychischen Situation.
	gleichzeitig interferie-rende Behandlung	Stationäre Patienten erhalten zusätzlich Routinebehandlung; Behandlung des Hausarztes durch Pharmaka u.a.
2 Patientenmerkmale		
(f, g)	Symptomatik des Patienten	Patienten unterscheiden sich im früheren Verlauf ihrer Behandlung, Art der Störung, Häufigkeit und Intensität der Störung.
	stabile Merkmale des Patienten	Patienten unterscheiden sich in ihrer sozialen Herkunft (Familie, soziale Schicht) und davon abhängigen Komponenten (Beruf, spezifische Einstellungen zum Leben).
	situationsspezifische Patientenmerkmale	Motivation zur Therapie beeinflußt den Behandlungserfolg; Dropouts.
3 Therapeutenmerkmale		
keine	stabile Therapeuten-merkmale	Erfahrung und Qualifikation des Thera-peuten.
	situationsspezifische Therapeutenmerkmale	Erwartungen über den möglichen Erfolg der Therapie; Hilfsbereitschaft; Sympathie.
4 Variablen der therapeutischen Technik		
keine	intendierte Bestand-teile	Instruktion beeinflußt den Behandlungs-effekt.
	Dauer der Therapie	Gesamtdauer der Therapie beeinflußt deren Wirksamkeit.
	Setting	Art der Behandlungssituation.
	nicht-intendierte Be-standteile der Therapie	Veränderung der Interventionstechnik aufgrund von Komplikationen.

(Fortsetzung Tabelle 3.)

5 *Kriteriumsmessung*		
Faktoren bei *Glass* et al.	Bereich	Beispiel
(d, e)	Art des erhobenen Kriteriums	Symptomfragebogen u.a.
	Reaktivität der Meßprozedur	Patient reagiert im Sinne der sozialen Erwünschtheit.
	Instabilität	Zeitpunkt der Messung erfaßt nur Fluktuationen anstatt reale Veränderung.
	statistische Regression	Scheinbare Veränderung, die aufgrund der statistischen Regression zu erklären ist.
	Wahl des Zeitintervalls zur Überprüfung des Therapieerfolges („Timing"; vgl. *Kubie* 1973).	Es muß eine Annahme über die Art der therapeutischen Wirkung getroffen werden (kurz- oder langfristiger Effekt), die das Intervall zwischen den Meßzeitpunkten bei der Therapieerfolgsmessung bestimmt. Dieses Intervall kann zu kurz oder zu lang gewählt werden, wodurch sich eine verzerrte Abbildung des Therapieerfolges einstellt.

logie diskutiert und ist nur bei entsprechender Modifikation auf den klinischen Bereich zu übertragen.

Ein möglicher Einwand gegen die Strukturierung von *Kirchner* et al. kann die noch nicht ausreichend erfolgte Diskussion hinsichtlich des Zusammenwirkens der einzelnen Störfaktoren darstellen. Es ist leicht einzusehen, daß eine Aussage wichtig wäre, inwieweit die genannten Störbereiche aufeinander einwirken. Eine solche Aussage kann eine Grundlage für die Überlegung darstellen, welche Bereiche zumindest erfaßt werden müssen, um wenigstens ein Minimum an experimenteller Kontrolle zu gewährleisten. In vereinfachter Weise kann man die Wechselwirkung und das Zusammenwirken wie folgt annehmen:

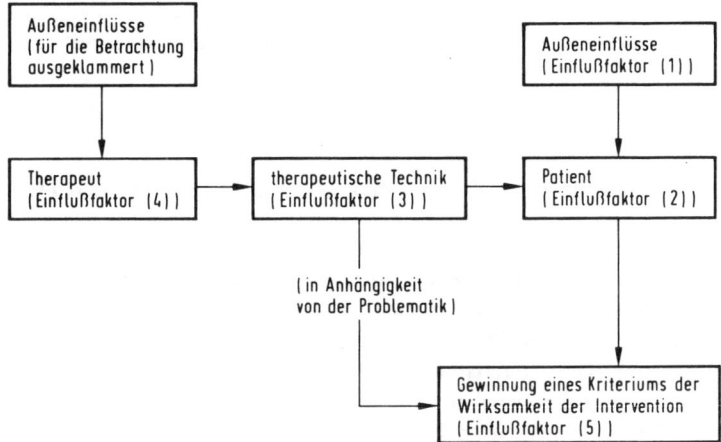

Abb. 2. Vereinfachte Darstellung des Zusammenwirkens möglicher Störfaktoren im klinischen Bereich (Psychotherapieforschung).

Die Handlungsweisen von Therapeut und Patient werden durch Außeneinflüsse mitbestimmt, wobei für die Analyse des Therapieerfolges nur die Einflüsse auf den Patienten von Bedeutung sind (vgl. Abb. 2). Es wird weitgehend davon ausgegangen, daß der Therapeut fähig ist, die Außeneinflüsse soweit in der therapeutischen Situation auszuschalten, daß sie nicht als Störfaktoren anzusehen sind. Die Therapeutenmerkmale wirken gemeinsam mit der therapeutischen Technik auf den Patienten und den Therapieerfolg. Die individuelle Problematik und die therapeutische Technik bestimmen weitgehend die Wahl und Gewinnung des Kriteriums für die Wirksamkeit der Intervention.

Hinsichtlich der Einflußfaktoren (1) – (4) müssen bei jeder praktischen wie wissenschaftlichen Arbeit detaillierte Informationen gesammelt werden, die eine genaue Aussage über das soziale Bedingungsgefüge der Therapie und eine Prädiktion des Therapieerfolges erlauben. Die Probleme der Kriteriumsmessung im Rahmen der Therapieerfolgsforschung sind bei N=1-Studien von besonderer Bedeutung und werden daher unter 4. im Detail diskutiert. Global kann man schon an dieser Stelle die Forderung aufstellen, daß Indikatoren des Therapieerfolges herangezogen werden müssen, die eine minimale meßfehlerbedingte Verzerrung aufweisen.

Die Kontrolle der 5 Einflußgrößen der Beeinträchtigung der Validität ist prinzipiell bei N=1-Studien möglich, wenn alle Bereiche der Beeinträchtigung registriert und dargestellt werden. In anderen Worten: Für die Psychotherapieforschung, vor allem bei N=1-Studien, bei denen eine Erfassung von Störfaktoren durch Kontrollgruppen nicht möglich ist, ist die Aussagekraft einer Studie um so höher, je mehr Informationen hinsichtlich der 5 Beeinträchtigungsquellen vorliegen. In dem aufgezeigten Rahmen erhält dann auch das Konzept der Validität einen anderen Aussagegehalt, der dem Kenntnisstand der Therapieverlaufsforschung angemessen erscheint.

4. Erhebungsinstrumente im Rahmen der N=1-Methodologie (Kriteriumsmessung)

Lazarus & Davison (1977, S. 163) weisen darauf hin, daß nur bei Fallstudien (N=1-Studien, Einzelfallexperimenten, Einzelfallanalysen) es möglich ist, eine Beziehung zwischen Therapieeffekten und bestimmten damit in Zusammenhang stehenden Patientenmerkmalen herzustellen. Eine solche Beziehung kann jedoch nur dann empirisch begründet werden, wenn Erhebungsinstrumente zur Verfügung stehen, die beim wiederholten Einsatz eine geringe meßfehlerbedingte Verzerrung zur Folge haben. Solche erhebungssensible, d.h. durch Meßfehler wenig verzerrte Verfahren sind für die quasi-experimentelle, einzelfallanalytische Forschung von größerer Bedeutung als für die experimentelle, da dort zumindest eine globale Erfassung der experimentellen Effekte mit Hilfe einer Kontrollgruppe möglich ist. Bei der Analyse von Einzelfällen ist eine solche Kontrolle nicht so einfach möglich; sie kann durch erhebungssensible Verfahren aus folgenden fünf Bereichen angestrebt werden:

— psychophysiologische Maße,
— psychologische Tests,
— Maße der Selbstbeobachtung und Selbstregistrierung,
— Daten aufgrund systematischer Beobachtung und
— Interviewdaten.

Die genannten Verfahren halten die unerwünschten Verzerrungen gering, da sie Gütekriterien entsprechen, die eine Grundlage bieten, den wiederholten und sich über längere Zeitabschnitte erstreckenden, auf den Einzelfall bezogenen, Einsatz von Erhebungsverfahren zu bewerten. Als solche Gütekriterien, die man allerdings in einem weiteren Schritt noch stärker auf den klinischen Bereich spezifizieren müßte, wären zumindest die folgenden drei zu nennen:

a) Objektivierbarkeit (= die potentiell mögliche Meßgenauigkeit des Erhebungsverfahrens); dieses Kriterium erfüllen vorwiegend psychophysiologische Maße, psychologische Tests und Fremdbeobachtung.

b) Komplexität (= die realitätsgerechte Abbildung der Vielgestaltigkeit im Denken, Fühlen und Handeln des Patienten); dieses Kriterium erfüllen vorwiegend Interview, Fremdbeobachtung, Selbstbeobachtung und -registrierung.

c) Subjektive Bedeutsamkeit (= die Repräsentativität des erfaßten Ausschnittes, d.h. die Möglichkeit des Erhebungsverfahrens subjektiv-relevante Realität des Patienten abzubilden); dieses Kriterium erfüllen vorwiegend Interview, Selbstbeobachtung und -registrierung.

Die Forderungen (a) – (c) lassen sich jeweils getrennt gut einlösen, Schwierigkeiten treten jedoch in den Fällen auf, in denen alle drei Kriterien simultan optimiert werden sollen. Auf dem Hintergrund dieser Problemlage müssen dann (je nach Fragestellung) die einzelnen Kriterien unterschiedlich gewichtet werden.

(1) Psychophysiologische Maße

Die Bedeutung von psychophysiologischen Verfahren wird vor allem dadurch unterstrichen, daß es aufgrund solcher Verfahren potentiell möglich ist, anhand einer Vielzahl von Messungen eine Abbildung des Befindens anzustreben. Eine Übersicht über diese Bestrebungen gibt die zur Zeit sehr intensiv geführte Diskussion in diesem Bereich (vgl. *Birbaumer*, 1973; 1975; *Lanc*, 1977; *Lang*, 1973; *Greenfield & Sternberg*, 1972; *Legewie & Nusselt*, 1975; *Mayer & Petermann*, 1977).Von zentraler Bedeutung in diesem Rahmen ist die Diskussion hinsichtlich der Abbildungseigenschaften psychophysiologischer Indikatoren und deren psychologische Interpretation.

Physiologische Maße kann man in solche untergliedern, die aus primären und aus sekundären Signalen des Körpers abgeleitet wurden, wobei primäre Signale unmittelbar vom Körper abgeleitet werden können und sekundäre sich aus den primären zusammensetzen. Die primären Signale kann man weiter in elektromagnetische und mechanische differenzieren (vgl. *Greenfield & Sternberg*, 1972; *Mayer & Petermann*, 1977; zur Registriertechnik: *Neher*, 1974):

a) elektromagnetische Signale sind beispielsweise: Elektrokardiogramm (EKG), Elektroenzephalogramm (EEG), Elektromyogramm (EMG), Hautpotentiale, Hautwiderstand u.a.

b) mechanische Signale sind beispielsweise: akustische Signale (Atemgeräusche u.a.), Blutdruck, Erfassung der Motorik u.a.

Sekundäre Signale, z.B. aus dem EKG abgeleitet, sind: Herzfrequenz, Herzarrhythmie u.a.

In der Praxis zeigt es sich jedoch häufig, daß physiologische bzw. psychophysiologische Maße bisher schwer als Indikatoren für psychologische Prozesse anzusehen sind. Beachtet man jedoch die raschen Fortschritte auf diesem Gebiet (u.a. Telemetrie), kann man trotzdem für die Zukunft annehmen, daß psychophysiologische Indikatoren in der klinisch-psychologischen Forschung eine größere Bedeutung erlangen werden. Dies trifft sicherlich auch auf Einsatzgebiete im nichtklinischen Bereich der Psychologie zu (vgl. Entwicklungs- und Sozialpsychologie). So führten etwa *Fahrenberg, Kulik & Myrtek* (1977) eine psychophysiologische Zeitreihenstudie an 20 Studenten über mehrere Wochen durch, wobei neben physiologischen Maßen vor allem Einschätzungen des subjektiven Befindens berücksichtigt wurden.

Weiterhin muß abschließend noch auf die methodischen Fortschritte in diesem Bereich verwiesen werden (vgl. Zeitreihenanalyse), die auch verdeut-

lichen, in welcher Weise psychologische und physiologische Variablen integriert werden können (vgl. *Fahrenberg, Kuhn, Kulik & Myrtek,* 1977; *Zimmermann,* 1979).

(2) Psychologische Tests

Fahrenberg, Kuhn, Kulik & Myrtek (1977) weisen darauf hin, daß es bisher
für die Analyse von Veränderungen bei Einzelpersonen nur eine Testbatterie der
Autorengruppe *Mefferd, Moran, Kimble* u.a. gibt (vgl. *Moran,* 1961; *Mefferd &
Wieland,* 1970), die den Erfordernissen der Einzelfallanalyse und Veränderungs-
messung entspricht. Die Autorengruppe entwickelte die Repeated Psychological
Measurement (RPM)-Batterie, die in 20 — 30 Parallelformen vorliegt. Durch
diese Batterie ist es möglich, eine Reihe von kognitiven Faktoren zu erfassen. Im
einzelnen liegen folgende Untertests (zitiert nach *Fahrenberg* et al., 1977, S. 16)
vor:
RPM 1 Aiming (Zielen),
RPM 2 Flexibility of Closure (Figuren zeichnen),
RPM 3 Number Facility (Kopfrechnen),
RPM 4 Perceptual Speed (Ziffern durchstreichen),
RPM 5 Speed of Closure (Wörter erkennen),
RPM 6 Visualization (Linien verfolgen),
RPM 7 Word Association (Wörter assoziieren),
RPM 8 Memory for Faces (Gesichter wiedererkennen) und
RPM 9 Digit Span (Zahlen reproduzieren).
Für den klinischen Bereich stellt auch *Cattell & Scheier* (1961) ein Testverfah-
ren zur Erfassung von Angst und Neurotizismus vor, das die Autoren in 8 Parallel-
formen entwickelt und in einer Verlaufsuntersuchung eingesetzt haben.
Ein Verfahren für die Erfassung von affektiven Dimensionen liegt von *Hampel*
(1977) vor — Adjektiv-Skalen zur Einschätzung von Stimmungen (SES) —, das
folgende sechs Stimmungsfaktoren erfaßt:
gehobene Stimmung, gedrückte Stimmung, Mißstimmung, ausgeglichene Stimmung, Trägheit und Müdigkeit. Diese Skalen erbrachten bei Zeitreihenstudien
gute Ergebnisse, obwohl bisher nur zwei Formen des Verfahrens vorliegen (vgl.
Hampel, 1977).
Neben dem Einsatz von den eben geschilderten Tests der sogenannten eigen-
schaftsorientierten Diagnostik sind für die Therapieverlaufsforschung vor allem
situationsspezifische Testverfahren relevant. Die situationsspezifischen Tests
möchten nicht Charakteristika erfassen, die eine Person hat, sondern sie möchten
eine Angabe darüber machen, wie sich eine Person in verschiedenen Situationen
verhält. Man geht demzufolge nicht von Konstrukten (Persönlichkeitskonstruk-
ten), sondern von Reaktionen auf spezifische Aspekte der Umgebung aus. Wichtig
dabei ist, daß die Reizsituation durch die Auswahl der Items vollständig reprä-

sentiert ist. Die situationsspezifischen Tests müssen von der Kriteriumsmessung her entwickelt werden, um diesem Anspruch gerecht zu werden, wobei die Verhaltens-Umwelt-Interaktion eine zentrale Rolle einnimmt.

(3) Maße der Selbstbeobachtung und Selbstregistrierung

Informationen über das Patientenverhalten in einer Therapie, die durch Selbstbeobachtung und Selbstregistrierung (self-monitoring) gewonnen wurden, sind für eine Einzelfallbetrachtung unerläßlich. Im einzelnen kann sich diese Registrierung auf sehr unterschiedliche Bereiche erstrecken; z.B. einerseits auf sehr eindeutig zu registrierende Aspekte des Verhaltens (wie Häufigkeit des Rauchens, Gewichtsveränderung u.ä.; vgl. *Gottman & McFall,* 1972;*Mahoney,* 1974;*Maletzky,* 1974) und andererseits z.B. auf die Erfassung von komplexen Indikatoren für Stimmungen und Stimmungsschwankungen (vgl.*Hersen & Barlow,* 1976;*Hampel,* 1977). Eine Schwierigkeit, die bisher noch nicht empirisch angegangen wurde, besteht darin, inwieweit schon durch die Beobachtung der eigenen Person sich bereits das Verhalten verändert, d.h., es ergibt sich die Frage, inwieweit man die Selbstbeobachtung als rein diagnostisches Vorgehen oder als diagnostisch-therapeutisches Vorhaben ansehen muß (vgl. *Lipinski & Nelson,* 1974; *Nelson* et al., 1975). Ein erster Versuch zur Überprüfung der Validität von Selbstbeobachtungsdaten allgemein stammt von *Lando* (1975).

Abschließend ist jedoch darauf hinzuweisen, daß trotz der Schwierigkeiten und der Probleme bei der Datenregistrierung (vgl. Übungseffekte, Lerneffekte u.a.) die unter (3) vorgestellten Maße bei entsprechend hohem Aufforderungscharakter der Erhebungssituation (vgl. Forschungsinteresse, Leidensdruck im Rahmen der Therapie) aussagekräftig sind.

(4) Daten aufgrund systematischer Beobachtung

Im Rahmen einer therapiebegleitenden Diagnostik ist es sowohl für den Therapeuten als auch den Patienten wichtig, ein umfassendes Feedback über die Veränderung der Symptomatik zu erhalten. Psychophysiologische Maße, Tests und auch Self-Monitoring-Verfahren können jeweils nur ein Feedback anhand einiger ausgewählter Aspekte vermitteln, und so postulieren *Westmeyer & Manns* (1977) in der Beurteilung der Bedeutung von Beobachtungsverfahren, daß diese als die wichtigsten Erhebungsinstrumente zur Erfolgskontrolle eines Trainingsprogrammes anzusehen sind und sich bisher keine Alternative hierzu anbietet.

Der Einsatz von Beobachtungssystemen ist jedoch nur dann vorteilhaft, wenn eine hohe Beobachter-Objektivität, eine Möglichkeit der mechanischen Registrierung vorliegt und der Patient wie auch der Therapeut (unter Umständen auch die

Umwelt des Patienten) minimal belastet werden. Auf einzelne Techniken der systematischen Beobachtung, die auch im klinischen Bereich bevorzugt zum Einsatz kommen sollten, soll nicht eingegangen werden, da eine Vielzahl von umfangreichen Übersichtsarbeiten vorliegen (vgl. *Schulte & Kemmler*, 1974; *Brandt*, 1972; *Bayer*, 1974; *v. Cranach & Frenz*, 1969; *Lipinski & Nelson*, 1974 u.a.). Abschließend sei auf eine methodenkritische Arbeit von *Mees & Selg* (1977) verwiesen, die sich mit der Konstruktion und dem Einsatz von Beobachtungssystemen im Rahmen der Verhaltensmodifikation auseinandersetzt.

(5) Interviewdaten

Eine weitere Möglichkeit zur Erfassung von Therapieverlaufsdaten bietet das klinische Interview (zusammenfassend: *Schmidt & Kessler*, 1976). Prinzipiell ist es möglich, das Interview in zweierlei Hinsicht zur Abbildung des Therapieverlaufs einzusetzen: Es kann einerseits wiederholt zum Einsatz kommen oder andererseits auch als retrospektives Interview eingesetzt werden, in dem Phasen der Krankheitsentstehung, des Verlaufes und des konkreten Therapieverlaufes (Genesung) angesprochen werden (vgl. *Seidenstücker & Seidenstücker*, 1974; *Fiedler*, 1974). Problematisch erscheint die Auswertung des Interviews, wenn eine unzureichende Standardisierung der Erhebungssituation vorgenommen wird. Eine solche Standardisierung muß gewährleistet sein, um das Interviewmaterial z.B. sprachinhaltsanalytisch auszuwerten. Als ein bekanntes Verfahren der systematischen Sprachinhaltsanalyse kann man im klinischen Bereich das *Gottschalk-Gleser*-Verfahren (vgl. *Gottschalk & Gleser*, 1969; *Gottschalk* et al., 1969) ansehen, das zur systematischen Analyse der Patient-Therapeut-Interaktion (vgl. *Schöfer*, 1977) eingesetzt wird. Prinzipiell lassen sich auch andere Interaktionsprozesse analysieren. Als Analyseeinheit geht ein grammatikalischer Satz ein, wobei analysiert wird, inwieweit ein Affekt in einem Satz vorkommt (z.B. Angst, Aggression). Aus technischen Gründen geht man von 5-Minuten-Sequenzen aus, die hinsichtlich des Ausmaßes an Direktheit, des Ausmaßes an persönlicher Beteiligung und weiterer ausgewählter Inhaltskategorien analysiert werden.

5. Integration und Interpretation der Befunde

Die Integration psychometrischer und subjektiver (intuitiver, klinischer) Daten stellt sich für die Einzelfallbetrachtung zwingend, da die statistische Verarbeitung von Daten (z.B. die Analyse von Beobachtungsdaten aufgrund der Zeitreihenanalyse; vgl. *Noack* und *Revenstorf & Keeser* in diesem Band) das Sammeln und Verarbeiten von qualitativen Daten nicht ersetzen kann, wenn das Ziel eine umfassende Beschreibung der Persönlichkeit im Therapieverlauf darstellt. – Dies soll ja gerade das Anliegen der Einzelfallbetrachtung sein!

Eine differenzierte Einzelfallbetrachtung kann oftmals nicht anhand statistischer Kennwerte erfolgen, da diese oft schwer inhaltlich zu interpretieren sind. Weiterhin zeigt es sich, daß oft sehr einfache und leicht zu quantifizierende Kriterien hinsichtlich der Beurteilung des Therapieerfolges herangezogen werden müssen, wenn eine quantitative Analyse durchgeführt werden soll (vgl. *Petermann & Petermann, 1978*). Dies alles scheint für eine stärkere Berücksichtigung von qualitativen Daten zu sprechen, als dies bisher der Fall war; solche Daten müssen jedoch mit den quantitativen aufgrund klar formulierter Verknüpfungsregeln verbunden werden.

Eine optimale Verknüpfung im Bereich der Einzelfallanalyse muß in der klinischen Praxis den qualitativen Daten zur Zeit wahrscheinlich eine größere Bedeutung zugestehen als den quantitativen. Dieser Aussage widerspricht nicht die Tatsache, daß der vorliegende Band vorwiegend quantitative Auswertungs- und Verarbeitungsmodelle vorstellt. Denn erst eine umfassende Diskussion von Anwendungsbeispielen und deren Aussagekraft für die klinische Praxis kann die bisher bestehende Vielzahl von Restriktionen der quantitativen Verfahren vermindern.

Aus den Problemen der Datenintegration lassen sich auch die der Interpretation von quantitativen Daten und – damit verbunden – die der Generalisation der Befunde ableiten. Das zentrale Interpretationsproblem ergibt sich aus der Überlegung, bei welcher „Zustandsänderung" der Kliniker von einer Besserung bzw. einem Therapieerfolg sprechen kann. An dieser Frage entzündet(e) sich die Diskussion hinsichtlich der statistischen und klinischen Signifikanz klinischer Studien. Eine Reihe von Autoren (vgl. *Bergin & Strupp*, 1970; 1972; *Barlow & Hersen*, 1977; *Hersen & Barlow*, 1976) vertreten den Standpunkt, daß die statistische Signifikanz für die klinische Praxis noch nicht ausreicht, um einen Therapieerfolg anzunehmen. In anderen Worten: Die statistische Signifikanz kann nicht als ausreichendes Kriterium für eine Symptomlinderung oder einen Therapieerfolg angesehen werden.

Auf der anderen Seite ist es jedoch unzweifelhaft, daß Strukturelemente der statistischen Beschreibung von Zeitreihen (Mittelwertsänderung, Trend, Trendänderung, Oszillation zum Beispiel; vgl. *Revenstorf & Keeser* in diesem Band) als Indikatoren für den Therapieverlauf anzusehen sind, obwohl es in der Praxis sehr schwierig ist, diesen Elementen eine eindeutige, inhaltliche Bedeutung zuzuweisen. Eine solche Interpretation versuchen *Petermann & Hasslinger* (1977) anhand einer Therapieverlaufsstudie im Rahmen eines Trainings zum Abbau aggressiver Verhaltensweisen bei Kindern. Diese Studie verdeutlicht die erheblichen Schwierigkeiten, diese Strukturelemente als konkrete Indikatoren des Therapieverlaufes anzusehen. Andererseits konnte diese Studie auch eindeutig die Sensitivität dieser Modelle nachweisen, was prinzipiell dafür spricht, daß aufgrund der Zeitreihenmodelle und deren Strukturelemente eine Typologie von Therapieverläufen möglich ist, die dann auch inhaltlich interpretiert werden kann. Eine da-

mit verbundene differential-therapeutische Sichtweise würde dann auch die Forderung nach der Replikation von Therapieverläufen, im Sinne der Interpretation
eines Therapieerfolges einer therapeutischen Technik, relativieren. Diese Rela-
tivierung erscheint auch dringend erforderlich, da eine therapeutische Technik
in unterschiedlicher Weise einen Therapieerfolg bewirken kann, und somit eine
globale Replikationsstrategie mit einer differential-therapeutischen Sichtweise
im Widerspruch steht.

6. Zusammenfassung

Zusammenfassend lassen sich in vereinfachter Weise folgende Aussagen hinsichtlich Einzelfallbetrachtungen in der Praxis aufstellen:
(1) die Einzelfallanalyse stellt einen eigenen methodischen Zugang zur Erforschung klinischer Fragestellungen dar;
(2) N=1-Studien machen ein Umdenken auf der Ebene der Versuchsplanung von
Nöten, das sich aus den Unterschieden zwischen Gruppen- und Einzelfallstudien ergibt;
(3) das Konzept der Validität von Experimenten, wie es *Campbell & Stanley*
(1970; vgl. auch *Glass* et al., 1975) vorgestellt haben, ist hinsichtlich Einzelfallbetrachtungen im klinischen Bereich unangemessen;
(4) zur Durchführung von Einzelfallbetrachtungen sollten Erhebungsinstrumente
zur Kriteriumsmessung zum Einsatz kommen, die eine geringe meßfehlerbedingte Verzerrung zur Folge haben (vgl. psychophysiologische Maße, psychologische Tests, Self-Monitoring-Verfahren, systematische Beobachtung
und Interview);
(5) qualitative und quantitative Daten müssen auf dem Hintergrund von qualitativen Informationen integriert werden und
(6) statistisch signifikante Ergebnisse können eine geringe klinische Relevanz besitzen und müssen in der Praxis vorsichtig interpretiert werden (vgl. *Bergin &
Strupp*, 1972; *Barlow & Hersen,* 1977).

Literatur

Barlow, D. H. & Hersen, M. Designs für Einzelfallexperimente. In *F. Petermann*
(Hrsg.), Methodische Grundlagen Klinischer Psychologie. Weinheim: Beltz,
1977.
Bayer, G. Verhaltensdiagnose und Verhaltensbeobachtung. In *C. Kraiker* (Hrsg.)
Handbuch der Verhaltenstherapie.
München: Kindler, 1974.

Bergin, A. E. & Strupp, H. H. New directions
in psychotherapy research. *Journal of
Abnormal Psychology,* 1970, *76,* 13-26.
Bergin, A. E. & Strupp, H. H. Changing
frontiers in the science of psychotherapy.
New York: Aldine-Alterton, 1972.
Birbaumer, N. (Hrsg.) Psychophysiologie
der Angst. München: Urban & Schwarzenberg, 1973.

Birbaumer, N. Physiologische Psychologie. Berlin: Springer, 1975.

Bracht, G. H. & Glass, G. V. Die externe Validität von Experimenten. In R. Schwarzer & K. Steinhagen (Hrsg.), Adaptiver Unterricht. Zur Wechselwirkung von Schülermerkmalen und Unterrichtsmethoden. München: Piper, 1975.

Brandt, R. M. Studying behavior in natural settings. New York: Holt, Rinehart & Winston, 1972.

Campbell, D. T. Reforms as experiments. American Psychologist, 1969, 24, 409-429.

Campbell, D. T. & Stanley, J. C. Experimentelle und quasi-experimentelle Versuchsanordnungen in der Unterrichtsforschung. In K.-H. Ingenkamp (Hrsg.), Handbuch der Unterrichtsforschung. Bd. 1. Weinheim: Beltz, 1970.

Cattell, R. B. & Scheier, I. H. The meaning and measurement of neuroticism and anxiety. New York: Ronald, 1961.

Chassan, J. B. Research designs in clinical Psychology and Psychiatry. New York: Appleton-Century-Crofts, 1967.

Cranach, M. v. & Frenz, H. G. Systematische Beobachtung. In C. F. Graumann (Hrsg.), Sozialpsychologie. Handbuch der Psychologie. Bd. 7,1. Göttingen: Hogrefe, 1969.

Dahme, B. Zeitreihenanalyse und psychotherapeutischer Prozeß. In F. Petermann (Hrsg.), Methodische Grundlagen Klinischer Psychologie. Weinheim: Beltz, 1977.

Fahrenberg, J. Kuhn, M., Kulick, B. & Myrtek, M. Methodenentwicklung für psychologische Zeitreihenstudien. Diagnostica, 1977, 23, Heft 1.

Fahrenberg, J., Kulick, B. & Myrtek, M. Eine psychophysiologische Zeitreihenstudie an 20 Studenten über 8 Wochen. Archiv für Psychologie, 1977,128, 242-264.

Fiedler, P. A. Gesprächsführung bei verhaltenstherapeutischen Explorationen. In D. Schulte (Hrsg.), Diagnostik in der Verhaltenstherapie. München: Urban & Schwarzenberg, 1974.

Glass, G. V., Willson, V. L. & Gottman, J. M. Design and analysis of Time-Series-Experiments. Boulder, Colorado: University Press, 1975.

Gniech, G. Störeffekte in psychologischen Experimenten. Stuttgart: Kohlhammer, 1976.

Gottman, J. M. & McFall, R. M. Self-monitoring effects in a program for potential high school dropouts: a time-series analysis. Journal of Consulting & Clinical Psychology, 1972, 39, 273-281.

Gottschalk, L. A. & Gleser, G. C. The Measurements of Psychological States through the Content Analysis of Verbal Behavior. Berkeley/Los Angeles: California University Press, 1969.

Gottschalk, L. A., Winger, C. N. & Gleser, G. C. Manual of Instructions for the Using the Gottschalk-Gleser Content Analysis Scales: Anxiety, Hostility and Social Alienation – Personal Disorganisation. Berkeley/Los Angeles: California University Press, 1969.

Greenfield, N. S. & Sternbach, R. A. Handbook of Psychophysiology. New York: Holt, Rinehart & Winston, 1972.

Hampel, R. Adjektiv-Skalen zur Einschätzung der Stimmung (SES). Diagnostica, 1977, 23, 9-26.

Hersen, M. & Barlow, D. H. Single case experimental designs. Strategies for studying behavior change. New York: Pergamon, 1976.

Huber, H. P. Psychometrische Einzelfalldiagnostik. Weinheim: Beltz, 1973.

Huber, H. P. Kontrollierte Fallstudie. In L. J. Pongratz (Hrsg.), Handbuch der Psychologie. Bd. 8,2. Göttingen: Hogrefe, 1978.

Lanc, O. Psychophysiologische Methoden. Stuttgart: Kohlhammer, 1977.

Lando, H. A. An objective check upon self-reported smoking levels: a preliminary report. Behavior Therapy, 1975, 6, 547-549.

Lang, P. J. Die Anwendung psychophysiologischer Methoden in Psychotherapie und Verhaltensmodifikation. In N. Birbaumer (Hrsg.), Neurophysiologie der Angst. München: Urban & Schwarzenberg, 1973.

Lazarus, A. A. & Davison, G. C. Klinische Innovation in Forschung und Praxis. In H. Westmeyer & N. Hoffmann (Hrsg.), Verhaltenstherapie. Hamburg: Hoffmann & Campe, 1977.

Legewie, H. & Nusselt, L. (Hrsg.) Biofeedback-Therapie. München: Urban & Schwarzenberg, 1975.

Lipinski, D. & Nelson, R. The reactivity and reliability of self-recording. Journal of Consulting & Clinical Psychology, 1974, 42, 118-123.

Kirchner, F. Th., Kissel, E., Petermann,

F. & Böttger, P. Interne und Externe
Validität empirischer Untersuchungen
in der Psychotherapierforschung. In *F.
Petermann* (Hrsg.), Psychotherapie-
forschung. Weinheim: Beltz, 1977.
Kubie, L. S. The process of Evaluation of
Therapy in Psychiatry. *Journal of
General Psychiatry,* 1973, *28,* 880-884.
Leitenberg, H. Einzelfallmethodologie in
der Psychotherapieforschung. In *F.
Petermann & C. Schmook* (Hrsg.),
Grundlagentexte der Klinischen Psycho-
logie. Bd. 1. Bern: Huber, 1977.
Mahoney, M. J. Self-reward and self-moni-
toring techniques for weight control.
Behavior Therapy, 1974, *5,* 41-57.
Maletzky, B. M. Behavior recording as
treatment: a brief note. In *Behavior The-
rapy,* 1974, *5,* 107-111.
Mayer, H. & Petermann, F. Physiologische
Methoden in der Klinischen Psychologie.
In *F. Petermann & C. Schmook* (Hrsg.),
Grundlagentexte der Klinischen Psychologie. Bd. 1. Bern: Huber, 1977.
Mees, U. & Selg, H. (Hrsg.), Verhaltensbeobachtung und Verhaltensmodifikation.
Stuttgart: Klett, 1977.
Mefferd, R. B. & Wieland, B. A. Relationships of environmental and physiological
variables found in repeated measures of
subjects of four psychopathological
types. *Psychophysiology,* 1970, *6,* 648-
649.
Mertens, W. Sozialpsychologie des Experiments. Das Experiment als soziale Interaktion. Hamburg: Hoffmann & Campe,
1975.
Moran, L. J. Repetitive psychometric measures, Austin: University of Texas, 1961.
Nelson, R. O., Lipinski, D. P. & Black, J. L.
The effects of expectancy on the reactivity of self-recording. *Behavior Therapy,* 1975, *6,* 337-349.

Neher, E. Elektronische Meßtechnik in der
Physiologie. Berlin: Springer, 1974.
Orne, M. T. On the social psychology of
psychological experiment. *American
Psychologist,* 1962, *17,* 776-783.
Petermann, F. Einzelfalldiagnose und kli-
nische Praxis. Stuttgart: Kohlhammer,
1982.
Petermann, F. & Hasslinger, U. Ein Training
zum Abbau aggressiver Verhaltensweisen
bei Kindern. Berichte aus dem Psycholo-
gischen Institut Bonn, 1977, No. *11.*
Petermann, F. & Petermann, U. Training mit
aggressiven Kindern. München: Urban &
Schwarzenberg, 1978.
Schmidt, L. R. & Kessler, B. H. Anamnese.
Weinheim: Beltz, 1976.
Schöfer, G. Erfassung affektiver Veränderungen im Psychotherapieverlauf durch
die Gottschalk - Gleser - Inhaltsanalyse.
*Zeitschrift für Klinische Psychologie
und Psychotherapie,* 1977, *25,* 203-218.
Seidenstücker, E. & Seidenstücker, G. Inter-
viewforschung: allgemeiner Teil. In *W. J.
Schraml & U. Baumann* (Hrsg.), Klini-
sche Psychologie. Bd. 2. Bern: Huber,
1974.
Timaeus, E. Sozialpsychologie des Experi-
ments. Göttingen: Hogrefe, 1974.
Westmeyer, H. & Manns, M. Beobachtungs-
verfahren in der Verhaltensdiagnostik.
In *H. Westmeyer & N. Hoffmann* (Hrsg.),
Verhaltenstherapie. Hamburg: Hoffmann
& Campe, 1977.
Zimmermann, P. Zur Zeitreihenanalyse von
Stimmungsskalen. *Diagnostica,* 1979,
25, 24-48.

Versuchsplanung experimenteller Einzelfalluntersuchungen in der Psychotherapieforschung

Manfred M. Fichter

In der klinischen Forschung ist die Anwendbarkeit von Zwischengruppen-Versuchsplänen, wie sie in der Tradition der Fischer'schen Statistik entwickelt wurden, aufgrund eines Mangels an genügend großen und homogenen Gruppen von Versuchspersonen oft begrenzt. Auch erscheint in der Psychotherapieforschung die Untersuchung von Veränderungen, von Prozessen über die Zeit wichtiger als ein praepost-Vergleich mit traditionellen statistischen Methoden. Als Alternative zu gruppenstatistischen Verfahren wurde die experimentelle Analyse von einzelnen Fällen entwickelt. Dieser Forschungsansatz stellt eine wertvolle Ergänzung des gruppenstatistischen Ansatzes dar und wird von einigen Autoren als wesentlich für den weiteren Fortschritt auf dem Gebiet der klinischen Psychologie betrachtet (*Chassan*, 1967; *Sidman*, 1960; *Shapiro*, 1966; *Yates*, 1970). *Bergin* (1966) zeigte, daß bei gruppenpsychotherapeutisch behandelten Patienten die Varianz der Veränderungswerte erheblich größer ist als bei unbehandelten Gruppen von Patienten. Neben Besserungen traten unter der Behandlung auch Verschlechterungen des Zustandes auf, so daß eine Mittelung der Daten die tatsächliche Auswirkung der Behandlung verschleierte. Die Replikation von Einzelfall-Experimenten bei mehreren Individuen ermöglicht es, durch eine differenzierte Betrachtung der Ergebnisse zu Generalisationen auf eine größere Population zu gelangen. Die beim gruppenstatistischen Ansatz übliche Mittelung der Daten verschiedenartiger Probanden kann dabei als Fehlerquelle vermieden werden. Nähere Darstellungen des individuumzentrierten Ansatzes und methodenkritische Bemerkungen, insbesondere im Hinblick auf seine Verwendung in der verhaltenstherapeutischen Forschung, finden sich bei *Baer, Wolf & Risley* (1968), *Barlow & Hersen* (1977), *Fiske, Luborsky, Parloff, Hunt, Orne, Reiser & Tuma* (1977), *Hersen & Barlow* (1977), *Holtzman* (1977), *Huber* (1978), *Kazdin* (1973), *Lazarus & Davison* (1971), *Leitenberg* (1977), *McNamara & MacDonough* (1977) und *Namboodiri* (1977).

Das kontrollierte Einzelfallexperiment soll hier definiert werden als ein planmäßiges und replizierbares Verfahren, bei dem durch systematische Variation der unabhängigen Variable (Intervention) und Konstanthaltung anderer Bedingungen die Veränderung der abhängigen Variable im zeitlichen Verlauf über zahlreiche Meßpunkte registriert werden. Wie in jedem Experiment sind hier die von Wundt aufgestellten Kriterien der Wiederholbarkeit, Willkürlichkeit (= Planmäßigkeit) und Variierbarkeit gültig. Von der unkontrollierten Einzelfallbeschreibung ist das kontrollierte Einzelfallexperiment als ein eigenständiger experimenteller Ansatz in der Psychotherapieforschung scharf abzugrenzen. Der einzelfallexperimentelle Ansatz erfordert die Verwendung von geeigneten Versuchsplänen, die klare Schlüsse über die Auswirkung der Intervention auf behandelte Verhaltensweisen zulassen. In der verhaltenstherapeutischen Forschung und den psychopharmakologischen Untersuchungen kam bisher eine Vielzahl unterschiedlicher Versuchspläne zur Anwendung.

Die Erhebung mehrerer Meßpunkte bei einer Person auf einem zeitlichen Kontinuum — einer Zeitreihe — ist eine wesentliche Voraussetzung der einzelfallexperimentellen Untersuchungsstrategie. Eine Zeitreihenuntersuchung ist prinzipiell keinesfalls auf den Fall „N=1" beschränkt. So kann in einer Untersuchung das gleiche Verhalten von mehreren Personen auf je einer Zeitreihe erfaßt und experimentell variiert werden. Die übliche Dichotomisierung zwischen Einzelfall- und gruppenstatistischem Experiment wird durch das Konzept der Zeitreihenuntersuchung relativiert. Mit *Bellak, Burwich, Silvan & Jakobs* (1968) und *May* (1971) ist zu fordern, „Einzelfall"- und „Gruppen"-Designstrategien mehr als bisher zu verbinden, um zu differenzierten und validen Ergebnissen zu gelangen. Die experimentelle Zeitreihenuntersuchung beinhaltet einen individuumzentrierten Ansatz, der die Untersuchung des zeitlichen Verlaufs bestimmter Variablen in Abhängigkeit der experimentellen Bedingung bei einer oder mehreren Personen zum Gegenstand hat. Da sich Versuchspläne für die experimentelle Analyse einzelner Fälle auch für Gruppenuntersuchungen eignen und wegen der Bedeutung der Zeitdimension, soll für diesen individuumzentrierten Ansatz im folgenden der übergeordnete Begriff *Zeitreihenexperiment* und für die hier erforderlichen Versuchspläne der Begriff *Zeitreihendesign* verwendet werden.

1. Designs für eine einzelne Zeitreihe

1.1 Ausblendungsdesign

Das Ausblendungsdesign (*Leitenberg*, 1977) wurde bisher in der verhaltensanalytischen Literatur bevorzugt verwendet und auch als ABAB-Design (*Hersen & Barlow*, 1976), „reversal design" (*Yule & Hemsley*, 1977) und „equivalent time samples design" (*Campbell & Stanley*, 1963) bezeichnet. Dabei wird sequentiell nach einer stabilen Baseline (A_1) die experimentelle Variable eingeführt (B_1), die Baselinebedingung durch Zurücknehmen der experimentellen Variable wiederhergestellt (A_2) und schließlich die experimentelle Variable erneut eingeführt (B_2). Das Prinzip dieses Designs besteht darin, durch das Alternieren von Baseline- und Behandlungsphasen einen Behandlungseffekt bei derselben Person über die Zeit zu replizieren. Zeigt die abhängige Variable gleichzeitig mit Einsetzen der Behandlung eine Veränderung und ist diese bei Absetzen der Behandlung reversibel und mit der Wiedereinführung der Behandlung replizierbar, dann läßt sich ein funktionaler Zusammenhang zwischen Behandlung und abhängiger

Variable herstellen. Dabei sind Größe der Veränderung, Anzahl der Meßpunkte in jeder Phase sowie Trends und Fluktuationen innerhalb der Phasen in Rechnung zu stellen. Verkürzte Formen dieses Designs wie das AB-Design mit nur einer Baseline und einer Behandlungsphase können zwar in der therapeutischen Praxis sinnvolle Verwendung finden. Aufgrund ihrer geringeren experimentellen Kontrollmöglichkeit erlauben sie jedoch nur weniger eindeutige Aussagen über funktionale Zusammenhänge und sollen deshalb hier nicht näher besprochen werden.

Anwendungsbeispiel:

In einer Untersuchung von *Fichter, Wallace, Liberman & Davis* (1976), auf die unten noch näher eingegangen wird, wurden als ein Zielverhalten die unverständlichen Lautäußerungen eines langjährig hospitalisierten chronisch Schizophrenen gewählt. Der sozial zurückgezogene Anstaltspatient antwortete auf Fragen des Personals oder der Mitpatienten mit einem unverständlichen Gemurmel. Im Rahmen der Untersuchung näherte sich dem Patienten mehrmals am Tage eine Krankenschwester mit der Aufforderung, etwas über seine Aktivitäten auf der Station zu erzählen. Die Kontingenz bestand darin, daß die Aufforderung so lange wiederholt wurde, bis der Patient auf eine Entfernung von 3 m verständlich geantwortet hatte und die Sitzung erst dann sogleich beendet wurde.

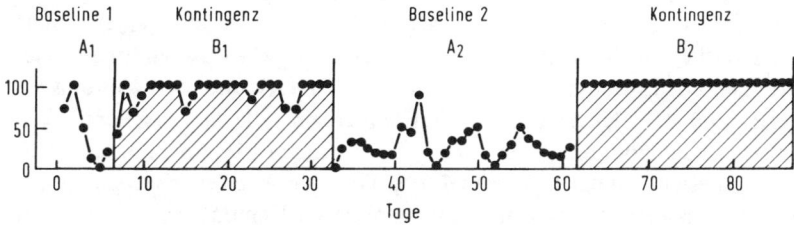

Abb. 3. Ausblendungsdesign zur Analyse des Verbalverhaltens (Stimmvolumen) bei einem chronisch Schizophrenen (nach *Fichter, Wallace, Liberman & Davis*, 1977).

Abb. 3 zeigt im Verlauf den mittleren Prozentsatz der Sitzungen, in denen er das Kriterium für angemessenes Stimmvolumen beim ersten Durchgang erreichte, in einem ABAB-Ausblendungsdesign. Mit Einsetzen der Kontingenz besserte sich das Stimmvolumen von 17,3% auf 90,6%, fiel nach Ausblenden der Kontingenz auf 23,3% ab und stieg in der abschließenden Kontingenzphase wieder auf 100% an.

1.2 Umkehrdesign

Die auf *Leitenberg* (1977) zurückgehende Unterscheidung zwischen Umkehr- und Ausblendungsdesign wurde bisher in der verhaltensanalytischen Literatur nur ungenügend berücksichtigt. Wie beim Ausblendungsdesign dient im Umkehrdesign die erste Phase den Baseline-Messungen, und in der zweiten Phase setzt die Behandlung ein. Der wesentliche Unterschied liegt in der dritten Phase, in welcher die Behandlung nicht einfach wie im Ausblendungsdesign unterbrochen wird, sondern auf eine Umkehr des Verhaltens abzielt. Die vierte Phase ist dann wieder mit Phase 2 identisch. Es handelt sich um ein Design, das gute Aufschlüsse ermöglicht, durch die erforderliche Umkehr der Behandlung aber in der Anwendung oft erschwert ist und bisher weniger häufig Verwendung fand.

Als Beispiel sei eine Untersuchung von *Allen, Hart, Buell & Wolf* (1964) erwähnt. Ein 4jähriges Mädchen zeigte im Kindergarten während der Baseline (A$_1$) kaum Interaktionen mit anderen Kindern und erhielt durch seine Verhaltensauffälligkeiten von den Erwachsenen Zuwendungen. In der Behandlungsphase (B$_1$) wandten sich die Erwachsenen ihm nur dann zu, wenn es mit anderen Kindern spielte, und ignorierten es, wenn es allein war. Die Interaktion mit anderen Kindern wurde somit kontingent verstärkt und nahm daraufhin eindeutig zu. In der hier besonders interessierenden dritten Phase (A$_2$) wurde das Behandlungsverfahren umgekehrt: die Erwachsenen schenkten dem Kind ihre Aufmerksamkeit nur dann, wenn es nicht mit anderen Kindern spielte, sondern isoliert mit sich selbst beschäftigt war. Daraufhin verringerten sich seine Interaktionen mit Kindern, und es wandte sich vermehrt den Erwachsenen zu. In der abschließenden Phase B$_2$ wurde wie in Phase B$_1$ die Interaktion mit Kindern kontingent verstärkt, worauf dieses Verhalten erneut zunahm.

1.3 Extendierte Designs für eine Zeitreihe

Nicht selten wurden auch Variationen des ABAB-Ausblendungsdesigns verwendet. *Liberman, Davis, Moon & Moore* (1973) bedienten sich in einer psychopharmakologischen Untersuchung eines A-B$_1$-C$_1$-B$_2$-C$_2$-Ausblendungsdesigns zur experimentellen Analyse von Baselineeffekten (A) und der Wirkung von Plazebo (B) und dem Neuroleptikum Trifluoperazin (C) auf die Bereitschaft eines chronisch Schizophrenen für soziale Interaktionen. In einem extendierten Ausblendungsdesign können somit mehrere Therapievariablen gleichzeitig oder hintereinander eingesetzt und durch ,,systematische Demontage'' die Wirksamkeit einzelner Komponenten eines Behandlungspaketes untersucht werden (vgl. *Agras, Leitenberg, Barlow & Thomson,* 1969; *Elkin, Hersen, Eisler & Williams,* 1973). Bei der Planung und Interpretation von Ergebnissen sind hier allerdings Interferenzen einzelner Behandlungen (*Campbell & Stanley,* 1963) als mögliche Konfundierung zu beachten.

Eine Serie von inhaltlich zusammenhängenden Zeitreihenuntersuchungen bei Magersuchtpatienten von *Agras, Barlow, Chapin, Abel & Leitenberg* (1974) verdient hier unser besonderes Interesse. Die Untersuchung der Wirksamkeit einzelner Komponenten einer Verhaltenstherapie bei Anorexia nervosa auf die Gewichtszunahme war Gegenstand dieser experimentellen Analysen. Diese Komponenten waren Verstärkung, Rückmeldung und Kaloriengehalt der vorgesetzten Mahlzeiten. In einem ersten Experiment wurde in einem B-BC-B-BC-Ausblendungsdesign die Auswirkung von kontingenter Verstärkung auf Gewichtszunahme untersucht, wobei über alle Phasen hinweg Rückmeldung über aktuelles Gewicht, Kalorienzufuhr und Anzahl gegessener Bissen gegeben wurde. Während Rückmeldung alleine in den Phasen B nur zu einer geringen Zunahme des Gewichtes führte, zeigte sich die Kombination von Rückmeldung und kontingenter Verstärkung in den Phasen BC als eine wirkungsvollere Behandlungsmaßnahme.

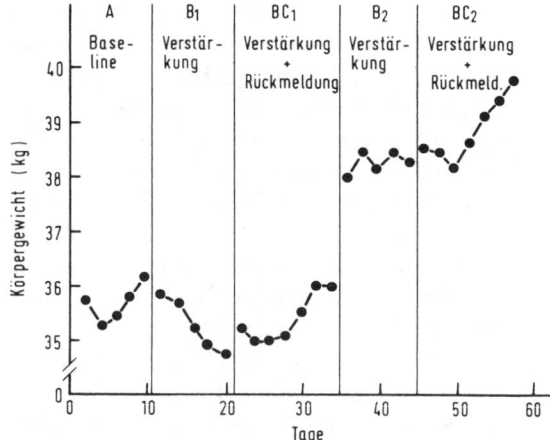

Abb. 4. Extendiertes Ausblendungsdesign zur Analyse der Auswirkung von Verstärkung und Rückmeldung auf das Körpergewicht bei einem Magersuchtpatienten (nach *Agras, Barlow, Chapin, Abel & Leitenberg*, 1974).

Allerdings sagt diese Untersuchung nichts über die Wirkung von kontingenter Verstärkung ohne zusätzliche Rückmeldung aus. Die Klärung dieser Frage war Gegenstand weiterer experimenteller Untersuchungen. In einem zweiten Experiment bei einer anderen Patientin wurde ein extendiertes Ausblendungsdesign mit der Phasenfolge A-B_1-BC_1-B_2-BC_2 verwendet, wobei A Baseline, B kontingente Verstärkung und C Rückmeldung bedeutet.

Wie Abb. 4 zeigt, nahm das Gewicht in der Baseline-Phase A nur geringfügig zu. Die Einführung von kontingenter Verstärkung (B_1) zeigte eine kontinuierliche Gewichtsabnahme von ca. 100 g pro Tag. Erst die Einführung von Rückmeldung zusätzlich zu kontingenter Verstärkung in Phase BC_1 führte zu eindeutiger Gewichtszunahme, die nach Herausnahme der Rückmeldungskomponente in der folgenden Phase B_2 stagnierte. In der abschließenden Phase BC_2 war wie in Phase BC_1 eine klare Gewichtszunahme zu verzeichnen.

Aus den beiden Untersuchungen und ihren Replikationen bei anderen Patienten lassen sich Aussagen über die Wirkung jeder Therapiekomponente sowie über Interaktionseffekte machen. Das isolierte Einsetzen einer der beiden Komponenten erwies sich als wenig wirkungsvoll, wobei sich Rückmeldung gegenüber Verstärkung noch als überlegen erwies. Erst das Zusammenwirken von Rückmeldung und Verstärkung führte zu einer deutlichen Gewichtszunahme. In einer dritten Untersuchungsserie wurde bei mehreren Patienten als weitere Variable der Einfluß des Kaloriengehaltes der vorgesetzten Mahlzeiten auf die Kalorieneinnahme und Gewichtszunahme in BAB-Versuchsplänen untersucht. Dabei zeigte sich, daß das Servieren größerer Mahlzeiten erst in Kombination mit Rückmeldung und Verstärkung einen zusätzlichen therapeutischen Erfolg hatte, während es für sich allein bzw. in Kombination mit nur einer der anderen Komponenten zu keiner Gewichtszunahme führte. Diese Untersuchungsserie von *Agras* et al. (1974) zeigt in eindrucksvoller Weise die Anwendungsmöglichkeiten von extendierten Ausblendungsdesigns. In systematischer Weise wurde hier bei mehreren Patienten in inhaltlich zusammenhängenden Zeitreihenuntersuchungen die Wirkung einzelner Therapiekomponenten und ihre Interaktion genau analysiert und die Ergebnisse mehrfach repliziert. Die Replikation von Einzelfall-Zeitreihenuntersuchungen bei mehreren Patienten ermöglicht es, zu Aussagen von größerer Validität zu kommen. Eine genaue Beschreibung von Personencharakteristika und experimentellen Bedingungen kann bei divergenten Ergebnissen auch differenzierte Aufschlüsse über die Gründe von Diskrepanzen ermöglichen.

Mit zunehmender Verwendung von Ausblendungs- und Umkehrdesigns wurden auch ihre praktischen und ethischen Grenzen offensichtlich (*Stolz*, 1976; *Gelfand & Hartmann*, 1975; *Leitenberg*, 1977; *Yule, Berger & Howlin*, 1974; *Hersen & Barlow*, 1976). Diese Designs haben ihre historischen Wurzeln in der operanten tierexperimentellen Forschung (*Catania*, 1968; *Herrnstein*, 1970; *Honig*, 1966; *Reynolds*, 1968; *Sidman*, 1960), wo dem Untersucher freie Hand in der experimentellen Erzeugung von ,,An-Aus-Effekten" gelassen ist. Dagegen ist eine bei diesen Designs erforderliche zeitweise Unterbrechung einer wirkungsvollen Behandlung zur Demonstration experimenteller Kontrolle in der Psychotherapieforschung problematisch. So wird es für Lehrer und Eltern eines verhaltensgestörten aggressiven Kindes nicht zumutbar sein, nach erfolgreicher Intervention aus experimentellen Gründen die Behandlung zu unterbrechen, um ihre Wirksamkeit durch einen Reversionseffekt zu dokumentieren. Der zu erwartende Informationsgewinn und mögliche schädliche Auswirkungen müssen vor jeder Untersuchung sorgfältig bedacht und gegeneinander abgewogen werden. Die Verwendung von Ausblendungsdesigns erfordert auch häufig eine spezielle Schulung von Pflegepersonal und anderen Beteiligten, da es an sich dem therapeutischen Ethos widerspricht, absichtlich zu einer zeitweisen Verschlechterung des Zustandes eines Patienten beizutragen. Weiterhin wird sich bei manchem Verhalten zeigen, daß es — einmal gelernt — kaum reversibel ist, so z.B. das Sprechen eines vor einer speziellen Behandlung stummen, autistischen Kindes. Wo die Verwendung eines Ausblendungs- oder Umkehrdesigns aus praktischen oder ethischen Gründen nicht möglich ist, können andere Zeitreihenversuchspläne, die im Folgenden dargestellt sind, sinnvolle Aufschlüsse liefern.

2. Designs mit experimenteller Variation für mehrere Zeitreihen

Designs mit mehreren gleichzeitigen Zeitreihen ermöglichen es, die Behandlungsvariable für jede Zeitreihe zu verschiedenen Zeitpunkten zu variieren und erübrigen damit das vorübergehende Aussetzen einer Behandlung zur Demonstration experimenteller Kontrolle.

2.1 Multiples Baseline Design

Das von *Baer* et al. (1968) beschriebene multiple Baseline Design fand neben dem Ausblendungsdesign in der verhaltenstherapeutischen Forschung eine besonders häufige Verwendung. Es stellt ein Design mit zwei oder mehr Zeitreihen dar, wobei der Beginn der Behandlungsphasen analog einer Fuge auf den parallelen Zeitreihen zeitlich verschoben ist. Nach den Baselinephasen wird die experimentelle Variable zuerst für Zeitreihe 1 allein, später für Zeitreihe 2 zusätzlich und schließlich für eine dritte Zeitreihe ebenfalls eingesetzt usf. Dies ermöglicht Replikation über die Zeitreihen hinweg, während beim Ausblendungsdesign die Replikationen innerhalb derselben Zeitreihe erfolgen. Als Voraussetzung für die Verwendung des multiplen Baseline Designs gilt, daß die Zeitreihen voneinander unabhängig sind, da eine experimentelle Kontrolle nur erreicht werden kann, wenn die abhängige Variable erst mit Einsetzen der Behandlung für eine bestimmte Zeitreihe eine Änderung zeigt. Wenn mit Einführung der Behandlung für eine Zeitreihe gleichzeitig eine Verbesserung im Sinne einer möglichen Generalisation bei anderen Zeitreihen zu beobachten ist, so ist dies zwar therapeutisch erwünscht, beeinträchtigt jedoch die experimentelle Kontrolle. Im allgemeinen unterscheidet man drei Formen des multiplen Baseline Designs – je nachdem, ob sich die einzelnen Zeitreihen auf verschiedene Verhaltensweisen, Personen oder Situationen beziehen.

Multiples Baseline Design über Verhaltensweisen:

Bei diesem multiplen Baseline Design im engeren Sinne werden verschiedene unabhängige Verhaltensweisen einer Person in der gleichen Situation als Zielverhalten gewählt und die Behandlungsvariable zu unterschiedlichen Zeitpunkten für jedes Zielverhalten eingeführt. Dieses viel verwendete Design soll am Beispiel der Behandlung des Eßverhaltens eines 18jährigen, männlichen Magersuchtspatienten verdeutlicht werden (*Fichter*, 1979). Der stark untergewichtige Patient zeigte ein bizarres Eßverhalten, wenn er bei gemeinsamen Mahlzeiten auf Station beobachtet werden konnte (Teilnahme). Er schlang die Speisen schnell in sich hinein (Eßtempo), aß dabei Suppe, Hauptgericht und Nachspeise durcheinander (Reihenfolge) und spielte mit dem Essen („Fieselei"). Diese Eßverhaltensweisen wurden täglich vom Pflegepersonal nach festgelegten Kriterien eingeschätzt, wobei Abweichungen von Null unangemessenes Verhalten bezeichnen. Die Kontingenz bestand aus Token, die der Patient täglich für bestimmte Privilegien eintauschen konnte.
Wie aus Abb. 5 zu ersehen ist, zeigt sich mit dem sequentiellen Einsetzen der Kontingenz eine Besserung in dem jeweiligen Verhalten, und die Besserung erwies sich bei einer Katamnese nach sieben Monaten als stabil. Als Nebeneffekt dieser Behandlung des Eßverhaltens zeigte sich eine dauerhafte Gewichtszunahme von 12 kg. Für drei der untersuchten Eßverhaltensweisen wurde eine Zeitreihen-

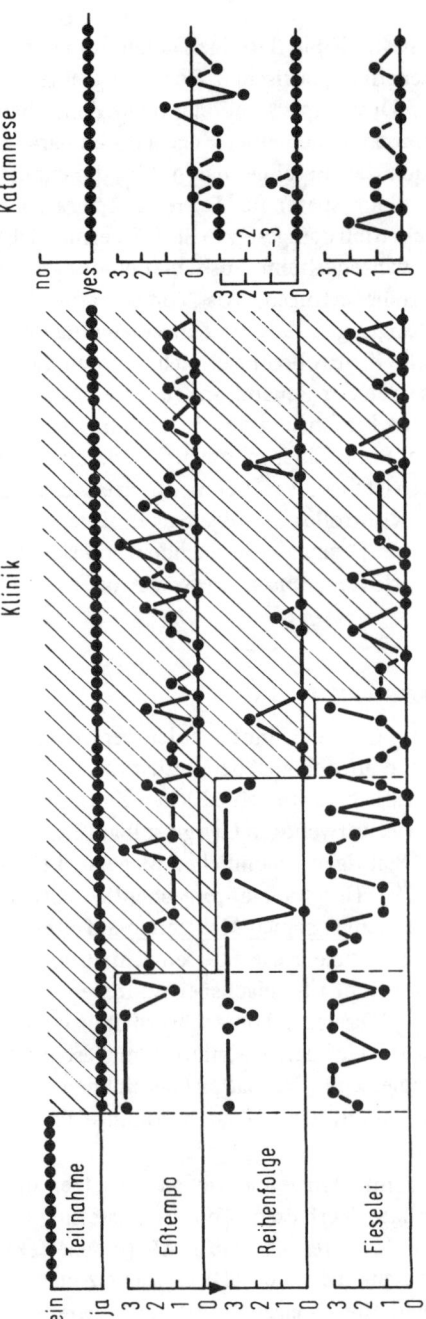

Abb. 5. Multiples Baseline Design über vier Eßverhalten bei einem männlichen Anorexiepatienten. Die Abbildung zeigt den Verlauf über 78 Behandlungstage und die 7-Monats-Katamnese. Gepunktete Fläche kennzeichnet die Kontingenzphasen (nach *Fichter*, 1978).

analyse, basierend auf einem autoregressiven moving average-Modell (ARIMA) nach *Glass, Wilson & Gottman* (1975) berechnet, wobei sich signifikante Effekte für alle Interventionen zeigten. Die Kontingenz bewirkte für Eßtempo eine durchschnittliche Abnahme von 2.73 während der Baselinephase auf 0.96 während der Kontingenzphase (t = − 2.49 p < 0.01). Die Reihenfolge der Eßgänge zeigte nach Einsetzen der Kontingenz eine Besserung von 2.76 auf 0.17 (t = − 4.49, p < 0.0005), und die „Fieselei" nahm nach Einsetzen der Kontingenz für dieses Verhalten von 2.10 auf 0.73 ab (t = − 1.68, p < 0.05)[1]).

Multiples Baseline Design über Personen:

Bei diesem Design wird dasselbe Verhalten in demselben situativen Rahmen bei mehreren Personen innerhalb je einer Zeitreihe gleichzeitig untersucht. Experimentelle Kontrolle kann dann erzielt werden, wenn sich das Verhalten jeder Person nur dann verändert, wenn die Behandlungsvariable für diese eingesetzt wird. Untersuchungen von *Christophersen, Arnold, Hill & Quilitch* (1972), *Hall, Cristler, Cranson & Tucker* (1970), *Hilgard* (1933), *Liberman, Teigen, Patterson & Baker* (1973), *Lovaas & Simmons* (1969), *Panyon, Boozer & Morris* (1970) und *Wilson & Hopkins* (1973) sind Beispiele für die Anwendung dieses Designs.

Multiples Baseline Design über Situationen:

Hier wird dasselbe Verhalten einer Person in verschiedenen Situationen analysiert. Dabei wird die Behandlungsvariable in den einzelnen Situationen zu unterschiedlichen Zeitpunkten eingesetzt. Beispiele für dieses Design finden sich bei *Allen* (1973), *Barrish, Saunders & Wolf* (1969), *Hall* et al. (1970) und *Long & Williams* (1973).

2.2 Designs mit multiplen Kontingenzen (Reizdiskrimination)

Ein weiteres Design mit Interventionen innerhalb mehrerer Zeitreihen stellt das Design mit multiplen Kontingenzen (multiple schedule design) dar. Hier wird dasselbe Verhalten in jeder Zeitreihe unter verschiedenen Reizbedingungen behandelt. Während dem multiplen Baseline Design über Verhalten das Prinzip der Reaktionsdiskrimination zugrunde liegt, basiert das Design mit multiplen Kontingenzen auf dem Prinzip der Reizdiskrimination, „d.h. wenn auf dasselbe Verhalten in Gegenwart unterschiedlicher physischer oder sozialer Reize unterschiedliche Konsequenzen folgen, wird es unterschiedlich ausfallen in Abhängigkeit von diesen Reizen" (*Leitenberg,* 1977, S. 178). Dieses läßt sich verdeutli-

[1]) Herrn *Wolfgang Keeser* danke ich für die Berechnung der Zeitreihenanalyse und die statistische Beratung bei den in Abb. 5 und 6 dargestellten Untersuchungen.

chen durch eine Analogie zu einem klassischen Laborexperiment, bei dem ein Versuchstier in einer „Skinnerbox" es gelernt hat, auf einen Summton mit Hebeldruck zu reagieren, wenn dies kontingent verstärkt wurde, während es beim Ausbleiben des Tones den Hebel nicht drückt, da keine Belohnung zu erwarten ist. Im therapeutischen Kontext können diskriminative Reizbedingungen z.B. an verschiedenen Orten, zu verschiedenen Tageszeiten oder bei der Behandlung durch verschiedene Therapeuten vorliegen. Das Design mit multiplen Kontingenzen in verschiedenen Orten oder Situationen und das multiple Baseline Design über Situationen lassen sich kaum voneinander abgrenzen. Da die Einteilung in multiples Baseline Design über Verhalten, Personen und Situationen sehr verbreitet ist, wurde es hier in dieser Form abgehandelt. Stellt man den Aspekt der Reizdiskrimination mehr in den Vordergrund, so wäre es sinnvoller, das multiple Baseline Design über Situationen unter das Design mit multiplen Kontingenzen zu subsummieren. Dieses in der Praxis weniger einfach zu handhabende Design wurde z.B. in Untersuchungen von *Agras* et al. (1969) und *O'Brien, Azrin & Hersen* (1969) verwendet. *Agras* et al. (1969) untersuchten die Auswirkung des unterschiedlichen Verhaltens von zwei Therapeuten auf das klaustrophobe Verhalten einer 50jährigen Patientin. Das Design hat die Form

1 2 3	Untersuchungsteil
B A B	Zeitreihe 1 (Therapeut 1)
A B A	Zeitreihe 2 (Therapeut 2),

wobei die Zeitreihe 1 die Abfolge der experimentellen Phasen für Therapeut 1 und die untere Zeitreihe für Therapeut 2 wiedergibt. Mit der Patientin wurde in 52 Sitzungen der Aufenthalt in einem kleinen, fensterlosen Raum geübt, wobei der jeweilige Therapeut sich in den Phasen A neutral verhielt und in den Phasen B der Patientin soziale Verstärkung in Form von Lob für zunehmendes Verbleiben in dem kleinen Raum zukommen ließ. Anfangs gab Therapeut 1 soziale Verstärkung, während sich Therapeut 2 neutral verhielt; dann wurden die Therapeutenrollen im zweiten Untersuchungsteil und abermals im dritten Untersuchungsteil getauscht. Die Ergebnisse zeigten, daß die Patientin in allen drei Untersuchungsteilen jeweils in der Phase B (soziale Verstärkung) länger in dem Raum verbleiben konnte als in der entsprechenden Phase A, unabhängig davon, von welchem Therapeuten die Verstärkung gegeben wurde. Auf diese Weise konnte ein funktioneller Zusammenhang zwischen der experimentellen Variable und der Verhaltensänderung der Patientin demonstriert werden.

In diesem Zusammenhang soll auch das *Design mit multiplen simultanen Kontingenzen* (concurrent schedule design) erwähnt werden (vgl. *Hersen & Barlow,* 1976). Bei dieser Designstrategie wird eine Person gleichzeitig mehreren, verschiedenen Stimulusbedingungen ausgesetzt, und diese werden systematisch variiert. Dieses Design, das es auf elegante Weise erlaubt, den Wirkungsanteil verschiedener Therapiebedingungen zu untersuchen, fand in der Therapieforschung bisher nur wenig Verwendung (*Browning*, 1967; *Browning & Stover,* 1971). Beispielsweise wurde in einer Untersuchung von *Browning* (1967) bei einem 9-jährigen verhaltensgestörten Kind die Auswirkung von drei verschiedenen Kontingenzbedingungen analysiert: Anteilnahme und Loben (A), verbale Ermahnungen (B) sowie Ignorieren (C). Das Pflegepersonal wurde in drei Gruppen eingeteilt, von denen jede für eine Woche eine der drei Kontingenzen einsetzte. Das Design bildete somit ein 3 x 3 lateinisches Quadrat von der Form:

Therapeutengruppe	Woche: 1	2	3
1	A	B	C
2	B	C	A
3	C	A	B

Dieses Design ermöglicht es, 1. die Wirksamkeit der einzelnen Behandlungen zu vergleichen und 2. mögliche Reihenfolgeeffekte der Behandlungsbedingungen zu kontrollieren und macht 3. durch das simultane Einsetzen aller Behandlungsbedingungen eine Baseline-Phase oder ein vorübergehendes Absetzen der Behandlung zur experimentellen Kontrolle überflüssig.

3. Designs zur Untersuchung von Generalisationseffekten

Ein wichtiges Gebiet klinischer Forschung ist die Untersuchung von Generalisationseffekten, denn von einer sinnvollen Therapie ist zu fordern, daß sich ihre Wirkung auch auf ähnliche, nicht direkt in die Behandlung einbezogene Verhaltensweisen und Situationen erstreckt. In der verhaltenstheoretischen Literatur versteht man unter Generalisation die Ausweitung des Behandlungseffektes auf andere Situationen (Reizgeneralisation) oder Verhaltensweisen, die nicht direkt behandelt wurden (Reaktionsgeneralisation). Die experimentelle Analyse von Generalisationseffekten erfordert besondere Versuchspläne, die im Folgenden abgehandelt werden.

3.1 Kontrollzeitreihen-Design

Dieses Design ist dadurch gekennzeichnet, daß zusätzlich zu einem der oben dargestellten Versuchspläne eine Kontrollzeitreihe eingeführt wird, auf der keine experimentelle Variation vorgenommen wird. In der Kontrollzeitreihe können dann Generalisationseffekte einer Behandlung erfaßt werden. So kann z.B. ein Ausblendungsdesign oder ein multiples Baseline Design durch eine Kontrollzeitreihe ergänzt werden, in welcher die Auswirkung der Therapie auf eine nicht direkt behandelte Variable analysiert werden kann. Anwendungsbeispiele finden sich in Untersuchungen von *Ayllon & Roberts* (1974), *Lovaas & Simmons* (1969), *Risley* (1968), *Sajwaj, Twardosz & Burke* (1972), *Wahler, Sperling, Thomas, Teeter & Luper* (1970).

3.2 Kombinierte Designs

In zahlreichen Untersuchungen wurden zur Maximierung der experimentellen Kontrolle verschiedene Kombinationen der oben dargestellten Versuchspläne verwendet (*Barrish* et al., 1969; *Barton, Guess, Garcia, & Baer*, 1970; *Broden, Hall & Mitts*, 1971; *Herbert, Pinkston, Hayden, Sajwaj, Pinkston, Cordua & Jackson*, 1973; *Kapczyk & Livingston*, 1974; *Patterson & Teigen*, 1973; *Risley & Wolf*, 1972; *Sherman & Cormier*, 1974; *Wahler*, 1969). So kann ein multiples Baseline Design mit einem Ausblendungsdesign kombiniert werden wie bei *Hall* et al. (1970), oder es können komplexe Verknüpfungen mehrerer Versuchspläne vorgenommen werden (*Sajwaj, Twardosz & Burke*, 1972). Wenn sich der Untersucher an die Regel hält, nur eine experimentelle Bedingung zu einer Zeit zu variieren, sind seiner Phantasie bei dem Entwerfen kombinierter Designs zum Nachweis experimenteller Kontrolle wenig Grenzen gesetzt. Mit der Komplexität des Designs nimmt allerdings auch der Aufwand für eine sinnvolle Planung und sorgfältige Durchführung zu.

Kombinierte Designs können sich außer zum Nachweis experimenteller Kontrolle durch ihre vielfältigen Möglichkeiten für Replikationen auch für die Untersuchung von Generalisationseffekten eignen. Dies erscheint deshalb bedeutungsvoll, weil die in der klinischen Forschung am meisten verwendeten Zeitreihendesigns dann versagen, wenn Generalisationseffekte auftreten. Ein multiples Baseline Design ist zum Nachweis experimenteller Kontrolle eindeutig unangebracht, wenn Generalisationseffekte über die Zeitreihen hinweg beobachtet werden (*Leitenberg*, 1977). Auch in einem ABAB-Ausblendungsdesign kann keine experimentelle Kontrolle erreicht werden, wenn Generalisationen innerhalb der Zeitreihe auftreten, d.h., wenn die Verhaltensänderungen dauerhaft und irreversibel sind. Beide Versuchspläne sind somit per definitionem für die Untersuchung von Generalisationseffekten ausgeschlossen. Ein multiples Baseline Design kann jedoch zur Untersuchung von Generalisationseffekten durchaus sinnvoll und nützlich sein, wenn es sorgfältig mit anderen Versuchsplänen wie beispielsweise einem Ausblendungsdesign kombiniert wird. Die Methodologie von kombinierten Zeitreihenversuchsplänen und ihre Relevanz für die experimentelle Analyse von Generalisationseffekten wurde bisher nur unzureichend reflektiert.

Am Beispiel der bereits oben zitierten Untersuchung von *Fichter* et al. (1976) soll die Logik kombinierter Versuchspläne zur Untersuchung von Generalisationseffekten diskutiert werden. Bei einem extrem zurückgezogenen, apathischen, chronisch-schizophrenen Anstaltspatienten wurden im Rahmen eines Rehabilita-

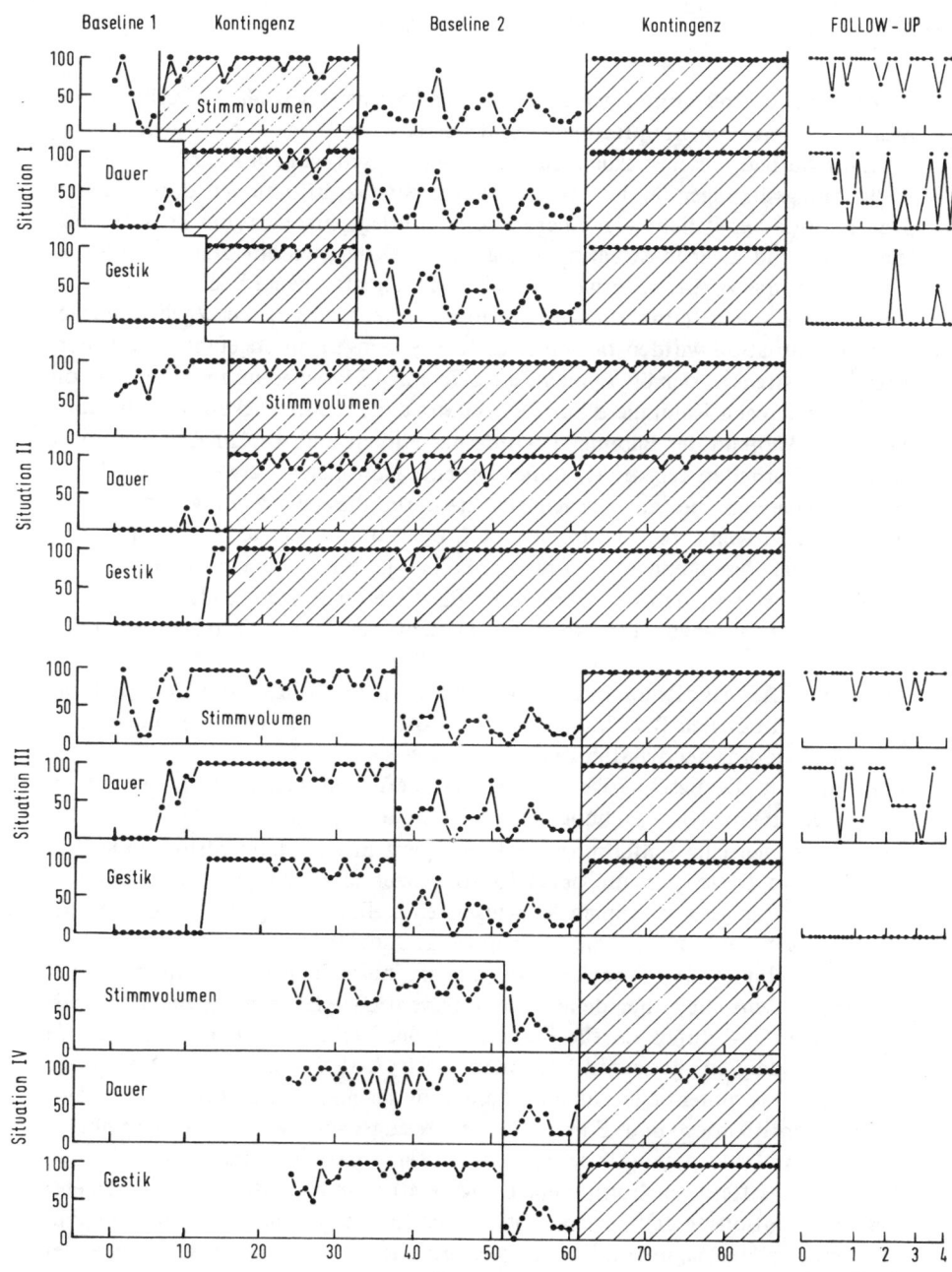

Abb. 6.   Kombiniertes Design zur Untersuchung von Generalisationseffekten für je drei Verhalten in vier Standardsituationen bei einem chronisch Schizophrenen. Gepunktete Flächen kennzeichnen Kontingenzphasen; weiße Flächen stellen Baselinephasen dar; Pfeile kennzeichnen Instruktionen an den Patienten darüber, daß die Kontingenz hier nicht angewendet wurde (nach *Fichter, Wallace, Liberman & Davis*, 1977).

tionsversuches drei grundlegende soziale Verhaltensweisen als Zielverhalten gewählt: Stimmvolumen, Sprechdauer und Gestik.

Zum Aufbau dieser sozialen Basisverhaltensweisen wurden zahlreiche kürzere Behandlungssitzungen in vier verschiedenen Standardsituationen durchgeführt. Dabei wurde der Patient von einer Person des Pflegepersonals zum Erzählen aufgefordert, und zwar in Situation 1 über seine Aktivitäten auf Station, in Situation 2 über das Essen, in Situation 3 über ein Thema eigener Wahl und in Situation 4 über einen Zeitungsartikel, der ihm morgens zum Lesen gegeben wurde. Für jede Situation wurden täglich circa fünf Sitzungen durchgeführt. Die Untersuchung erstreckte sich über einen Zeitraum von 15 Wochen und war gefolgt von einer 14wöchigen Katamnese zur Beurteilung der Dauerhaftigkeit der Therapiewirkung. Während der Baseline 1 wurde der Patient zum Erzählen aufgefordert und sein Verhalten registriert, ohne daß eine Kontingenz verwendet wurde. In der Therapiephase bestand die Kontingenz darin, daß eine Sitzung nur dann beendet wurde, wenn das Zielverhalten ein operational definiertes Kriterium erfüllte. In der Baselinephase 2 wurde der Patient jeweils für eine Situation speziell darüber informiert, daß die Kontingenz für diese nicht angewendet wurde. Wie aus Abb. 5 zu ersehen ist, wurden drei Designtypen in dem Versuchsplan kombiniert:

(1) Ein ABAB-Ausblendungsdesign in Situation 1 ermöglichte die Untersuchung der funktionalen Beziehung zwischen experimenteller Variable und Verhaltensänderung bei den drei Zielverhaltensweisen.

(2) Ein multiples Baseline Design über drei Verhaltensweisen in Situation 1 ermöglichte die Untersuchung von Reaktionsgeneralisation.

(3) Die sequentielle Einführung der Kontingenz in vier Standardsituationen bildete ein Design mit multiplen Kontingenzen (Reizgeneralisation). Ein weiteres Design mit multiplen Kontingenzen stellte die sequentielle Einführung der Baselinephase 2 für die Situationen 1, 3 und 4 dar.

Die Ergebnisse der Untersuchung sind graphisch in Abb. 5 dargestellt. Für diejenigen Zeitreihen, bei denen die Interventionseffekte nicht bereits – wie bei der Gestik – durch visuelle Betrachtung des Verlaufs evident waren, wurden Zeitreihenanalysen, basierend auf einem ARIMA-Modell berechnet. Wesentlich ist dabei, daß potentielle Abhängigkeiten zwischen den Daten einer Zeitreihe durch Identifikation und Elimination eines zugrundeliegenden Abhängigkeitsmodells (ARIMA: p, d, q) beseitigt werden. Nach Spezifizierung der postulierten Interventionseffekte in Form einer Design-Matrix und Schätzung der Parameter des Interventionsmodells nach einem least-square Verfahren kann dann zur Überprüfung der Signifikanz von Interventionseffekten ein t-Test angewendet werden. Die Berechnung derartiger Zeitreihenanalysen kann zusätzliche Aufschlüsse in Ergänzung zur visuellen Betrachtung graphisch dargestellter Verläufe liefern. Bei allen insgesamt 14 näher analysierten Zeitreihenabschnitten waren die Interventionseffekte bezüglich des jeweiligen Zielverhaltens signifikant (siehe *Revenstorf & Keeser,* Tabelle 11, S. 200 in diesem Band). Die Wirksamkeit der

Kontingenz konnte so durch mehrere Replikationen in einem kombinierten Zeitreihendesign demonstriert werden.

Generalisationseffekte

Kazdin (1973) weist darauf hin, daß die Erfassung indirekter Auswirkungen einer Behandlung (Reiz- und Reaktionsgeneralisation) nur dann sinnvoll ist, wenn eine funktionale Beziehung zwischen experimenteller Variable und direkten Verhaltensänderungen klar demonstriert worden ist. Diesen Nachweis für die experimentelle Kontrolle der Haupteffekte vorausgesetzt, kann der nächste Schritt in der Untersuchung von Reiz- und Reaktionsgeneralisationseffekten bestehen. Da die Haupteffekte nachgewiesen sind und nicht mehr Gegenstand der Generalisationsanalyse sind, ist diese nunmehr auch bei einem multiplen Baseline Design oder einem Design mit multiplen Kontingenzen sinnvoll durchführbar. Die Logik dieser beiden Designs bezüglich der gegenseitigen Abhängigkeit der Zeitreihen ist somit im Rahmen eines kombinierten Versuchsplanes verändert. Während zum Beispiel bei Auftreten von Generalisationseffekten in einem multiplen Baseline Design alleine die Ergebnisse praktisch nicht interpretierbar sind, kann ein multiples Baseline Design in Kombination mit einem Ausblendungsdesign sowohl die experimentelle Kontrolle als auch die zusätzliche Analyse von Generalisationswirkungen ermöglichen.

Wie aus Abb. 6 zu ersehen ist, wurde die Kontingenz in Situation I im Sinne eines multiplen Baseline Designs für jedes Verhalten zu verschiedenen Zeitpunkten eingeführt. Das Einsetzen der Kontingenz für Stimmvolumen in Situation I resultierte in einem gleichzeitigen Anstieg der Dauer der verbalen Reaktion (Reaktionsgeneralisation auf Sprechdauer: $t = 8.3$, $p < 0.001$). Doch weder das Einsetzen der Kontingenz für Stimmvolumen noch für Dauer der Reaktion hatte eine *Reaktionsgeneralisation* auf das nonverbale Verhalten, die Gestik, zur Folge. Die Ergebnisse legen nahe, daß Reaktionsgeneralisationen innerhalb der verbalen, nicht aber von verbalen zu motorischen Reaktionsmodalitäten stattfanden. Die in Tabelle 4 dargestellten Generalisationshypothesen wurden mit ARIMA-Zeitreihenanalysen überprüft und bestätigt[2]).

*Reiz*generalisationseffekte im Sinne von Generalisationen über Situationen hinweg lassen sich bei allen drei Zielverhaltensweisen — besonders eindrucksvoll für die Gestik — nachweisen. So zeigte sich mit Einsetzen der Kontingenz für Gestik in Situation I nicht nur in dieser, sondern auch in Situation II und III eine erhebliche Niveauänderung der Baseline für dieses Verhalten. Die beobachtete Reversion im Anschluß an die Baseline in Situation III und IV geben weitere Anhaltspunkte für die Richtigkeit der Folgerung, daß die Veränderungen

---

[2]) Bei kurzen Zeitreihen (df < 30) wurde von einer Modellidentifikation abgesehen. In allen diesen Fällen war die Autokorrelationsfunktion negativ und die angegebenen Statistiken stellen eine eher konservative Schätzung dar.

Tabelle 4. Ergebnisse der Zeitreihenanalysen für Generalisationseffekte (* = p < 0.001).

Generalisationshypothese	ARIMA Modell p d q	Error-varianz	Inter-ventions-effekt	df	t - Wert
Reaktionsgeneralisation: Volumen Sit. I→Dauer Sit. I (1−6)(7−9)	− − −	29	36.7	7	8.3 *
Reizgeneralisation: Volumen Sit. I →Volum. Sit. III (1−6)(7−37)	0 0 0	303	47.2	35	6.1 *
Dauer Sit. I→Dauer Sit. III (1−9)(10−37)	1 0 0	273	70.0	35	7.0 *
Reiz- + Reaktionsgeneralisation: Volumen Sit. I→Dauer Sit. III (1−6)(7−9)	− − −	290	63.3	7	5.3 *

in diesen Situationen während der Baselinephase auf Reizgeneralisation zurückzuführen sind.

In dieser Untersuchung war durch die kombinierte Verwendung von drei Designtypen sowohl eine experimentelle Kontrolle der Haupteffekte als auch eine Evaluation von Reiz- und Reaktionsgeneralisationseffekten möglich. Kombinierte Designs eignen sich auch besonders für mehrfache Replikationen der Interventionseffekte. Eine eingehende Betrachtung der Ergebnisse der Untersuchung zeigt in Übereinstimmung mit anderen Untersuchungen, daß Generalisationseffekte weniger stark ausgeprägt waren als Haupteffekte. Die Größe der Niveauänderung ist neben anderen Faktoren wie Stabilität der Grundkurven, Trends, Fluktuationen, Zyklen und Konsistenz der Ergebnisse mit anderen Untersuchungen bedeutsam für die Auswertung und Interpretation der Daten. Ein kombiniertes Design erweist sich insbesondere dann einem Kontrollzeitreihendesign als überlegen, wenn geringe Niveauveränderungen der abhängigen Variable auftreten. Es ermöglicht multiple Replikationen und nach *Baer, Wolf & Risley* (1968) liegt darin die Essenz der Glaubwürdigkeit.

Literatur

Agras, W. S., Leitenberg, H., Barlow, D. H. & Thomson, L. E. Instruction and reinforcement in the modification of neurotic behavior. *American Journal of Psychiatry,* 1969, *125,* 1435-1439.

Agras, W. S., Barlow, D. H., Chapin, H. N., Abel, G. G., & Leitenberg, H. Behavior modification of anorexia nervosa. *Archives of General Psychiatry,* 1974, *30,* 279-286.

Allen, G. J. Case study: Implementation of behavior modification techniques in summer camp settings. *Behavior Therapy,* 1973, *4,* 570-575.

Allen, K. E., Hart, B. M., Buell, J. S., Harris, R., & Wolf, W. M. Effects of social reinforcement and isolate behavior of a nursery school child. *Child Development,* 1964, *35,* 511-518.

Ayllon, T., & Roberts, M. D. Eliminating discipline problems by strengthening academic performance. *Journal of Applied Behavior Analysis,* 1974, *7,* 71-76.

Baer, D. M., Wolf, M. M., & Risley, T. R. Some current dimensions of applied behavior analysis. *Journal of Applied Behavior Analysis,* 1968, *1,* 91-97.

Barlow, D. H., & Hersen, M. Designs für Einzelfallexperimente. In *F. Petermann* (Hrsg.), Methodische Grundlagen Klinischer Psychologie, Weinheim: Beltz, 1977.

Barrish, H. H., Saunders, M., Wolf, M. M. Good behavior game: Effects of individual contingencies for group consequences on disruptive behavior in a classroom. *Journal of Applied Behavior Analysis,* 1969, *2,* 119-124.

Barton, Elizabeth, Guess, D., Garcia, E., & Baer, D. M. Improvement of retardates' mealtime behavior by timeout procedures using multiple baseline techniques. *Journal of Applied Behavior Analysis,* 1970, *3,* 77-84.

Bellak, L., Burvick, M., Silvan, M., & Jacobs, D. Towards an egopsychological appraisal of drug effects. *American Journal of Psychiatry,* 1968, *125,* 593-604.

Bergin, A. E. Some implications of psychotherapy research for therapeutic practice. *Journal of Abnormal Psychology,* 1966, *71,* 235-246.

Broden, M., Hall, R. V., & Mitts, B. The effect of self recording on the classroom behavior of two eight grade students. *Journal of Applied Behavior Analysis,* 1971, *4,* 191-199.

Browning, R. M. A same subject design for simultaneous comparison of three reinforcement contingencies. *Behavior Research and Therapy,* 1967, *5,* 237-243.

Browning, R. M., & Stover, D. O. Behavior modification in child treatment: An experimental and clinical approach. Chicago and New York: Aldine-Atherton, 1971.

Campbell, D. T. From description to experimentation: Interpreting trends as quasi-experiments. In *C. W. Harris* (Hrsg.), Problems in measuring change. Madison: University of Wisconsin Press, 1967, 212-242.

Campbell, D. T., & Stanley, J. C. Experimental and quasi-experimental designs for research and teaching. In N. L. Gage (Hrsg.), Handbook of Research on Teaching. Chicago: Rand McNally, 1963, 171-246.

Catania, A. C. (Hrsg.) Contemporary research in operant behavior, Glenview, Ill. Scott, Foresman, 1968.

Chassan, J. B. Research design in clinical psychology and psychiatry. New York: Appleton-Century-Crofts, 1967.

Christophersen, E. R., Arnold, C. W., Hill, D. W., & Quilitch, H. R. The home point system: Token reinforcement procedures for application by parents of children with behavior problems. *Journal of Applied Behavior Analysis,* 1972, *5,* 485-497.

Elkin, T. E., Hersen, M., Eisler, R. M., & Williams, J. G. Modification of caloric intake in anorexia nervosa: An experimental analysis. *Psychological Reports,* 1973, *32,* 75-78.

Fichter, M. M. Behavioral treatment of an anorectic male: Experimental analysis of generalization. Eingereicht zur Publikation im Journal of Applied Behavior Analysis, 1979.

Fichter, M. M., Wallace, C. J., Liberman, R. P., & Davis, J. R. Improving social interaction in a chronic psychotic using discriminated avoidance („hagging"): Experimental analysis and generalization. *Journal of Applied Behavior Analysis,* 1976, *9,* 377-386.

Fiske, D. W., Hunt, H. F., Luborsky, L.,

78 Kapitel II. Untersuchungsdesigns

Orne, M. T., Parloff, M. E., Reiser, M. F., & Tuma, A. H. Planung von Untersuchungen zur Wirksamkeit der Psychotherapie. In F. Petermann (Hrsg.), Methodische Grundlagen Klinischer Psychologie. Weinheim: Beltz, 1977.

Gelfand, D., & Hartmann, D. Behavior therapy with children: A review and evaluation of research methodology. Psychological Bulletin, 1967, 69, 204-215.

Glass, G. V., Wilson, V. L., & Gottman, J. M. Design and analysis of time-series experiments. Boulder: Colorado Associated University Press, 1975.

Hall, R. V., Cristler, C., Cranston, S. S., & Tucker, B. Teachers and parents as researchers using multiple baseline designs. Journal of Applied Behavior Analysis, 1970, 3, 247-255.

Herbert, E. W., Pinkston, E. M., Hayden, E. M., Loeman, M., Sajwaj, T. E., Pinkston, S., Cordua, G., & Jackson, C. Adverse effects of differential parental attention. Journal of Applied Behavior Analysis, 1973, 6, 15-30.

Herrnstein, R. J. On the law of effect. Journal of the Experimental Analysis of Behavior, 1970, 13, 243-266.

Hersen, M., & Barlow, D. H. Single Case Experimental Designs. New York: Pergamon Press, 1976.

Hilgard, J. R. The effect of early and delayed practice on memory and motor performances studied by the method of co-twin control. Genetic Psychology Minographs, 1933, 14, 493-567.

Holtzman, W. H. Statistische Modelle zur Untersuchung von Veränderungen im Einzelfall. In F. Petermann (Hrsg.), Methodische Grundlagen Klinischer Psychologie. Weinheim: Beltz, 1977.

Honig, W. K. (Hrsg.) Operant behavior: Areas of research and application. New York: Appleton-Century-Crofts, 1966.

Huber, H. P. Kontrollierte Fallstudie. In Gottschaldt, K., Lersch, P. H., Sander, F., & Thomae, H. (Hrsg.), Handbuch der Psychologie, 8b. Göttingen: Verlag für Psychologie, 1978.

Kazdin, A. E. Methodological and assessment considerations in evaluating reinforcement programs in applied settings. Journal of Applied Behavior Analysis, 1973, 6, 517-531.

Knapczyk, D. R., & Livingston, G. The effects of prompting question-asking upon on-task behavior and reading comprehension. Journal of Applied Behavior Analysis, 1974, 7, 115-121.

Lazarus, A. A., & Davison, G. C. Clinical innovation in research and practice. In A. E. Bergin & L. S. Garfield (Hrsg.), Handbook of psychotherapy and behavior change. New York: Wiley, 1971.

Leitenberg, H. Einzelfallmethodologie in der Psychotherapieforschung. In F. Petermann & C. Schmook (Hrsg.), Grundlagentexte der Klinischen Psychologie, Bd. 1: Forschungsfragen der Klinischen Psychologie. Bern, Stuttgart, Wien: Verlag Hans Huber, 1977.

Liberman, R. P., Davis, J., Moon, W., & Moore, J. Research design for analyzing drug-environment-behavior interactions. Journal of Nervous and Mental Disease, 1973, 156, 432-439.

Liberman, R. P., Teigen, J., Patterson, R., & Baker, V. Reducing delusional speech in chronic paranoid schizophrenics. Journal of Applied Behavior Analysis. 1973, 6, 57-64.

Long, J. D., & Williams, R. L. The comparative effectiveness of group and individually contingent free time with inner-city junior high school students. Journal of Applied Behavior Analysis, 1973, 6, 465-474.

Lovaas, O. L., & Simmons, J. Q. Manipulation of self-destruction in three retarded children. Journal of Applied Behavior Analysis, 1969, 2, 143-158.

May, R. P. A. Psychotherapy and ataraxic drugs. In A. E. Bergin & L. S. Garfield (Hrsg.), Handbook of psychotherapy and behavior change. New York: Wiley, 1971.

McNamara, J. R., & MacDonough, T. S. Einige methodische Überlegungen zur Planung und Durchführung von Studien zur Verhaltenstherapie-Forschung. In F. Petermann (Hrsg.), Methodische Grundlagen Klinischer Psychologie. Weinheim: Beltz, 1977.

Namboodiri, N. K. Experimentelle Designs mit Meßwiederholung bei jeder Versuchsperson. In F. Petermann (Hrsg.), Methodische Grundlagen Klinischer Psychologie. Weinheim: Beltz, 1977.

Panyan, M., Boozer, H., & Morris, N. Feedback to attendants as a reinforcer for applying operant techniques. Journal of Applied Behavior Analysis, 1970, 3, 1-4.

Patterson, R. L., & Teigen, J. R. Conditioning and post-hospital generalization of non-delusional responses in a chronic psychotic patient. *Journal of Applied Behavior Analysis*, 1973, *6*, 65-70.

Reynolds, G. S. A primer of operant conditioning. Glenview, III. Scott, Foresman, 1968.

Risley, T. R. The effects and side-effects of punishing the autistic behavior of a deviant child. *Journal of Applied Behavior Analysis*, 1968, *1*, 21-34.

Risley, T. R., & Wolf, M. M. Strategies for analyzing behavioral change over time. In *J. Nesselroade & H. Reese* Hrsg.), Lifespan developmental psychology: Methodological issues. S. 175-183. New York: Academic Press, 1972.

Sajwaj, T., Twardosz, S., & Burke, M. Side effects of extinction procedures in a remedial preschool. *Journal of Applied Behavior Analysis*, 1972, *5*, 163-175.

Shapiro, M. B. The single case in clinical psychological research. *Journal of Genetic Psychology*, 1966, *74*, 3-23.

Sherman, T. M., & Cormier, W. M. An investigation of the influence of student behavior on teacher behavior. *Journal of Applied Behavior*, 1974, *7*, 11-21.

Sidman, M. Tactics of scientific research: Evaluating experimental data in psychology. New York: Basic Books, 1960.

Stolz, Stephanie B. Evaluation of therapeutic efficacy of behavior modification in a community setting. *Behavior Research and Therapy*, 1976, *14*, 479-481.

Wahler, R. G. Setting generality: Some specific and general effects of child behavior therapy. *Journal of Applied Behavior Analysis*, 1969, *2*, 239-246.

Wahler, R. G., Sperling, K. A., Thomas, M. R., Teeter, N. C., & Luper, H. T. The modification of childhood stuttering: Some response-response relationships. *Journal of Experimental Child Psychology*, 1970, *9*, 411-428.

Wilson, C. W., & Hopkins, B. L. The effects of contingent music on the intensity of noise in junior high home economics classes. *Journal of Applied Behavior Analysis*, 1973, *6*, 269-275.

Yates, A. J. Misconceptions about behavior therapy: A point of view. *Behavior Therapy*, 1970, *1*, 92-107.

Yule, W., Berger, M., & Howlin, P. Language deficit and behavior modification. In *N. O'Conner* (Hrsg.), Language and cognition in the handicapped. London: Churchill, 1974.

Yule, W., & Hemsley, D. Single-case method in medical psychology. In *S. Rachman* (Hrsg.), Contributions to medical psychology. New York, 1977.

KAPITEL III

Statistische Auswertung

1. Einführung

In diesem Kapitel werden unterschiedliche Auswertungsmöglichkeiten vorgestellt. Der Aufbau des Kapitels umfaßt zwei Schwerpunkte: Ansätze zur Einzelfalldiagnostik und Einzelfallanalyse. Der Schwerpunkt „Einzelfalldiagnostik" beschäftigt sich mit den testtheoretischen Grundlagen (vgl. den Beitrag von *Tack*), den Norm- und Zielvorgaben bei einzelfalldiagnostischen Aussagen und der Generalisierbarkeit von Einzelfalldiagnosen (vgl. die Beiträge von *Huber* und *Rollett*). Den Moderatorenansatz, ein alternatives Vorgehen um Kausalitäten aufzudecken und Einzelfälle zu aggregieren, schildern *Jäger & Schermelleh-Engel*.

Im Bereich der statistischen Auswertung von Einzelfallanalysen liefert der Beitrag von *Revenstorf & Keeser* wesentliche Informationen über verschiedene Zeitreihenansätze. Im Mittelpunkt dieser Ausführungen steht das bekannteste Verfahren: die ARIMA-Methodik. Die Beschreibung dieses Verfahrens wird von *Noack* aktualisiert. Eine Einführung in Vorgehensweisen der qualitativen (nicht-parametrischen) Auswertung der Einzelfällen bietet der Beitrag von *Revenstorf & Vogel*.

Neben den in diesem Kapitel ausführlich behandelten Ansätzen, die in dieser Einleitung nicht angesprochen werden sollen, existieren eine Anzahl anderer Auswertungsverfahren. Als neuere parametrische Ansätze sind dies die HTAKA (Hierarchische Trend-Abschnitt-Komponenten-Analyse), CARSPAN (ein Verfahren zur Spektralanalyse) und zeitkontinuierliche Modelle (Differentialgleichungssysteme). Für die nicht-parametrischen klassischen Ansätze und Auswertungsverfahren werden die Grundideen vorgestellt und auf die vertiefende, neuere Literatur verwiesen.

2. Neuere parametrische Auswertungsverfahren

Hierarchische Trend-Abschnitt-Komponenten-Analyse. Zunächst soll ein Verfahren behandelt werden, bei dem die Phasen eines Zeitverlaufs nicht aus einer vorhandenen Theorie, sondern aus den Daten gewonnen werden. Dieses Verfahren wurde von *Kleiter* (1986) unter der Bezeichnung HTAKA (Hierarchische Trend-Abschnitt-Komponenten-Analyse) eingeführt. Die zugrunde liegende Idee läßt sich wie folgt zusammenfassen: Für eine Zeitreihe wird eine Anzahl von Phasen geschätzt. Das Programm zerlegt die Zeitreihe dann in diese Anzahl zusammenhängender Phasen. Das Kriterium für die Einteilung solcher Phasen ist die kleinste quadratische Abweichung der Werte von der ermittelten Regressionsgeraden innerhalb der einzelnen Phasen. Die HTAKA liefert immer dann exakte Ergebnisse, wenn durch die Annahme der Linearität bei der Regressionsberechnung ein kleinerer Fehler gemacht wird als durch andere Funktionsverläufe (z.B. exponentiale). In vielen Bereichen, wie zum Beispiel in der Physiologie, verlaufen Kurven selten linear und können meistens durch eine e-Funktion beschrieben werden. Die Anpassung der Phasen an den Verlauf der Zeitreihe sollte nicht nur linear möglich sein, sondern auch andere Funktionen (e, exponential, gemischt u.a.) zulassen. Zu Beginn der Analyse wäre somit nicht nur die Anzahl der Phasen festzulegen, sondern auch der Funktionstyp. Eine genaue Beschreibung des Verfahrens findet sich bei *Kleiter* (1986).

Spektralanalyse. Ein anderes, für die Medizin interessantes Verfahren ist CARSPAN (vgl. *Mulder* et al., 1989). Das Ziel dieses Verfahrens ist es, Periodizitäten innerhalb eines Zeitverlaufes zu erfassen. Dazu wird die Kurve in kleine äquidistante Abschnitte zerlegt. Die Zerlegung kann im Millisekunden-Bereich liegen. Für jeden dieser kleinen Kurvenabschnitte wird ermittelt, ob die Kurve in diesem Abschnitt steigt, fällt oder auf gleicher Höhe bleibt. Diese Zerlegung wird kodiert mit „1", wenn sie steigt, ansonsten mit „0". Diese Sequenz von Einsen und Nullen wird nun, wie bei der Autokorrelation, gegeneinander verschoben. Liegen Periodizitäten vor, so sind die Sequenzen nach einer bestimmten Verschiebung (lag) annähernd deckungsgleich. Anwendungsbeispiele dieses Ansatzes stellt *Langewitz* in diesem Buch vor.

Zeitkontinuierliche Modelle. Die Analyse von Zeitreihen ist entweder datenorientiert (z.B. bei den ARIMA-Modellen) oder theorieorientiert (z.B. bei zeitdiskreten oder zeitkontinuierlichen Systemmodellen) möglich. Nach *Pfeifer & Deutsch* (1980) sind zeitkontinuierliche Modelle besonders für die Veränderungsmessung geeignet. Solche Modelle basieren auf vier Überlegungen:
1. Die Zeit läuft kontinuierlich: es gibt keine „Zeitlöcher".
2. Das oberste Ziel bei der Kreuzvalidierung ist die Suche nach Parameterinvarianz.
3. Prognosen sollen für alle beliebig wählbare Zeitpunkte möglich sein.
4. Die Prozeßebene eines Phänomens ist die Basis für die kausalinhaltliche Interpretation.

Eine weitere Vorstellung bezieht sich darauf, daß sich die Variablen nicht sprunghaft, sondern kontinuierlich über die Zeit verändern. Sind die Variablen stetige Funktionen des Differentials über die Zeit, so kann man Prognosen aus dem Verlauf der Variablen ziehen (*Goldstein,* 1979). Mit Hilfe der in diesem Ansatz aufzustellenden Differentialgleichungssysteme ist es möglich, den Wert einer Variablen V zum Zeitpunkt t aus dem Anfangswert und den endogenen wie exogenen Einflüssen zu berechnen. Die Systeme können entweder asymptotisch stabil, stabil oder instabil sein. Die beiden ersten Alternativen führen zu einer Varianzminimierung, die dritte zu einer Varianzmaximierung. Das konkrete Verfahren wird von *Möbus & Nagl* (1983) beschrieben.

3. Nicht-parametrische Auswertungsverfahren

Wichtig bei der Beschreibung von Zeitreihen ist die Erfassung der Abhängigkeitsstruktur. Daher sollen hier Prozesse mit monotoner Randverteilung, Prozesse mit stationär unabhängigem Zuwachs, Poisson-Prozesse, Anpassungstests zur Identifizierung einer speziellen Verteilung und Modelltests beschrieben werden, die einen Datensatz auf eine angenommene Abhängigkeitsstruktur testen können (vgl. *Krauth*, 1983).

Monotone Randverteilung. Bell & Smith (1969) definieren diese Klasse von Prozessen in der folgenden Weise: Man geht von einem Vektor $(Y_1, Y_2, \ldots, Y_n)$ mit einer stetigen Verteilungsfunktion f $(y_1, \ldots, y_n)$ aus. Weiterhin verlangt man, daß diese eindimensionale Randverteilung streng monoton wachsende Funktionen seien. Also:

$f_1(y_1) = P(Y_i \le y_i)$ mit $i \in (1, \ldots, n)$ sei streng monoton und
$f_i(y_i \mid y_j) = P((Y_i \le y_i) \mid Y_j = y_j, Y_k = y_k, \ldots)$ mit $i, j, k \ldots \in$
$(1, \ldots, n)$ und $i, j, k, \ldots$ seien voneinander verschieden, und die Reihe
$i, j, k, \ldots$ sei streng monoton.

Die beobachteten Größen $Y_1, \ldots, Y_n$ werden einer Rosenblatt-Transformation unterzogen (*Rosenblatt*, 1952). Die Unabhängigkeit der Werte ist danach mit einem Chi²-Test zu überprüfen. Sind die Werte unabhängig, sind sie genau Chi²-verteilt mit 2n Freiheitsgraden (*Kendall & Stuart*, 1961). Eine Alternative zum Chi²-Test ist die Zwischenabstandsstatistik von *Sherman* (1957). Wird ein monotoner Trend in der Verteilung der Werte vermutet, ist dieser durch eine Spearman-Rangkorrelation (*Lienert*, 1973) gegen eine Reihe der Form 1,2,3,... zu testen.

Ebenso ist es möglich, zwei Zeitreihen gegeneinander zu testen. Wird ein Niveauunterschied in zwei Zeitreihen vermutet, so kann für jede Zeitreihe der Mittelwert bestimmt werden. Danach kann mit einem nicht-parametrischen Zweistichprobentest, zum Beispiel dem U-Test von Mann-Whitney oder dem Kolmogorov-Smirnov-Test, der Mittelwertsunterschied getestet werden.

Stationär unabhängiger Zuwachs. Gegeben sei eine äquidistante Zeitreihe, beschrieben durch den Vektor $Y_1, Y_2, \ldots$. Falls die Zuwächse, d.h. die Differenzenreihe mit Lag=1 ($Z_1 = Y_2 - Y_1, Z_2 = Y_3 - Y_2, \ldots$), identisch und mit einer stetigen Funktion f verteilt sind, kann der Prozeß als ein stationär unabhängiger Zuwachs interpretiert werden. Mit diesem Ansatz können Vermutungen darüber geprüft werden, ob die Größe der Veränderung zum Zeitpunkt t_n unabhängig vom Zeitpunkt oder den Zeitpunkten vor t_{n-1} ist, und ob die Veränderungen an allen Tagen durch das gleiche Zufallsgesetz bestimmt werden. Eine Voraussetzung bei diesem Test ist, daß bei zweistufigen Designs (AB-Designs) die Intervention die Art des Prozesses nicht verändert. Ein Modelltest in diesem Kontext kann zum Beispiel testen, ob die Zuwächse in einer bestimmten, mathematisch beschreibbaren Form verteilt sind. Umfassende Anwendungsbeispiele sind bei *Bell* et al. (1970) oder *Lienert* (1973) ausgeführt.

Poisson-Prozesse. Bei der Poissonverteilung geht man davon aus, daß es eine kontinuierlich verlaufende Zeitachse gibt, die in beliebig lang zu definierende Intervalle eingeteilt wird. Innerhalb jedes Intervalls wird die Auftretenswahrscheinlichkeit eines vorher eindeutig zu definierenden Ereignisses gezählt. Dieses Verfahren führt zu einer Variablen N_t, die die Auftretenswahrscheinlichkeit für das Intervall des Zeitpunktes t angibt. Zum Beispiel könnte von Interesse sein, die Kaufhäufigkeit eines bestimmten Produktes innerhalb einer Woche zu ermitteln. Man geht von der kontinuierlich verlaufenden Zeit von Montag 0.00 Uhr bis zum folgenden Sonntag 24.00 Uhr aus. Die Intervalle sind die Tage, also: Montag 0.00 Uhr bis Montag 24.00 Uhr, Dienstag 0.00 Uhr bis Dienstag 24.00 Uhr usw. Die Kaufhäufigkeiten wären dann: Montag ($N_1 = 10$), Dienstag ($N_2 = 12$), usw.

Falls N_t sich dabei als ein Prozeß mit unabhängig stationärem Zuwachs charakterisieren läßt und für zwei beliebig gewählte Zeitpunkte a und b gilt:

$$P(N_a - N_b = i) = (\omega(a-b))^i * \exp(-\omega(a-b))/i! \quad \text{mit } i = 0, 1, 2, \ldots$$

so ist N ein homogener Poisson-Prozeß mit der Intensität ω. Zwei weitere Voraussetzungen, daß ein Prozeß poissonverteilt ist, sind: *Erstens* für jedes beliebig klein zu wählende Zeitintervall gibt es eine positive Wahrscheinlichkeit dafür, daß ein Ereignis eintritt und *zweitens* in jedem beliebig klein zu wählenden Zeitintervall kann höchstens ein Ereignis eintreten. Dies bedeutet, daß das zu beobachtende Ereignis nicht gleichzeitig mehrmals auftreten kann.

Mit diesem Verfahren prüft man, ob zwei Zeitreihen voneinander abweichen. Verteilungen, die bei dieser Problemstellung angewandt werden können, sind der F-Test, der Kolmogorov-Smirnov-Zweistichprobentest, der Savage-Test oder eine Chi²-Anpassung. *Lienert* (1973) und *Hajek* (1969) haben für dieses Verfahren konkrete Rechenbeispiele und Beschreibungen dargestellt. Nicht-parametrische Tests sind explizit von *Burr & Young* (1978) beschrieben worden.

Petermann & Noack (1984) legten einen Bericht über Verfahren zur nicht-
parametrischen Zeitreihenanalyse vor und beschrieben u.a. verschiedene
Tests, mit denen man die Autokorreliertheit der Daten oder das Vorliegen von
verschiedenen Trends bestimmen kann. Eine kurze Übersicht über diesen Bericht wollen wir anschließen.

Tests auf Autokorrelation. Zunächst sind hier die serielle Rangkorrelation von
Wald & Wolfowitz (1943) und *Aiyar* (1969) zu nennen. Dabei gilt:

$$S_1 = \Sigma\,(i{=}1, N{-}1)\,(R_i - 1/2\,(n{+}1))\,(R_{i+1} - 1/2\,(n{+}1))$$
$$E\,(S_1) = 0$$
$$\sigma\,(S_1) = (n^2\,(n{+}1)\,(n{-}3)\,(5n{+}6))/720$$

Je nach Ausgangsverteilung des autoregressiven Prozesses schwanken die
Werte zwischen .86 und .91.

Ein weiteres Verfahren ist der Test zur Anzahl der Wendepunkte von *Wallis
& Moore* (1941).

$$S_2 = \Sigma\,(i{=}1, N{-}2)\,[Y_{i,i+1}\,(1{-}Y_{i+1,i+2}) + Y_{i+1,i+2}\,(1{-}Y_{i,i+1})]$$

mit $Y_{i,j} = 1$ für $X_i > X_j$ und 0 für $X_i \le X_j$

Nach *Knoke* (1977) hat dieser Test auch bei Normalverteilung eine asympto-
tische Effizienz von $p = .19$.

Ein weitere Möglichkeit bildet *Kendall's* tau. Für einen Test mit lag $= 1$ gilt:

$$S_3 = \Sigma(i{=}1, N{-}1)\,\Sigma\,(j{=}1, N{-}1)\,\text{sign}\,(X_i{-}X_j)\,(X_{i+1} - X_{j+1})$$

mit der Funktion Signum definiert als
$\text{sign}\,(z) := +1$ für $z > 0$, 0 für $z = 0$, -1 für $z < 0$

Monotoner Trend. Die zu testende Hypothese lautet, daß sich das Monotonie-
verhalten in der gesamten Zeitreihe nicht ändert. *Cox & Stuart* (1955) schlagen
folgenden Trendtest vor:

$$S_4 = \Sigma\,(i{=}1, N/2)\,(N{-}2i{+}1)\,h_{i,N-i+1}$$
mit $h_{i,j} = 1$ für $X_i < X_j$, sonst 0
$$E\,(S_4) = N^2/8$$
$$\sigma\,(S_4) = N\,(N^2{-}1)/24.$$

Mann & Kendall (vgl. *Lienert*, 1978) stellen folgenden Trendtest vor:

$$S_5 = \Sigma\,(i{=}1, N)\,\Sigma\,(j{=}1, N)\,\text{sign}\,(i{-}j)\,\text{sign}\,(X_i - X_j)$$

$E(S_5) = 0$

$\sigma(S_5) = N(N-1)(2N+5)/18$

wobei $S_5/\sqrt{\sigma}(S_5)$ asymptotisch normalverteilt ist.

Zyklischer Trend. Getestet wird hierbei die Hypothese, daß sinusförmige Schwankungen in den Daten existieren.
Noether (1956) schlägt folgende Formel vor:

$S_6 = \Sigma (i=1, n/3) h_i$
mit $h_i = 1$ für $X_{3i-2} < X_{3i-1} < X_{3i}$
$h_i = 1$ für $X_{3i-2} > X_{3i-1} > X_{3i}$
sonst beträgt der Wert 0.

U- bzw. v-förmige Trends. Ein Test für diese Art von Trends wird von *Ofenheimer* (1971) vorgestellt. Er basiert auf der Mann-Kendall-Statistik (vgl. *Petermann & Noack*, 1984).

Einen interessante Arbeit führten *Rudinger & Schmitz* (1989) durch, indem sie mit nicht-parametrischen Verfahren komplexere Einzelfallhypothesen über Entwicklungsverläufe bei Kindern und Jugendlichen mit Down-Syndrom testeten. Zunächst überprüften sie durch Paarbildung, ob die Entwicklungsverläufe monoton waren. Die Ergebnisse des Paarvergleichs wurden tabelliert und als Maß für die Vorhersagegenauigkeit wählten die Autoren das Fehlerreduktionsmaß (PRE = Proportional Reduction of Error, vgl. *Hildebrand* et al., 1977). Die Formel dafür:

$DEL = 1 - ((\Sigma\Sigma w_{ij} * p_{ij})/(\Sigma\Sigma w_{ij} * p_{i.} * p_{.j}))$
mit w_{ij} als Gewicht (1 = Fehler, 0 = Treffer),
p_{ij} als relative Zellenhäufigkeit,
$p_{i.}$ und $p_{.j}$ als relative Randhäufigkeit.

Mit Monotonieannahmen lassen sich aber nicht nur Hypothesen der Art „Je älter ein Kind ist, desto größer ist seine Intelligenz" testen, sondern auch Hypothesen der Art „Je älter ein Kind ist, desto kleiner wird die Zunahme der Intelligenz". Formal läßt sich diese Hypothese schreiben als:

$A_k > A_j > A_i \rightarrow (I_k - I_j)/(A_k - A_j) < (I_j - I_i)/(A_j - A_i)$
mit A_z = Alter zum Zeitpunkt z und
I_z = ist Intelligenz zum Zeitpunkt z.

Qualitative Verfahren erlauben also im Einzelfall auch das Testen von anspruchsvolleren Hypothesen.

4. Kriteriumsorientiertes Messen

Während in der gängigen Forschungspraxis der Schwerpunkt auf normorientierter Messung liegt, d.h. eine Norm definiert wird, und Abweichungen von dieser Norm bestimmt werden sollen, wird bei der kriteriumsorientierten Messung, wie sie durch *Glaser* (1963) eingeführt wurde, ein Kriterium vorgegeben. Da der Begriff „Kriterium" nicht eindeutig definiert wurde, sind verschiedene Interpretationen dieses Begriffs möglich. Nach *Klauer* (1987) kann man den Begriff „Kriterium" wie folgt definieren:

- als Lernkriterium (z.B. bei lernpsychologischen Versuchen) mit einer Klassenzuweisung der Probanden in Könner und Nichtkönner;
- als Leistungsbereich, wo der Grad der Beherrschung ein Kontinuum bildet, das zwischen „wird nicht beherrscht" und „wird perfekt beherrscht" schwankt; und
- als abhängige Variable zur Validierung eines Tests. Zum Beispiel dient beim Hochsprung die Absprungstärke als Vorhersagekriterium für die zu erreichende Höhe. In diesem Zusammenhang kann von der Kriteriumsvalidität eines Tests gesprochen werden.

Ein Kriterium kann man aus sozialen Normen, individuellen Normen und curricularen Normen ableiten. Die ersten beiden Arten kann man als Realnormen bezeichnen, da sie auf empirischen Befunden basieren. Die curriculare Norm ist eine Idealnorm, da sie unabhängig von empirischen Befunden definiert werden kann. Eine Übersicht über das kriteriumsorientierte Messen liefert der Beitrag von *Rollett* (in diesem Buch).

Das kriteriumsorientierte Messen geht von Entscheidungen aus, die als Ergebnis „Kriterium erfüllt" oder „Kriterium nicht erfüllt" durch eine Binomialverteilung dargestellt werden. Zur Bewertung der erzielten Ergebnisse bieten sich zwei Ansätze an.

Der *erste* basiert auf den Personenparametern t und π. t sei die Anzahl der richtigen Lösungen bei einem Test mit Länge N. π die Lösungswahrscheinlichkeit oder der Prozentsatz der richtigen Lösungen. Die Beziehung zwischen beiden ist gegeben durch t = N$*\pi$. Die Maximum-Likelihood-Schätzung für π ist definiert durch

$$\pi_i = \Sigma\, x_i / N.$$

Oder einfacher formuliert als Prozentsatz der richtigen Lösungen.

Die *zweite* Methode schlagen *Subkoviak & Baker* (1978) vor. Ihre Schätzung ist gegeben durch:

$$\pi_i = (r_{tt} * x_i / N) + (1 - r_{tt}) * x_i / N$$

mit r_{tt} als Retestreliabilität.

Für die Bestimmung der Reliabilität ist die Kuder-Richardson-Formel 21 geeignet (vgl. de Gruijter & van der Kamp, 1984). In Situationen, in denen nicht nur das Erreichen eines Kriteriums in eine Richtung (z.B. möglichst gut) erfaßt werden soll, kann man eine untere und eine obere Zielmarke (π_u und π_0) setzen, um zu testen, ob sich ein Proband innerhalb eines bestimmten Bereichs bewegt. Dieser Vorschlag geht auf *Fhanér* (1974) zurück. Hierbei werden zwei Signifikanztests durchgeführt: ein α-Niveau für die obere und β-Niveau für die untere Grenze.

Wilcox (1976) erweiterte dieses Modell; statt fester Grenzen legte er eine Zielmarkierung fest und bezeichnete die obere und untere Grenze als Epsilon-Umgebung ($\pi + e$, $\pi - e$) um diese Zielmarkierung. Das Modell ist daher bekannt unter der Bezeichnung „Indifferenzenmodell". Der Vollständigkeit halber sei hier noch auf das Maximal- und dem Schwellenfehlermodell von *Huynh* (1980) hingewiesen. Das Schwellenfehlermodell erlaubt, nach unten oder oben zwei verschieden große Epsilon-Umgebungen zu definieren. Um eine exakte Gewichtung der Fehler zu erhalten, ist es, wie in der Klassischen Testtheorie möglich, lineare und vor allem quadratische Fehler zu berechnen. Der interessierte Leser sei auf *Klauer* (1987) verwiesen.

Literatur

Aiyar, R. A. On some tests for the trend and autocorrelation. University of California at Berkley: Dissertation, 1969.

Bell, C. B. & Smith, P. J. Some nonparametrics tests for the multivariate goodness-of-fit, multisample, independence, and symmetry problems. In P. R. Krishnaiah (Ed.), Multivariate analysis II. New York: Academic Press, 1969.

Bell, C. B. Woodroofe, M. & Avadhani, T. V. Some nonparametric tests for stochastic processes. In M. L. Puri (Ed.), Nonparametric techniques in the statistical inference. Cambridge: University Press, 1970.

Burr, P. C. & Young, D. H. The power of the exponential scores test for an ordinary reneval process against trend alternatives. Communication in Statistic-Theory and Methods, 1978, A7, 461-474.

Cox, D. R. & Stuart, A. Some quick sign tests for trend in location and dispersion. Biometrica, 1955, 42, 80-95.

De Gruijter, D. N. M. & van der Kamp, L. J. T. Statistical methods in psychology and educational testing. Lisse: Swets & Zeitlinger, 1984.

Fhanér, S. Item-sampling and decision-making in achievement testing. British Journal of Mathematical and Statistical Psychology, 1974, 27, 172-175.

Glaser, R. Instructional technology and the measurement of learning outcomes: Some questions. American Psychologist, 1963, 18, 519-521.

Goldstein, H. Some models for analyzing longitudinal data on educational attainment. Journal of the Royal Statistical Society, 1979, 142, 407-442.

Hildebrand, D. K., Laing, J. D. & Rosenthal, H. Prediction analysis of cross classification. New York: Wiley, 1977.

Huynh, H. A nonrandomized minimax solution for passing scores in the binomial error model. Psychometrika, 1980, 45, 167-182.

Hajek, J. A course in nonparametric statistics. San Francisco: Holden Day, 1969.

Kendall, M. G. & Stuart, A. The advanced theory of statistics. Vol. II. London: Griffin, 1961.

Klauer, K. J. Kriteriumsorientierte Tests. Göttingen: Hogrefe, 1987.

Kleiter, E. F. HTAKA: Hierarchische Trend-

Abschnitt-Komponenten-Analyse. Ein Verfahren zur Analyse von Zeitreihen. Zeitschrift für Empirische Pädagogik und Pädagogische Psychologie. Beiheft 2. 1986.

Knoke, J. D. Testing for randomness against autocorrelation: alternative tests. Biometrica, 1977, 64, 523-529.

Krauth, J. Einige Fragen zur Zeitreihenanalyse. Manuskript zum Vortrag am 28.11. an der RWTH Aachen, 1983.

Lienert, G. A. Verteilungsfreie Methoden in der Biostatistik. Bd. I und II. Meisenheim: Hain, 1973 und 1978.

Möbus, C. & Nagl, W. Messung, Analyse und Prognose von Veränderungen. In J. Bredenkamp & H. Feger (Hrsg.), Enzyklopädie der Psychologie. Band Hypothesenprüfung. Göttingen: Hogrefe, 1983.

Mulder, L. J. M., van Dellen, H., van der Meulen, P. & Opheikens, B. CARSPAN: A spectral analysis program for cardiovascular time-series. In Maarse, F. J., Mulder, L. J. M., Sjour, W. & Akkerman, A. (Eds.), Computers in psychology: Methods, instrumentation and psychodiagnostics. Lisse: Swets & Zeitlinger, 1989.

Noether, G. E. Two sequential tests against trend. Journal of the American Statistical Association, 1956, 51, 440-450.

Ofenheimer, A. Ein Kendall-Test gegen U-förmigen Trend. Biometrische Zeitschrift, 1971, 13, 416-420.

Petermann, F. & Noack, H. Entwicklung und Erprobung von Verfahren zur nonparametrischen Zeitreihenanalyse. Aachen: Arbeitsbericht aus dem Psychologischen Institut der RWTH Aachen, 1984.

Pfeifer, P. E. & Deutsch, S. J. A three stage iterative procedure for space-time modeling. Technometrics, 1980, 22, 35-47.

Rosenblatt, M. Remarks on a multivariate transformation. Annuals of the Mathematical Statistics, 1952, 233, 470-472.

Rudinger, G. & Schmitz, S. M. Entwicklungsverläufe: Quantitativ und qualitativ betrachtet. In H. Teichmann, D. Meyer-Probst & D. Roether (Hrsg.), Risikobewältigung in der lebenslangen psychischen Entwicklung: Verlaufsstudien im Kindes-, Jugend- und Erwachsenenalter. Leipzig: Thieme, 1989.

Sherman, B. Percentiles of the w_n statistics. Annuals of the Mathematical Statistics, 1957, 28, 259-261.

Sidak, Z. Tables for the two sample savage range test optimal for experimental densities. Aplikace Matemetiky, 1973, 18, 364-374.

Subkoviak, M. J. & Baker, F. B. Test theory. In L. S. Shulman (Ed.), Review of Research in Education, Vol. 5. Itasca: Peacock, 1978.

Wald, A. & Wolfowitz, J. An exact test of randomness in the non-parametric case based on serial correlation. Annuals of the Mathematical Statistics, 1943, 14, 378-388.

Wallis, W. A. & Moore, G. H. A significance test for time series analysis. Journal of the American Statistical Association, 1941, 36, 401-409.

Wilcox, R. R. A note of the length and passing scores of a mastery test. Journal of Educational Statistics, 1976, 1, 359-364.

III.1. Ansätze der Einzelfalldiagnostik

Testtheoretische Grundlagen der Einzelfallanalyse

Werner H. Tack

1. Einleitung

Einzelfallanalyse ist mehr als die reine Deskription einer Person durch Angabe von Testergebnissen, Verhaltensweisen, biographischen Daten und ähnlichem. Sie fragt nach Gesetzmäßigkeiten für Prozesse und Effekte innerhalb jeweils einer Person, deren Kenntnis die Grundlage individuenspezifischer Prognosen und Entscheidungen bilden kann. Untersucht man beispielsweise die für einen bestimmten Menschen charakteristischen Leistungsänderungen unter verschiedenen Störbedingungen oder die Änderung seiner Reaktionen in einem Angsttest in unterschiedlichen sozialen Situationen, so ist sinnvollerweise vorauszusetzen, daß die betrachteten Bedingungen und Situationen überhaupt Verhaltenseffekte erwarten lassen. Probleme und Aufgaben der Einzelfallanalyse können mithin nicht unabhängig von Methoden und Befunden der Allgemeinen Psychologie gesehen werden. Andererseits ist ebenso vorauszusetzen, daß im untersuchten Bereich mit interindividuell unterschiedlichen Effekten zu rechnen ist. Damit wird Einzelfallanalyse bei jenen Phänomenen uninteressant, bei denen bei jedem Einzelfall bis auf unkontrollierbare Zufallsfehler gleichartige Resultate bei jedem Einzelfall wahrscheinlich sind. Methoden und Befunde der Differentiellen Psychologie sind also ebenfalls einschlägig. Es ist wohl besonders charakteristisch für Einzelfall-analytisches Vorgehen, daß die Frage nach Unterschieden zwischen Personen mit jener nach den Effekten verschiedener Arten von Situationen oder Bedingungen verknüpft ist, und daß auf diese Weise unterschiedliche Situations- und Bedingungseffekte innerhalb verschiedener Personen beziehungsweise variierende Unterschiede zwischen jeweils gleichen Personen unter unterschiedlichen Bedingungen untersucht werden.

In diesem Beitrag soll von *psychometrischer Einzelfallanalyse* die Rede sein. Damit wird der Einsatz psychometrischer Verfahren unterstellt, die bestimmte Verhaltensaspekte einer Person unter gegebenen Bedingungen numerisch zu repräsentieren gestatten. Entsprechend dem üblichen Sprachgebrauch sollen solche Verfahren und Methoden im weiteren auch als psychometrische *Tests* bezeichnet werden.

Sowohl der Testkonstruktion als auch der Analyse von Testergebnissen liegen Annahmen und Modellvorstellungen zugrunde, die eine psychometrische Testtheorie konstituieren. Derartige theoretische Ansätze enthalten unter anderem bestimmte Vorstellungen darüber, welche Gegebenheiten bei Anwendung eines psychometrischen Verfahrens wodurch repräsentiert werden. So unterstellt *Gulliksen* (1950) in seiner heute oft als ‚klassisch‘ bezeichneten Testtheorie, jeder Testwert könne als Summe eines ‚wahren Wertes' und eines ‚Meßfehlers' aufgefaßt werden, wobei der wahre Wert den erfaßten Leistungs- oder Verhaltensaspekt einer Person repräsentiere und der Meßfehler den kombinierten Effekt unkontrollierter Situationskomponenten. *Lord & Novick* (1968) gehen in ihrer Reformulierung der klassischen Testtheorie davon aus, daß die Objekte psychometrischer Messung durch Zufallsvariablen repräsentiert werden, deren Erwartungswerte man als ‚wahre Werte' definiert. Als Objekte der Messung werden überwiegend Personen betrachtet, obwohl ab und an auch allgemeiner von ‚experimental units' die Rede ist (z.B. *Lord & Novick*, 1968, S. 17). *Rasch* (1960) spricht in seinen Überlegungen „on general laws and the meaning of measurement in psychology" von Objekten (objects) und Agentien (agents). Die Konfrontation eines Objektes mit einem Agens führt zu einer Beobachtung; aus solchen Beobachtungen sind Meßwerte für einzelne Objekte ableitbar, für die zusätzliche Bedingungen im Konzept der ‚spezifischen Objektivität' angegeben werden. Im Kontext dieses theoretischen Ansatzes ist es üblich, Personen als Objekte und Testitems als Agentien anzusehen.

Man könnte argumentieren, die erwähnten testtheoretischen Ansätze seien für Aufgaben der Einzelfallanalyse bestenfalls bedingt brauchbar, da sie eine numerische Repräsentation von Personen gestatten, nicht aber die Repräsentation unterschiedlicher Bedingungseffekte innerhalb jeweils einer Person. Eine solche Argumentation ist insoweit nicht ganz stichhaltig, als die Gleichsetzung von ‚experimental units' oder ‚Objekten der Messung' mit Personen nur eine mögliche Interpretation des jeweiligen Ansatzes ist. *Lord & Novick* (1968, S. 43 und S. 153 bis 170) betrachten ausführlich die Möglichkeit, einer Person unter einer spezifizierten Bedingung eine Zufallsvariable zuzuordnen, deren Erwartungswert ‚spezifischer wahrer Wert' genannt wird. Die wohl ausführlichste statistische Ausarbeitung hat diese Art von Denkansatz in der ‚Generalisierbarkeits-Theorie' (*Cronbach* et al., 1972) gefunden. Basierend auf diesen und ähnlichen Gedankengängen soll in diesem Beitrag ein möglichst allgemein gehaltenes Konzept der durch psychometrische Verfahren erzielten Repräsentationen vorgestellt werden.

Im Zusammenhang mit Einzelfallanalyse stellt sich die Frage besonders deutlich, unter welchen Bedingungen zwei Messungen oder Tests das gleiche Merkmal erfassen. Wollen wir unterschiedliche Leistung oder Verhaltenstendenz unter verschiedenen situativen Bedingungen kontrollieren, so können wir keinesfalls von zwei oder mehr Verfahren behaupten, sie würden genau dann die gleiche Art von Leistung oder Verhaltenstendenz erfassen, wenn sie ‚parallele Messungen' darstellen. Parallelität impliziert definitionsgemäß gleiche wahre Werte, also das Fehlen jener unterschiedlichen Situationseffekte, die gerade Gegenstand der Analyse sein sollen. Das allgemeinere Konzept der ‚gleichartigen Tests (congeneric tests)', wie es etwa von *Jöreskog* (1971, 1974) benutzt wird, liefert wieder andere Schwierigkeiten. Danach sind verschiedene Tests oder Messungen gleichartig, wenn die zugehörigen wahren Werte linear voneinander abhängen.

In der Praxis stehen für die wahren Werte eines Tests meistens begrenzte Skalen zur Verfügung. Lineare Abhängigkeit hat dann die skurrile Konsequenz, daß außer in Sonderfällen jeder der beiden Definitionsbereiche für wahre Werte von zwei Tests Elemente enthält, denen für die jeweils andere Messung Werte außerhalb des entsprechenden Definitionsbereiches zugeordnet werden. Als zweites soll daher in diesem Beitrag ein schwächeres Konzept von ‚Gleichartigkeit' vorgeschlagen werden, das zusätzlich — über die Gleichartigkeit von Teilen zusammengesetzter Tests — analoge Konzeptionen der Homogenität eines psychometrischen Verfahrens zu formulieren gestattet.

Abschließend wird kurz die Frage angesprochen, wie unter den abgeschwächten Annahmen zur Gleichartigkeit interindividuelle Unterschiede von Effekten als Voraussetzung für die Durchführung von Einzelfallanalysen nachweisbar sind.

2. Psychometrische Verfahren

Es soll zunächst ein recht allgemeines Konzept zur Klärung der Frage vorgeschlagen werden, was bei einem psychometrischen Verfahren wodurch repräsentiert wird. Die hierbei benutzten Vorstellungen sind eine formal nur unwesentliche Erweiterung eines Ansatzes von *Zimmerman* (1975) und von *Zimmerman & Williams* (1977).

Wir beginnen mit der Einführung einer Menge Ω, die alle denkbaren testbaren Einzelgegebenheiten umfaßt. Jedes Element aus Ω kann man sich vorstellen als eine konkrete Einzelperson in einer bestimmten Situation mit allen bekannten und unbekannten Situationskomponenten und mit einer spezifischen Vorgeschichte, die ebenfalls durch alle kontrollierten und unkontrollierten Aspekte einer vorausgegangenen Ereignisfolge bzw. Lerngeschichte gegeben ist. Dieser interpretative Hinweis dient dem besseren Verständnis nachfolgender Ausführungen; formal ist lediglich die Existenz von Ω zu fordern.

Über Ω sei eine σ-Algebra A gegeben, die groß genug ist, um alle noch folgenden Annahmen und Überlegungen zu ermöglichen. Als σ-Algebra über einer Menge Ω bezeichnet man ein nichtleeres System von Teilmengen aus Ω mit

1. $\Omega \epsilon$ A,
2. wenn A ϵ A, dann $\bar{A} = \Omega - A \epsilon$ A,
3. wenn $A_i \epsilon$ A mit i = 1, 2, 3, . . . , dann $\overset{\infty}{\underset{i=1}{\cup}} A_i \epsilon$ A.

Die Elemente von A wollen wir als die ‚*Objekte'* einer angestrebten psychometrischen Messung bezeichnen. Objekte sind mithin nicht die Elemente aus Ω, also keine konkreten Einzelpersonen unter jeweils voll spezifizierten Bedingungen, sondern vielmehr bestimmte Teilmengen. Eine derartige Teilmenge könnte etwa die Menge der Kombinationen *einer* Person mit allen möglichen Bedingungen sein; in diesem Fall wäre die betrachtete *Person* Objekt der Messung. Denkbar wäre auch eine Teilmenge von Ω, die all jene Elemente umfaßt, bei denen die jeweils zugehörige Person einer bestimmten klinischen Gruppe angehört; hier wäre das Objekt die betrachtete *klinische Gruppe*. Für Fragen der Einzelfallanalyse interessanter sind Fälle, in denen bestimmte *Personen-Bedingungs-Kombinationen* als Objekte anzusprechen sind. Da bei Untersuchungen stets nur endlich viele ausgewählte Bedingungen berücksichtigt werden können, ist jede derartige Kombination eine Teilmenge von Ω, deren Elemente sich bezüglich der nicht kontrollierten Aspekte von Situation und Vorgeschichte unterscheiden.

Jedes Paar aus einer Basismenge und einer σ-Algebra über dieser Basismenge — also auch das hier eingeführte Paar (Ω, A) — heißt ein *meßbarer Raum*. Die Elemente von A sind die *A-meßbaren Mengen*. Wir berücksichtigen nun die Vorstellung, daß den Elementen von A Wahrscheinlichkeiten zukommen, indem wir ein Wahrscheinlichkeitsmaß P einführen, das reelle Zahlen als Werte annimmt, und für das bekanntlich gilt:

(1) $P(A) \geqslant 0$ für alle $A \in A$,

(2) wenn $A_i \in A$ mit $i = 1, 2, 3, \ldots$ und
$A_i \cap A_j = \phi$ für $i \neq j$, dann $P(\overset{\infty}{\underset{i=1}{\cup}} A_i) = \overset{\infty}{\underset{i=1}{\Sigma}} p(A_i)$,

(3) $P(\Omega) = 1$.

Damit ist das Tripel (Ω, A, P) ein *Wahrscheinlichkeitsraum*.

Ein *psychometrisches Verfahren* ist nun definierbar als A-meßbare numerische Funktion X auf Ω, also als Zufallsvariable auf A. Dieses Konzept soll noch etwas näher erläutert werden. Wir sprechen von einer Funktion auf Ω, um anzugeben, daß jedem Element aus Ω ein Wert zugeordnet wird. Anders ausgedrückt: ein psychometrisches Verfahren legt für jede konkret gegebene Personen-Bedingungskombination einen Testwert fest. Die Kennzeichnung dieser Funktion als ‚numerisch‘ soll besagen, daß alle Testwerte Elemente der um die ‚uneigentlichen‘ Zahlen $+\infty$ und $-\infty$ erweiterten Menge der reellen Zahlen sind. Diese Erweiterung ist für Einzelmessungen praktisch belanglos, bietet jedoch einige Vorteile, da sie beispielsweise Annahmen über Zufallsverteilungen ermöglicht, die — wie etwa die Normalverteilung — unbegrenzte Wertevorräte voraussetzen. Zur erweiterten Menge der reellen Zahlen konstruieren wir nun das System der halboffenen Intervalle $\{ x | a \leq x < b \}$, das wegen der Erweiterung mit $a = -\infty$ auch Intervalle der Form $\{ x | x < b \}$ und mit $b = +\infty$ solche der Form $\{ x | a \leq x \}$ enthält. Jene σ-Algebra, die alle diese Intervalle enthält und zu der keine andere σ-Algebra als echte Teilmenge existiert, in der ebenfalls alle Intervalle enthalten sind, heißt ‚*Borelsche σ-Algebra*‘. Ihre Elemente (das sind die Intervalle, ihre Komplemente und ihre Vereinigungen) sind die *Borel-Mengen*. Wir können zu jeder Borel-Menge B das Urbild in Ω bestimmen, also die Menge aller $\omega \in \Omega$ mit $X(\omega) \in B$. Die Forderung der A-Meßbarkeit von X besagt nichts weiter, als daß all diese Urbilder in der σ-Algebra A enthalten sein sollen.

Wenn bei Einführung der σ-Algebra gesagt wurde, sie möge für alle folgenden Annahmen und Überlegungen groß genug sein, so läßt sich diese Forderung nun genauer beschreiben. A enthält nicht nur alle Kombinationen aus Personen und untersuchungsrelevanten Bedingungen als Mengen testbarer Einzelgegebenheiten, sondern auch die Mengen all jener Fälle, in denen der Testwert jeweils in einem bestimmten Intervall liegt. Da σ-Algebren Mengensysteme sind, die mit mehreren Teilmengen aus Ω auch deren Durchschnitte enthalten, ist insbesondere für jede untersuchungsrelevante Kombination einer Person mit einer empirisch registrierbaren Bedingung das System der Mengen der Einzelgegebenheiten ω mit $X(\omega) < a$ für alle a in A enthalten. Da weiterhin für alle Mengen aus A Wahrscheinlichkeiten vorliegen, existiert also für jede solche Kombination eine Zufallsverteilung der Testwerte. Wir fassen diese Überlegungen in einer Definition und einem ersten Theorem zusammen.

Definition 1: Gegeben sei ein Wahrscheinlichkeitsraum (Ω, A, P); R sei die um die uneigentlichen Zahlen $+\infty$ und $-\infty$ erweiterte Menge der reellen Zahlen.
Ein *psychometrisches Verfahren* ist eine A-meßbare Funktion

$$X: \Omega \to R,$$

deren Werte ,*Testwerte*' heißen mögen.

Theorem 1: Gegeben sei ein psychometrisches Verfahren X auf einen Wahrscheinlichkeitsraum (Ω, A, P).
Es sei B eine Aufteilung von Ω mit

$$b \in B \to b \in A.$$

Dann existiert für jedes $b \in B$ eine Verteilungsfunktion F (X | b).

Der Zusammenhang zwischen diesem Ansatz und der klassischen Testtheorie in der Fassung von *Lord & Novick* (1968) ist leicht aufzuzeigen. Wir teilen Ω in die Klassen jener Einzelgegebenheiten, die jeweils die gleiche Person umfassen. P sei die Menge aller Testpersonen, dargestellt als Aufteilung von Ω mit $p \in A$ für alle $p \in P$. Über der Menge möglicher Testwerte existiert dann nach Theorem 1 für jede Person eine Verteilung, die bei *Lord & Novick* (1968, S. 30) als ,*propensity distribution*' bezeichnet wird. Um den Anschluß an die klassische Theorie vollends herzustellen, bedarf es nun noch einer geeigneten Konzeption der Begriffe ,*wahrer Wert*' und ,*Meßfehler*'.

Definition 2: Gegeben sei ein psychometrisches Verfahren X auf einem Wahrscheinlichkeitsraum (Ω, A, P). Es sei B eine Aufteilung von Ω mit B ⊂ A und B die von B auf Ω erzeugte σ-Algebra. Die *wahren B-Werte* sind gegeben durch eine B-meßbare numerische Funktion $T_{B(x)}$ mit

$$\mathcal{E} (T_{B(x)} \mid b) = \mathcal{E} (X \mid b)$$

für alle $b \in B$.

Die *B-Meßfehler* sind die Differenzen

$$E_{B(x)} = X - T_{B(x)}.$$

Wichtig an dieser Definition ist der Gedanke, daß ,wahre Werte' stets für eine bestimmte Aufteilung B von Ω definiert sind. Da T eine B-meßbare Funktion ist, ist der wahre Wert für jede Klasse der Aufteilung B eine Konstante. Definition 2 erlaubt auf einfache Weise die Darstellung etlicher verschiedener testtheoretischer Ansätze und eröffnet darüber hinaus auch einige neue Möglichkeiten. Ist P eine Aufteilung von Ω, die jeweils alle denkbaren Einzelgegebenheiten mit der gleichen getesteten Person in einer Klasse zusammenfaßt, so wird der wahre P-Wert einer jeden Person eine Konstante, die gleich dem Erwartungswert der ,propensity distribution' ist. Wir erhalten so direkt die Ausgangsannahmen der klassischen Testtheorie in der Fassung von *Lord & Novick* (1968). Weitere Ableitungen und Beweise hierzu findet man bei *Zimmerman* (1975) und bei *Zimmerman & Williams* (1977).

Für Probleme der Einzelfallanalyse ist wesentlich interessanter, daß unser Ansatz die gleichzeitige Betrachtung verschiedener Personen und unterschiedlicher Bedingungen, unter denen ein psychometrisches Verfahren eingesetzt wird, gestattet. Es sei wiederum P die Menge aller Personen, aufgefaßt als Aufteilung von Ω. C hingegen sei die Menge aller untersuchten Bedingungen, analog aufgefaßt als Aufteilung von Ω, bei der zwei Einzelgegebenheiten genau dann zur gleichen Klasse gehören, wenn bei ihnen die gleiche der zu untersuchenden Bedingungen realisiert wurde. Man kann nun übergehen zur Aufteilung P$\times$C, bei der zwei Gegebenheiten genau dann zur gleichen Klasse gehören, wenn sie sowohl bezüglich der Aufteilung P als auch bezüglich der Aufteilung C äquivalent sind. Wir erhalten so nach Definition 2 für jede Personen-Bedingungs-Kombination einen ,wahren P$\times$C-Wert'. Der sich auf diese Weise für jede Person ergebende Satz möglicherweise unterschiedlicher wahrer P$\times$C-Werte für die einzelnen untersuchten Bedingungen umfaßt die ,spezifischen wahren Werte' in der Terminologie von *Lord & Novick* (1968, S. 43 und S. 153 bis 170).

Der ,*klassischen Testtheorie*' in der Formulierung von *Gulliksen* (1950) wird oft der Vorwurf gemacht, sie unterstelle eine faktisch nicht gegebene Konstanz wahrer Werte über die Zeit hinweg. Damit zusammenhängende Probleme sind in der hier gewählten Darstellungsform leicht lösbar. P sei eine Menge von Personen und T eine Menge von Zeitpunkten, wobei beide Mengen wieder als Aufteilungen von Ω anzusehen sind. Selbstverständlich sind dann die wahren P-Werte über die Zeit hinweg konstant, denn sie sind gleich den Erwartungswerten aller möglichen individuellen Testergebnisse über einer Menge, die unter anderem alle Zeitpunkte umfaßt. Auf der anderen Seite sind die wahren P$\times$T-Werte nur Konstante für alle denkbaren Kombinationen einer Person mit einem Zeitpunkt. Sie ergeben insbesondere für jede Person eine Funktion über die Zeit, sind also nicht notwendig stabil. Gerade das hier benutzte Denken in verschiedenen Arten von wahren Werten ist nützlich, um viele Probleme — insbesondere auch der Einzelfallanalyse — klarer formulieren und lösen zu können.

Bevor wir die allgemeine einführende Darstellung der vorgeschlagenen Konzepte ‚psychometrisches Verfahren', ‚wahre B-Werte' und ‚B-Meßfehler' abschließen, sei noch auf eine Eigenschaft des B-Meßfehlers hingewiesen. Wir bilden den bedingten Erwartungswert des B-Meßfehlers für eine beliebige Menge aus der von der Aufteilung B erzeugten σ-Algebra B. Die betrachtete Menge heiße b. Da der Erwartungswert einer Differenz zweier Zufallsvariablen in jedem Fall gleich der Differenz der Erwartungswerte ist, folgt aus Definition 2 direkt

$$\mathcal{E}\,(E_{B(x)} \mid b) = \mathcal{E}\,(X \mid b) - \mathcal{E}\,(T_{B(x)} \mid b).$$

Ebenfalls nach Definition 2 ist aber

$$\mathcal{E}\,(X \mid b) = \mathcal{E}\,(T_{B(x)} \mid b).$$

Daraus folgt direkt das nun folgende Theorem.

Theorem 2: Gegeben sei ein psychometrisches Verfahren X auf einem Wahrscheinlichkeitsraum (Ω, A, P). Es sei B eine Aufteilung von Ω und E_B die Zufallsvariable der B-Meßfehler. B sei die von B auf Ω erzeugte σ-Algebra.
Dann gilt für alle b∈B:

$$\mathcal{E}\,(E_{B(x)} \mid b) = 0.$$

Das hier vorgestellte Meßfehler-Konzept entspricht also auch insoweit den üblichen Vorstellungen von einem ‚Meßfehler', als sein Erwartungswert für alle in die jeweilige Analyse einbezogenen Einheiten (Personen, Personen-Bedingungs-Kombinationen, Kombinationen aus Personen und Zeitpunkten, usw.) und für alle Mengen aus solchen Einheiten jeweils Null ist.

Einer der wohl wichtigsten Grundgedanken dieses Ansatzes ist, daß nicht mehr von ‚wahren Werten' und ‚Meßfehlern' schlechthin die Rede ist, sondern daß diese jeweils für bestimmte Analyseeinheiten definiert werden. ‚Wahre Werte' sind im Rahmen dieser Darstellung stets ‚spezifische wahre Werte' nach der Terminologie von *Lord & Novick* (1968) oder ‚Universe Scores' im Begriffssystem von *Cronbach* (1972). Entsprechend ist auch immer dann, wenn man von ‚Meßfehlern' oder daraus abgeleiteten Konzepten (wie etwa ‚Reliabilität', ‚Schätzfehler', usw.) redet, genau zu spezifizieren, auf welche Art von Analyseeinheiten man sich dabei bezieht.

3. Parallelität

Bevor wir Überlegungen zu verschiedenen möglichen Formen der Parallelität und der Homogenität anstellen können, empfiehlt es sich, das Konzept der bedingten Unabhängigkeit vorzustellen. In testtheoretischen Modellen wird üblicherweise gefordert, daß die Meßfehler zweier verschiedener Verfahren für jede Einzelperson unkorreliert oder sogar unabhängig sind. Dies schließt keineswegs aus, daß die beiden Verfahren in der jeweiligen Gesamtpopulation möglicherweise sehr hoch miteinander korrelieren. Die — auch für die verschiedenen Formen und Spielarten von Parallelität — üblicherweise unterstellte Unabhängigkeit oder zumindest Unkorreliertheit gilt also lediglich innerhalb jeder einzelnen Person. Zur besseren terminologischen Unterscheidung spricht man oft von *‚lokaler stochastischer Unabhängigkeit'* statt einfach von ‚Unabhängigkeit' (siehe z.B. *Fischer,* 1968, S. 81) und von *‚Distinktheit'* statt von ‚Unkorreliertheit' (siehe z.B. *Lord & Novick,* 1968, S. 45). Etwas verworren wird die Situation allerdings dadurch, daß *Lord & Novick* an anderer Stelle im gleichen Buch (*Lord & Novick,* 1968, S. 36) ‚Distinktheit' mit ‚Unabhängigkeit' innerhalb jeder Person gleichsetzen. Hier sollen diese Konzepte für beliebige Aufteilungen von Ω, deren Klassen in A enthalten sind, verallgemeinert und terminologisch anhand der folgenden Definition festgelegt werden.

Definition 3: Gegeben seien zwei psychometrische Verfahren X und Y auf dem gleichen Wahrscheinlichkeitsraum (Ω, A, P). Es sei B eine Aufteilung von Ω mit B $\subset$ A.
X und Y sind genau dann
   (i) *B-unabhängig,* wenn die Zufallsvariablen X|b und Y|b für alle b$\in$B unabhängig sind;
   (ii) *B-identisch verteilt,* wenn die Zufallsvariablen X|b und Y|b für alle b$\in$B identisch verteilt sind;
   (iii) *B-distinkt,* wenn für alle b$\in$B ϱ(X|b, Y|b) = 0.

Wir definieren also Unabhängigkeit, gleichartige Verteiltheit und Distinktheit stets bezüglich einer bestimmten Aufteilung B. Es soll nun eine wichtige Konsequenz aus diesen Definitionen aufgezeigt werden.

Mit γ bezeichnen wir eine Funktion, die jeder testbaren Einzelgegebenheit jene Klasse der Aufteilung B zuordnet, zu der die betrachtete Gegebenheit gehört. Es ist also genau dann $\gamma(\omega)$ = b, wenn $\omega \in$b und b$\in$B. Damit wird nach Definition 2

$$T_{B(xy)}(\omega) = \mathscr{E}(XY \,|\gamma(\omega)).$$

Wegen der unterstellten B-Unabhängigkeit ist dann

$$T_{B(xy)}(\omega) = \mathscr{E}(X|\gamma(\omega))\,\mathscr{E}(Y|\gamma(\omega))$$

$$= T_{B(x)}(\omega)\,T_{B(y)}(\omega) \text{ für alle } \omega \in \Omega.$$

Lemma 1: Sind X und Y zwei psychometrische Verfahren auf (Ω, A, P), ist B eine Aufteilung von Ω mit B$\subset$ A und sind X und Y B-unabhängig, dann gilt:

$$T_{B(xy)} = T_{B(x)}\,T_{B(y)}.$$

Für die folgenden Überlegungen sei unterstellt, daß X und Y nicht nur B-unabhängig sondern überdies B-identisch verteilt sind. Wir fragen nach der Korrelation zwischen den beiden Variablen X und Y. Die übliche Definition einer Korrelation ergibt zunächst

$$\varrho(X,Y) = \frac{\sigma(X,Y)}{\sigma(X)\,\sigma(Y)} = \frac{\sigma(X,Y)}{\sigma^2(X)}.$$

Die zweite Gleichheit in diesem Ausdruck folgt aus der Tatsache, daß die angenommene B-identische Verteiltheit identische Verteilung der beiden Variablen X und Y über das gesamte Ω und mithin gleiche Standardabweichung impliziert. Aus der üblichen Definition der Kovarianz folgt zunächst:

$$\sigma(X,Y) = \&\,(XY) - \&\,(X)\,\&\,(Y).$$

Der Definition 2 entnehmen wir, daß für jede Menge der von B auf Ω erzeugten σ-Algebra, also auch für Ω selbst, Gleichheit zwischen dem Erwartungswert von X und dem Erwartungswert der zugehörigen Variablen der wahren Werte existiert.

Wir können also die zuletzt angegebene Formel direkt überführen in

$$\sigma(X,Y) = \&\,(T_{B(xy)}) - \&\,(T_{B\,(x)})\,\&\,(T_{B(y)}).$$

Wegen der angenommenen B-Unabhängigkeit zwischen X und Y ist nach Lemma 1 $T_{B(xy)}$ gleich dem Produkt aus $T_{B(x)}$ und $T_{B(y)}$. Mithin gilt

$$\sigma(X,Y) = \&\,(T_{B(x)}\,T_{B\,(y)}) - \&\,(T_{B\,(x)})\,\&\,(T_{B\,(y)}).$$

Da wir weiterhin angenommen haben, daß X und Y B-identisch verteilt sind, folgt direkt die Gleichheit der entsprechenden Funktionen T_B. Es ist also

$$\sigma(X,Y) = \&\,(T^2_{B\,(x)}) - (\&\,(T_{B\,(x)}))^2 = \sigma^2(T_{B\,(x)}).$$

Die gesuchte Korrelation zwischen zwei B-unabhängigen und B-identisch verteilten Tests wird damit zu

$$\varrho(X,Y) = \frac{\sigma^2(T_{B(x)})}{\sigma^2(X)}.$$

Zwei psychometrische Verfahren, die für eine gegebene Aufteilung B B-unabhängig und B-identisch verteilt sind, haben also die Eigenschaft, daß die zwischen ihnen bestehende Korrelation gleich dem Verhältnis aus der Varianz der wahren B-Werte eines der beiden Verfahren dividiert durch die Varianz der Rohwerte des gleichen Verfahrens ist. Dieses Verhältnis entspricht der üblichen Konzeption von *Reliabilität*. Neu an unseren Überlegungen ist, daß wir hier gewissermaßen eine Reliabilität bezogen auf eine bestimmte Aufteilung B eingeführt haben. Wir können also definieren:

Definition 4: Die *B-Reliabilität* eines psychometrischen Verfahrens X ist

$$\varrho_B(X,X) = \frac{\sigma^2(T_{B(x)})}{\sigma^2(X)} \ .$$

Das Ergebnis der zuvor durchgeführten Überlegungen faßt das folgende Theorem zusammen:

Theorem 3: Sind X und Y zwei psychometrische Verfahren auf (Ω, A, P), die bezüglich einer Aufteilung $B \subset A$ B-unabhängig und B-identisch verteilt sind, dann ist

$$\varrho(X,Y) = \varrho_B(X,X) = \varrho_B(Y,Y).$$

Inhaltlich bedeutsam an dieser Konzeption ist, daß auch ‚Reliabilität' stets in Bezug auf eine bestimmte Aufteilung B definiert wird. Man sollte sich diesen Gedanken angewöhnen, um einigen weitverbreiteten Mißverständnissen zu entgehen. So wird häufig behauptet, die Verarbeitung von Testwert-Differenzen aus Ergebnissen unter zwei verschiedenen Bedingungen leide nicht zuletzt daran, daß solche Differenzen weniger reliabel seien als die Ausgangswerte. Diese Behauptung ist so allgemein sicherlich nicht richtig. Die Reliabilität des Ausgangstests wird üblicherweise definiert über die Varianz der Meßfehler, die sich aus den Testrohwerten und den wahren Werten der einzelnen Personen ergeben. Solche Meßfehler-Varianzen entstehen durch Variation der Rohwerte über alle möglichen Bedingungen hinweg, insbesondere also auch über die beiden Bedingungen, zu deren Vergleich Testwertdifferenzen gebildet wurden. Sie sagen damit absolut nichts aus über die Meßfehler-Varianz innerhalb jeder der beiden untersuchten Bedingungen. Genau diese Meßfehler-Varianzen müßte man aber zugrundelegen, wenn man Aussagen über die Reliabilität der Testwert-Differenzen ableiten will. Anders ausgedrückt: Die Reliabilität eines Tests wird üblicherweise definiert als P-Reliabilität, wobei P die durch unterschiedliche Personen gegebene Aufteilung von Ω ist. Bilden wir hingegen Differenzen zwischen Testwerten unter einer Bedingung c und einer zweiten Bedingung d, so müßten wir die durch P auf $\Omega \cap c$ und $\Omega \cap d$ induzierten Aufteilungen zugrundelegen. Dies aber kann zu völlig anderen Werten führen.

Wir führen nun einige Arten der Gleichartigkeit von Messungen ein, wobei wir uns weitgehend an die Terminologie von *Lord & Novick* (1968, S. 45 bis 50) anlehnen. Die folgende Definition faßt verschiedene solcher Möglichkeiten zusammen:

Definition 5: Gegeben seien zwei psychometrische Verfahren X und Y auf dem gleichen Wahrscheinlichkeitsraum (Ω, A, P).

B sei eine in A enthaltene Aufteilung von Ω. X und Y heißen genau dann

(i) *voll-äquivalent,* wenn für alle $\omega \in \Omega$

$$X(\omega) = Y(\omega);$$

(ii) *B-äquivalent,* wenn sie B-distinkt, und B-identisch verteilt sind;

(iii) *B-parallel,* wenn sie B distinkt sind, und wenn

$$\sigma(E_{B(x)}) = \sigma(E_{B(y)})$$

und

$$T_{B(x)} = T_{B(y)};$$

(iv) *B-τ-äquivalent,* wenn sie B-distinkt sind und wenn

$$T_{B(x)} = T_{B(y)};$$

(v) *im wesentlichen B-τ-äquivalent,* wenn sie B-distinkt sind, und wenn

$$T_{B(x)} = a_{xy} + T_{B(y)};$$

(vi) *B-gleichartig,* wenn sie B-distinkt sind, und wenn

$$T_{B(x)} = a_{xy} + b_{xy} T_{B(y)} \text{ mit } b_{xy} \neq 0.$$

Wir haben hier den verschiedenen Konzepten in Anlehnung an *Lord & Novick* (1968, S. 46 bis 50) noch das Konzept der ‚gleichartigen (congeneric)' Tests analog zur Terminologie bei *Jöreskog* (1974, S. 5 bis 20) hinzugefügt.

Man kann leicht zeigen, daß die in Definition 5 unter (ii) bis (vi) angegebenen Beziehungen in der vorgegebenen Reihenfolge einander implizieren. Da identische Verteilungen für alle Klassen von B Gleichheit der wahren Werte und Gleichheit der Fehlervarianzen impliziert, sind zwei B-äquivalente Verfahren für die gleiche Aufteilung auch B-parallel. Der Übergang von der B-Parallelität zur B-τ-Äquivalenz erfolgt ganz schlicht durch Weglassen einer der angegebenen Bedingungen. Damit ist die Implikation zwischen diesen beiden Relationen direkt gegeben. Aus der B-τ-Äquivalenz folgt die ‚im wesentlichen B-τ-Äquivalenz', indem man die additive Konstante a_{xy} gleich Null setzt. Die B-Gleichartigkeit ergibt sich schließlich für zwei im wesentlichen B-τ-äquivalente Verfahren, indem man bei der Gleichartigkeits-Bedingung den Faktor b_{xy} gleich Eins setzt.

Den Zusammenhang zwischen Parallelität und der Bestimmung von Reliabilität gibt das folgende Theorem.

Theorem 4: Sind zwei psychometrische Verfahren X und Y auf dem gleichen Wahrscheinlichkeitsraum (Ω, A, P) mindestens B-parallel (wobei B eine Aufteilung von Ω mit B ⊂ A ist), dann gilt

$$\varrho_B(X,X) = \varrho_B(Y,Y) = \varrho(X,Y).$$

Daß die Korrelation zwischen zwei B-äquivalenten Verfahren gleich der B-Reliabilität ist, haben wir bereits in Theorem 3 gezeigt. Daß dies bereits für B-parallele Verfahren gilt, ist etwas umständlicher nachzuweisen. Der interessierte Leser sei auf den entsprechenden Beweis bei *Zimmerman* (1975, S. 402 bis 403) verwiesen.

Zu den in Definition 5 eingeführten Beziehungen zwischen zwei psychometrischen Messungen sind noch ein Kommentar und eine Ergänzung angebracht.

Zunächst der Kommentar. Für keine der in Definition 5 von (ii) bis (vi) angegebenen Beziehungen zwischen zwei Messungen kann man ableiten, daß sie beim Übergang von einer bestimmten Aufteilung zu anderen Aufteilungen notwendig erhalten bleibt. Betrachten wir beispielsweise die Menge aller Personen P. Gegeben seien zwei Testverfahren, die nach herkömmlichen testtheoretischen Überlegungen als P-parallel gelten können. Gegeben sei weiterhin ein Problem der Veränderungsmessung, dessen Behandlung dadurch erschwert wird, daß keiner der beiden Tests wegen zu erwartender Lerneffekte zweimal nacheinander vorgelegt werden kann. In einem solchen Fall liegt es nahe, bei jeder Einzelperson *zunächst* eines der beiden P-parallelen Verfahren anzusetzen, und dann *nach* dem Ereignis, dessen Effekt zu untersuchen ist, das jeweils andere Verfahren. Nun ist es aber durchaus möglich, daß die beiden Tests für alle Personen die gleichen wahren P-Werte und die gleichen Varianzen der P-Meßfehler aufweisen, daß jedoch in allen Fällen, in denen das zu untersuchende Ereignis nicht vorliegt, das eine Verfahren grundsätzlich etwas geringere Werte als das andere liefert, und daß umgekehrt bei allen Messungen *nach* dem zu untersuchenden Ereignis das andere Verfahren zu im Mittel geringeren Werten führt. Die beiden Testverfahren, die auf der Ebene der Personen parallel sind, brauchen auf der für das Einzelfallproblem relevanten Ebene der Kombinationen P×C aus Personen und zwei unterschiedlichen experimentellen Bedingungen keineswegs die Bedingung gleicher wahrer P×C-Werte zu erfüllen. Die hier vorgestellte Sprachregelung weist also darauf hin, daß insbesondere bei einzelfallanalytischen Problemstellungen irgendwelche Gleichartigkeits-Beziehungen zwischen verschiedenen Meßverfahren stets auf der angemessenen Ebene von Personen-Bedingungs-Kombinationen untersucht werden müssen; ein Vorgehen, dem bislang in der Forschungspraxis noch zu wenig Aufmerksamkeit geschenkt wurde.

Nun zur Ergänzung der vorgestellten Konzepte. Selbst die recht schwach erscheinende Beziehung der B-Gleichartigkeit zwischen zwei psychometrischen Verfahren hat noch einige unangenehme Eigenschaften, die besonders deutlich werden, wenn man eine einzelne Testaufgabe mit nur zwei unterschiedlichen Ergebnis-Möglichkeiten als psychometrisches Verfahren betrachtet. Diesen beiden Möglichkeiten seien die Testwerte ‚0‘ und ‚1‘ zugeordnet; X nimmt im vorliegenden Fall also nur diese beiden Werte an. Für irgendeine Klasse der gewählten Aufteilung B, also beispielsweise für eine bestimmte Person i, ist dann der wahre B-Wert gleich der Wahrscheinlichkeit, das Ergebnis „X=1" zu erhalten, die wir mit p_i bezeichnen wollen. Die entsprechende Wahrscheinlichkeit für eine andere Testaufgabe sei p_i'. Sollen beide Testaufgaben B-gleichartig für die durch die Personenmenge induzierte Aufteilung B sein, dann müssen nach Definition 5 Konstanten a und b derart existieren, daß

$$p_i' = a + bp_i \text{ für alle i.}$$

Nun spricht zunächst nichts dagegen, daß über der Menge aller Personen sowohl p als auch p' jeweils zwischen Null und Eins variieren können. Damit man aber für jeden p-Wert zwischen Null und Eins auch einen p'-Wert im gleichen Intervall erhält, muß a gleich Null und b gleich -1 oder $+1$ sein. Dies ist eine sehr strenge Forderung, denn sie besagt letztendlich, daß beide Aufgaben — gegebenenfalls nach entsprechender ‚Umpolung' einer der beiden Aufgaben — die gleiche Schwierigkeit haben müssen. Damit wird deutlich, daß das Konzept der B-Gleichartigkeit auf der Ebene einfacher Alternativ-Aufgaben sehr strenge Forderungen impliziert. Man kann analog zeigen, daß ähnliche Restriktionen auch für Tests mit größerem Wertevorrat folgen, sofern der Wertevorrat beidseitig begrenzt ist.

Derartige Überlegungen lassen es sinnvoll erscheinen, noch schwächere Beziehungen zwischen psychometrischen Verfahren als die in Definition 5 vorgestellten einzuführen. Dies soll nun zunächst geschehen.

Definition 6: X und Y seien zwei psychometrische Verfahren auf (Ω, A, P), B sei eine Aufteilung von Ω mit $B \subset A$. X und Y heißen genau dann

(i) *B-monoton-äquivalent,* wenn eine streng monotone Funktion

$$f: R \to R$$

derart existiert, daß

$$f(T_{B(X)}) = a_{XY} + f(T_{B(Y)});$$

(ii) *B-monoton-gleichartig,* wenn eine streng monotone Funktion

$$f: R \to R$$

derart existiert, daß

$$f(T_{B(X)}) = a_{XY} + b_{XY} f(T_{B(Y)})$$

mit $b_{XY} > 0$.

Diese beiden Konzepte mögen zunächst recht neuartig erscheinen, sind es aber keineswegs. P sei wiederum eine Aufteilung von Ω nach Personen, X und Y seien die 0-1-Variablen zweier einfacher Alternativaufgaben eines Testverfahrens im stochastischen Testmodell nach *Rasch* (s. etwa *Fischer*, 1968).

Der wahre Wert einer solchen Aufgabe ist dann gleich der Wahrscheinlichkeit für $X = 1$ und wir können schreiben

$$T_{B(X)} = \frac{\exp(\xi - \sigma_X)}{1 + \exp(\xi - \sigma_X)} \, ,$$

$$T_{B(Y)} = \frac{\exp(\xi - \sigma_Y)}{1 + \exp(\xi - \sigma_Y)} \, .$$

Ungewöhnlich an dieser Schreibweise ist lediglich, daß ξ nicht indiziert sondern als Kennzeichnung der auf der Personenmenge definierten Variablen der Personen-Kennwerte benutzt wurde. Wir wenden nun die streng monotone Funktion

$$f(z) = \ln \frac{z}{1-z}$$

auf die wahren Werte an und erhalten

$$f(T_{B(X)}) = \xi - \sigma_X,$$

$$f(T_{B(Y)}) = \xi - \sigma_Y.$$

Hieraus ergibt sich schließlich

$$f(T_{B(X)}) = (\sigma_Y - \sigma_X) + f(T_{B(Y)}).$$

Wir sehen, daß zwei einfache Alternativaufgaben eines Testverfahrens im *Rasch-Modell* der Forderung nach P-monotoner Äquivalenz genügen. Das Konzept der monotonen Äquivalenz beschreibt also eine Eigenschaft des Rasch-Modells; und unser Ansatz erweist sich keineswegs lediglich als Erweiterung der ‚klassischen Testtheorie' im engeren Sinne. Auf ähnliche Weise läßt sich zeigen, daß die Aufgaben eines Tests im Modell von *Birnbaum* (1968) wechselseitig monoton gleichartig sind. Hierbei darf allerdings nicht vergessen werden, daß die meisten Arbeiten sowohl zum Rasch- als auch zum Birnbaum-Modell lediglich Personen als Analyseeinheiten betrachten, während unser Ansatz auch andere Arten von Analyseeinheiten nahelegt.

4. Homogenität

Verschiedene mögliche Konzepte der Homogenität eines psychometrischen Verfahrens setzen voraus, daß sich das betrachtete Verfahren in einzelne Komponenten zerlegen läßt. Wird beispielsweise bei einer bestimmten Fragestellung lediglich eine einzelne Reaktionszeit als Ergebnis psychometrischer Messung betrachtet, so kann man nicht sinnvoll von der Homogenität dieses Verfahrens reden. Wir definieren daher zunächst das Konzept eines *zusammengesetzten Verfahrens* wie folgt:

Definition 7: Ein psychometrisches Verfahren X auf (Ω, A, P) heißt genau dann *zusammengesetztes psychometrisches Verfahren*, wenn Verfahren $X_1, X_2 \ldots X_n$ auf (Ω, A, P) existieren und eine Funktion

$$z: R^n \to R$$

gegeben ist, für die gilt:

$$X = z(X_1, X_2, \ldots X_n).$$

Im einfachsten Fall sind die X_i Variablen für Punktwerte, die sich bei den Einzelaufgaben eines Tests ergeben, und X ist — als Gesamttestwert — die Summe der Punktwerte aus den Einzelaufgaben. Die Kompositionsfunktion z hat dann die Form

$z(X_1, X_2, \ldots X_i, \ldots) = \Sigma\, X_i.$

Daß auch kompliziertere Kompositionsfunktionen in der Testdiagnostik bereits seit langem üblich sind, zeigt das Beispiel des Hamburg-Wechsler-Intelligenztests (*Wechsler* 1956), bei dem Punktwerte aus Einzelaufgaben zunächst für einzelne Untertests addiert werden, worauf die Untertestsummen durch Lineartransformation in sogenannte ‚Wertpunkte' zu überführen sind. Die Wertpunkte werden dann über alle Untertests addiert, und diese Summe führt schließlich durch eine altersabhängige Lineartransformation zum gesuchten ‚Intelligenzquotienten'.

Bei zusammengesetzten Tests lassen sich zunächst verschiedene Formen der Homogenität unterscheiden, indem man jeweils eine der Beziehungen aus Definition 5 oder 6 als gegeben für alle Paare von Teilen fordert. Da diese Beziehungen für bestimmte Aufteilungen B definiert sind, sind mithin auch die Arten der Homogenität von den jeweils durch B beschriebenen Analyseeinheiten abhängig.

Betrachten wir zunächst jene Formen der Homogenität, die den in Definition 5 unter (ii) bis (vi) gegebenen Beziehungen zwischen Testteilen entsprechen. Alle diese Fälle implizieren B-Distinktheit. Damit ist unter diesen Bedingungen für zwei Testteile stets

$$\sigma(X_i, X_j) = \sigma(T_{B(X_i)}, \ T_{B(X_j)}).$$

Da weiterhin vollständige Korrelation zwischen den wahren B-Werten impliziert wird, ist sogar

$$\sigma(X_i, X_j) = \sigma(T_{B(X_i)})\, \sigma(T_{B(X_j)}).$$

Zusammen mit den übrigen in Definition 5 gegebenen Eigenschaften läßt sich daraus das folgende Theorem ableiten.

Theorem 5: Gegeben sei ein zusammengesetztes psychometrisches Verfahren X auf (Ω, A, P). Die Testteile seien $X_1, X_2, \ldots X_i, \ldots X_j, \ldots$ Für den Test sei eine Homogenität gegeben, die durch eine der Beziehungen aus Definition 5 unter (ii) bis (vi) für alle Paare von Teilen definiert ist.

Dann gilt:
(i)　es existieren Konstante a_i, a_j derart, daß

　　　$\sigma(X_i, X_j) = a_i a_j$ für alle i, j,

　　　sofern alle Paare mindestens B-gleichartig sind;

(ii)　$\sigma(X_i, X_j) = $ const. für alle i, j,

　　　sofern alle Paare mindestens im wesentlichen B-τ-äquivalent sind;

(iii)　$\sigma(X_i, X_j) = $ const.

　　　und $\mathcal{E}(X_i \mid C) = \mathcal{E}(X_j \mid C)$

　　　für alle Paare i, j und alle C aus der durch B erzeugten σ-Algebra **B**, sofern alle Paare mindestens B-τ-äquivalent sind;

(iv) $\rho(X_i, X_j) = const.$

und $\mathcal{E} (X_i | C) = \mathcal{E} (X_j | C)$

und $\sigma(X_i | C) = \sigma(X_j | C)$

für alle Paare und alle C aus der durch B erzeugten σ-Algebra B, sofern alle Paare mindestens B-parallel sind.
Dabei sind Korrelationen und Kovarianzen stets über die durch B beschriebenen Analyseeinheiten zu berechnen.

Analog zu früheren Überlegungen gilt also auch hier, daß für Zwecke der Einzelfallanalyse die Kenntnis der üblichen Homogenitätseigenschaften eines psychometrischen Verfahrens, die auf der durch die Personenmenge P induzierten Aufteilung von Ω basiert, nicht hinreichend ist, sondern stets eine Homogenitätsuntersuchung auf der Ebene der jeweiligen Personen-Bedingungs-Kombinationen als Analyseeinheiten erfordert.

Gerade die Analyse der Gleichartigkeitsbeziehungen zwischen Testteilen zur Bestimmung der Homogenität eines zusammengesetzten Verfahrens läßt die in den bislang benutzten Beziehungen enthaltene Forderung der B-Distinktheit fragwürdig erscheinen. Bei den meisten Anwendungen erweist sich B-Distinktheit als nicht prüfbare Annahme. Unterstellen wir etwa B-Distinktheit für bestimmte Personen-Bedingungs-Kombinationen im Rahmen eines Einzelfall-Problems, so wird die Vorgabe des jeweiligen Testverfahrens als möglicher bedingungsverändernder Einflußfaktor anzusehen sein. Mit anderen Worten: Wir können nicht ausschließen, daß die Testvorgabe selbst den Zustand einer Person dahingehend verändert, daß eine wiederholte Testvorgabe bei der gleichen Person unter gleicher problemrelevanter Bedingungskonstellation unmöglich ist. Damit wird aber jegliche empirische Kontrolle der postulierten B-Distinktheit praktisch unmöglich. Geht es nun um Beziehungen zwischen Testteilen, etwa um die Gleichartigkeit der einzelnen Testfragen oder -aufgaben, so wird der jeweilige Proband im allgemeinen im Zuge *einer* Testvorgabe mit den einzelnen Aufgaben konfrontiert. Wenn nun, was durchaus plausibel erscheint, unkontrollierte Bedingungskomponenten keineswegs von Zeitpunkt zu Zeitpunkt unsystematisch variieren, sondern vielmehr als Zeitfunktionen mit einer Variabilität anzusehen sind, die vom zeitlichen Abstand zwischen zwei Erhebungen abhängt, dann kann die zeitliche Nähe der einzelnen Aufgaben oder Fragen in einem Testdurchgang zu Abhängigkeiten zwischen den Ergebnissen bei den Testteilen führen. Die Verteilungen der Ergebnisse bei einzelnen Aufgaben oder Fragen wären dann innerhalb der jeweiligen Analyseeinheiten, also der Kombinationen aus Personen und untersuchungsrelevanten kontrollierten Bedingungsaspekten, nicht mehr unabhängig. Derartige Überlegungen legen die Entwicklung von Konzepten für korrelierte Meßfehler nahe, die gerade in letzter Zeit stärkere Beachtung finden. Wir wollen in diesem Zusammenhang auf damit zusammenhängende Möglichkeiten nicht näher eingehen; der interessierte Leser sei auf einen Artikel von *Zimmer-*

man & Williams (1977) verwiesen, in dem Eigenschaften psychometrischer Verfahren bei korreliertem Meßfehler analysiert werden.

Wir wollen nun noch einige Überlegungen zu den Formen der Homogenität anstellen, die gegeben sind, wenn zwischen allen Testteilen jeweils paarweise B-monotone Äquivalenz oder Gleichartigkeit im Sinne von Definition 6 gegeben sind. Betrachten wir zunächst ein Verfahren, das in dem Sinne homogen ist, daß je zwei Testteile B-monoton äquivalent sind. Wir wählen einen Testteil, dessen Wertevariable als Bezugsgröße X_O heißen möge. Dann existiert nach Definition 6 eine streng monotone Funktion f mit

$$f(T_{B(X_i)}) = a_{X_iX_O} + f(T_{B(X_O)}).$$

Da X_O als Referenzvariable fixiert ist, hängen die wahren Werte zu X_O nur noch von der jeweiligen Analyseeinheit ab und können vereinfacht durch die Variablenkennzeichnung T beschrieben werden. Aus dem gleichen Grund ist die additive Komponente a nur noch vom jeweiligen Testteil i abhängig und kann als a_i bezeichnet werden. Damit wird

$$f(T_{B(X_i)}) = a_i + f(T).$$

Die einzelnen wahren B-Werte für die verschiedenen Analyseeinheiten (beispielsweise Personen-Bedingungs-Kombinationen) können also durch eine streng monotone Funktion so transformiert werden, daß sich jeder transformierte Wert als Summe eines dem jeweiligen Testteil zugeordneten Wertes und eines zweiten Summanden, der die Analyseeinheit beschreibt, darstellen läßt. Sie müssen also den Forderungen an eine additiv verbundene Meßstruktur (siehe etwa *Orth* 1974, S. 58 bis 68) genügen. Die entsprechenden Eigenschaften für den endlichen Fall gibt das folgende Theorem.

Theorem 6: Gegeben sei ein zusammengesetztes psychometrisches Verfahren X auf (Ω, A, P). Die Testteile seien $X_1, X_2, \ldots X_i, \ldots X_j, \ldots$ Für den Test sei eine Homogenität gegeben, die als paarweise B-monotone Äquivalenz der Teile definiert ist. Dann gilt für die wahren Werte

   (i) wenn $T_{B(X_i)} \mid b \geq T_{B(X_i)} \mid b'$,

      dann $T_{B(X_j)} \mid b \geq T_{B(X_j)} \mid b'$

      für alle Pare i, j und alle b, b'ϵB;

   (ii) wenn $T_{B(X_i)} \mid b \geq T_{B(X_j)} \mid b$,

      dann $T_{B(X_i)} \mid b' \geq T_{B(X_j)} \mid b'$

      für alle Paare i, j und alle b, b'ϵB;

   (iii) wenn $T_{B(X_i)} \mid b = T_{B(X_j)} \mid b'$

      und $T_{B(X_j)} \mid b'' = T_{B(X_k)} \mid b$,

dann $T_{B(X_i)} \mid b'' = T_{B(X_k)} \mid b'$

für alle Tripel i, j, k und b, b', b'' $\in$ B.

(iv) wenn $T_{B(X_i)} \mid b \geq T_{B(X_j)} \mid b'$

und $T_{B(X_j)} \mid b'' \geq T_{B(X_k)} \mid b$,

dann $T_{B(X_i)} \mid b'' \geq T_{B(X_k)} \mid b'$

für alle Tripel i, j, k und b, b', b'' $\in$ B.

Die erste Eigenschaft besagt, daß bei jedem Testteil die Rangordnung der wahren Werte über die Analyseeinheiten, also die untersuchungsrelevanten Personen-Bedingungs-Kombinationen, gleich sein muß, während die zweite Eigenschaft gleiche Rangordnung der Analyseeinheiten nach den zugehörigen wahren Werten bei allen Testteilen fordert. Die im Rahmen der Untersuchung verbundener Meßstrukturen wohlbekannte Thomsen-Bedingung und die Doppelaufhebung sind als dritte und vierte Eigenschaft der wahren Werte in Theorem 6 angegeben.

Verlangt man nun für Paare von Testteilen nur B-monotone Gleichartigkeit, dann bleibt nur noch die erste der in Theorem 6 angegebenen Eigenschaften erhalten.

Theorem 7: Gegeben sei ein zusammengesetztes psychometrisches Verfahren X auf (Ω, A, P). Die Testteile seien $X_1, X_2, \ldots X_i, \ldots X_j, \ldots$ Für den Test sei eine Homogenität gegeben, die als paarweise B-monotone Gleichartigkeit der Teile definiert ist. Dann gilt für die wahren Werte:

wenn $T_{B(X_i)} \mid b \geq T_{B(X_i)} \mid b'$,

dann $T_{B(X_j)} \mid b \geq T_{B(X_j)} \mid b'$

für alle Paare i, j und b, b' $\in$ B.

Diese sehr schwache Form der Homogenität verlangt also noch gleiche Rangordnung für Analyseeinheiten bezüglich ihrer wahren Werte bei jedem Testteil. Daß die Konstanz der Rangordnung der wahren Werte der Testteile über alle Analyseeinheiten verloren geht, kann man leicht einsehen, wenn man an das Birnbaum-Modell denkt, das für Testverfahren die hier besprochene Art der Homogenität fordert. Die in diesem Modell zulässige Unterschiedlichkeit der Steigungsparameter der Aufgaben-Charakteristiken führt dazu, daß sich die Aufgaben-Charakteristiken möglicherweise schneiden. Betrachten wir zwei Testaufgaben, für die dies der Fall ist. Bei einer Analyseeinheit, beispielsweise einer Person, deren Kennwert links vom Schnittpunkt liegt, ist die Lösungswahrscheinlichkeit für die eine Aufgabe größer als jene für die andere, während diese Beziehung bei einer Analyseeinheit mit Kennwert auf der anderen Seite des Schnittpunktes genau umgekehrt ist.

Die beiden Theoreme 6 und 7 haben den praktischen Nachteil, daß sie lediglich Aussagen über wahre B-Werte machen, nicht jedoch über die empirisch registrierbaren X_i-Werte. Dazu bedarf es noch einer Reihe weiterer Arbeiten im Zusammenhang mit der Methodik monotoner Regressionen, wie sie etwa im Bereich der multidimensionalen Skalierung Eingang gefunden hat. Die Übertragung solcher Verfahren auf die hier anstehenden Fragen ist zur Zeit noch nicht befriedigend geleistet. Wir können an dieser Stelle also nur ein Desiderat an weiterführende Forschungen konstatieren. Eine andere Lösung ist, genauere Annahmen zur Form der Transformationsfunktion f zu machen, wie dies etwa im Rasch-Modell oder im Ansatz von *Birnbaum* (1968) geschieht.

5. Messung unter kontrollierter Bedingungsvariation

Bereits in den einführenden Überlegungen dieses Beitrages wurde dargelegt, daß Einzelfallanalyse nach individuenspezifischen bedingungsabhängigen Variationen einer Leistung oder eines Verhaltens fragt. Soweit psychometrische Verfahren zum Einsatz kommen, ist daher zu fordern, daß diese für verschiedene Personen unterschiedliche Bedingungsabhängigkeiten der Ergebnisse erbringen. Die Frage, ob ein bestimmtes Verfahren in zwei unterschiedlichen Arten von Situationen den gleichen Leistungs- oder Verhaltensaspekt erfaßt, ist daher nicht mit der Forderung nach irgendeiner Art von Gleichartigkeit der Messungen zu beantworten, sondern kann wohl nur inhaltlich sinnvoll diskutiert werden.

Gegeben sei ein psychometrisches Verfahren X auf (Ω, A, P), das unter zwei kontrollierten Bedingungen b und c eingesetzt werden soll. Wir können dann formal von zwei verschiedenen Messungen X_b und X_c reden, wobei X_b auf $\Omega \cap b$ definiert ist und X_c auf $\Omega \cap c$. Da zu jeder testbaren Einzelgegebenheit aus $\Omega \cap b$ genau ein Element aus $\Omega \cap c$ existiert, das in allen übrigen Komponenten mit dem erstgenannten übereinstimmt, ist es formal unerheblich, das System der aus diesen Paaren gebildeten Äquivalenzklassen als gemeinsame Trägermenge Ω' für beide Messungen X_b und X_c zu betrachten. Wir können die Anwendung eines Verfahrens unter zwei Bedingungen also ohne Verlust an Allgemeinheit als zwei Verfahren auf dem gleichen Wahrscheinlichkeitsraum darstellen, für die irgendeine Form der Beziehungen aus Definition 5 oder 6 gegeben sein kann. Nehmen wir beispielsweise an, X_b und X_c seien ‚gleichartig' im Sinne von Definition 5 (vi). Dann gilt für die wahren P-Werte:

$$T_{P(X_c)} = a_{bc} + b_{bc}\, T_{P(X_b)}.$$

Dies besagt aber, daß bis auf Meßfehler die durch die beiden experimentellen Bedingungen induzierte Veränderung der Ergebnisse Personen-unabhängig durch die beiden Parameter a_{bc} und b_{bc} beschrieben werden kann. Existiert eine solche Personen-unabhängige Beschreibung einer Leistungs- oder Verhaltensänderung, dann gibt es keinen vernünftigen Grund für Einzelfallanalysen, denn der Effekt der untersuchten Bedingungsvariation ist in jedem Einzelfall der gleiche. Auf der Basis des Konzepts der gleichartigen Verfahren wäre also zu untersuchen, ob die Ergebnisse eines psychometrischen Verfahrens auf wahren P-Werten basieren, die unter den verschiedenen untersuchten Bedingungen gerade *nicht* voll korrelieren. Nur dann gibt es individuenspezifische Variationseffekte, nach denen Einzelfallanalysen fragen können. Im varianzanalytischen Modell würde dies bedeuten, daß ein Personen-Bedingungs-Interaktionseffekt vorliegt. Genauere Überlegungen hierzu führen direkt auf statistische Detailfragen, die zu behandeln nicht mehr Aufgabe dieses Beitrages sein soll.

Testtheoretische Ansätze der verschiedensten Art gehen davon aus, daß als Resultat der Konfrontation einer Person mit einem psychometrischen Verfahren eine Zufallsvariable anzusehen ist. In diesem Beitrag wurde eben dieser Gedanke aufgegriffen und im Sinne einer besseren Fundierung einzelfallanalytischen Vorgehens dahingehend modifiziert, daß nicht mehr notwendig Einzelpersonen, sondern beispielsweise Personengruppen oder Personen-Bedingungs-Kombinationen als ‚experimentelle Einheiten‘ anzusehen sind, die durch Zufallsvariablen repräsentiert werden. Daraus resultiert die Notwendigkeit, herkömmliche testtheoretische Konzepte wie etwa ‚Parallelität‘, ‚Gleichartigkeit‘, ‚Reliabilität‘, ‚Homogenität‘ und so weiter explizit nicht mehr lediglich auf Individuen-Mengen bezogen zu betrachten, sondern jeweils auf der Ebene der für eine Fragestellung anstehenden Analyseeinheiten. Solche Analyseeinheiten sind bei Einzelfallanalysen im allgemeinen Personen-Bedingungs-Kombinationen, können aber bei anderen Arten von Fragestellungen beispielsweise auch klinische Gruppen sein. Der vorgestellte Ansatz entspricht herkömmlichen testtheoretischen Vorstellungen insoweit, als Gegebenheiten durch Zufallsvariablen repräsentiert werden; er unterscheidet sich von den meisten Ansätzen lediglich durch die explizite Berücksichtigung der Variabilität der zu repräsentierenden Einheiten.

Literatur

Birnbaum, A. Some Latent Trait Models and Their Use in Inferring an Examinee's Ability. In F. M. Lord & M. R. Novick, Statistical Theories of Mental Test Scores. Reading (Mass.): Addison-Wesley, 1968.

Cronbach, L. J., Gleser, G. C., Nanda, H., Rajaratnam, N. The Dependability of Behavioral Measurements: Theory of Generalizability for Scores and Profiles. New York: Wiley, 1972.

Fischer, G. Psychologische Testtheorie. Bern-Stuttgart: Huber, 1968.

Fischer, G. Einführung in die Theorie psychologischer Tests. Bern-Stuttgart-Wien: Huber, 1974.

Gulliksen, H. Theory of Mental Tests. New York: Wiley, 1950.

Jöreskog, K. G. Statistical Analysis of Sets of Congeneric Tests. *Psychometrika* 1971, *36*, 109-133.

Jöreskog, K. G. Analyzing Psychological Data by Structural Analysis of Covariance Matrices. In D. H. Krantz, R. C. Atkinson, R. D. Luce, P. Suppes (Eds.), Contemporary Developments in Mathematical Psychology, Vol. II: Measurement, Psychophysics, and Neural Information Processing. San Francisco: Freeman, 1974.

Lord, F. M., Novick, M. R. Statistical Theories of Mental Test Scores. Reading (Mass.): Addison-Wesley, 1968.

Orth, B. Einführung in die Theorie des Messens. Stuttgart: Kohlhammer, 1974.

Rasch, G. On General Laws and the Meaning of Measurement in Psychology. Berkeley Symposium on Mathematical Statistics and Probability. Berkeley: University of California Press, 1960.

Wechsler, D. Die Messung der Intelligenz Erwachsener. Bern-Stuttg.: Huber, 1956.

Zimmerman, D. W. Probability Spaces, Hilbert Spaces, and the Axioms of Test Theory. *Psychometrika* 1975, *40,* 395-412.

Zimmerman, D. W., Williams, R. H. The Theory of Test Validity and Correlated Errors of Measurement. *J. math. Psychol.* 1977, *16,* 135-152.

Normierungsbedingte Probleme bei inferenzstatistischen Anwendungen der klassischen Testtheorie in der psychologischen Einzelfalldiagnostik

Helmuth P. Huber

1. Problemstellung

Bei der Formulierung sogenannter „einzelfallstatistischer Standardfälle" (vgl. *Huber,* 1977) wurde darauf hingewiesen, daß die inferenzstatistische Auswertung psychometrischer Einzelfalluntersuchungen einen speziellen Problemkreis darstellt. In der Regel handelt es sich dabei um testpsychologische Fallstudien, bei welchen alle Informationen, die den Stichprobenfehler betreffen, unter bestimmten Voraussetzungen aus den Standardisierungs- und Normierungsdaten (z.B. aus den Verteilungskennwerten diagnostisch relevanter Eich- bzw. Referenzstichproben sowie aus den für diese Bezugsgruppen geltenden Skalenreliabilitäten und Testinterkorrelationen) hergeleitet werden können. Die Fehlervarianzen müssen dann nicht aus den im jeweils betrachteten Einzelfall sequentiell erhobenen Beobachtungswerten geschätzt werden.

Der vorliegende Beitrag ist der Auffassung verpflichtet, daß sich der Wert einer psychologischen Testtheorie nicht nur an ihren Beiträgen zur Testkonstruktion, sondern in entscheidendem Maße auch an den Möglichkeiten bemißt, die sie für eine rationale Auswertung psychometrischer Einzelfallbefunde eröffnet. Seine theoretische Grundlage bildet die klassische Testtheorie, wie sie u.a. von *Lord & Novick* (1968) vorgetragen wurde. Da bereits an anderer Stelle versucht wurde, unter Bezugnahme auf die klassische Testtheorie einige für die inferenzstatistische Arbeit im Einzelfall geeignete Prüfverfahren zu entwickeln (vgl. *Huber,* 1973), können wir uns hier auf die Diskussion ausgewählter Fragen der Einzelfalldiagnostik konzentrieren. Dabei sollen vor allem wegen ihrer praktischen Bedeutung Normierungsprobleme vorrangig behandelt werden. Insbesondere sollen die prüfstatistischen Implikationen der x-Normierung und der τ-Normierung sowie die praktischen Schwierigkeiten bei der Verwendung geschätzter Normierungsgrößen erörtert werden. In diesem Zusammenhang wird sich zeigen, daß eine sinnvolle Anwendung einzelfallstatistischer Prüfverfahren weitgehend von einem der diagnostischen Fragestellung entsprechenden Normierungskonzept abhängt.

Bevor wir uns jedoch diesen Fragen zuwenden können, sind einige definitorische Vorbemerkungen erforderlich.

2. Definition der Beobachtungswerte, der wahren Testwerte und der Beobachtungsfehler bei normierten Tests

Die klassische Testtheorie befaßt sich traditionellerweise mit nicht-normierten Testwerten. Wenn jedoch in der Testdiagnostik die Leistung eines Probanden in den einzelnen Subtests einer Testbatterie vergleichend beurteilt werden soll, dann erscheint es wenig sinnvoll, mit Rohwerten zu arbeiten. Es wird vielmehr aus Gründen der Vergleichbarkeit der Untersuchungsergebnisse eine *Normierung* angestrebt, d.h., die in den einzelnen Subtests beobachteten Rohwerte x_{ij} werden durch eine lineare Transformation der Art

$$y_{ij} = \frac{x_{ij} - A_j}{B_j} K + L \qquad (2.1)$$

in sogenannte Standardwerte oder normierte Testwerte umgewandelt.

In (2.1) ist K die vom Testkonstrukteur gewünschte Standardabweichung, L der gewünschte Erwartungswert der normierten Testwerte. Im HAWIE (= Hamburg-Wechsler-Intelligenztest für Erwachsene, 1961) ist beispielsweise K = 15 und L = 100. Die Symbole A_j und B_j bezeichnen die Normierungsgrößen. Mit diesen Größen werden wir uns noch ausführlicher zu befassen haben. Im Gegensatz zu A_j und B_j sind die Größen K und L populations- und testunabhängige Transformationskonstanten.

Wir gehen im folgenden von der Vorstellung aus, daß für jedes Individuum i, das mit dem Test j untersucht werden kann, eine gegebenenfalls unendliche Menge von potentiellen Beobachtungswerten existiert. Da bei ein und demselben Individuum mit dem selben Test nicht gleichzeitig mehrere Beobachtungen derselben psychologischen Größe möglich sind, kann aus der Menge der potentiellen Beobachtungswerte zu einem gegebenen Zeitpunkt prinzipiell nur ein Testwert realisiert werden. Dieser Wert, der x_{ij} sei, wird als eine *zufällige* Realisation der durch den Probanden i und den Test j definierten *intraindividuellen* Rohwertvariable X_{ij} konzipiert. Der Erwartungswert der Zufallsgröße X_{ij},

$$\mathcal{E}(X_{ij}) = \tau_{ij} \qquad (2.2)$$

heißt der „wahre" Testwert des Probanden i im Test j.

Unter den genannten Voraussetzungen lautet die nach dem Rationale von (2.1) gebildete intraindividuelle Zufallsvariable, die für die normierten Beobachtungswerte zuständig ist,

$$Y_{ij} = \frac{X_{ij} - A_j}{B_j} K + L. \qquad (2.3)$$

In Analogie zu (2.2) ist der normierte wahre Testwert, der für einen Probanden i im Test j mit v_{ij} bezeichnet werden soll, durch

$$v_{ij} = \varepsilon \, (Y_{ij})$$

$$= \frac{\tau_{ij} - A_j}{B_j} \, K + L \tag{2.4}$$

zu definieren. Die Differenz

$$e_{ij} = Y_{ij} - v_{ij} = \frac{X_{ij} - \tau_{ij}}{B_j} \, K = \frac{E_{ij}}{B_j} \, K \tag{2.5}$$

stellt den Beobachtungs- oder Meßfehler bei normierten Testwerten dar, wobei $E_{ij} = X_{ij} - \tau_{ij}$ die Rohwertfehlervariable ist.

Mit (2.4) ist der Erwartungswert von e_{ij} gleich Null,

$$\varepsilon \, (e_{ij}) = \varepsilon \, (Y_{ij} - v_{ij}) = v_{ij} - v_{ij}$$

$$= 0. \tag{2.6}$$

Die Varianz von e_{ij} beträgt

$$\sigma^2(e_{ij}) = \sigma^2(Y_{ij})$$

$$= \frac{K^2 \sigma^2(E_{ij})}{B_j^2} \, . \tag{2.7}$$

Der Parameter $\sigma^2(e_{ij})$ wird die spezifische Fehlervarianz eines Probanden i im Test j genannt.

Werden nun aus einer bestimmten Zielpopulation von Probanden einzelne Personen nach dem Zufall ausgewählt und mit einem Test j untersucht, dann sind die Testwerte x_{ij} Realisationen der *interindividuell* definierten Beobachtungsvariable $X_{\cdot j}$, für die wegen der Definition des wahren Testwertes durch $\varepsilon \, (X_{ij}) = \tau_{ij}$ in (2.2) der wichtige Satz

$$X_{\cdot j} = T_{\cdot j} + E_{\cdot j} \tag{2.8}$$

gilt (vgl. auch *Lord & Novick*, 1968, S. 34). Die interindividuellen Rohwertvariablen $T_{\cdot j}$ und $E_{\cdot j}$ nehmen im Einzelfall den wahren Testwert τ_{ij} und den Fehlerwert ϵ_{ij} an.

Substituiert man in (2.3) die intraindividuelle Variable X_{ij} durch die interindividuelle Zufallsgröße $X_{\cdot j}$, dann ergibt sich die interindividuell definierte normierte Beobachtungsvariable

$$Y_{\cdot j} = \frac{X_{\cdot j} - A_j}{B_j} \, K + L. \tag{2.9}$$

Die Variable $t_{\cdot j}$ sei für die Verteilung der normierten wahren Testwerte v_{ij} in einer diagnostisch relevanten Zielpopulation zuständig; sie lautet

$$t_{\cdot j} = \frac{T_j - A_j}{B_j} \ K + L. \tag{2.10}$$

Die interindividuelle Fehlervariable bei normierten Testwerten sei $e_{\cdot j}$. Man erhält sie aus

$$e_{\cdot j} = Y_{\cdot j} - t_{\cdot j} = \frac{X_{\cdot j} - T_{\cdot j}}{B_j} \ K$$

$$= \frac{E_{\cdot j}}{B_j} \ K. \tag{2.11}$$

Für die Erwartungswerte von $Y_{\cdot j}$, $t_{\cdot j}$ und $e_{\cdot j}$ gilt

$$\mathcal{E} \ (e_{\cdot j}) = \mathcal{E}_i \ [\mathcal{E} \ (e_{ij})] = \mathcal{E}_i \ (0)$$
$$= 0 \tag{2.12}$$

und

$$\mathcal{E} \ (Y_{\cdot j}) \ = \mathcal{E} \ (t_{\cdot j} + e_{\cdot j})$$
$$= \mathcal{E} \ (t_{\cdot j}), \tag{2.13}$$

wobei wegen $\mathcal{E} \ (X_{\cdot j}) = \mathcal{E} \ (T_{\cdot j}) = \mu(X_{\cdot j})$

$$\mathcal{E} \ (t_{\cdot j}) \ = \frac{\mu(X_{\cdot j}) - A_j}{B_j} \ K + L \tag{2.14}$$

ist.

Die Varianzen der normierten Zufallsgrößen $Y_{\cdot j}$, $t_{\cdot j}$ und $e_{\cdot j}$ betragen mit (2.9), (2.10) und (2.11)

$$\sigma^2(Y_{\cdot j}) = \frac{K^2 \sigma^2(X_{\cdot j})}{B_j^2} \ , \tag{2.15}$$

$$\sigma^2(t_{\cdot j}) \ = \frac{K^2 \sigma^2(T_{\cdot j})}{B_j^2} \tag{2.16}$$

und

$$\sigma^2(e_{\cdot j}) \ = \frac{K^2 \sigma^2(E_{\cdot j})}{B_j^2} \ . \tag{2.17}$$

Generell kann festgestellt werden, daß die Sätze der klassischen Testtheorie, die für die Rohwertvariablen $X_{\cdot j}$, $T_{\cdot j}$ und $E_{\cdot j}$ beschrieben wurden (vgl. *Lord &*

Novick, 1968, S. 36 ff.), analog auch für die normierten Größen $Y_{\cdot j}$, $t_{\cdot j}$ und $e_{\cdot j}$ gelten.

Nach diesen definitorischen Vorbemerkungen steht der Diskussion einzelner Normierungskonzepte nichts mehr im Wege. In den beiden nächsten Abschnitten soll gezeigt werden, daß man je nach der Wahl der Normierungsgrößen A_j und B_j verschiedene Fälle unterscheiden kann.

3. Das Konzept der x-Normierung

Wählt man für die Tests $j = 1, \ldots, m$ die Normierungsgrößen $A_j = \& \, (X_{\cdot j})$ $= \mu \, (X_{\cdot j})$ und $B_j = \sigma \, (X_{\cdot j}) =$

$\sqrt{\sigma^2(T_{\cdot j}) + \sigma^2(E_{\cdot j})}$, dann ergibt sich für Y_{ij} in (2.3)

$$Y_{ij}^x = \frac{X_{ij} - \& \, (X_{\cdot j})}{\sigma(X_{\cdot j})} \, K + L$$

$$= \frac{X_{ij} - \mu(X_{\cdot j})}{\sqrt{\sigma^2(T_{\cdot j}) + \sigma^2(E_{\cdot j})}} \, K + L. \tag{3.1}$$

Die in (3.1) vorgenommene Normierung der Rohwertgrößen X_{ij} ($j = 1, \ldots,$ m) zielt offenbar auf eine Vergleichbarkeit der *Beobachtungswerte* ab, wobei unterstellt wird, daß die Zufallsgrößen $X_{\cdot j}$ ($j = 1, \ldots, m$) gleiche oder zumindest ähnliche Verteilungen besitzen. Wir bezeichnen im folgenden Normierungen dieser Art, deren Rationale uns aus dem Umgang mit bekannten Testbatterien (wie z.B. dem Hamburg-Wechsler-Intelligenztest für Erwachsene oder dem Minnesota Multiphasic Personality Inventory) wohl vertraut ist, als *x-Normierungen*.

Um x-normierte Werte von anderen Normierungen unterscheiden zu können, schreiben wir das Symbol x in Exponentialstellung. So lautet mit (2.4) der x-normierte wahre Testwert eines Probanden i im Test j

$$v_{ij}^x = \& \, (Y_{ij}^x)$$

$$= \frac{\tau_{ij} - \mu(X_{\cdot j})}{\sqrt{\sigma^2(T_{\cdot j}) + \sigma^2(E_{\cdot j})}} \, K + L \tag{3.2}$$

und mit (2.5) der Beobachtungsfehler der x-normierten Testwerte

$$e_{ij}^x = \frac{E_{ij}}{\sqrt{\sigma^2(T_{\cdot j}) + \sigma^2(E_{\cdot j})}} \, K. \tag{3.3}$$

Analog erhält man mit $A_j = \mu(X._j)$ und $B_j = \sqrt{\sigma^2(T._j) + \sigma^2(E._j)}$ aus (2.9), (2.10) und (2.11) die normierten interindividuellen Zufallsgrößen

$$Y._j^x = \frac{X._j - \mu(X._j)}{\sqrt{\sigma^2(T._j) + \sigma^2(E._j)}} K + L, \tag{3.4}$$

$$t._j^x = \frac{T._j - \mu(X._j)}{\sqrt{\sigma^2(T._j) + \sigma^2(E._j)}} K + L \tag{3.5}$$

und

$$e._j^x = \frac{E._j}{\sqrt{\sigma^2(T._j) + \sigma^2(E._j)}} . \tag{3.6}$$

Die Varianzen von Y_{ij}^x bzw. e_{ij}^x sowie die Erwartungswerte und Varianzen von $Y._j^x$, $t._j^x$ und $e._j^x$ lassen sich bei Bedarf schnell herleiten. An dieser Stelle soll lediglich der Erwartungswert und die Varianz von $Y._j^x$ angegeben werden, da auf diese Größen wiederholt rekurriert werden wird. Es gilt

$$\mathcal{E}(Y._j^x) = \mathcal{E}\left[\frac{X._j - \mathcal{E}(X._j)}{\sigma(X._j)} K + L\right]$$
$$= L \tag{3.7}$$

und

$$\sigma^2(Y._j^x) = \sigma^2\left[\frac{X._j - \mathcal{E}(X._j)}{\sigma(X._j)} K + L\right]$$
$$= K^2 . \tag{3.8}$$

Mit den Problemen, die x-normierte Testwerte bei der Formulierung von Null-Hypothesen in der psychometrischen Einzelfalldiagnostik bereiten, befaßt sich der nächste Abschnitt.

4. Zur Bildung von Nullhypothesen bei x-normierten Testwerten unter dem Beurteilungsaspekt der Reliabilität

Häufig wird der psychologische Diagnostiker mit der Frage konfrontiert, ob sich die unterschiedlichen Ergebnisse, die ein Proband i in zwei verschiedenen Subtests j und h einer Testbatterie erzielte, auf die mangelnde Zuverlässigkeit der betreffenden Tests zurückführen lassen oder ob sie tatsächlich unterschiedliche Ausprägungsgrade bestimmter Persönlichkeits- oder Intelligenzmerkmale zum Ausdruck bringen. Dabei soll nicht entschieden werden, wie „abnorm" eine beobachtete Testwertdifferenz in bezug auf die in einer diagnostisch relevanten Zielpopulation auftretenden Unterschiede ist. Unter dem Beurteilungsaspekt der Reliabilität interessiert lediglich, ob eine im Einzelfall beobachtete Punkte-differenz angesichts des Meßfehlers der beteiligten Testskalen noch als eine *meßbare* oder *reelle* Distanz aufgefaßt werden kann. Entsprechend dieser Fragestellung lautet die Nullhypothese im Falle der x-Normierung

$$\mathcal{E}\,(Y_{ij}^x) = \mathcal{E}\,(Y_{ih}^x) \quad \text{bzw.}$$

$$v_{ij}^x \;=\; v_{ih}^x \;. \tag{4.1}$$

Der Nullhypothese stellen wir die Alternativhypothese gegenüber, daß $v_{ij}^x \neq v_{ih}^x$ gilt und somit die Differenz $y_{ij}^x - y_{ih}^x$ einen reellen Unterschied aufzeigt.

Gemäß (4.1) nehmen wir an, daß sich die normierten wahren Testwerte eines Probanden i in den Subtests j und h voneinander nicht unterscheiden. Eine zwischen den Beobachtungswerten y_{ij} und y_{ih} auftretende Diskrepanz ist dann auf die Meßfehler der Subtests j und h zurückzuführen. Unglücklicherweise sind aber in der Nullhypothese $v_{ij}^x = v_{ih}^x$ auch Implikationen enthalten, die nicht nur die Äquivalenz der standardisierten wahren Testwerte, also

$$\frac{\tau_{ij} - \mu(T_{\cdot j})}{\sigma(T_{\cdot j})} \;=\; \frac{\tau_{ih} - \mu(T_{\cdot h})}{\sigma(T_{\cdot h})} \tag{4.2}$$

betreffen. Dies wird deutlich wenn man anstelle von (4.1) mit (3.2)

$$\frac{\tau_{ij} - \mu(X_{\cdot j})}{\sqrt{\sigma^2(T_{\cdot j}) + \sigma^2(E_{\cdot j})}}\, K + L = \frac{\tau_{ih} - \mu(X_{\cdot h})}{\sqrt{\sigma^2(T_{\cdot h}) + \sigma^2(E_{\cdot h})}}\, K + L \tag{4.3}$$

schreibt. Unter Berücksichtigung der Gleichungen $\mu\,(X_{\cdot j}) = \mu\,(T_{\cdot j})$ und $\sqrt{\varrho_{ij}} = \sigma\,(T_{\cdot j})/\sqrt{\sigma^2\,(T_{\cdot j}) + \sigma^2\,(E_{\cdot j})}$, die analog auch für den Test h gelten, erhält man aus (4.3) die der Nullhypothese $v_{ij}^x = v_{ih}^x$ äquivalente Formulierung

$$\frac{\tau_{ij} - \mu\,(T_{\cdot j})}{\sigma(T_{\cdot j})}\,\sqrt{\varrho_{jj}} \;=\; \frac{\tau_{ih} - \mu(T_{\cdot h})}{\sigma(T_{\cdot h})}\,\sqrt{\varrho_{hh}} \;. \tag{4.4}$$

Entsprechend der Reliabilitätsdefinition der klassischen Testtheorie bezeichnen die Parameter ϱ_{jj} und ϱ_{hh} die Reliabilitäten der Tests j und h.

Die Gleichung (4.4) ist für den Einzelfalldiagnostiker äußerst instruktiv. Sie zeigt, daß die Nullhypothese bei x-normierten Testwerten nicht nur die Äquivalenzbedingung (4.2), sondern darüber hinaus auch die Gleichheit der Reliabilitätsparameter ϱ_{jj} und ϱ_{hh} impliziert. Da man aber bei der Beurteilung einer im Einzelfall beobachteten Testwertdifferenz nicht Reliabilitätsunterschiede zwischen den zur Diagnostik herangezogenen Verfahren prüfen möchte, sondern eine leistungs- oder persönlichkeitspsychologische Fragestellung verfolgt, gibt die Nullhypothese $v_{ij}^x = v_{ih}^x$ bei heterogenen Skalenreliabilitäten psychologisch gesehen keinen Sinn. Daraus folgt für die Testkonstruktion, daß die in der Profildiagnostik gängige x-Normierung nur bei reliabilitätshomogenen Subtests vertretbar ist. Diese Voraussetzung wird man allerdings in der Praxis nur in Ausnahmefällen vorfinden. Eine Alternative zur generell üblichen x-Normierung ist daher dringend erforderlich.

5. Das Konzept der τ-Normierung

Wir betrachten im folgenden für die Tests $j = 1, \ldots, m$ die Normierungsgrößen $A_j = \mathcal{E}(T_{\cdot j}) = \mu(X_{\cdot j})$ und $B_j = \sigma(T_{\cdot j}) = \sigma(X_{\cdot j})\sqrt{\varrho_{jj}}$ und erhalten nach dem Rationale von (2.3) die intraindividuellen Zufallsgrößen

$$Y_{ij}^\tau = \frac{X_{ij} - A_j}{B_j}\, K + L$$

$$= \frac{X_{ij} - \mathcal{E}(T_{\cdot j})}{\sigma(T_{\cdot j})}\, K + L$$

$$= \frac{X_{ij} - \mu(X_{\cdot j})}{\sigma(X_{\cdot j})\sqrt{\varrho_{jj}}}\, K + L \ . \tag{5.1}$$

Diese Normierung orientiert sich an der Verteilung der *wahren* Testwerte in der für die diagnostische Fragestellung relevanten Zielpopulation. Dabei wird angenommen, daß die Zufallsgrößen $T_{\cdot j}$ ($j = 1, \ldots, m$) gleichen oder zumindest ähnlichen Verteilungen folgen. Im Gegensatz zur x-Normierung bezeichnen wir die in (5.1) vorgenommene Normierung als *τ-Normierung*. Zur Charakterisierung dieses Normierungsverfahrens wird das Symbol τ in Exponentialstellung geschrieben.

Setzt man die oben gewählten Normierungsgrößen in die Gleichungen (2.4) und (2.5) ein, dann lautet der τ-normierte wahre Testwert eines Probanden i im Test j

$$v_{ij}^\tau = \mathcal{E}(Y_{ij}^\tau)$$

$$= \frac{\tau_{ij} - \mathcal{E}(T_{\cdot j})}{\sigma(T_{\cdot j})}\, K + L$$

$$= \frac{\tau_{ij} - \mu(X_{\cdot j})}{\sigma(X_{\cdot j})\sqrt{\varrho_{jj}}} \; K + L \tag{5.2}$$

und die dazugehörige Fehlervariable

$$e_{ij}^{\tau} = Y_{ij}^{\tau} - v_{ij}^{\tau}$$

$$= \frac{X_{ij} - \tau_{ij}}{\sigma(T_{\cdot j})} \; K$$

$$= \frac{E_{ij}}{\sigma(X_{\cdot j})\sqrt{\varrho_{jj}}} \; K \;. \tag{5.3}$$

Analog lassen sich die interindividuellen τ-normierten Zufallsgrößen

$$Y_{\cdot j}^{\tau} = \frac{X_{\cdot j} - \mu(X_{\cdot j})}{\sigma(X_{\cdot j})\sqrt{\varrho_{jj}}} \; K + L \tag{5.4}$$

$$t_{\cdot j}^{\tau} = \frac{T_{\cdot j} - \mu(X_{\cdot j})}{\sigma(X_{\cdot j})\sqrt{\varrho_{jj}}} \; K + L \tag{5.5}$$

und

$$e_{\cdot j}^{\tau} = \frac{E_{\cdot j}}{\sigma(X_{\cdot j})\,\varrho_{jj}} \; K \tag{5.6}$$

entwickeln. Ihre Erwartungswerte und Varianzen können durch entsprechende Substitution der Normierungsgrößen aus den Formeln (2.12), (2.13) und (2.14) sowie aus (2.15), (2.16) und (2.17) gebildet werden. So erhält man beispielsweise für $Y_{\cdot j}$ den Erwartungswert

$$\mathcal{E}\,(Y_{\cdot j}^{\tau}) = \mathcal{E}\,(Y_{\cdot j}^{x})$$

$$= L \tag{5.7}$$

und die Varianz

$$\sigma^{2}(Y_{\cdot j}^{\tau}) = \frac{\sigma^{2}(Y_{j}^{x})}{\varrho_{jj}} \tag{5.8}$$

$$= \frac{K^{2}}{\varrho_{jj}}$$

6. Zur Bildung von Nullhypothesen bei τ-normierten Testwerten unter dem Beurteilungsaspekt der Reliabilität

Wir können nun die im Abschnitt 4 begonnene Diskussion weiterführen. Betrachtet man die Nullhypothese

$$v_{ij}^{\tau} = v_{ih}^{\tau} \tag{6.1}$$

bzw. die äquivalente Formulierung

$$\frac{\tau_{ij} - \mu(T_{\cdot j})}{\sigma(T_{\cdot j})} K + L = \frac{\tau_{ih} - \mu(T_{\cdot h})}{\sigma(T_{\cdot h})} K + L \tag{6.2}$$

dann ist der Vorteil der τ-Normierung gegenüber der x-Normierung schnell zu erkennen. Aus (6.2) ist unmittelbar evident, daß die Hypothese $v_{ij}^{\tau} = v_{ih}^{\tau}$ lediglich die Gleichheit der standardisierten wahren Testwerte eines Probanden i in dem Test j und h entsprechend der Äquivalenzbedingung (4.2) impliziert. Im Gegensatz zur Nullhypothese $v_{ij}^{x} = v_{ih}^{x}$ sind im Fall der τ-Normierung keinerlei Annahmen über die Gleichheit der Reliabilitätsparameter ϱ_{jj} und ϱ_{hh} erforderlich. In einer inferenzstatistisch orientierten Profildiagnostik ist daher immer dann eine τ-Normierung angezeigt, wenn man mit Testbatterien arbeitet, die hinsichtlich der Reliabilität ihrer Subtests nicht homogen sind.

7. Probleme bei der Verwendung geschätzter Normierungsgrößen

Sowohl bei der x-Normierung als auch bei der τ-Normierung sind wir bis jetzt davon ausgegangen, daß die Normierungsgrößen als Parameter vorliegen. Bedauerlicherweise stehen jedoch in der Praxis nur Schätzungen für die Normierungsgrößen zur Verfügung. So werden im Fall der x-Normierung aus den Ergebnissen x_{ij} (i = 1, ..., N) einer Stichprobe vom Umfang N die Statistiken $\hat{\mu}(X_{\cdot j}) =$

$$\frac{1}{N} \sum_{i=1}^{N} x_{ij} = \bar{x}_{\cdot j} \text{ und } \hat{\sigma}(X_{\cdot j}) = \sqrt{\frac{1}{N-1} \sum_{i=1}^{N} (x_{ij} - \bar{x}_{\cdot j})^2}$$

berechnet und $A_j = \hat{\mu}(X_{\cdot j})$ und $B_j = \hat{\sigma}(X_{\cdot j})$ gesetzt. Im Fall der τ-Normierung schreiben wir $A_j = \hat{\mu}(T_{\cdot j}) = \hat{\mu}(X_{\cdot j})$ und $B_j = \hat{\sigma}(T_{\cdot j}) \sqrt{\varrho_{jj}}$. Zu B_j ist ferner anzumerken, daß auch der Reliabilitätsparameter ϱ_{jj} empirisch zu bestimmen ist. Man wird daher praktisch von $B_j = \hat{\sigma}(X_{\cdot j}) \sqrt{\text{est. } \varrho_{jj}}$ ausgehen müssen, wobei est. ϱ_{jj} ein Näherungswert für ϱ_{jj} ist.

Wie wir in den Abschnitten 8 und 9 sehen werden, betreffen die Probleme, die sich durch die Verwendung geschätzter Normierungsgrößen in der Einzelfalldiagnostik ergeben, einerseits die Bildung von Nullhypothesen unter dem Beurteilungsgesichtspunkt der diagnostischen Valenz und andererseits die Erstellung geeigneter Prüfvarianzen unter den Beurteilungsaspekten der Reliabilität *und* der diagnostischen Valenz.

8. Zur Bildung von Nullhypothesen bei normierten Testwerten unter dem Beurteilungsaspekt der diagnostischen Valenz

Wir betrachten die Prüfung der Zuverlässigkeit einer im Einzelfall beobachteten Testwertdifferenz lediglich als den ersten Schritt eines *zweistufigen Diagnoseprozesses*. Sollte sich nämlich eine Punktediskrepanz in dem Sinne als reell erweisen, als sie bei einem vorgegebenen Alpha-Risiko nicht mehr auf die mangelnde Reliabilität der Testskalen zurückgeführt werden kann, so ist in einem zweiten Schritt die Frage zu klären, ob diese Differenz noch im Bereich der Norm liegt oder bereits klinisch auffällig ist. Fragen dieser Art betreffen die *diagnostische Valenz* eines Befundes.

In der Praxis erfolgt die Beurteilung der diagnostischen Valenz meist auf intuitiver Basis. Gemäß einer inferenzstatistischen Alternative, die ursprünglich von *Payne & Jones* (1957) vorgeschlagen wurde, wird die diagnostische Valenz einer im Einzelfall beobachteten Testwertdifferenz nach der Wahrscheinlichkeit bewertet, mit welcher ein Unterschied dieser Größenordnung in einer diagnostisch relevanten Bezugspopulation (z.B. in der Eichpopulation psychisch Gesunder) zu erwarten ist. Das bedeutet, daß für zwei normierte Beobachtungswerte y_{ij} und y_{ih} nicht — wie unter dem Beurteilungsaspekt der Reliabilität — die intraindividuellen Zufallsgrößen Y_{ij} und Y_{ih}, sondern die interindividuell definierten Beobachtungsvariablen $Y_{.j}$ und $Y_{.h}$ zuständig sind.

Unter dem Beurteilungsaspekt der diagnostischen Valenz ist die Nullhypothese $\mathcal{E}\,(Y_{.j}) = \mathcal{E}\,(Y_{.h})$ sowohl bei x-normierten als auch bei τ-normierten Testwerten durch die Normierung vorgegeben. Es gilt nämlich

$$\mathcal{E}\,(Y_{.j}^x) = \mathcal{E}\,(Y_{.h}^x)$$

$$= L \tag{8.1}$$

und

$$\mathcal{E}\,(Y_{.j}^\tau) = \mathcal{E}\,(Y_{.h}^\tau)$$

$$= L . \tag{8.2}$$

Wir nehmen also unter den Nullhypothesen (8.1) und (8.2) an, daß ein untersuchter Proband i der Bezugspopulation angehört, in welcher die Erwartungswerte für die Subtests j und h jeweils L betragen.

Die Alternativhypothese lautet $\mathcal{E}\,(Y_{.j}) \neq \mathcal{E}\,(Y_{.h})$. Das heißt diagnostisch gesehen, daß der untersuchte Proband i nicht zu der in Frage stehenden Bezugspopulation gerechnet werden kann. Handelt es sich bei der Bezugspopulation um die Population psychisch Gesunder (Eichpopulation), dann wird dieser Befung als pathognomonisch bedeutsam zu werten sein. Formal gesehen bedeutet die Alternativhypothese, daß der untersuchte Proband einer Population angehört, für welche die mit den Parametern der Bezugs- bzw. Eichpopulation vorgenommene Normierung nicht mehr gilt.

Die aus der Verwendung geschätzter Normierungsgrößen resultierenden Probleme werden offensichtlich, wenn man die Erwartungswerte von $Y_{\cdot j}^{\hat{x}}$ und $Y_{\cdot j}^{\hat{\tau}}$ betrachtet. Die in Exponentialstellung geschriebenen Symbole $\hat{x}$ und $\hat{\tau}$ sollen zum Ausdruck bringen, daß die x- oder τ-Normierung mit geschätzten Normierungsgrößen vorgenommen wurde.

Wir beginnen mit der x-Normierung und erhalten nach dem Rationale von (2.9) mit den Normierungsgrößen $A_j = \hat{\mu}(X_{\cdot j})$ und $B_j = \hat{\sigma}(X_{\cdot j})$ die Variable

$$Y_{\cdot j}^{\hat{x}} = \frac{X_{\cdot j} - \hat{\mu}(X_{\cdot j})}{\hat{\sigma}(X_{\cdot j})} \, K + L, \tag{8.3}$$

deren Erwartungswert

$$\&\,(Y_{\cdot j}^{\hat{x}}) = L - K \left[\frac{\hat{\mu}(X_{\cdot j}) - \&\,(X_{\cdot j})}{\hat{\sigma}(X_{\cdot j})} \right] \tag{8.4}$$

lautet. Mit $W = \dfrac{\hat{\mu}(X_{\cdot j}) - \&\,(X_{\cdot j})}{\hat{\sigma}(X_{\cdot j})} \sqrt{N}$ ergibt sich für

die Erwartung von $Y_{\cdot j}^{\hat{x}}$

$$\&\,(Y_{\cdot j}^{\hat{x}}) = L - \frac{KW}{\sqrt{N}} \, . \tag{8.5}$$

Falls die Rohwertvariable $X_{\cdot j}$ normalverteilt ist, folgt W einer Studentschen t-Verteilung mit N-1 Freiheitsgraden.

Analoge Verhältnisse trifft man auch bei der τ-normierten Zufallsgröße

$$Y_{\cdot j}^{\hat{\tau}} = \frac{X_{\cdot j} - \hat{\mu}(X_{\cdot j})}{\hat{\sigma}(X_{\cdot j}) \sqrt{\varrho_{jj}}} \, K + L \tag{8.6}$$

an, die aus (2.9) mit $A_j = \hat{\mu}(T_{\cdot j}) = \hat{\mu}(X_{\cdot j})$ und $B_j = \hat{\sigma}(T_{\cdot j}) = \hat{\sigma}(X_{\cdot j}) \sqrt{\varrho_{jj}}$ resultiert. Ihr Erwartungswert beträgt

$$\&\,(Y_{\cdot j}^{\hat{\tau}}) = L - \frac{KW}{\sqrt{N \varrho_{jj}}} \, , \tag{8.7}$$

wenn man wie oben auf $W = \dfrac{\hat{\mu}(X_{\cdot j}) - \text{\&}\,(X_{\cdot j})}{\hat{\sigma}(X_{\cdot j})} \ \sqrt{N}$ rekurriert.

Die Ergebnisse in (8.5) und (8.7) sind für die testdiagnostische Praxis bedeutsam; sie zeigen nämlich, daß bei der Verwendung von geschätzten Normierungsgrößen die intendierte Normierung der Rohwerte nur näherungsweise erreicht wird, weil die aus Stichproben gewonnenen Normierungsgrößen mit Zufallsfehlern behaftete Schätzwerte für die zur exakten Normierung erforderlichen Populationsparameter sind. Die Frage, ob Näherungslösungen der Art

$$\text{\&}\,(Y_{\cdot j}^{\hat{\hat{x}}}) \approx L \tag{8.8}$$

und

$$\text{\&}\,(Y_{\cdot j}^{\hat{\hat{T}}}) \approx L \tag{8.9}$$

akzeptiert werden können, hängt in erster Linie vom Umfang N der Stichprobe ab, aus der die Normierungsgrößen geschätzt wurden. Die Forderung nach möglichst großen Eichstichproben (vgl. *Lienert*, 1969, S. 319 ff.) ist somit auch unter dem Aspekt der Testnormierung mehr als gerechtfertigt. Bei der τ-Normierung ist die Güte der Näherungslösung zusätzlich von der Größe des Reliabilitätsparameters ϱ_{jj} abhängig, der ebenfalls empirisch zu bestimmen ist.

9. Zur Bildung von Prüfvarianzen bei normierten Testwerten unter dem Beurteilungsaspekt der Reliabilität und der diagnostischen Valenz

Wegen $\text{\&}\,(e_{ij}) = 0$ und $\text{\&}\,(e_{\cdot j}) = 0$ kann der wichtige Satz

$$
\begin{aligned}
\sigma^2(e_{\cdot j}) &= \text{\&}\,(e_{\cdot j}^2) \\
&= \text{\&}_i \left[\text{\&}\,(e_{ij}^2) \right] \\
&= \text{\&}_i \left[\sigma^2(e_{ij}) \right]
\end{aligned}
\tag{9.1}
$$

formuliert werden. Da $\sigma^2(e_{ij}) = \sigma^2(Y_{ij})$ ist, gilt auch

$$\sigma^2(e_{\cdot j}) = \text{\&}_i \left[\sigma^2(Y_{ij}) \right]. \tag{9.2}$$

Die praktische Bedeutung der Sätze (9.1) und (9.2) sind in dem Umstand zu sehen, daß sich bei der zufallskritischen Beurteilung von Einzelfallbefunden unter bestimmten Voraussetzungen $\sigma^2(e_{\cdot j})$ als eine mögliche Alternative zu dem so schwierig zu bestimmenden Parameter $\sigma^2(e_{ij})$ bzw. $\sigma^2(Y_{ij})$ anbietet. Falls nämlich die spezifischen Fehlervarianzen $\sigma^2(e_{ij})$ eines Tests j innerhalb einer bestimmten Probandenpopulation von Individuum zu Individuum nur geringfügig differieren, dann kann die spezifische Gruppenfehlervarianz $\sigma^2(E_{\cdot j})$ eines Tests j als ein guter Näherungswert für die testspezifischen Fehlervarianzen jener Probanden betrachtet werden, die dieser Population angehören.

Diese Überlegungen werden in die Praxis umgesetzt, wenn man beispielsweise unter dem Aspekt der Reliabilität nach der Wahrscheinlichkeit fragt, die einer Differenz $|Y_{ij} - Y_{ih}| \geqslant y_{ij} - y_{ih}$ unter der Nullhypothese & $(Y_{ij} - Y_{ih}) = 0$ zukommt, und zu diesem Zweck die Prüfvarianz

$$\sigma^2(Y_{ij} - Y_{ih}) = \sigma^2(Y_{ij}) + \sigma^2(Y_{ih}) - 2\sigma(Y_{ij}, Y_{ih})$$

$$= \sigma^2(Y_{ij}) + \sigma^2(Y_{ih})$$

$$= \sigma^2(e_{\cdot j}) + \sigma^2(e_{\cdot h}) \tag{9.3}$$

bildet. Dabei wird in der Regel angenommen, daß die Größen Y_{ij} und Y_{ih} normal verteilt sind und $\sigma(Y_{ij}, Y_{ih}) = \sigma(e_{ij}, e_{ih}) = 0$ ist.

In unseren weiteren Überlegungen befassen wir uns mit der spezifischen Gruppenfehlervarianz $\sigma^2(e_{\cdot j})$ bzw. mit dem Verhalten der praktisch relevanten Größen $\sigma^2(e_{\cdot j}^{\hat{x}})$ und $\sigma^2(e_{\cdot j}^{\hat{\tau}})$.

Wir erinnern uns an (2.17) und schreiben im Fall der x-Normierung mit $B_j = \sigma(X_{\cdot j})$ und $\sigma^2(E_{\cdot j}) = \sigma^2(X_{\cdot j})(1 - \varrho_{jj})$ das vertraute Ergebnis

$$\sigma^2(e_{\cdot j}^x) = K^2(1 - \varrho_{jj}). \tag{9.4}$$

Im Fall der τ-Normierung erhält man mit $B_j = \sigma(T_{\cdot j}) = \sigma(X_{\cdot j})\sqrt{\varrho_{jj}}$

$$\sigma^2(e_{\cdot j}^\tau) = K^2\left(\frac{1}{\varrho_{jj}} - 1\right). \tag{9.5}$$

Leider gelten diese glatten Ergebnisse nicht bei geschätzten Normierungsgrößen. Mit $B_j = \hat{\sigma}(X_{\cdot j})$ ergibt sich die Varianz von $e_{\cdot j}^{\hat{x}} = E_{\cdot j}K/\hat{\sigma}(X_{\cdot j})$ aus

$$\sigma^2(e_{\cdot j}^{\hat{x}}) = \frac{K^2(1 - \varrho_{jj})}{V}. \tag{9.6}$$

Für $e_{\cdot j}^{\hat{\tau}} = E_{\cdot j}K/\hat{\sigma}(X_{\cdot j})\sqrt{\varrho_{jj}}$ gilt mit $B_j = \hat{\sigma}(X_{\cdot j})\sqrt{\varrho_{jj}}$

$$\sigma^2(e_{\cdot j}^{\hat{\tau}}) = \frac{K^2}{V}\left(\frac{1}{\varrho_{jj}} - 1\right). \tag{9.7}$$

Sowohl in (9.6) als auch in (9.7) ist $V = \hat{\sigma}^2(X_{\cdot j})/\sigma^2(X_{\cdot j})$, wobei $(N-1)V$ einer χ^2-Verteilung folgt, wenn die Rohwertgröße $X_{\cdot j}$ normalverteilt ist.

Man begegnet ähnlichen Schwierigkeiten, wenn beispielsweise unter dem Beurteilungsaspekt der diagnostischen Valenz nach der Wahrscheinlichkeit gefragt wird, mit der eine beobachtete Subtestdifferenz von der Größe $|Y_{\cdot j} - Y_h| \geqslant y_{ij} - y_{ih}$ unter der Nullhypothese & $(Y_{\cdot j} - Y_{\cdot h}) = 0$ in der Eichpopulation auftritt, und in diesem Zusammenhang eine Prüfvarianz der Art

$$\sigma^2(Y_{\cdot j} - Y_{\cdot h}) = \sigma^2(Y_{\cdot j}) + \sigma^2(Y_{\cdot h}) - 2\,\sigma(Y_{\cdot j}, Y_{\cdot h}) \qquad (9.8)$$

konstruiert. Hierbei wird in der Regel angenommen, daß $Y_{\cdot j}$ und $Y_{\cdot h}$ eine gemeinsame Normalverteilung besitzen.

Wir klammern im folgenden die Kovarianz $\sigma(Y_{\cdot j}, Y_{\cdot h})$ aus unseren Überlegungen aus und betrachten $\sigma^2(Y_{\cdot j})$ bzw. $\sigma^2(Y_{\cdot j}^x)$ und $\sigma^2(Y_{\cdot j}^\tau)$.

In (3.8) und (5.8) wurde festgestellt, daß die Varianzen der x- und τ-normierten interindividuellen Beobachtungsvariablen $\sigma^2(Y_{\cdot j}^x) = K^2$ und $\sigma^2(Y_{\cdot j}^\tau) = K^2/\varrho_{jj}$ lauten. Substituiert man dagegen B_j in (2.15) durch die den x- und τ-Normierungen entsprechenden geschätzten Normierungsgrößen, so ergibt sich mit $V = \hat\sigma^2(X_{\cdot j})/\sigma^2(X_{\cdot j})$

$$\sigma^2(Y_{\cdot j}^{\hat x}) = \frac{K^2}{V} \qquad (9.9)$$

und

$$\sigma^2(Y_{\cdot j}^{\hat\tau}) = \frac{K^2}{V\,\varrho_{jj}} , \qquad (9.10)$$

wobei $(N-1)\,V$ bei normalverteiltem $X_{\cdot j}$ einer χ^2-Verteilung mit $N-1$ Freiheitsgraden folgt.

Aus der Sicht des Praktikers sind sowohl für $\sigma^2(e_{\cdot j}^{\hat x})$ und $\sigma^2(e_{\cdot j}^{\hat\tau})$ in (9.6) und (9.7), als auch für $\sigma^2(Y_{\cdot j}^{\hat x})$ und $\sigma^2(Y_{\cdot j}^{\hat\tau})$ in (9.9) und (9.10) Näherungslösungen der Art

$$\sigma^2(e_{\cdot j}^{\hat x}) \approx K^2\,(1 - \varrho_{jj}) \qquad \text{und} \qquad (9.11)$$

$$\sigma^2(e_{\cdot j}^{\hat\tau}) \approx K^2\,(\frac{1}{\varrho_{jj}} - 1) \qquad (9.12)$$

sowie

$$\sigma^2(Y_{\cdot j}^{\hat x}) \approx K^2 \qquad \text{und} \qquad (9.13)$$

$$\sigma^2(Y_{\cdot j}^{\hat\tau}) \approx \frac{K^2}{\varrho_{jj}} \qquad (9.14)$$

erstrebenswert.

Wie in den Fällen (8.8) und (8.9) muß auch hier darauf hingewiesen werden, daß die Güte der Näherungslösungen vom Stichprobenumfang N abhängt, auf dem die Schätzungen für die Normierungsgrößen basieren. Für die Wirksamkeit der Näherungslösungen (9.12) und (9.14) ist zusätzlich die Größe des Reliabilitätsparameters ϱ_{jj} entscheidend. Erschwerend kommt hinzu, daß die zur Verfügung stehenden Reliabilitätsinformationen ebenfalls nur Schätzwerte sind.

Abschließend soll der Umgang mit der x- und τ-Normierung an einem praktischen Beispiel aus der HAWIK-Diagnostik, das dem Buch „Psychometrische Einzelfalldiagnostik" (*Huber*, 1973, S. 137-139) entnommen wurde, demonstriert werden.

Dabei wird durchgehend angenommen, daß Näherungslösungen der Art $y_{ij}^{\hat{\tau}} \approx y_{ij}^{\tau}$, $\&(Y_{.j}^{\hat{\tau}}) \approx L$, $\sigma^2(Y_{.j}^{\hat{\tau}}) \approx K^2$ und $\sigma^2(e_{.j}^{\hat{\tau}}) \approx K^2(\frac{1}{\varrho_{jj}} - 1)$ akzeptabel sind.

10. Beispiel aus der HAWIK-Diagnostik

Volker B. wurde wegen Schulschwierigkeiten zur Beobachtung auf die Kinderstation einer Psychiatrischen Universitätsklinik überwiesen. Sowohl die Lehrer als auch die Eltern beklagten die außergewöhnlich schweren Konzentrationsstörungen des 7-jährigen Jungen, der bereits als Vierjähriger andernorts eine Spezialbehandlung für spastische Lähmungen und Bewegungsschäden erfahren hatte. Das EEG des Kindes, das mit Verdacht auf eine organische Hirnfunktionsstörung eingeliefert wurde, war unregelmäßig, lag aber noch im Bereich der Altersnorm.

Die Intelligenzuntersuchung wurde mit dem HAWIK (Hamburg-Wechsler-Intelligenztest für Kinder, 1966) durchgeführt. Sie ergab einen Gesamt-IQ von 105. Die Werte des Verbal- und Handlungs-IQ beliefen sich auf $y_{ij}^x = 91$ und $y_{ih}^x = 120$. Bevor jedoch die Diskrepanz zwischen dem Verbal- und Handlungs-IQ, die mit $y_{ij}^x - y_{ih}^x = -29$ auf ein massives Leistungsplus im Handlungsteil hinweist, im Rahmen eines übergeordneten Diagnosekonzepts interpretiert werden kann, muß die Reliabilität und die diagnostische Valenz des Testergebnisses abgesichert werden.

Wir betrachten zuerst die Reliabilitäten. Hierbei handelt es sich um Testhalbierungskoeffizienten, die nach der Spearman-Brown-Formel aus einer Stichprobe von N = 150 gewonnen wurden und im HAWIK-Handbuch (1966, Tab. 3) für die Altersgruppe der 7-jährigen mit 0.92 (Verbalteil) und 0.87 (Handlungsteil) angegeben werden. Gemessen an der Länge der 95%-Konfidenzintervalle KONF $\{0.89 \leqslant \varrho_{jj} \leqslant 0.94\}$ und KONF $\{0.82 \leqslant \varrho_{hh} \leqslant 0.90\}$ sehen wir die empirischen Zuverlässigkeitsangaben als brauchbare Näherungswerte an und schreiben für die Reliabilität des Verbalteils $\varrho_{jj} \approx 0.92$ und für jene des Handlungsteils $\varrho_{hh} \approx 0.87$.

Aus Abschnitt 4 wissen wir, daß bei x-normierten Testwerten die Nullhypothese $v_{ij}^x = v_{ih}^x$ nur dann der diagnostischen Fragestellung entspricht, wenn die

Reliabilitäten bzw. die spezifischen Gruppenfehlervarianzen gleich sind. Im vorliegenden Fall erhält man jedoch mit $K = 15$ für $\sigma^2(e_{\cdot j}^x) = K^2 (1 - \varrho_{jj}) = 18{,}00$ und für $\sigma^2(e_{\cdot h}^x) = K^2 (1 - \varrho_{hh}) = 29{,}25$, weshalb eine τ-Normierung angezeigt erscheint.

Die Umwandlung von x-normierten Testwerten in τ-normierte Werte erfolgt nach $y_{ij}^\tau = y_{ij}^x / \sqrt{\varrho_{jj}} + L (1 - 1/\sqrt{\varrho_{jj}})$, so daß mit $L = 100$ der τ-normierte Verbal-IQ $y_{ij}^\tau = 90{,}62$ und der τ-normierte Handlungs-IQ $y_{ih}^\tau = 121{,}44$ beträgt. Die zu beurteilende Differenz zwischen Verbal- und Handlungs-IQ beläuft sich nun auf $90{,}62 - 121{,}44 = -30{,}82$.

Unter dem Beurteilungsaspekt der Reliabilität wird eine Differenz zwischen τ-normierten Testwerten mit $\sigma^2(e_{\cdot j}^\tau) = K^2 (\frac{1}{\varrho_{jj}} - 1)$ und $\sigma^2(e_{\cdot h}^\tau) = K^2(\frac{1}{\varrho_{hh}} - 1)$ über

$$z = \frac{y_{ij}^\tau - y_{ih}^\tau}{\sqrt{\sigma^2(e_{\cdot j}^\tau) + \sigma^2(e_{\cdot h}^\tau)}} = \frac{y_{ij}^\tau - y_{ih}^\tau}{K\sqrt{\left(\frac{1}{\varrho_{jj}} - 1\right) + \left(\frac{1}{\varrho_{hh}} - 1\right)}} \qquad (10.1)$$

geprüft. Danach ergibt sich ein z-Wert von $z = -4{,}23$, der bei zweiseitiger Fragestellung hoch signifikant ist. Man kann daher mit gutem Grund davon ausgehen, daß die Differenz $-30{,}82$ auf einen reellen Unterschied zwischen v_{ij}^τ und v_{ih}^τ dieses Patienten hinweist.

Erst wenn die Reliabilität einer Testwertdifferenz nachgewiesen ist, erscheint es sinnvoll, ihre diagnostische Valenz zu untersuchen. Zu diesem Zweck berechnen wir mit $\sigma^2(Y_{\cdot j}^\tau) = K^2/\varrho_{jj}$, $\sigma^2(Y_{\cdot h}^\tau) = K^2/\varrho_{hh}$ und

$\sigma(Y_{\cdot j}^\tau, Y_{\cdot h}^\tau) = \varrho_{jh} K^2/\varrho_{jj} \cdot \varrho_{hh}$ die Prüfgröße

$$z = \frac{y_{ij}^\tau - y_{ih}^\tau}{\sqrt{\sigma^2(Y_{\cdot j}^\tau) + \sigma^2(Y_{\cdot h}^\tau) - 2\sigma(Y_{\cdot j}^\tau, Y_{\cdot h}^\tau)}}$$

$$= \frac{y_{ij}^\tau - y_{ih}^\tau}{K\sqrt{\frac{1}{\varrho_{jj}} + \frac{1}{\varrho_{hh}} - \frac{2\varrho_{jh}}{\varrho_{jj} \cdot \varrho_{hh}}}} \cdot \qquad (10.2)$$

Nach Tabelle 4 des HAWIK-Handbuchs (1966) beträgt die Korrelation zwischen dem Verbal- und dem Handlungsteil für die Altersgruppe von 7 Jahren 0.60. Leider ist die Präzision dieser Schätzung, die auf einem Stichprobenumfang von $N = 150$ basiert, höchst unbefriedigend; das 95%-Konfidenzintervall für den Interkorrelationsparameter ϱ_{jh} ist mit KONF $\{0.49 \leqslant \varrho_{jh} \leqslant 0.69\}$ zu lange. Wir schreiben daher nur mit Vorbehalten $\varrho_{jh} \approx 0.60$. Setzt man diesen

Wert mit den Reliabilitäten $\varrho_{jj} \approx 0.92$ und $\varrho_{hh} \approx 0.87$ in die Formel (10.2) ein, dann ergibt sich z = -2.40. Dieses Ergebnis bedeutet bei zweiseitiger Fragestellung, daß nur mehr 1,64% aller Probanden in der Eichpopulation der 7-jährigen eine Diskrepanz zwischen ihren τ-normierten Verbal- und Handlungs-IQs aufweisen, die dem Betrag nach größer als 30.82 sind.

Wir können somit feststellen, daß der bei unserem 7-jährigen Jungen beobachtete Leistungsschwerpunkt im Handlungsteil des HAWIK nicht nur unter dem Beurteilungsaspekt der Reliabilität statistisch gesichert ist, sondern darüber hinaus auch hinsichtlich seiner diagnostischen Valenz bedeutsam zu sein scheint. Das Ergebnis dieser Intelligenzuntersuchung stützt insofern den EEG-Befund, als sich aus der *Richtung* der Leistungsdifferenz keine Hinweise auf eine organisch bedingte Hirnfunktionsstörung ableiten lassen.

Literatur

Hardesty, Anne, & Priester, H. J. Handbuch für den Hamburg-Wechsler-Intelligenztest für Kinder (HAWIK), 3. Aufl. Hrsg. von *C. Bondy.* Bern: Huber, 1966.

Hathaway, S. R., & McKinley, J. C. MMPI Saarbrücken. Handbuch zur deutschen Ausgabe des Minnesota Multiphasic Personality Inventory. Bearbeitet von *O. Spreen.* Bern: Huber, 1963.

Huber, H. P. Psychometrische Einzelfalldiagnostik. Weinheim: Beltz, 1973.

Huber, H. P. Single-case analysis. *European Journal of Behavioural Analysis and Modification,* 1977, 2, 1-15.

Lienert, G. A. Testaufbau und Testkonstruktion, 3. Aufl. Weinheim: Beltz, 1969.

Lord, F. M., & Novick, M. R. Statistical theories of mental test scores. Massachusetts: Addison-Wesley Publishing Company, 1968.

Payne, R. W., & Jones, H. G. Statistics for the investigation of individual cases. *Journal of clinical Psychology,* 1957, *13,* 115-121.

Wechsler, D. Die Messung der Intelligenz Erwachsener. Testband zum Hamburg-Wechsler-Intelligenztest für Erwachsene (HAWIE). Deutsche Bearbeitung von *Anne Hardesty & H. Lauber,* 2. Aufl. Bern: Huber, 1961.

Norm- versus kriterienorientierte Diagnostik

Brigitte Rollett

1. Einleitung

In der diagnostischen Forschung wird seit Beginn der 60er Jahre ein neuer testtheoretischer Ansatz diskutiert: Es handelt sich um die sogenannten kriteriumsbezogenen Meßverfahren (vgl. *Ebel*, 1962; *Glaser*, 1963; *Glaser & Klaus*, 1962; *Klauer*, 1972; *Fricke*, 1974). Grundlegend war die Erkenntnis, daß man in der Diagnostik zwei Typen von Informationen unterscheiden muß: Einmal wird das Verhalten des Probanden mit einem durch eine Vergleichspopulation bestimmten Standard verglichen, im anderen Fall stellt der interessierende Verhaltensbereich das Kriterium, an dem die Reaktionen des Individuums gemessen werden: „A criterion-referenced test is one that is deliberately constructed to yield measurements that are directly interpretable in terms of specified performance standards" (*Glaser & Nitko*, 1971, S. 653).

Im ersten Fall handelt es sich um ein *normbezogenes Verfahren* der Informationsgewinnung. Alle nach der klassischen Testtheorie konstruierten Prüfverfahren sind diesem Ansatz zuzuordnen. Der Mittelwert der Eichpopulation bildet die Norm, mit der die Einzelleistung verglichen wird. Im Idealfall eines vollständig reliablen Tests und einer fehlerfreien Messung bedeutet dann z.B. ein Gesamt-IQ im HAWIK von 90, daß 25% der Vergleichspopulation ein schlechteres Ergebnis erzielen als der Proband, und weitere 25% zwischen seinem und dem durchschnittlichen IQ liegen.

Ziel der normorientierten Messung ist es, den Probanden möglichst genau in die Referenzpopulation einzuordnen, für die der Test entwickelt wurde. Dieser Absicht muß sich auch die Auswahl der Aufgaben unterordnen. Es ist unwesentlich ob der zu erfassende inhaltliche Bereich angemessen in den Testaufgaben zur Geltung kommt, etwa in dem Sinn, daß die Testaufgaben eine repräsentative Stichprobe der Aufgaben des Inhaltsbereiches darstellen, wenn nur die statistischen Anforderungen, die vom normorientierten Testkonzept vorgegeben sind, erfüllt sind: Aufnahme vieler mittelschwerer Aufgaben, um die Reliabilität zu maximieren, Normalverteilung der Werte und anderes mehr. Daß die Parameter der Eichpopulation die Vergleichsnorm bilden, hat für die Einzelfalldiagnostik den Vorteil, Testergebnisse desselben Probanden bei verschiedenen Testteilen miteinander vergleichen zu können, wenn eine geeignete Normierung vorgenommen wird. Leistungsunterschiede können dann zufallskritisch abgesichert und interpretiert werden. (Eine ausführliche Darstellung des normbezogenen Konzeptes und die Entwicklung von Anwendungsmöglichkeiten in der Einzelfalldiagnostik bringt der Beitrag von *Huber* in diesem Band).

Im Gegensatz dazu steht beim *kriteriumsorientierten Ansatz* der zu untersuchende Aufgabenbereich (auch als „Aufgabenuniversum" oder „Aufgabendo-
mäne" bezeichnet) im Zentrum des Interesses. Er soll, auch was die Verteilung
der Schwierigkeiten betrifft, möglichst getreu in dem Prüfverfahren wider-
gespiegelt werden. Die Einzelitems des Prüfverfahrens müssen daher eine repräsentative Stichprobe aus dem Aufgabenuniversum darstellen. Die Schwierigkeit
der Einzelaufgaben soll dabei nicht relativ zu einer Eichpopulation, sondern
nach Absolutmaßstäben bestimmt werden. Um ein Bild zu gebrauchen: Eine
Höhe von 1,80 m ist absolut gesehen schwieriger zu überspringen als eine Höhe
von 1,50 m. Ziel der kriteriumsbezogenen Diagnostik ist es, Auskunft darüber zu
erhalten, welchen Kompetenzgrad der Proband in Bezug auf einen bestimmten
Aufgabentypus hat, gleichgültig, ob und wie viele Personen eine ähnliche Kompetenz besitzen. Entsprechend sind die Meßmodelle zu wählen. Das klassische
Konzept der Testkonstruktion ist für diesen Zweck wenig geeignet.

Wenn beispielsweise eine Generation von Kindern durch zusätzliche Lernan-
reize ihre Leistungen in einem bestimmten Aufgabenbereich entscheidend verbessern kann (sogenannter Kohorteneffekt), ist die praktische Konsequenz für
den Testkonstrukteur, daß er seinen Test neu normieren muß, um ihn den veränderten Verhältnissen anzupassen. So können wir heute bei Testaufgaben vom
Typus „Figuren legen" feststellen, daß (wohl durch die vielen auf dem Markt an-
gebotenen Puzzles) eine Verbesserung der durchschnittlichen Leistung von Kindern festzustellen ist. Der Schluß, daß Kinder heute „intelligenter" geworden
sind, bedeutet, daß man die normorientierte Betrachtung verlassen und sich der
kriterienorientierten Interpretation zugewandt hat: Vergleichsmaßstab ist nun
ein auf den Inhaltsbereich bezogener Absolutmaßstab, auf dem Aufgaben nach
immanenten Gesichtspunkten auf einer Schwierigkeitsskala eingeordnet werden
können.

Ohne Frage stellt eine derartige Absolutskalierung von Aufgaben eines Inhaltsbereiches eine wünschenswerte Voraussetzung für Diagnosen im Einzelfall dar. In
der Praxis der Konstruktion von Testverfahren ist sie jedoch mit erheblichen
Schwierigkeiten verbunden. Die Bestimmung der inhaltlichen Gültigkeit von Testaufgaben hat daher im Bereich der kriterienbezogenen Meßverfahren ein wesentlich größeres Gewicht als in der klassischen Testtheorie.

Einen wesentlichen Anstoß zur Präzision der den beiden Konzepten zugrunde
liegenden Voraussetzungen bildete das Plädoyer von *Cronbach & Gleser* (1965)
für die Berücksichtigung des Entscheidungscharakters der diagnostischen Informationsgewinnung. Handelt es sich um Entscheidungssituationen vom Typus der
Zuweisung zu einer bestimmten Behandlung aufgrund eines diagnostizierten IST-
Zustandes (Grundrate, Baseline), d.h. um Plazierungsentscheidungen, dann sind
kriterienbezogene Meßverfahren erforderlich. Ist das Ziel der Diagnose eine Selektion der Probanden, dann ist die Verteilung des Merkmals in der Population
der zu seligierenden Personen von größerem Interesse. In sehr vielen praktischen
Situationen wird der Diagnostiker beide Typen von Informationen benötigen.

Ein Beispiel: Für die Zulassung zum Mathematikstudium kann die Selektion zunächst danach erfolgen, daß der Kandidat z.B. zu den besten 10% seines Altersjahrganges, gemessen mit einem standardisierten Leistungstest für Mathematik, gehört, gleichgültig, ob es sich um einen eher „guten" oder um einen „schlechten" Jahrgang handelt; für eine sinnvolle Studienberatung desselben Studenten ist jedoch eine kriteriumsorientierte Analyse seines objektiven Kompetenzstandes unerläßlich, um etwa zusätzliche Studieneinheiten zum Auffangen von Defiziten empfehlen zu können.

Aus dem Beispiel wird deutlich, daß das Ziel, mit dem ein Verfahren eingesetzt werden soll, bestimmt, welches Meßmodell gewählt werden sollte, um der norm- oder kriterienbezogenen Absicht des Diagnostikers möglichst gut zu entsprechen. Prinzipiell ist es möglich, mit einem auf der Grundlage der klassischen Testtheorie entwickelten, d.h. normbezogenen Test, auch Plazierungsentscheidungen zu treffen, sowie es umgekehrt nicht ausgeschlossen ist, mit einem kriteriumsorientiert konstruierten Verfahren Selektionsentscheidungen zu treffen. Wenn man so vorgeht, gibt man allerdings die spezifischen Vorteile auf, die das jeweils angemessene Konzept für den infrage stehenden Entscheidungstypus bietet.

2. Kriteriumsorientierte Diagnostik und die neueren Persönlichkeitstheorien

Die Entwicklung der kriteriumsbezogenen Diagnostik ist im Zusammenhang mit der durch *Mischel* (1968; 1973) initiierten Abkehr vom dispositionstheoretischen Konzept in der Persönlichkeitsforschung zu sehen. Ausgangspunkt der Überlegungen war die Feststellung, daß in der Regel nur sehr geringe Korrelationen zwischen Fragebogentestergebnissen über Persönlichkeitseigenschaften wie Extraversion/Introversion, Aggressivität, Ängstlichkeit und anderen mehr und aktuellem Verhalten einer Person bestehen.

Der Glaube an die Existenz überdauernder Persönlichkeitseigenschaften wurde auch durch Beobachtungen über die zum Teil massiven Einflüsse der jeweiligen Situation auf das Verhalten erschüttert, wie sie systematisch von *Skinner* aufgrund seiner Lerntheorie (1953; 1957) formuliert wurden. Der Ansatz führte zur Entwicklung des Situationismus (vgl. z.B. *Farber*, 1964), einer Forschungsrichtung, die als direkter Vorläufer der Ökopsychologie oder Umweltpsychologie (*Proshansky*, 1976; *Kaminski*, 1976; *Huber & Mandl*, 1977) anzusehen ist. Sowohl der dispositionstheoretische wie der situationistische Standpunkt wurden von Theoretikern kritisiert, die eine Interaktion von Disposition beim Zustandekommen des Verhaltens postulierten. Am bekanntesten ist die Kritik *Bowers* (1973) am Situationismus (vgl. auch *Alker*, 1972; *Bem*, 1972). In seinen neueren Arbeiten hat *Mischel* sich eher einem interaktionistischen Konzept zugewandt (*Mischel*, 1973). Einen konsistenten interaktionistischen Ansatz entwickelten *Endler & Magnusson* in ihrer Persönlichkeitstheorie (1975).

Die Folgerungen aus dieser Kontroverse sind klar: Wenn Verhaltensunterschiede nicht bzw. nicht nur durch unterschiedliche Ausprägungen zeitlich relativ überdauernder Dispositionen zu erklären sind, dann benötigt man eine Theorie der relevanten Umweltreize. Es muß möglich sein, Taxonomien von Reizen oder Reizmustern (Situationen) zu entwickeln, wobei die für den Verhaltenswissenschaftler interessante Information in der Angabe besteht, mit welcher Wahrscheinlichkeit eine bestimmte Reizklasse ein zugeordnetes Verhalten auszulösen vermag (situationistische Formulierung) bzw. welche Varianzanteile in einer Verhaltenssequenz durch zugeordnete Dispositionen und welche durch Merkmale der Reizsituation bzw. ihre Interaktion zu erklären sind. Eine kriteriumsorientierte Meßtheorie stellt die unerläßliche Voraussetzung beider Konzepte dar.

Die oben kurz skizzierte Entwicklung der Persönlichkeitsforschung ist dafür verantwortlich, daß wir derzeit erheblich mehr über die Personseite als über die Reizseite wissen. Die traditionelle psychologische Diagnostik ist dementsprechend so gut wie ausschließlich dem eigenschaftstheoretischen Ansatz verpflichtet (zur Kritik der gegenwärtigen Diagnostik s. *Pawlik,* 1976): Diagnostik ist in der Regel gleichzusetzen mit normorientierter Diagnostik. Für den Praktiker, der im Rahmen seiner Arbeit kriterienbezogene Informationen benötigt, bedeutet dies, daß er seine Verfahren selbst konstruieren muß, und dies angesichts der Tatsache, daß Theorien über verhaltensrelevante Reizkategorien noch kaum existieren. Die Gefahr, daß an die Stelle wissenschaftlich abgesicherter Theorien implizite Persönlichkeitstheorien, wie sie z.B. *Hofer* für den eigenschaftstheoretischen Ansatz beschrieben hat (*Hofer,* 1970; vgl. auch *Kelly,* 1955), treten, ist besonders groß. Was der Praktiker aus interaktionistischen diagnostischen Ansätzen, wie z.B. der *Verhaltensanalyse* (vgl. *Kanfer & Saslow,* 1965, 1969; *Schulte,* 1974, 1976) macht, sind leider oft nur Grobklassifikationen der Klienten als „operante" oder „respondente" Personen. Ähnlich unbefriedigend sind die in der Praxis der Verhaltenstherapie gebräuchlichen Verhaltensinventare, wenn man bedenkt, daß sie einer kriteriumsorientierten Gütemaßstäben entsprechenden Diagnostik dienen sollen. Ungeprüft werden Verhaltensbeschreibungen nebeneinandergestellt, die meist wenig mehr miteinander zu tun haben, als daß sie den impliziten Verhaltenstheorien des Autors entsprechen. Ein Beispiel, das für viele stehen kann: Was alles als „Bestrafung" oder „Belohnung" deklariert wird, entspringt in der Regel nicht einer geordneten Theorie, sondern einer Sammlung von — möglicherweise — bestrafend oder belohnend wirkenden Verhaltenskonsequenzen, deren Bezeichnung meist noch dazu verschiedenen Generalisierungsebenen entspringt: „Eine Zigarette rauchen" neben „gelobt werden", „ein Kleidungsstück kaufen", „Ausgehen" und anderes mehr. Die einzige Form von Ordnung, die im konkreten Fall versucht wird, besteht darin, den Klienten zu bitten, die für ihn zutreffenden Items anzustreichen und eventuell zu gewichten, d.h., man verwendet die impliziten Theorien des Klienten als Klassifikationsprinzip. Es überrascht mit, daß Ergebnisse aus derartigen Interventionen kaum miteinander vergleichbar sind. Auch wenn die Verhaltensinventare in schriftlicher Form vorliegen, handelt es sich um nichts anderes als um ad-hoc-Klassifikationen.

Besondere Probleme wirft dies bei Einzelfalluntersuchungen auf, wie sie in der therapeutischen Praxis die Regel sind, da z.B. Prognosen nur möglich sind, wenn wenigstens Informationen darüber vorhanden sind, welche Verhaltensweisen eine gemeinsame Variable ausmachen und welche nicht. Ist z.B. ein Klient als symptomfrei zu betrachten, wenn er zwanghaftes Händewaschen dadurch ersetzt, daß er, statt sich 20 bis 30 mal täglich die Hände zu waschen, dies nur einmal tut, dafür aber stundenlang bei dieser Tätigkeit verharrt? Welche Angstreaktionen gehören in eine Verhaltensklasse und können zusammen behandelt werden und welche nicht? Das sind Fragen, die andeuten, daß wir von einer praktischen Anforderungen genügenden kriterienorientierten Diagnostik noch weit entfernt sind. (Zum Problem der Vermittlung zwischen subjektiven und wissenschaftlichen Verhaltenstheorien vgl. *Weinert, 1977*). Dementsprechend betonen die Propagatoren der kriterienorientierten Diagnostik übereinstimmend die Bedeutung der Inhaltsvalidität für die kriteriumsbezogenen Meßverfahren: Da inhaltliche Theorien in diesem Bereich noch spärlich sind, muß der Forscher wenigstens die Maßstäbe offenlegen, nach denen er die von ihm beschriebenen Verhaltensbereiche definiert und die für die diagnostische Überprüfung benutzte Verhaltensstichprobe gezogen hat. Wegen der Wichtigkeit dieser Fragestellung sind eine Reihe von Verfahren vorgeschlagen worden, um die inhaltliche Gültigkeit eines kriterienbezogenen Verfahrens zu sichern.

3. Inhaltliche Validität und Aufgabenkonstruktion

Die kriterienbezogene Testkonstruktion befindet sich heute in einem Entwicklungsstadium, wie es im Rahmen der normbezogenen Testentwicklung zu Beginn dieses Jahrhunderts der Fall war, was Fragen der Inhaltsvalidität betrifft: Man kennt die relevanten Aufgabendomänen noch zu wenig, um auf gesicherte Ergebnisse zurückgreifen zu können. Der Testkonstrukteur (unter Test soll hier jedes Verfahren verstanden werden, mit dessen Hilfe Diagnosen im Rahmen eines Meßmodells gewonnen werden) wird daher in vielen Fällen nach Prinzipien arbeiten müssen, wie sie *Cooley & Lohnes* (1971) als charakteristisch für die Datenanalyse beschrieben haben; er muß nach heuristischen Verfahren vorgehen und in der Regel verschiedene Verfahren kombinieren, um die Eigenschaften der von ihm angesteuerten Grundgesamtheit an Aufgaben kennenzulernen. In unseren eigenen Untersuchungen haben wir aus eben diesem Grund uns nicht allein auf kriterienbezogene Verfahren beschränkt, wenn es darum ging, ein Aufgabenuniversum abzustecken und in seiner Feinstruktur zu studieren, sondern haben, wo die Voraussetzungen gegeben waren, klassische Analyseverfahren und kriterienbezogene Techniken kombiniert (*Rollett & Bartram, 1977*). Bei der Anwendung eines Tests ist es z.B. durchaus interessant, zu wissen, ob die Aufgaben, die man zur Repräsentation des Universums ausgewählt hat, bei der Administration in einer Normpopulation auch klassischen Gütemaßstäben entsprechen würden oder nicht.

Im allgemeinen gibt es zwei Wege, um die Definition des Aufgabenuniversums durchzuführen: Sie geschieht entweder auf *empirische* Weise, indem man bestimmte, mit Hilfe zufallskritisch überprüfbarer Meßverfahren erhebbare Eigenschaften der zu einer Domäne gehörenden Aufgaben festlegt; wenn man so will, ist dies der Weg des Datenanalytikers, der, wenn auch theoriegeleitet, im wesentlichen heuristisch vorgeht. Im klassischen Testkonzept bedeutet z.B. die Forderung nach faktorreinen Tests, daß man alle jene Aufgaben aussortiert, die dieser Forderung nicht entsprechen; im kriterienbezogenen Meßkonzept wäre ein analoges Vorgehen im Eliminieren von Aufgaben zu sehen, die z.B. den Homogenitätsanforderungen des Rasch-Modells nicht genügen.

Die zweite Möglichkeit, Erkenntnisse über das Aufgabenuniversum zu erlangen, besteht auf *theoretischem* Wege. Bestimmt man beispielsweise die Gültigkeit eines Verfahrens, indem man das zu messende Konstrukt theoretisch festlegt (Konstruktvalidität), dann genügt es, die Begriffe und Verknüpfungsregeln, die den Konstruktraum ausmachen, zu definieren und Zuordnungsregeln für die zu erfassenden Verhaltensbereiche anzugeben. Ein Beispiel wäre etwa die Forderung, daß Items, die dem Teilkonstrukt „Furcht vor Mißerfolg" des Konstruktes Leistungsmotivation angehören, den Bereich der Items, die zum Teilkonstrukt „Hoffnung auf Erfolg" zählen, nicht überlappen dürfen: Nach der Theorie müssen sie sich gegenseitig ausschließen.

Auch die Bestimmung der inhaltlichen Validität ist nichts anderes als eine theoretische Form der Aufgabenidentifikation hinsichtlich des Universums, zu dem sie gehören: Aufgrund sachlogischer Überlegungen wird der Bereich und die ihn repräsentierenden Aufgaben festgelegt. *Lienert* (1961, S. 17) gibt dafür das treffende Beispiel, daß per Definition eine Schreibprobe inhaltlich valide für den Aufgabenbereich „Maschine schreiben können" ist.

In der Praxis der Testkonstruktion wird man beide Wege der Erkenntnisgewinnung über die Beschaffenheit eines Aufgabenuniversums beschreiten müssen: Man wird zunächst klare theoretische Vorstellungen entwickeln, wobei selbstverständlich bisher gewonnene Resultate, die in der Literatur berichtet werden, einbezogen werden; man wird anschließend versuchen, sie empirisch abzusichern.

Gerade hinsichtlich der letzteren Bedingung wird gegenwärtig bei den auf dem Markt befindlichen Tests häufig gesündigt: In der überwiegenden Mehrzahl der Fälle begnügt man sich mit der schlichten Behauptung, daß der Test valide sei, da man für ihn inhaltliche Gültigkeit in Anspruch nehmen könne (vgl. *Brickenkamp*, 1975). Aber selbst wenn es − zumindest dem Testkonstrukteur − plausibel ist, daß die Items seines Tests inhaltlich valide sind, so ist damit noch nicht gesagt, daß auch die Gesamtheit der möglichen Items zureichend repräsentiert wird.

Wegen der Bedeutung der Inhaltsvalidität für die Konstruktion kriteriumsbezogener Verfahren sind daher eine Reihe von Methoden entwickelt worden, um den Prozeß der Bestimmung des Aufgabenpools rationaler zu gestalten.

3.1 Die operationale Definition des Kriteriums nach Mager

Es ist symptomatisch, daß es einem Außenseiter vorbehalten blieb, eine praktikable Methode der Kriteriumsbeschreibung zu entwickeln. Die von dem Industrieberater R. F. Mager stammende Methode der Operationalisierung von Lehrzielen (= Kriterien) hat sich in der Praxis außerordentlich gut bewährt.

Bei der Definition eines Universums sind folgende Voraussetzungen zu beachten:

(1) Das Endverhalten eines Probanden, der dem Kriterium entspricht, soll genau beschrieben werden, und zwar in Form von offenem, beobachtbarem Verhalten. Es muß eine klare Aussage darüber möglich werden, was jemand in diesem Fall *tut*. Die Bestimmung aus dem Werteinstellungs-Test von *Allport u.a.* „Manchmal kann man dem ökonomischen Menschen nachsagen, aus der Anbetung Mammons Religion zu machen" (1960, S. 7) stellt z.B. in dieser Form kein operationalisiertes Kriterium dar. Es ist auch recht fraglich, ob es sich bei Aufspaltung in Feinziele operationalisieren läßt: Wie verhält sich jemand, der „aus der Anbetung des Mammons Religion macht"? Es dürfte äußerst schwierig sein, darauf eine befriedigende Antwort zu geben. Ein Beispiel für einen operationalisierbaren Kriterienbereich wäre dagegen „Angst vor Hunden" (ein Item könnte etwa sein: „Der Proband weigert sich, einen Bus zu betreten, in dem sich ein Hund befindet" und anderes mehr).

(2) Die Randbedingungen, unter denen das Kriterienverhalten gezeigt wird, müssen genau festgelegt werden. So könnte z.B. präzisiert werden, daß der Klient sich weigert, den Bus zu betreten, auch wenn er dann dabei einen wichtigen Termin versäumen würde; es kann die Zeit angegeben werden, die er bereit ist, Widerstand zu leisten, wenn versucht wird, ihn durch gutes Zureden zum Betreten des Busses zu bewegen, und anderes mehr.

(3) Es muß ein Beurteilungsmaßstab angegeben werden, der klar erkennen läßt, ob ein Proband das Verhalten zeigt oder nicht (näheres dazu s. unten).

Am besten eignet sich das Verfahren für den Bereich, für den es ursprünglich entwickelt wurde, nämlich die Definition von Lehrzielen. Wie das Beispiel zeigt, läßt sich das Verfahren jedoch ohne weiteres auch auf andere Bereiche übertragen. Mit dem *Mager*schen Verfahren ist das Problem der Zuordnung von verbalen Itemformulierungen zu dem zu testenden Verhalten gelöst, nicht jedoch die Frage der Entscheidung, ob Items zu demselben Universum gehören oder nicht. Hierfür sind andere Verfahren zuständig.

3.2 Das Verfahren von Tyler

Auch hierbei handelt es sich um ein Verfahren, das zunächst für die Entwicklung von lehrzielorientierten Tests bereitgestellt wurde. *Schott* (1973) hat den Ansatz auf therapeutische Diagnosen erweitert. Das Verfahren dient der Präzision des Verhältnisses des Inhalts- und Verhaltensaspektes, der in einem Item zur Geltung kommt. Ein Beispiel soll dies verdeutlichen (aus *Schott*, l.c.).

| | | Verhaltensaspekt A. Annäherungsverhalten | | | | | |
		auf 5 m nähern A_1	auf 2 m nähern A_2	auf 1 m nähern A_3	Hand hinstrecken (1cm Abstand) A_4	kurz berühren A_5	2 sec lang anfassen A_6
Inhaltsaspekt / 1. Schlangen	1.1 Schlangenbilder						
	1.2 Schlangen aus Plastik						
	1.3 Ausgestopfte Schlangen						
	1.4 Lebende Schlangen						

Abb. 7. Beispiel für eine *Tyler*-Matrix (aus *Schott*, 1973).

3.3 Verhaltenstaxonomien

Für den pädagogischen Bereich wurden eine Reihe von Taxonomien entwickelt, die eine Richtschnur für die Zusammenstellung von zu einem Bereich gehörenden Aufgaben darstellen können. (Eine ausführliche Darstellung der wichtigsten Taxonomien und einige Anwendungen bringt *Herbig*, 1976, S. 100 ff.) Am bekanntesten sind die *Bloom*schen Taxonomien (*Bloom*, 1956, *Krathwohl*, *Bloom & Masia*, 1964 und *Dave*, 1968):

Kognitiver Bereich	*Affektiver Bereich*	*Psychomotorischer Bereich*
1. Wissen	1. Aufnehmen	1. Imitation
2. Verstehen	2. Reagieren	2. Manipulation
3. Anwendung	3. Bewerten	3. Präzision
4. Analyse	4. Organisation	4. Handlungsgliederung
5. Synthese	5. Bestimmtsein durch	5. Naturalisierung
6. Bewertung	einen Wert oder	
	Wertkomplex	

3.4 Hierarchisierung als Prinzip der Aufgabenkonstruktion

Eine weitere Strukturierung des Aufgabenuniversums ist möglich, indem man eine Hierarchisierung des Bereichs vom Einfachen zum Komplexen vornimmt. Zumindest dem Prinzip nach hat die Methode den Vorteil, daß komplexe Aufgaben nicht, wie dies beim faktorenanalytischen Konzept oder bei der *Rasch*skalierung der Fall ist, einfach ausgeschieden werden. Am besten hat sich die Taxonomie der Lernformen von *Gagné* (1965) eingeführt, obwohl ihre praktische Anwendung zu Problemen führt, da vorausgesetzt wird, daß der Weg immer vom Einfachen zum Komplexen gehen muß. Prozesse, wie sie beim Spracherwerb beobachtet werden, wobei komplexe Systeme erst allmählich ausdifferenziert und elementarisiert werden, können mit Hilfe dieses Ansatzes nicht beschrieben werden. Ein weiterer gravierender Einwand kommt von Seiten der Empirie: Die von *Gagné* postulierten Stufen (1. Signallernen; 2. Reiz-Reaktionslernen; 3. Kettenbildung; 4. Sprachliche Assoziationen; 5. multiple Diskriminationen; 6. Begriffslernen; 7. Regellernen; 8. Problemlösen) lassen sich empirisch in der Regel nicht nachweisen (vgl. *Rollett & Bartram,* 1973 und *Kaul,* 1975).

3.5 Das Verfahren der generativen Regeln

Wie oben ausgeführt, besteht ein Problem darin, das Aufgabenuniversum mit den Items zu verknüpfen. Eine engere Bindung der Aufgaben an die Domäne ist möglich, wenn generative Regeln entwickelt werden, mit deren Hilfe Testaufgaben eindeutig konstruiert werden können (*Hiveley, Patterson & Page,* 1968; *Osburn,* 1968 und *Bormuth,* 1970; *Brennan,* 1973). Tests werden mit Hilfe von sogenannten Itemmustern zusammengestellt. Der Test „Zahlenreihen" im Intelligenzstrukturtest von Amthauer besteht z.B. aus Itemmustern, nach denen sich eine ganze Reihe weiterer Aufgaben konstruieren ließen (das Muster „a^2; a^3" führt z.B. zu folgenden Items: 1,1; 4,8; 9, ⍰; oder: 16,64; 25,125; 36, ⍰ usw.). Selbstverständlich ist die Voraussetzung, daß es sich um ein Universum handelt, das regelhaft konstruiert ist.

4. Definition des Aufgabenuniversums und der Teilaufgaben durch Beurteilerratings

Immer dann, wenn es sich um sehr wenig erforschte Gebiete handelt, kann man auf Beurteilerratings zur Bestimmung des Testuniversums und der Einzelaufgaben zurückgreifen. Dieses Vorgehen ist immer noch der Bestimmung der Inhaltsgültigkeit durch einfache Entscheidung des Testautors vorzuziehen. *Fricke* hat für den kriterienbezogenen Fall einen inzwischen gut eingeführten Koeffizienten, den Ü-Koeffizienten, entwickelt, der sich für eine Reihe von Aufgaben im Rahmen der kriterienorientierten Testkonstruktion bewährt hat (*Fricke*, 1972).

Vorgehen bei der Zuordnung von *Einzelitems* zu einem Bereich (vgl. *Herbig*, 1976): Ein Item wird mehreren Experten zur Beurteilung vorgelegt, ob es zu einem Bereich gehört (erwünschte Zuordnung, =r) oder nicht (andere Zuordnung, =f); es ist dann:

$$\ddot{U}_{val_I} = \left(\frac{r-f}{r+f}\right)^2 \quad \text{für } r \geqslant f.$$

Die Signifikanzprüfung erfolgt über Chi^2. Signifikant unterschiedlich eingestufte Items werden ausgeschieden.

$$Chi^2 = \frac{4rf}{r+f} \qquad df = r+f-1$$

Wird das Item dem Bereich übereinstimmend zugeordnet, nimmt $\ddot{U}_{val_I}$ den Wert 1 an; sind gleich viele „richtige" wie „falsche" Zuordnungen zu verzeichnen, dann wird $\ddot{U}_{val_I} = 0$.

Beurteilung des *Gesamttests:*

$$\ddot{U}_{val_T} = \frac{\sum_{i=1}^{N} (r_i - f_i)^2}{Nk^2}$$

k = Anzahl der Experten
N = Anzahl der zu beurteilenden Items

Signifikanzprüfung: $Chi^2 = \frac{N^2 k}{N-1} (1-\ddot{U})$

$$df = N(k-1)$$

Für den in der Praxis häufigen Fall, daß kein geprüftes Testverfahren zur Verfügung steht, stellen die hier aufgeführten Methoden Möglichkeiten dar, einige Informationen über die erhobenen Daten zu gewinnen. (Ausführlich werden Methoden der Itemanalyse und kriteriumsbezogenen Bestimmung der Objektivität und Reliabilität bei *Fricke* (1974) und *Herbig* (1976) dargestellt.

Falls nur zu entscheiden ist, ob bezüglich der untersuchten Verhaltensweisen Unterschiede in der Verteilung der Beobachtungswerte bestehen, geschieht dies am besten mit Hilfe verteilungsfreier Verfahren (s. *Lienert*, 1963; *Siegel*, 1956). Bei Einzelfallstudien ist „N" dann die Anzahl der Beobachtungen pro Verhaltensvariable. Sie muß bei jeder untersuchten Variable gleich groß sein (eine Übersicht gibt Abb. 8).

Skalenniveau	Anzahl der Beobachtungsreihen	
	2	3 und mehr
Nominal	Mc Nemar-Test	Q-Test nach Cochran
Ordinal	Wilcoxon-Test	Zweiweg-Varianzanalyse nach Friedman

Abb. 8. Beispiele für nichtparametrische Auswertungsverfahren.

4.1 Meßmodell und Beurteilungsfehler

Man versteht unter „Messen" im Anschluß an *Lord & Novick* (1968, S. 17) das Zuordnen von Zahlen (die in ihrer Gesamtheit dann das sogenannte numerische Relativ bilden) zu definierten Merkmalen der Untersuchungseinheit (-en) (dem empirischen Relativ), wobei die Verknüpfungsregeln, denen das numerische Relativ gehorcht, so gewählt werden sollen, daß sie die möglichen Operationen im empirischen Relativ abbilden. Sie werden durch die Wahl eines Meßmodells präzisiert.

Für kriteriumsorientierte Messungen haben sich vor allem die folgenden Modelle bewährt: Binomiale Modelle, so z.B. das Einfehlermodell von *Klauer* (1972) und das Zweifehlermodell von *Emrick & Adams* (1969); das logistische Meßmodell nach *Rasch* (1960; vgl. auch *Fischer* 1973, 1977; *Fricke* 1972; *Spada* 1977).

Der einfachste Fall einer Beurteilung von Meßergebnissen im Rahmen praktischer Entscheidungen liegt vor, wenn nur zwei Ergebnisse interessieren: Das vorher festgelegte Kriterium (z.B.: „Ein enuretisches Kind soll fähig sein, nach Abschluß der Behandlung seine Blase fast immer zu beherrschen; als Erfolgswahrscheinlichkeit, die in der Therapie angestrebt wird, wird p = 95% festgelegt") wird *erreicht* (= +) oder es wird nicht erreicht (= −). Für die Praxis bedeutet dies, daß ein kritischer Punktwert definiert werden muß, der mindestens gegeben sein muß, um von einem Erfolg sprechen zu können.

Zwei falsche Entscheidungen sind dabei möglich: Nichtkönner werden fälschlich für Könner gehalten (Fehler erster Art, α-Fehler) oder erfolgreich Behandelte werden fälschlich als Nichtkönner klassifiziert (Fehler zweiter Art, β-Fehler).

Ein Meßmodell muß die Abschätzung des α-und β-Fehlers gestatten. Je kleiner die Wahrscheinlichkeit für einen α-und β-Fehler, desto höher ist die Zuverlässigkeit der Messung. Die Wahrscheinlichkeit der Beurteilungsfehler ändert sich mit der Wahl des kritischen Punktwertes.

Tabelle 5. Beurteilungsfehler bei zweistufigen Entscheidungen.

		Der Zustand wird *diagnostiziert* als	
		+	−
		Wahrscheinlichkeit für eine:	
Der Klient befindet sich *tatsächlich* im Zustand	+	richtige Entscheidung $= 1 - \alpha$	falsche Entscheidung $= \alpha$
	−	falsche Entscheidung $= \beta$	richtige Entscheidung $= 1 - \beta$

Will man nicht nur die einfache Entscheidung treffen, ob das Therapieziel erreicht ist oder nicht, sondern außerdem noch den Abstand zum Therapieziel (= kritischer Punktwert) angeben, so handelt es sich um eine mehrstufige Beurteilung.

4.2 Ein Beispiel für ein binomiales Beurteilungsmodell: Das Einfehlermodell von Klauer

Ein Vorschlag, bei kriterienbezogenen Messungen das Binomialmodell zugrunde zu legen, geht auf *Klauer* zurück (1972, S. 161 ff.). Es hat sich in der Praxis gut eingeführt, vor allem, weil durch die Entwicklung von geeigneten Ablesetafeln (vgl. *Fricke,* 1974 und *Herbig,* 1976) die Anwendung problemlos ist. Das Vorgehen soll hier kurz dargestellt werden. Wir gehen davon aus, daß der interessierende Verhaltensbereich bereits festgelegt und die Aufgaben ausgewählt sind. Das Prüfverfahren könnte z.B. in Form eines lehrzielorientierten Tests vorliegen, oder es könnte sich um eine Serie von Beobachtungen in einer für den Klienten kritischen Reizsituation handeln.

Als erster Schritt wird festgelegt, welche Lösungswahrscheinlichkeit für zureichend erachtet wird, um einen Klienten als „Könner" einzustufen. Diese wird als p_z bezeichnet. Unsere Nullhypothese lautet dann:

H_0: Die Erfolgswahrscheinlichkeit p des zu testenden Klienten ist gleich oder größer als p_z.

H_1 lautet entsprechend: $p < p_z$.

Für die Signifikanzprüfung wird jene Binomialverteilung ausgewählt, die durch die Testlänge (Länge der Beobachtungsserie) N und p_z definiert ist.

Ein praktisches Beispiel: Es handle sich um einen Klienten mit dem Zwangssymptom, sich nach jedem Händeschütteln die Hände waschen zu müssen. Das Beobachtungsintervall soll 20 Ereignisse umfassen. Zunächst wird festgestellt, daß der Klient bei 20 Anlässen nur zweimal auf das Händewaschen verzichtet. Angestrebt wird ein p_z von 95%. (Im allgemeinen ist dies eine Erfolgswahrscheinlichkeit, die für praktische Zwecke bei weitem ausreicht, um zu erreichen, daß ein Klient sich selbst als symptomfrei einstuft und, was ebenso wichtig ist, auch von seiner sozialen Umwelt so perzipiert wird; für letzteres reichen in der Regel sogar etwa 80% Erfolgswahrscheinlichkeit.) Als nächstes fragen wir uns, wie viele „Mißerfolge" in einer Beobachtungsserie von 20 Ereignissen unter H_0 noch toleriert werden können, wenn man ein bestimmtes Signifikanzniveau (z.B. 1%) festlegt. Tabelle 6 gibt darüber Auskunft.

Tabelle 6.

Anzahl der Fehler (N = 20, p_z = 95%):	0	1	2	3	4	5	6
Auftretens-wahrscheinlich-keit	0,358	0,378	0,188	0,06	0,013	0,002	0,000

Wie die Tabelle zeigt, kommen 5 oder mehr Fehler (= Fälle von Symptomverhalten) nur mehr in weniger als 1% der Fälle vor. Für sie ist die Nullhypothese daher zu verwerfen. Anders ausgedrückt: Wer nur 0 bis 4 Fälle von Symptomverhalten zeigt, ist als Könner einzustufen, wer mehr aufweist, benötigt noch Therapie. Damit ist ein kritischer Wert für die Entscheidung gefunden. Bei mehrstufigen Entscheidungen sind mehrere zureichende Lösungswahrscheinlichkeiten und entsprechende kritische Punktwerte festzulegen.

4.3 Sequentielle Prüfverfahren

Im oben angeführten Beispiel stellt der Umfang N der Verhaltensstichprobe (= Anzahl der zu bearbeitenden Aufgaben bzw. Anzahl der Beobachtungen) eine Konstante dar. Dies hat den Nachteil, daß man unter Umständen erst am Ende einer Untersuchung feststellt, daß der Stichprobenumfang zu klein gewählt war, um eine Entscheidung treffen zu können, oder daß man den Klienten unnötig lange untersucht hat. Die von *Wald* (1947) publizierten sequentiellen Prüfverfahren haben den Vorteil, daß nur solange beobachtet wird, bis eine Entscheidung über Annahme oder Ablehnung der zu prüfenden Hypothese gemäß dem vorher festgelegten Signifikanzniveau möglich ist. Der Umfang N der Stichprobe stellt daher eine Zufallsvariable dar. Nach jeder Beobachtung $x_1, x_2, \ldots \ldots x_n$ wird entschieden, ob die Null- oder Arbeitshypothese angenommen werden kann oder die Beobachtungen fortgesetzt werden müssen. Im einfachsten Fall einer zweistufigen Entscheidung wird dazu der Stichprobenraum in drei Teile zerlegt:

einen Bereich für die Annahme von H_0, einen Bereich, der gleichsam „unent-
schieden" bedeutet, und einen dritten für die Annahme von H_1. Für verschiedene Verteilungen wurden bequeme Vordrucke entwickelt, in die die Beobachtungen nur eingezeichnet werden müssen, so daß die Entscheidung ohne lange Berechnungen auf graphischem Wege sichtbar gemacht werden kann. Eine praktische Einführung in Entwicklung und Gebrauch von Folgetestplänen auf der
Grundlage verschiedener Meßmodelle bringt *Herbig* (1976, S. 226 ff.).

5. Das logistische Meßmodell von Rasch

Für kriteriumsorientierte Messungen hat das von *Rasch* (1966) vorgeschla-
gene Meßmodell entscheidende Vorteile (vgl. *Spada & Kempf*, 1977). Im zwei-
parametrigen Modell wird davon ausgegangen, daß nur ein Personparameter
(die „Fähigkeit") und ein Itemparameter (die „Schwierigkeit") das Testergeb-
nis bestimmen. Falls nachgewiesen ist, daß das Modell für einen Verhaltensbereich zutrifft, bedeutet dies, daß eine Reihe von Voraussetzungen erfüllt sind,
die es erleichtern, Schlüsse aus dem Testvorgang zu ziehen: Additivität der Meßwerte, Sicherung der lokalen stochastischen Unabhängigkeit der Werte, Homogenität der Items und Personen, Garantie, daß die Anzahl der richtig gelösten
Aufgaben einerseits und die Anzahl der Personen, die ein Item richtig beantwortet haben andererseits erschöpfende Statistiken darstellen, spezifische Objektivität.
Die Grundgleichung lautet:

$$(1) \quad P\left\{+\mid v,i\right\} = \frac{\exp\left\{\xi_v - \sigma_i\right\}}{1 + \exp\left\{\xi_v - \sigma_i\right\}}$$

ξ = Fähigkeitsparameter der Person v,
    $v = 1, \ldots, n$
σ = Schwierigkeitsparameter des Items i,
    $i = 1, \ldots, k$

(vgl. dazu *Rasch*, 1960; *Fischer*, 1974, 1977; *Fricke*, 1972). Bei der Anwendung
im Einzelfallexperiment wird, ähnlich wie oben dargestellt, ein kritischer Punktwert definiert; er wird durch Festlegung eines Konfidenzintervalls für den (geschätzten) Fähigkeitsparameter bestimmt (vgl. *Fricke*, 1972).
Leider existieren noch zu wenige nach dem Rasch-Modell konstruierte Verfahren, so daß der Anwendung im Einzelfall Grenzen gesetzt sind. Ausführlich
untersucht wurden verschiedene Lern- und Denkaufgaben wie z.B. Zahnradauf-
gaben (siehe z.B. *Spada & Kempf*, 1977). *Fricke* (l.c.) hat den Test ZR 4 + und
RT 8 + eingehend analysiert; in unserer eigenen Arbeitsgruppe wurde ein Test

zur Erfassung von Leistungsvermeidungstendenzen (AVT, *Rollett & Bartram,* 1977) konstruiert.

Für die Anwendung im Einzelfall ist die Information, daß eine Testbatterie aus Rasch-homogenen Items besteht, von großer Wichtigkeit; sie bedeutet beispielsweise, daß keine „Spezialistengruppen" von Personen existieren, für die ein oder mehrere Items eine spezielle, positive oder negative „Anziehungskraft" haben. In dem oben angeführten AVT erwies sich z.B. das Item „Ich arbeite nicht gern, wenn ich es tun *muß*" als nicht Rasch-homogen. Zwar handelt es sich um ein, gemäß dem klassischen Testkonzept, trennscharfes Item; wie eine Konfigurationsfrequenzanalyse der 3.093 Schülerantworten auf dieses Item aus der Normierungsstichprobe zeigt, wird es von einer Gruppe von Schülern mit niedrigen Anstrengungsvermeidungstendenzen systematisch häufiger angestrichen; anders ausgedrückt: Wenn ein Schüler mit niedrigen Punktwerten im AVT ein AV-Item positiv beantwortet, dann ist es dieses Item. (Es handelt sich dabei in der Regel um „willige" Schüler, die sich, falls man sie noch zusätzlich unter Druck zu setzen versucht — wenn man so möchte, mit Recht — zur Wehr setzen.) Der Diagnostiker, der einen Einzelfall zu beurteilen hat, könnte bei Einbeziehung dieses Items nicht entscheiden, ob die zugrunde liegende „Fähigkeit" „Vermeidung von Leistung" oder die beschriebene Abwehr von überforderndem Leistungsdruck den Schüler zum Anstreichen des Items motiviert hat. Derartige Items werden bei einer Testanalyse nach Rasch ausgesondert, was, wie das Beispiel zeigt, eine wichtige Voraussetzung für eine präzise Messung schafft.

6. Schlußbemerkung

Eine diagnostische Einzelfalluntersuchung, die sich der hier vorgestellten Verfahren bedient, hat gegenüber der herkömmlichen Diagnostik den Vorteil, daß gezielte Hypothesen über den untersuchten Inhaltsbereich *und* die Verhaltensweisen des Individuums aufgestellt und in ihrem Zusammenspiel überprüft werden können. Der Weg vom diagnostischen Einzelfallexperiment (*Shapiro,* 1966) zum therapeutischen Einzelfallexperiment (*Yates,* 1970; *Schulte,* 1974; 1976) ist damit, zumindest was die Bereitstellung geeigneter Meßkonzepte betrifft, aufgezeigt worden.

Literatur

Alker, H. A. Is personality situationally specific or intrapsychically consistent? *Journal of Personality,* 1972, *40,* 1-16.

Allport, G.W., Vernon, P. E. & Lindzey, G. Werteinstellungs-Test, Bern: Huber, 1972.

Bem, D. J. Constructing cross-situational consistencies in behavior: Some thoughts on Alker's critique of Mischel. *Journal of Personality,* 1972, *40,* 17-26.

Bloom, B. S. (Ed.) Taxonomy of Educational Objectives. The Classification od Educational Goals, Handbook I: Cognitive Domain. New York: Mc Kay, 1956.

Bormuth, J. R. On the theory of achievement test items. Chicago: University of Chicago Press, 1970.

Bowers, K. S. Situationism in psychology: an analysis and a critique. *Psychological Review,* 1973, *80,* 307-336.

Brennan, R. L. Computerunterstützte Leistungsprüfung im Unterricht. In *Rollett, B. & Weltner, K.* (Eds.), Fortschritte und Ergebnisse der Bildungstechnologie 2, München: Ehrenwirth, 1973, 331-343.

Brickenkamp, R. Handbuch psychologischer und pädagogischer Tests. Göttingen: Hogrefe, 1975.

Cooley, W. W. & Lohnes, P. R. Multivariate Data Analysis. New York: J. Wiley & Sons Inc., 1971.

Cronbach, L. J. & Gleser. G. C. Psychological Tests and Personnel Decisions. Urbana: University of Illinois Press, 1965.

Dave, R. H. Eine Taxonomie pädagogischer Ziele und ihre Beziehung zur Leistungsmessung. In *Ingenkamp, K. & Marsolek, T.* (Eds.), Möglichkeiten und Grenzen der Testanwendung in der Schule. Weinheim: Beltz, 1968.

Dürrschmidt, P. & Krumm, V. Statistische Analysen von Daten aus der Einzelfallforschung. Vortrag gehalten auf der Arbeitstagung der AEPF. Düsseldorf, 1977.

Ebel, R. L. Content-standard Test Scores. *Educational and Psychological Measurement,* 1962, *22,* 15-25.

Emrick, J. A. & Adams, E. N. An evaluation model for individualized instruction. Research Report RC 2674. IBM T. J. Watson Research Center, Yorktown Hts., New York: 1969.

Endler, N. S. & Magnusson, D. (Eds.) Interactional psychology and personality. New York: Wiley, 1976.

Farber, I. E. A framework for the study of personaltiy as a behavioral science. In *P. Worchel & D. Byrne* (Eds.), Personality change. New York: Wiley, 1964.

Fischer, G. H. The linear logistic test model as an instrument in educational research. *Acta Psychologica* 1973, *37,* 359.

Fischer, G. H. Einführung in die Theorie psychologischer Tests. Bern: Huber, 1974.

Fischer, G. H. Linear logistic test Models: Theory and Application. In *Spada, H. & Kempf, W. F.* (Eds.), Structural models of thinking and learning. Bern, 1977.

Fricke, R. Über Meßmodelle in der Schulleistungsdiagnostik. Düsseldorf: Schwann, 1972.

Fricke, R. Kriteriumsorientierte Leistungsmessung. Stuttgart: Kohlhammer, 1974.

Gagné, R. M. The Conditions of Learning. New York: Holt, Rinehart & Winston, 1965.

Glaser, R. Instructional Technology and the Measurement of Learning Outcomes. *American Psychologist,* 1963, *18,* 519-521.

Glaser, R. & Klaus, D. J. Proficiency measurement: Assessing human performance. In *Gagné, R.* (Ed.), Psychological principles in system development. New York, 1963.

Glaser, R. & Nitko, A. J. Measurement in learning and instruction. Educational Measurement. In *Thorndike, E.* (Ed.), National Council of Education, 1971.

Herbig, M. Praxis lehrzielorientierter Tests. Düsseldorf: Schwann, 1976.

Hively, W. H., Patterson, H. L. & Page, S. A „Universe Defined" System of Arithmetic Achievement Tests. *Journal of Educational Measurement,* 1968, *5,* 275-290.

Hofer, M. Die Schülerpersönlichkeit im Urteil des Lehres. Weinheim: Beltz, 1970.

Huber, G. L. & Mandl, H. Erklärungsansätze für Schulschwierigkeiten. *Unterrichtswissenschaft,* 1977, *4,* 305-316.

Kaminski, G. Umweltpsychologie. Perspektiven – Probleme – Praxis. Stuttgart: Klett, 1976.

Kanfer, F. H. & Saslow, G. Behavioral analysis. *Archives of General Psychiatry*, 1965, *12*, 529-538.

Kanfer, F. H. & Saslow, G. Behavioral diagnosis. In *Franks, C. M.* (Ed.), Behavior Therapy: Appraisal and Status. New York, 1969, 417-444.

Kaul, P. Prozeßanalysen des Lernerfolges. Dissertation, GH Kassel, 1975.

Kelly, G. A. The psychology of personal constructs. Vol. 1. New York, 1955.

Klauer, K. J. Zur Theorie des binomialen Modells lehrzielorientierter Tests. In *Klauer* u.a., Düsseldorf: Schwann, 1972, 161-192.

Krathwohl, D. R., Bloom, B. S. & Masia, B. B. Taxonomy of Educational Objectives. The Classification of Educational Goals. Handbook II: Affective Domain. New York: Mc Kay, 1964.

Lienert, G. A. Testaufbau und Testanalyse. Weinheim: Beltz, 1961.

Lienert, G. A. Verteilungsfreie Methoden in der Biostatistik. Meisenheim: A. Hain, 1962.

Lord, F. M. & Novick, M. R. Statistical Theories of Mental Test Scores. Reading, Mass.: Addison-Wesley, 1968.

Mager, R. F. Lernziele und programmierter Unterricht. Weinheim: Beltz, 1965.

Mischel, W. Personality and assessment. New York: Wiley, 1968.

Mischel, W. Toward a cognitive social learning reconceptualization of personality. *Psychological Review*, 1973, *80*, 252-283.

Osborn, H. G. Item sampling for achievement testing. *Educational and Psychological Measurement.* 1968, *28*, 95-104.

Pawlik, K. Diagnose der Diagnostik. Stuttgart: Klett, 1976.

Petermann, F. Methodische Grundlagen Klinischer Psychologie. Weinheim: Beltz, 1977.

Proshansky, H. M. Environmental psychology and the real world. *American Psychologist*, 1976, *31*, 303-310.

Rasch, G. Probabilistic models for some intelligence and attainment tests. Copenhagen: Danish Institute for Educational Research, 1960.

Reulecke, W. & Rollett, B. Pädagogische Diagnostik und lernzielorientierte Tests. In *Pawlik, K.* (Hrsg.), Diagnose der Diagnostik. Stuttgart: Klett, 1976, 177-179.

Rollett, B. & Bartram, M. Untersuchung zur

Gültigkeit von Prüfungsfragen in lernzielorientierten Tests. In *Dahncke, H.* (Hrsg.), Zur Didaktik der Physik und Chemie. Hannover: Schroedel, 1974, 164-172.

Rollett, B. Kriterienorientierte Prozeßdiagnostik im Behandlungskontext. In *Pawlik, K.* (Hrsg.), Diagnose der Diagnostik. Stuttgart: Klett, 1976, 131-148.

Rollett, B. Die Diagnose von Lernschwierigkeiten. *Unterrichtswissenschaft*, 1977, *5*, 317-324.

Rollett, B. & Bartram, M. Anstrengungsvermeidungstest. Handanweisung. Braunschweig: Westermann, 1977.

Rollett, B. & Bartram, M. Lerndiagnose und Lerntherapie. In *Krohne, H.-W.* (Hrsg.), Fortschritte der Pädagogischen Psychologie. München: Ernst-Reinhardt, 1975, 80-119.

Siegel, S. Nonparametric Statistics. New York: McGraw-Hill, 1956.

Shapiro, M. B. The single case in clinical-psychological research. *Journal of General Psychology*, 1966, *74*, 3-23.

Skinner, B. F. Science and human behavior. New York: Free Press, 1953.

Skinner, B. R. Verbal behavior. New York: Appleton-Century-Crofts, 1957.

Spada, H. & Kempf, W. (Eds.) Structural Models of Thinking and Learning. Bern: Huber, 1977.

Schott, F. Anwendungsmöglichkeiten einer Matrix aus zweidimensionalen Aufgabenklassen in der psychologischen Therapie. *Psychologische Praxis*, 1973, *17*, 125-136.

Schulte, D. (Hrsg.) Diagnostik in der Verhaltenstherapie. München: Urban & Schwarzenberg, 1974.

Schulte, D. Diagnostik im Dienst der praktischen Psychologie. In *Pawlik, K.* (Hrsg.), Diagnose der Diagnostik. Stuttgart: Klett, 1976, 149-176.

Tyler, R. W. Curriculum und Unterricht. Düsseldorf: Schwann, 1973.

Wald, A. Sequential analysis. New York: Wiley, 1947.

Weinert, F. E. Pädagogisch-psychologische Beratung als Vermittlung zwischen subjektiven und wissenschaftlichen Verhaltenstheorien. In *Arnold, W.* (Hrsg.) Bildungsberatung. Bd. 2. Braunschweig: Westermann 1977, 7-34.

Yates, A. J. Behavior Therapy. New York: Wiley, 1970.

Moderatoransatz und Einzelfalldiagnostik

Reinhold S. Jäger & Karin Schermelleh-Engel

1. Zur Problematik von Gruppenaussagen in der Psychologischen Diagnostik

Huber (1973) weist darauf hin, daß die Psychologiegeschichte des Einzelfalls mit der Psychologiegeschichte identisch sei. Aus diesem Grund – so scheint es – wäre es grundlegend falsch, wenn die spätestens seit *Pawlik* (1976) in Polen dargestellte Zielsetzung *Einzelfall- vs. Gruppendiagnostik* (vgl. *Jäger,* 1986, 1988) als eine Errungenschaft des Resultats neuerer Sichtweisen und Forschung dargestellt würde. Trotz dieser Einschränkung stellt sich die Frage, ob angesichts der derzeitigen Diskussion in der Psychologischen Diagnostik eine bestimmte Art der Zielsetzung, nämlich die aus der Gruppendiagnostik resultierenden Aussagen, mit den derzeit notwendigen gesellschaftlichen wie individuellen wissenschaftlichen Interessen konform geht.

Man kann den skizzierten Sachverhalt an der historisch bedeutsamen Diskussion zwischen *Wundt* und *J. McKeen Cattell* festmachen: In dieser wird der Widerspruch zwischen den wissenschaftstheoretischen Positionen deutlich, die mit der Experimentellen bzw. der Differentiellen Psychologie einhergehen (vgl. *Scheurer & Jäger,* 1988). In gewisser Weise überschneiden sich die dortigen Positionen mit der durch die Windelbandsche Terminologie angesprochene und später als Kontroverse in die Psychologie hineingetragene Position hinsichtlich der wissenschaftlichen Orientierung, nämlich ob im gegebenen Fall *nomothetisch* oder *idiographisch* geforscht werden soll (s. *Windelband,* 1904).

Was hat das Dargestellte mit Gruppendiagnostik zu tun? Welche der Andeutungen läßt sich nutzen, um den Zugang der Gruppendiagnostik zu überdenken, auf seinen Gehalt zu prüfen und gegebenenfalls unter methodischem und wissenschaftstheoretischem Blickwinkel zu revidieren?

Was bedeutet Gruppendiagnostik? Als Gruppendiagnostik läßt sich eine bestimmte Art des Zugangs in der Diagnostik kennzeichnen, bei der aufgrund einer vorgegebenen Fragestellung entschieden wird, daß (aus einem diagnostischen Prozeß) Aussagen folgen sollen, die es ermöglichen, *auf der Grundlage einer Statistik einer Stichprobe (meist von Personen) entsprechende Parameter in der betreffenden Grundgesamtheit (Population) zu schätzen.*

Zwei Beispiele für Gruppendiagnostik sollen den geschilderten Sachverhalt verdeutlichen: In der *Psychologischen* und *Pädagogischen Diagnostik* wird auf dem Hintergrund von zumeist leistungsorientierten Zugängen dem Umstand Rechnung getragen, daß eine Vergleichbarkeit zwischen Individuen (orientiert an Testleistung, Note in einem bestimmten Fach etc.) nur dann adäquat hergestellt werden kann, wenn Normen herangezogen werden. Mit *Klauer* (1972) lassen sich drei Arten von *Normen* unterscheiden:

– die *soziale Bezugsnorm*: Sie informiert über die relative Position des einzelnen in der Bezugsgruppe.
– die *individuelle Bezugsnorm*: Sie beschreibt den Grad, mit dem der einzelne – orientiert an seinen individuellen Voraussetzungen – seine Möglichkeiten ausschöpft.
– die *sachliche Bezugsnorm*: Mit ihr wird z.B. ausgedrückt, in welchem Ausmaß das Lern- oder das Therapieziel erreicht wurde.

Solche Normen haben aber nur dann einen Sinn, wenn der einzelnen Leistung entweder die Gruppenleistung oder das Leistungsvermögen der betroffenen Personen gegenübergestellt werden.

Gruppenleistung und Leistungsvermögen sind aber nur dann adäquat einschätzbar, wenn auf der Grundlage einer Zufallsstichprobe Personen aus einer Population gezogen werden, oder, im Falle des Leistungsvermögens, eine Stichprobe von vergleichbaren Situationen gewonnen wird, die wiederum – wie bei der Personenstichprobe – einen Rückschluß auf die Population erlaubt. Der Rückschluß gilt dabei unter der Annahme, die Inhalte seien valide repräsentiert.

In diesem Kontext wird bereits deutlich, daß die dargestellte Art der Gruppendiagnostik untrennbar verbunden ist mit einer weiteren Zielsetzung der Diagnostik, dem *Testen* (s. *Scheurer*, 1988): Bei diesem sind zumindest drei Arten von Stichproben relevant: Item-, Situations- und Personenstichprobe.

Nur bei entsprechender Realisierung aller drei Stichproben gelingt eine dieser Art von Diagnostik zukommende bedeutsame Aussage. Im Hinblick auf das Testen gilt es festzuhalten, daß eine Aussage nur dann theoretischen und statistischen Gehalt besitzt, wenn auf Gruppen von Probanden zurückgegriffen wird.

Ein zweites Beispiel sei der sogenannten *differentiellen Diagnostizierbarkeit* entnommen: *Ghiselli* (1956) hat beobachtet, daß Meßinstrumente über eine besondere Eigenart verfügen: Sie messen nicht in allen Bereichen der Rohwerteverteilung in gleich guter Weise. Was hierbei für die *Reliabilität* ausgesagt wird, gilt für die *Validität* gleichermaßen. Somit – so die klassische Interpretation – differenziert ein Instrument in *Abhängigkeit von der jeweiligen Bezugsgruppe,* d.h. Reliabilität und Validität zeigen unter Umständen eine differentielle Wirkung. Damit ist offensichtlich ein Testverfahren, gemessen an unterschiedlichen Populationen, nicht immer in gleicher Weise „erfolgreich". *Westmeyer* (1972) hat diesen Sachverhalt durch eine Präzisierung des Validitätsterms und *Jäger* (1986) des Reliabilitätsterms umschrieben.

2. Generalisierung aus diagnostischer Sicht

Was oben angedeutet wurde, gilt es zu verdeutlichen: Offensichtlich geht mit der Gruppendiagnostik eine Reihe von Randbedingungen einher, die nunmehr transparent gemacht werden soll. Durch diese Transparenz wird gleichzeitig eine Verbindung zur Einzelfallanalyse hergestellt.

2.1 Problematisierung unter dem Aspekt der Indikation der Gruppendiagnostik

So selbstverständlich es auch geworden ist: der Bezug zur Gruppe ist nicht unverzichtbar. Für diese Aussage gibt es eine Vielzahl von Begründungen: Der wesentliche Begründungszusammenhang wird durch die Fragestellung geliefert, die Ausgangspunkt einer wissenschaftlichen Prüfung ist. Erst aus einer Fragestellung kann eine Hypothese abgeleitet werden. Die Art der Hypothese indiziert dann u.a., ob zu ihrer Prüfung eine Gruppenstudie – also Gruppendiagnostik – angezeigt ist (*Bunge,* 1967 a, b; *Westmeyer* in diesem Band).

Will man klären, welche Art von Hypothese die Gruppendiagnostik indiziert, so muß man zwangsläufig auf die Ausgangsfragestellung zurückgreifen, aber auch die im Kontext der Fragestellung ableitbare Zielsetzung bestimmen. Unter Zielsetzung verstehen wir „das Einsetzen diagnostischer Verfahrensweisen derart, daß eine der Fragestellung entsprechende inhaltliche Aussage aus dem Gesamt des diagnostischen Prozesses abgeleitet werden kann" (*Jäger,* 1982, S. 121). Nun muß nicht – wie im Zitat deutlich gemacht – immer wieder auf den diagnostischen Prozeß Bezug genommen werden, vielmehr kann ganz allgemein auch von *Forschungsprozeß* gesprochen werden, weil sich dieser allenfalls graduell vom anderen unterscheidet. Überdies kann eine Entscheidung – will man diese optimieren – nur relativ zur Ausgangssituation verbessert werden. Es gilt demnach zu fragen, was der Gruppendiagnostik gegenübersteht.

Mit den Resultaten der Gruppendiagnostik will man erreichen, daß personenbezogene Daten so ausgewertet werden, daß *Statistiken aus Personenstichproben resultieren, die als Schätzungen für Parameter von Personenpopulationen dienen.* Eine Zielsetzung, die dieser Art von Aussage diametral gegenübersteht, kommt in der *Einzelfalldiagnostik* zum Ausdruck. Dort will man gerade Auswertungen durchführen, bei denen lediglich die Datenbasis N = 1 zugrunde liegt. Allein diese Anmerkungen verdeutlichen die Notwendigkeit, andere Zielsetzungen als bislang angesprochen vorzugeben (vgl. *Jäger,* 1988).

Nunmehr gilt es die Frage zu klären, unter welchen Umständen Gruppendiagnostik indiziert ist: Vergleicht man die diversen Zielsetzungen untereinander, so wird deutlich, daß für die Gruppendiagnostik die Einzelfalldiagnostik die Vergleichsbasis darstellt. In dieser Relation sieht *Westmeyer* (in diesem Band) eine Möglichkeit, auf der Basis der zugrunde gelegten Art von Hypothese die

Indikationsfrage zu lösen: Er führt aus, daß diagnostische Einzelfalluntersuchungen Hypothesen von der Art der singulären oder pseudosingulären Hypothesen voraussetzen; Zugänge von der Art der Gruppendiagnostik seien dagegen indiziert, wenn *Aggregat-Hypothesen* oder *quasi-universelle Hypothesen* vorlägen.

Auf diesem Hintergrund erscheint es zwar einerseits trivial darauf hinzuweisen, daß Gruppenuntersuchungen und damit – unter diagnostischem Blickwinkel – Gruppendiagnostik keinen Königsweg darstellen, doch zeigt gerade eine Durchsicht der veröffentlichten empirischen Untersuchungen, daß ein Gruppenzugang die Regel ist. Fragwürdig bleibt aber, ob das Erkenntnisziel, das der jeweiligen Untersuchung zugrundeliegt, überhaupt erreicht werden kann. Beispiele hierfür gibt es viele, eines sei hier – auch wegen seiner Brisanz hinsichtlich der gewonnenen Aussage – stellvertretend genannt:

Eine Untersuchung von *Neumeyer* et al. (1980a, b, c) hatte die Frage zum Ziel, ob sich die in die Untersuchung einbezogenen Mammakarzinom-Patientinnen in ihrer Grundstruktur von Kontrollpatientinnen unterscheiden. Die Autoren (*Neumeyer* et al., 1980b, S. 142) führen hierzu aus: „Mit Hilfe eines standardisierten psychodiagnostischen Tests sollen depressive Grundstrukturen und mögliche Unfähigkeit zur Abfuhr aggressiver Impulse verifiziert werden".

Aus diesem Beispiel ist zunächst in besonderer Weise die Verantwortung des Forschers und die Verpflichtung zur Sorgfalt abzuleiten, weil gerade bei den Betroffenen angesichts der häufig gegebenen Hoffnungslosigkeit des Einzelfalls ein vermehrtes Verlangen nach gesicherten Erkenntnissen besteht. Deshalb muß der jeweilige Forscher alle denkbaren Vorkehrungen treffen, damit nicht vorschnell aus publizierten Ergebnissen falsche Schlüsse gezogen werden. Dies gilt auch und insbesondere für Studien, die auf der Basis von Personengruppen durchgeführt werden; bei ihnen kommt zusätzlich die Problematik des Schlusses von der Gruppe auf den Einzelfall hinzu (s. Abschnitt 2.2).

Auf dem Hintergrund der obigen Aussagen ist die zum Ausdruck kommende Hypothese als bestimmte *lokalisierende Existenzhypothese* zu klassifizieren. Es werden nämlich Eingrenzungen bezüglich der Behauptungen getroffen. Die Hypothese gilt zunächst nur für die betreffende Stichprobe, die untersucht wird. Vorausgesetzt wird, daß man in der vorgegebenen Formulierung die identifizierte Hypothesenklasse akzeptiert. Sie läßt nämlich auch eine andere Interpretation zu: „Beim untersuchten Kollektiv gäbe es Personen mit Mammakarzinom sowie depressiver Grundstruktur, die gleichzeitig unfähig sind, aggressive Impulse abzuführen" (*Jäger*, 1986, S. 128). Diese letzte Aussage führt zur Erkenntnis, daß offensichtlich zum Beleg der Hypothese bereits ein einziges Element aus der Menge der Untersuchten ausreicht, das die behauptete Eigenschaft aufweist.

Auf diesem Hintergrund ist nachvollziehbar, daß *Jäger & Nord-Rüdiger* (1982, S. 13) bei der Diskussion über die Brauchbarkeit psychologischer For-

schung eine sogenannte *Immunisierungshypothese* aufgestellt haben. Mit ihr
drücken sie aus, daß theoretisch wie methodisch häufig eine Vorgehensweise
eingeschlagen wird, die keineswegs als Weg zum Erkenntnisziel hin, sondern
vielmehr als purer Aktivismus und damit im eigentlichen Sinne als Immunisie-
rung hinsichtlich des Erkenntniszieles verstanden werden muß.

2.2 Problematisierung unter dem Aspekt der Stichprobe

Wottawa (1981) hat die These vertreten, allgemeine Aussagen in der Psychologie seien eine Fiktion. Diese These beinhaltet keineswegs eine Neuigkeit,
geht sie doch mit der (Alltags-) Beobachtung einher, daß allgemeine Aussagen,
die gleichzeitig auf den Einzelfall zutreffen sollen, um so unwahrscheinlicher
werden, je höher die Aggregatstufe hinsichtlich der Aussage ist.

Man muß auch zu ähnlichen Aussagen kommen, wenn man den Aussagegehalt verschiedener wissenschaftlicher Untersuchungen analysiert, die die statistische Signifikanz als Nachweis einer Art von Generalisierung interpretieren.
Westmeyer (in diesem Band, S. 28) weist in diesem Sachzusammenhang darauf
hin, daß „ein statistisch signifikantes Ergebnis in einer Einzelfalluntersuchung
... sich nicht als Beweis für die Effektivität eines Treatments interpretieren"
läßt, vielmehr belege es nur, daß eine statistisch bedeutsame Veränderung aufgetreten sei. In gleicher Weise läßt sich umgekehrt formulieren: Auch dann,
wenn ein Sachverhalt bei einer Untersuchung, die auf einer noch so großen
Gruppe basiert, als bestätigt angesehen wird, kann nicht davon ausgegangen
werden, daß der statistische Beleg im Einzelfall gegeben sein muß.

2.3 Problematisierung unter dem Aspekt der Testtheorie

Eine besondere Art von Generalisierung, die als Spezialfall der oben ange-
sprochenen zählt, ergibt sich aus dem nachfolgenden Kontext: Von jeher ist es
das Ziel methodischer Bemühungen innerhalb der Diagnostik gewesen, den
Zusammenhang zwischen Prädiktoren und Kriterien zu maximieren. Hinter
diesem Bemühen steht – z.B. für den Fall von Selektionen – die Vorstellung,
den Anteil der zu Unrecht Zurückgewiesenen (β-Fehler) und der zu Unrecht
Zugewiesenen (α-Fehler) zu minimieren. Dabei bleibt es unbenommen, entweder den individuellen *oder* den institutionellen Nutzen der Selektionsent-
scheidung zu maximieren (vgl. *Noack & Petermann*, 1988).

Gäbe es nur eine einzige, einem bestimmten Prädiktor bzw. Kriterium zugehörige Reliabilität bzw. Validität, so wäre die Ausgangslage für eine Verallgemeinerung der Minimierung des Entscheidungsfehlers vergleichsweise einfach.
Die Anwendung der *Klassischen Testtheorie* bei der Analyse von Instrumenten
in der Praxis hat aber quasi zu einem Unfall geführt: Er besteht darin, daß die

Gütekriterien (Reliabilität, Validität), die zunächst als konstant angenommen wurden und die auf der Grundlage von Varianzmaßnahmen bestimmt werden, mit Populationsmerkmalen korreliert sind. Dieser Sachverhalt bedeutet, daß es offensichtlich einen Unterschied macht, ob die Gütekriterien beispielsweise unter Zuhilfenahme lediglich der Teilpopulation von Männern *oder* Frauen, von jungen *oder* alten Probanden bestimmt werden.

In dieser Konsequenz entsteht die Frage, wie die auf der Basis verschiedener Populationen resultierenden unterschiedlichen Reliabilitäten bzw. Validitäten zu interpretieren sind. Das Konzept der sogenannten *differentiellen Validität* scheint hier zunächst zu greifen: Es besagt, daß es eine an einer bestimmten Population empirisch ermittelte Validität gibt, die sich von einer an einer anderen Population bestimmten statistisch bedeutsam unterscheidet. Die Höhe der Validität bzw. Reliabilität ist somit korreliert mit der Zugehörigkeit zu einer bestimmten Gruppe von Personen. Die Variable, die die Zugehörigkeit bestimmt, wird in der Literatur auch als *Moderatorvariable* beschrieben.

3. Umkehrung des Moderatoransatzes

Wie angedeutet läßt sich der Inhalt der Aussage, die mit dem Konzept der differentiellen Validität einhergeht, unter den sog. klassischen Moderatoransatz subsumieren. Der Begriff „klassisch" sagt zunächst nur aus, daß es andere Überlegungen gibt, die sich in das ursprüngliche Konzept nicht einordnen lassen. Beide Zugänge werden im folgenden dargestellt werden.

3.1 Der klassische Moderatoransatz

Als Moderator wird dabei jene Variable angesehen, *die den Zusammenhang zwischen zwei anderen Variablen determiniert.* Unter den oben geschilderten Voraussetzungen hatte der klassische Moderatoransatz eine gute Chance, sich der Vorteile aus den genannten Sachverhalten zu bedienen. Er basiert auf der Vorstellung, daß
- entweder auf der Grundlage einer dichotom oder polychotom verteilten Drittvariablen (= Moderator) Gruppen gebildet werden. Die Einteilung dient als Grundlage für die Überprüfung von Effekten zwischen den Gruppen hinsichtlich eines Zielkriteriums und unter Bezugnahme auf den Ausgangspunkt, nämlich den Moderator selbst. Ein Beispiel hierfür ist die dichotome Variable (der Moderator) Geschlecht: Oftmals wird hinsichtlich der Untersuchung der Validität eines diagnostischen Instruments die Frage gestellt, ob dieses bei beiden Geschlechtern in gleicher Weise gültig ist. Ein Beispiel für eine polychotome Variable ist die Zugehörigkeit zu einer Be-

rufsgruppe. Für diese kann hinsichtlich der verschiedenen Berufsklassen wiederum die Validität untersucht werden.

• oder ein kontinuierlich verteilter Moderator eingeführt und im Rahmen des Allgemeinen Linearen Modells überprüft wird, ob durch dessen Hinzunahme eine signifikante Veränderung des Zusammenhangs zwischen Ausgangsvariable und Zielkriterium erreicht wird. Vergleichsbasis ist der Zusammenhang ohne Berücksichtigung des Moderators. Es handelt sich demnach hier um die konkrete Umsetzung des Konzepts der sogenannten *inkrementellen Validität.*

Gerade der zuletzt genannte Ansatz, der speziell, unter der Voraussetzung von kontinuierlich verteilten Variablen, in der sogenannten *moderierten Regression* von *Saunders* (1956) zum Tragen kommt, hat auch im deutschsprachigen Raum besondere Beachtung gefunden und zu einer lebhaften Forschungstätigkeit geführt.

3.2 Procedere bei der Umkehrung des Moderatoransatzes

Wir gehen von der Überzeugung aus, daß ohne die Klassische Testtheorie weder Validität noch Reliabilität von Aussagen adäquat eingeschätzt werden können. Verstärkt wird diese Überlegung durch Entwicklungen, wie sie im Klassischen Latent-Additiven Testmodell zum Tragen kommen. Allerdings kann nicht verkannt werden, daß immer wieder Bedingungen auftreten können, wie sie durch die differentielle Reliabilität bzw. Validität beschrieben werden. Um eine Über- bzw. Fehlinterpretation der Zuverlässigkeit bzw. Gültigkeit von diagnostischen Aussagen zu vermeiden, wird als Lösung die Umkehrung des Moderatoransatzes (s. *Jäger*, 1986) vorgeschlagen. Diese Umkehrung dient gleichzeitig dazu, das Spannungsgefüge zwischen Einzelfall- und Gruppenanalyse zu überwinden.

Beim klassischen Moderatoransatz bedient man sich der Möglichkeit, aufgrund von Stichproben- bzw. Populationsaufteilungen eine Gegenüberstellung von Gruppen herbeizuführen und zumindest bei je zwei Gruppen Unterschiede z.B. hinsichtlich des arithmetischen Mittels zu bestimmen. Eine statistische Testung wird als eine Prüfung dahingehend verstanden, ob die zwei Gruppen der gleichen Population angehören. Resultiert der Schluß, sie gehören nicht zur gleichen Population, so gilt dieser unter der Randbedingung, daß die dem Schluß vorausgehende Datenerfassung Vergleichbares zugrunde legte. Auch im Falle der Bestätigung der Zugehörigkeit zur gleichen Population gilt die gleiche Voraussetzung.

Man könnte an dieser Stelle einwenden, daß innerhalb der probabilistischen Testtheorie (s. *Kubinger*, 1988) bzw. des Klassischen Latent-Additiven Testmodells (*Moosbrugger & Müller*, 1982; *Moosbrugger*, 1988) gerade jener Sachverhalt bei der Überprüfung der *spezifischen Objektivität* getestet werde. Dabei gilt es aber zu bedenken, daß diese Prüfung der Homogenität ein instrumenteninterner ist und weder externe Kriterien noch Aspekte der Stabilitätsüberprüfungen herangezogen werden, womit wiederum die Bedeutsamkeit der Fehlertheorie, repräsentiert durch die Klassische Testtheorie, hervorgehoben wird.

Wie kann man sich bei diesen Bedingungen eine Nutzung des Moderatoransatzes vorstellen? – Verbleibt man beim Beispiel der Datenerhebung mit Hilfe eines Testverfahrens, so wird der Testrohwert (x_{ti}) als *erschöpfende Statistik* angesehen. x_{ti} resultiert aus der Summe der (bei einem Leistungstest) gelösten Items; im Falle von Fragebogen wird x_{ti} verstanden als die Summe der im Sinne der Hypothese beantworteten Aussagen (= Items):

$$x_{ti} = \Sigma\, x_i \qquad (1)$$

Ob x_i gelöst wird oder nicht, wird innerhalb der Klassischen Testtheorie als durch die Schwierigkeit (p_i) determiniert angesehen. In ähnlicher Weise, wie beim Guttman-Modell (*Guttman*, 1950), kann man p_i als Indikator für die Fähigkeit der Person (ξ_v) ansehen; es gilt nämlich

$$\xi_v \geq p_i \rightarrow x_i = 1, \qquad (2)$$

bzw. bei

$$\xi_v < p_i \rightarrow x_i = 0. \qquad (3)$$

Durch die empirische Beziehung zwischen p_i und r_{it}, der Trennschärfe, wird die Differenzierungsfähigkeit eines Verfahrens gesteuert, wobei dann in der Logik der Klassischen Testtheorie der funktionale Zusammenhang festgelegt ist:

$$p_i \rightarrow r_{it} \rightarrow r_{tt}. \qquad (4)$$

Der nachfolgenden Beziehung ist zu entnehmen, daß der Übergang von Trennschärfe zu Reliabilität, r_{it} zu r_{tt}, in der genannten Weise existiert:

$$r_{tt} = \frac{k}{k-1} \left[1 - \frac{\Sigma\, s_i^2}{(r_{it} \cdot s_i)^2} \right] \qquad (5)$$

Unter der Voraussetzung dieser Determiniertheit lassen sich Algorithmen vorstellen, die zur Selektion solcher Aussagen (Items) führen, die in Relation zu den anderen eine Populationsabhängigkeit indizieren.

Bei Gültigkeit von (4), unter der Voraussetzung einer bestimmten Teilpopulation P_a, gilt:

$$p_i \mid P_a \rightarrow r_{it} \mid P_a \rightarrow r_{tt} \mid P_a \qquad (6)$$

Wegen (4) mag es – gegeben zwei unterschiedliche Populationen P_a und P_b – zu folgenden Unterschieden kommen:

$p_i \mid P_a < p_i \mid P_b$ und $r_{it} \mid P_a < r_{it} \mid P_b$ etc.

Die Funktion des Algorithmus, der die Umkehrung des Moderatoransatzes steuert, besteht darin, solche Aussagen zu selektieren, die populationsabhängig sind. In diesem Fall ist eine *notwendige Bedingung* dafür gegeben, auch auf der Ebene einer Skala *Populationsunabhängigkeit* zu gewährleisten (s. (5)).

Dieses Ziel wird erreicht durch Setzungen (S) und Bestimmungen (B). Die S sind als Vorgaben zu denken, die begründet festgelegt werden müssen. Die B resultieren aus statistischen Berechnungen. Der Anwender des Algorithmus legt bei S fest, welche quantitativen Werte die p_i, r_{it} und r_{tt} erreichen müssen bzw. in welchen Grenzen sie zu liegen haben. In gleicher Weise ist bezüglich der Validität (r_{tc}) vorzugehen.

Der Algorithmus geht von folgenden S aus (s. *Jäger,* 1986, S. 166ff.):
- oberste und unterste Schwierigkeit (p_i), festgelegt unter Zugrundelegung der parabolischen Beziehung zwischen p_i und r_{it}: Durch die empirische Beziehung wird herausgestellt, daß bei Gültigkeit der Klassischen Testtheorie eine optimale Trennschärfe unter der Bedingung mittlerer p_i ($p_i = .5$) erreicht wird. Abweichungen von $p_i = .5$ führen zu suboptimalen r_{it}. Eine Variation um $p_i = .5$ zieht zweierlei Aspekte nach sich:
  - Die r_{it} können quantitativ befriedigende Werte erreichen.
  - Die akzeptierte Variation von p_i führt zu einer Differenzierung zwischen den Probanden und damit auch zu unterschiedlichen Mittelwerten.
- r_{it}: Diese soll in einem festgelegten Intervall liegen: $u \leq r_{it} \leq 1$.
  Da durch S der Wahrscheinlichkeit nach die r_{it} festgelegt sind, und durch (5) die Beziehung zwischen r_{it} und r_{tt} beschrieben ist, läßt sich r_{tt} durch Selektion von Items mit $r_{it} < u$ beeinflussen. Wenn nämlich $r_{it} \mid P_a \approx r_{it} \mid P_b$, dann ist eine Voraussetzung für eine Angleichung der r_{tt} unter der Bedingung P_a bzw. P_b gegeben; es folgt wegen (5) $r_{tt} \mid P_a \approx r_{tt} \mid P_b$.
- r_{tt}: Wird durch S eine unterste Grenze von r_{tt} festgelegt, so wird damit auch gesteuert, über welche Mindest-Differenzierungsfähigkeit t verfügen soll. In diesem Fall wird mitentschieden, welcher Typ eines Tests resultiert (s. *Jäger,* 1986, S. 149f):
  - Von einem Test mit *Screeningcharakter des Typs B* sprechen wir dann, wenn ein r_{tt} von .70 nicht erreicht wird.
  - Erreicht r_{tt} die kritische Grenze von .70, so resultiert ein *Screening vom Typ A.*
  - Bei $r_{tt} > .70$ resultiert ein sogenannter *Entscheidungstest.*

Durch den Vergleich von r_{tt} | P_a zu r_{tt} | P_b ist die Voraussetzung gegeben, die Populationsabhängigkeit der r_{tt} auf Skalenebene zu überprüfen und durch Selektion von Items in der Konsequenz des Ansatzes Unabhängigkeit zu generieren.

• r_{tc}: Das Vorgehen bezüglich der Validität kann sich an das bei r_{tt} anlehnen.

Moderatoren werden schließlich einbezogen, um für deren diverse Stufen (z.B. Altersstufe, Geschlecht etc.) die Abhängigkeit bezüglich p_i, r_{it}, r_{tt} und r_{tc} zu überprüfen.

Nach den Setzungen (S) folgt die Bestimmung der obengenannten Kennwerte. In der Sequenz ist es dabei notwendig, jeden einzelnen Kennwert dahingehend zu überprüfen, ob die durch S vorgegebenen Werte erreicht wurden, um dann anschließend eine Testung auf Populationsabhängigkeit durchzuführen.

Im einzelnen hat der Algorithmus folgendes Aussehen (s. Abb. 9 Seite 156).

Wie wir an anderer Stelle nachgewiesen haben (*Jäger*, 1986) führt der Algorithmus zum Erfolg.

Bis hierher wurde die Umkehrung lediglich auf die Klassische Testtheorie bezogen. Es zeigt sich aber, daß sie auch auf andere Modelle übertragbar ist. Als Beispiel soll das Klassische Latent-Additive Testmodell (*Moosbrugger*, 1988) herangezogen werden: In diesem Fall wird mit Moderatoren, die sich z.B. an den Normierungseinheiten orientieren, geprüft, ob im Hinblick auf diese Eindimensionalität der betreffenden Items realisiert ist. Hierbei sind die Unterschiede der Parameterschätzungen in den Teilstichproben, die auf der Basis der relevanten Moderatoren gebildet wurden, nicht bedeutsam, sofern sie lediglich auf eine additive Konstante zurückzuführen sind.

Für die Schätzungen der Modellparameter im Klassischen Latent-Additiven Testmodell sind lediglich einfache Summenwertbildungen notwendig. Es verfügt daher für praktische Anwendungen über einen Vorteil gegenüber anderen Modellen mit latenten Variablen, die zur Bestimmung ihrer Parameter komplexere Berechnungen benötigen.

Dieses Modell stellt eine Weiterentwicklung der Klassischen Testtheorie dar, indem es das Prinzip des additiv-verbundenen Messens (vgl. *Moosbrugger*, 1988) in die Theorie einbeziet: Es wird von der Beobachtung einer mindestens ordinalskalierten *Antwortvariablen* x_{vi} einer Person v auf die Aussage (= Item) i ausgegangen, welche als Manifestation einer intervallskalierten, kontinuierlichen *Reaktionsvariablen* y_{vi} aufgefaßt wird. Zwischen den Variablen sind verschiedene Funktionen prüfbar, im einfachsten Fall eine lineare Funktion. In der praktischen Anwendung ist die Umkehrfunktion von Interesse, da von der manifesten Antwortvariablen auf die latente Reaktionsvariable geschlossen wird.

Analog zur Klassischen Testtheorie wird in diesem neuen Modell die kontinuierliche Reaktionsvariable y_{vi} als Linearkombination des wahren Wertes τ_{vi} und des Fehlerterms ε_{vi} angenommen. Im Unterschied zur Klassischen Test-

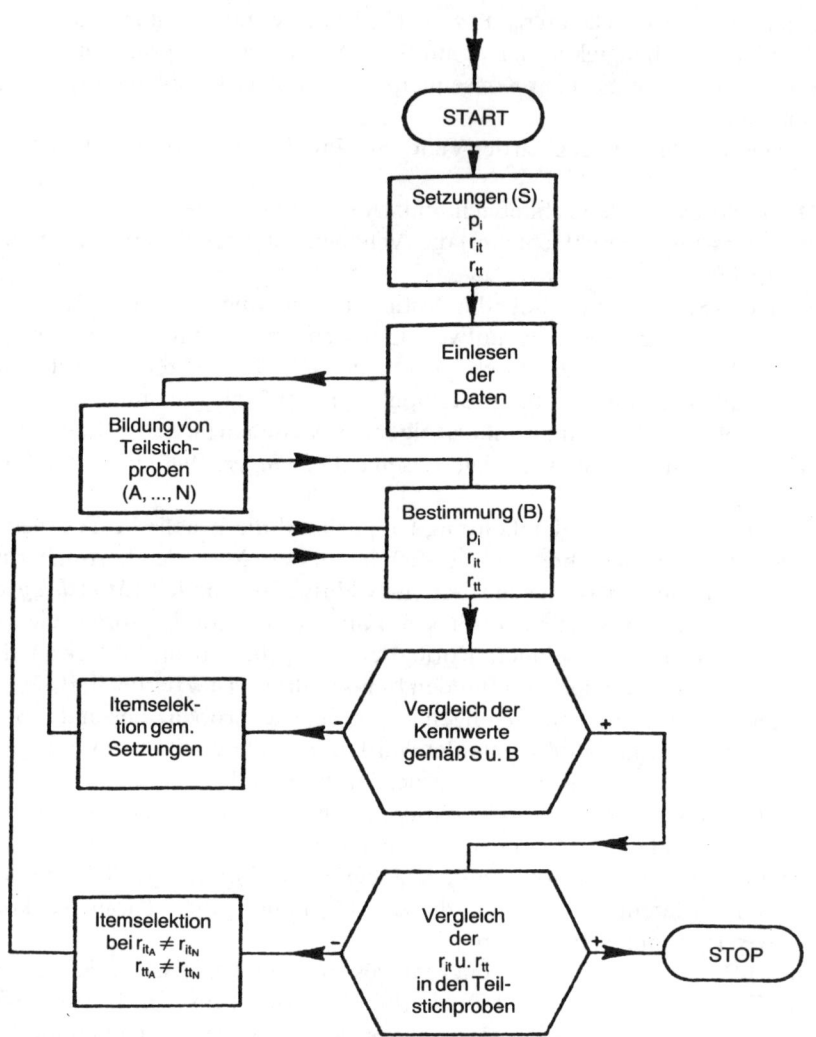

Abb. 9.
Darstellung eines Prüfalgorithmus zur Kontrolle von Setzungen (S) und Populationsabhängigkeit von Item- und Skalenwerten.

theorie wird der wahre Wert in zwei latent-additive Parameter aufgeteilt, nämlich in den Fähigkeitsparameter ξ_v der Person v in der Fähigkeitsdimension ξ
und in den Schwierigkeitsparameter β_i des Items i:

$$y_{vi} = \xi_v + \beta_i + \varepsilon_{vi} \tag{7}$$

Da der Erwartungswert des Fehlerterms, wie in der Klassischen Testtheorie,
Null ist, gilt:

$$E(y_{vi}) = \xi_v - \beta_i \tag{8}$$

Eine positive bzw. zustimmende Reaktion einer Person auf ein Item wird
dann angenommen, wenn die individuelle Fähigkeit größer ist als die Anforde-
rung (Schwierigkeit), die das Item an die Person stellt.

Ebenso wie im Rasch-Modell (s. *Kubinger*, 1988) wird auf Personen- und auf
Itemebene lokale stochastische Unabhängigkeit angenommen, d.h. die Antwort einer Person v ist von der Antwort einer Person w und die Beantwortung
eines Items i ist von der Beantwortung eines Items j unabhängig.

Die gegenüber der Klassischen Testtheorie erweiterten Annahmen dieses
Modells können nur dann erfüllt sein, wenn alle Items eindimensional bezüglich ξ, d.h. essentiell ξ-äquivalent sind (vgl. *Fischer*, 1974). Die ξ-Äquivalenz
von Items entspricht der τ-Äquivalenz in der Klassischen Testtheorie. Essen-
tielle ξ-Äquivalenz bedeutet, daß alle Items bis auf eine additive Konstante die-
selbe latente Variable – möglicherweise verschieden genau – messen (vgl. *Tarnai*, 1988a; 1988b).

Die empirische Kontrolle, die Überprüfung der *Modellkonformität*, erfolgt
in diesem Modell sowohl auf der Basis der einzelnen Aussagen (Items) als auch
auf der Basis des gesamten Testverfahrens (vgl. *Moosbrugger*, 1988). Die
Überprüfung des Modells auf Itemebene erfolgt durch Gegenüberstellung von
Itemparameterschätzungen, die anhand von definierten Teilstichproben gewonnen werden. Als Kriterium für eine Teilung werden in der Regel dichotome Variablen – also Moderatoren (s.o.) – herangezogen, wie z.B. das Geschlecht (vgl. *Tarnai & Fünders*, 1986) oder der Testsummenwert (hier z.B. die
Aufteilung der Stichprobe am Median des Summenwerts). Die auf der Basis
der Teilstichproben geschätzten Itemparameter werden auf Testebene auf ihre
Übereinstimmung mit dem Modelltest nach *Fischer & Scheiblechner* (vgl. *Fischer*, 1974) überprüft.

Die Voraussetzung des additiven Zusammenwirkens von Personen und
Items (siehe Gleichung (7)) wird mit dem Nichtadditivitätstest von Tukey überprüft. Dieser Test prüft varianzanalytisch die Nullhypothese, daß zwischen
Personen und Items keine Wechselwirkung besteht. Signifikante Wechselwir-
kungen sprechen gegen den latent-additiven Ansatz.

Bei nachgewiesener Modellkonformität gilt die *Konstruktvalidität* eines Tests in Bezug auf eine latente Variable als unwiderlegt, die *Eindimensionalität* des Tests als überprüft. Ist Homogenität der Items gegeben, so ermöglicht das Modell (ebenso wie das Rasch-Modell) *spezifisch objektive Vergleiche* sensu Rasch, d.h. einen Vergleich der Fähigkeitsparameter zweier Personen ohne Berücksichtigung der Schwierigkeit der Items sowie einen Vergleich der Schwierigkeitsparameter zweier Items unabhängig von der Personenstichprobe.

Die Berechnung der *Reliabilität* erfolgt in einer mit dem konsistenzanalytischen Ansatz vergleichbaren Form. Eine bestehende Restvarianz und die damit einhergehende Senkung der Reliabilität liefert keinen Hinweis auf eine Verletzung der Modellannahmen, sondern auf andere, systematische oder unsystematische Fehlergrößen, die neben der latenten Dimension wirksam sind.

Wie in der Klassischen Testtheorie wird die *Itemtrennschärfe* als Item-Skalen-Korrelation berechnet. Im Unterschied zu dieser wird dieser Index jedoch nicht zur Überprüfung der Homogenität eines Tests bestimmt, sondern lediglich als Kriterium zur Itemselektion (vgl. *Moosbrugger*, 1988, S. 262).

3.3 Konsequenzen für den Einzelfallansatz

Beide Realisierungen, die Umkehrung des Moderatoransatzes – als allgemeines Prinzip – ebenso wie eine Spezifizierung im Klassischen Latent-Additiven Testmodell, erlauben hinreichende Voraussetzungen für einen Vergleich von Gruppen und Individuen untereinander.

Hinsichtlich jedes Einzelfalls wird von der Voraussetzung ausgegangen, daß diejenigen Moderatoren, die in den Algorithmus eingebracht wurden, die für das in Betracht stehende Individuum charakteristisch sind. Man kann diesen Gedanken mit der Wahl der Normierungseinheit vergleichen, die aus einer Menge von zur Verfügung stehenden ausgewählt wird, um die relative Position einer Person auf einem Merkmalskontinuum zu beschreiben. Auch hierbei wird von der impliziten Voraussetzung ausgegangen, daß die ausgewählte Einheit bedeutsam ist.

Nunmehr stellt sich allerdings die Frage, ob für den betreffenden Einzelfall mit Hilfe eines Moderators der richtige Bezug gewählt wurde und wie eine Überprüfung durchgeführt werden kann. Zur Lösung kann die Personentrennschärfe aus dem Klassischen Latent-Additiven Testmodell herangezogen werden. Die *Personentrennschärfe* wird als Person-Stichprobe-Korrelation bestimmt. Dieser Kennwert (der normiert ist und zwischen -1 und $+1$ liegt) zeigt an, ob eine Person auf die Itemschwierigkeiten in gleicher Weise reagiert wie die Gesamtheit der Personen, die die Eichstichprobe bildet. Eine negative Personentrennschärfe bedeutet, daß eine Person „schwierige" Items häufiger zustimmend beantwortet als „leichte" Items. Eine hohe Trennschärfe für eine

Person gibt an, daß diese sehr ähnlich reagiert wie die Gesamtheit der Stichprobe. Die Personentrennschärfe ist somit ein Kennwert, der das Antwortverhalten der einzelnen Personen charakterisiert und daher für Individualauswertungen geeignet ist (vgl. *Tarnai & Fünders,* 1986; *Tarnai,* 1988a).

Während der verschiedenen Phasen der Testentwicklung auf der Basis des Klassischen Latent-Additiven Testmodells müssen immer wieder Personen aus der Eichstichprobe ausgeschieden werden, die ein von der Gesamtheit abweichendes Antwortverhalten zeigen. Diese Personen sind durch eine negative oder geringe Personentrennschärfe charakterisiert und können für die Eichung des Tests nicht einbezogen werden, da bei ihnen mit diesem Test das latente Merkmal nicht oder nicht in ähnlicher Weise gemessen werden kann.

Auch bei der Testanwendung ergibt sich eine entsprechende Kontrolle; bei ungünstigen Personentrennschärfen sollten die Ergebnisse solcher Personen mit besonderer Vorsicht interpretiert werden.

Gerade Personen mit abweichendem Antwortverhalten erscheinen jedoch – auch unter einzelfallanalytischer Betrachtungsweise – besonders interessant und sollten näher analysiert werden, da sie möglicherweise wertvolle Informationen über den Test oder personenspezifische Merkmale geben können. Sie sind wiederum durch Moderatoren beschreibbar.

Ein möglicher Grund für ein auffälliges Antwortverhalten kann z.B. in einer *mangelhaften Instruktion* liegen, die bewirkt, daß eine Person konträr zu den übrigen Personen reagiert. Ein anderes auffälliges Verhalten ist gegeben, wenn Testaufgaben zu *leicht* oder zu *schwer* sind. In diesen Fällen kann es zu einem Decken- oder Bodeneffekt kommen.

Man kann sich zur Lösung solcher oder ähnlicher Probleme unter anderem folgende Möglichkeiten vorstellen:

– *Analyse der Bedingungen, die zu einem solchen Verhalten führen:* Kennt man die Bedingungen, dann kann man damit auch Personen identifizieren, die der Wahrscheinlichkeit nach solche extremen Reaktionen zeigen. Für diese wäre – falls wiederum zumindest eine andere Teilgruppe von Personen existiert, für die die „Normalbedingungen" des Testverfahrens gewissermaßen unabdingbar sind – das bestehende Testverfahren zu verändern. Man kann dieses Vorgehen auch als adaptiv bezeichnen (s. *Jäger,* 1988), wenn es dazu führt, z.B. die Instruktion so zu ändern, daß der betroffenen Teilgruppe keine Nachteile entstehen.

– *Entwicklung eines neuen, aber dem Niveau der Teilgruppe angepaßten Verfahrens,* um die genannten Effekte zu vermeiden. Schon aus ökonomischen Gründen wäre es angemessen, im Rahmen eines sequentiellen Vorgehens ein erstes Verfahren voranzuschalten, das der Identifikation der bestimmten Teilgruppe dient.

– *Vorselektion von Teilgruppen von Probanden,* für die bestimmte Testverfahren besser geeignet sind als ein bestimmtes Routineverfahren.

In allen drei Fällen sind die betroffenen Personengruppen über Moderatoren zu identifizieren und zu deskribieren. Eine Untersuchung von *Tarnai* (1988a) unterstützt den genannten Sachverhalt: Der Autor analysierte bei der Überprüfung der Dimensionalität einer Konfliktskala mit dem Klassischen Latent-Additiven Testmodell die Personengruppe, die eine geringe Personentrennschärfe ($\leq$ .10) aufwies. Er konnte zeigen, daß es sich hier um eine Personengruppe mit besonderen Charakteristika handelte. Diese Personen befürworteten in einer Demokratieskala entweder die Notwendigkeit, manche Konflikte mit Gewalt zu lösen, oder aber lehnten die konstruktive Rolle der Opposition generell ab – im Gegensatz zu den meisten anderen untersuchten Personen.

Vorgehensweisen dieser Art führen demnach dazu, nach zusätzlichen Informationen zu suchen, die – ähnlich wie in der Klassischen Testtheorie – dazu verwendet werden, bestehende Meßinstrumente zu verbessern und zu präzisieren oder aber die zur Steuerung der Auswahl von Instrumenten verwendet werden. Der Aspekt der Präzisierung und der Auswahlsteuerung hat auch und gerade für den Einzelfall besondere Bedeutung.

4. Beispiele

In dem beschriebenen Verhältnis zwischen Einzelfall und Gruppe ist ein besonderes Spannungsgefüge deutlich geworden. Beide können sich nicht gegenseitig ersetzen, auch wenn man versucht ist, beispielsweise eine Gruppe als Ansammlung von Individuen und umgekehrt N = 1 als Repräsentant einer Gruppe anzusehen. Deshalb wird nachfolgend das Verhältnis zwischen beiden unter dem Blickwinkel des Moderatoransatzes, als Lösungsmöglichkeit für den Übergang zwischen beiden, betrachtet.

4.1 Gruppenanalyse

Bei klinischen Prüfungen von Arzneimitteln, insbesondere von Psychopharmaka, werden unter anderem psychologische Untersuchungen durchgeführt (s. *Gammel & Koeppen*, 1988). In Phase II der klinischen Prüfung werden anhand von Patienten Aspekte der klinischen Relevanz untersucht. Als relevant gilt dann die Wirksamkeit des Medikaments, wenn das erwartete Wirkungsprofil auftritt. Dieses wird in aller Regel mit Hilfe einer Batterie psychodiagnostischer Verfahren erfaßt, die einerseits umfassend, andererseits aber ökonomisch und zur Meßwiederholung geeignet sein muß. Wegen der Meßwiederholung müssen die Verfahren eine Situationsabhängigkeit aufweisen. Gilt der Effekt als belegt, so sind notwendige Voraussetzungen für die Zulassung erbracht.

Im klinischen Einsatz, bei der Applikation des Medikaments beim Einzelfall, kann der Sachverhalt eintreten, daß das Medikament keine Wirkung zeigt. Hierbei tritt das Spannungsgefüge zwischen Gruppen- und Einzelfallanalyse zutage. Ist in einem solchen Fall gar davon auszugehen, daß die (üblicherweise mit statistischen Mitteln) nachgewiesene klinische Relevanz bedeutungslos ist? Eine solche allgemeine Aussage ist unzulässig. Wichtig ist stattdessen darüber zu reflektieren, in welchen Fällen eine Verallgemeinerung von der Gruppe auf den Einzelfall zulässig ist.

Die statistischen Verfahren legen im Regelfall Hypothesen von der Art der Aggregathypothesen zugrunde (s. *Westmeyer* in diesem Band). Die Individuen, die die Gruppe bilden, werden als Einheit betrachtet. Ist diese Voraussetzung nicht gegeben, so kann kein begründeter Schluß von der Gruppe auf den Einzelfall gezogen werden.

Im Fall von klinischen Prüfungen wird man zu Recht mit einer Reihe von Störeinflüssen rechnen müssen: *versuchsabhängige* (u.a. Placebo-, Lern-, Reihenfolgeeffekte) und *versuchsunabhängige* (u.a. Aktivation, Motivation, Umwelteinflüsse). Beide beeinträchtigen die Resultate, können aber über Kontroll- und Randomisierungsbedingungen effektiv statistisch angegangen werden. Was fehlt ist aber eine Beschreibung derjenigen Bedingungen, die als Besonderheiten für die Gruppe gelten. Zu ihnen zählt die Sympto- und Syndromatik ebenso wie der prämorbide Zustand, Bedingungen, die als Folge hormoneller Einflüsse zu betrachten und mit dem Geschlecht korreliert sind, biographische Komponenten, die unter nosologischer und ätiologischer Betrachtungsweise relevant sind. Sie alle sind Deskriptoren, die die Merkmale der Gruppe umreißen. Sie sind die relevanten *Moderatoren*, von denen angenommen werden muß, daß sie das Erleben und Verhalten im eng umschriebenen Kontext der vorgegebenen Fragestellung beeinflussen. Daher muß bei Gruppenanalysen der in Abbildung 10 beschriebene Weg der Aggregierung eingehalten werden (s. Seite 162).

Abbildung 10 beschreibt die *Aggregation* von Daten. Sofern lediglich auf der Gruppenebene, der höchsten Aggregatstufe, agiert wird, werden zwangsläufig alle Stufen darunter vernachlässigt. Der Begriff „vernachlässigen" beschreibt den Sachverhalt, daß der Einfluß der Bedingungen X und Y (s. Abb. 10) unter der jeweiligen Kondition w oder m sowie der Bedingung A und B unter der Implikation w oder m als nicht relevant angesehen wird. Nur bei Nachweis der Gültigkeit der „Vernachlässigung" kann jeder Einzelfall als zur Gruppe gehörig angesehen werden. Er ist dann indifferent gegenüber der Gruppe. Ist die Gültigkeit im beschriebenen Sinne nicht gegeben, so gelten die jeweiligen Bedingungen als Einflußgrößen. Diese sind als Moderatoren wirksam.

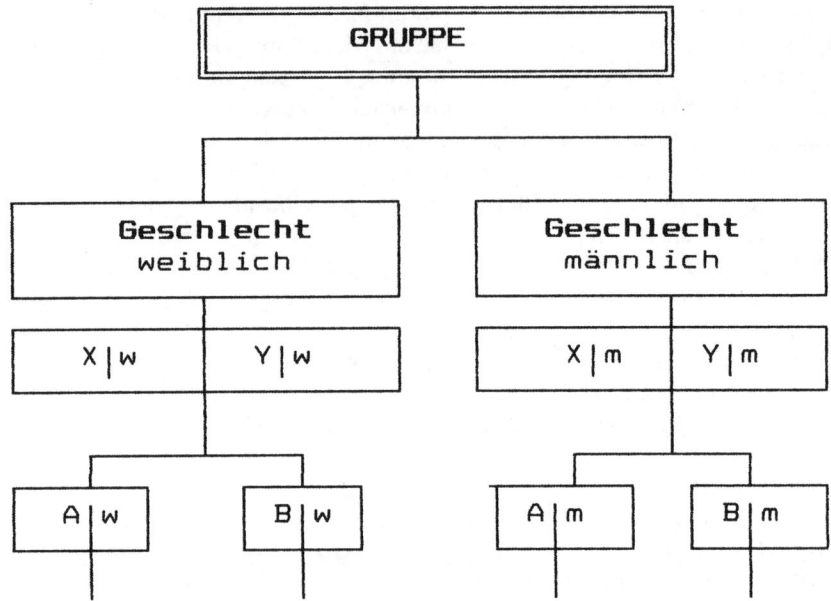

Abb. 10.
Weg der Aggregation von Daten bei einer Gruppenanalyse.

4.2 Einzelfallanalyse

Während die Gruppenanalyse unter Anwendung der Aggregation erfolgt, um eine Generalisierung – unter Implikation der oben genannten und mit dem Moderatoransatz verbundenen Sachverhalte – von Aussagen zu erreichen, wird bei der Einzelfallanalyse der umgekehrte Weg beschrieben. Man nennt diesen Zugang *Agglomeration*. Hierbei werden auf der untersten Stufe der Datengewinnung, die mit der Einzelfallanalyse identisch ist, diejenigen Daten erhoben, die für das Individuum wichtig sind. Eine programmatische Orientierung erlaubt die *Kontrollierte Praxis* (s. *Petermann,* 1982, 1988). Man versteht darunter den Zugang, mit dessen Hilfe die Effekte praktisch-klinischen Handelns so gut wie möglich erfaßt, begründet und dokumentiert werden.

Kontrollierte Praxis versteht sich auch als Aufeinanderfolge von drei verschiedenen Schritten. Im dritten werden Fallvergleiche durchgeführt und die Indikationsstellung geleistet. Die in diesem Kontext wichtigen Fallvergleiche verfolgen drei Ziele:

– Es lassen sich mit ihnen Ursachenkonstellationen für Symptome finden und die Chancen abschätzen, auf sie erfolgreich einwirken zu können.
– Mit ihrer Hilfe können Muster von Therapieabbrüchen herausgefiltert und

– Entscheidungen darüber getroffen werden, welches Vorgehen bei einem gegebenen Klientel das geeignete ist.

Die Bedingungen auf der untersten Ebene (s. Abb. 10) des Einzelfalls lassen sich wiederum auf der Grundlage von Moderatoren beschreiben. Indem zunehmend höhere Ebenen einbezogen werden, wird auf agglomerativem Wege eine Generalisierung der Aussagen erreicht, mit dem Unterschied zur Darstellung in Abbildung 10, daß die Generalisierung von unten nach oben erfolgt. Alle Einzelfälle sind dabei als äquivalent zu betrachten, bei denen eine gleiche Konfiguration von Moderatoren gegeben ist.

5. Schlußfolgerungen für die Einzelfalldiagnostik

Ausgehend von Zielsetzungen der Diagnostik sind wir der Frage nachgegangen, unter welchen Voraussetzungen Gruppendiagnostik in Abgrenzung von N = 1 indiziert ist. Wir kamen zu dem Schluß, daß offensichtlich eine Übertragung von Aussagen, resultierend aus Gruppenuntersuchungen, auf den Einzelfall nur schwer möglich ist. Ein Ausweg ist durch das Moderatorkonzept gegeben:

Erstens erlaubt das Konzept eine hinreichende Deskription von Einzelfall und Gruppe, um zu entscheiden, ob der Einzelfall hinsichtlich der durch Moderatoren beschriebenen Randbedingungen homogen zur Gruppe ist, und umgekehrt. Entsprechende Beispiele aus der klinischen Prüfung von Arzneimitteln und der Kontrollierten Praxis wurden in den Abschnitten 4.1 und 4.2 ausgeführt.

Zweitens ermöglicht die Umkehrung des Moderatoransatzes in der obengenannten Form eine Testung der Voraussetzungen für einen Vergleich von Gruppen untereinander. Nur dann, wenn entsprechende Homogenitätskriterien erfüllt sind (s.o.), sind diejenigen Randbedingungen erfüllt, die die Voraussetzungen für einen Vergleich ermöglichen.

Die dargestellten Kriterien sind restriktiver als innerhalb der Klassischen Testtheorie; gewisse Voraussetzungen sind testbar. Damit sind jene Bedingungen erfüllt, vorgegebene Annahmen zu widerlegen, was bislang als ein Mangel der Klassischen Testtheorie angesehen wurde (vgl. *Fischer,* 1974).

Durch den Einbezug des Klassischen Latent-Additiven Testmodells in das allgemeinere Prinzip der Umkehrung des Moderatoransatzes wurden darüber hinaus Voraussetzungen geschaffen, um zu überprüfen, ob ein Einzelfall einer vorgegebenen Gruppe zugeordnet werden kann. Als Testmöglichkeit wurde die Personentrennschärfe vorgeschlagen. Hierbei wird aber lediglich aufgrund eines einzelnen Datums (in der Regel in Form eines Testscores) überprüft, ob das Antwortverhalten eines Einzelfalls mit dem der Gruppe einhergeht oder nicht. Weitere Randbedingungen des Einzelfalls, wie sie methodisch als Moderatoren wirksam werden, gehen in diese Überprüfung nicht ein.

Die Konfiguration von Moderatoren entspricht damit einer Agglomeration mit der Zielsetzung, eine Aussage über die Äquivalenz von Individuen zu gewinnen. Alle als äquivalent angesehenen Einzelfälle sind dann einer Gruppe zuzurechnen, bei denen ohne Informationsverlust vom aggregierten Datum auf den Einzelfall und umgekehrt vom Einzelfall auf die Gruppe geschlossen werden kann. Je größer die Gruppe ist, desto stärker ist der Indikator dafür, daß es sich bei der die Gruppe (eigentlich mit Hilfe von Moderatoren) umschreibenden Syndromatik nicht um eine seltene handelt. Die Größe ist ihrerseits aber kein Relevanzkriterium, wenn man unter dem Blickwinkel des individuellen Nutzens argumentiert (vgl. Nebenwirkungen von Medikamenten).

Eine Analyse auf der Grundlage von Einzelfällen führt damit auch unter empirischem Blickwinkel nicht zur minderen Dignität wissenschaftlichen Vorgehens, sondern – unter Berücksichtigung der obengenannten Vorgehensweisen – zu einer notwendigen Voraussetzung der Gruppendiagnostik.

Literatur

Bunge, M. Scientific Research. Vol. I. New York: Springer, 1967a.

Bunge, M. Scientific Research. Vol. II. New York: Springer, 1967b.

Fischer, G. Psychologische Testtheorie. Bern: Huber, 1974.

Gammel, G. & Koeppen, D. Psychologische Diagnostik in der Prüfung von Arzneimitteln. In R. S. Jäger (Hrsg.), Psychologische Diagnostik. Ein Lehrbuch. München: Psychologie Verlags Union, 1988.

Ghiselli, E. E. Differentiation of individuals in terms of their predictability. Journal of Applied Psychology, 1956, 40, 374-377.

Guttman, L. The basis of scalogramm analysis. In: S. A. Stouffer, L. Guttman, E. A. Suchman, P. F. Lazersfeld, S. A. Star, J. A. Clausen (Eds.), Measurement and prediction. Studies in social psychology in world war II. New York: Princeton, 1950.

Huber, H. P. Psychometrische Einzelfalldiagnostik. Weinheim: Beltz, 1973.

Jäger, R. S. Differentielle Diagnostizierbarkeit in der Psychologischen Diagnostik. Theoretische und empirische Untersuchungen mit Moderatoren. Göttingen: Hogrefe, 1978.

Jäger, R. S. Strategien und Zielsetzungen in der Pädagogischen Diagnostik. Eine Analyse verschiedener Randbedingungen. In K. Ingenkamp, R. Horn & R. S. Jäger (Hrsg.), Tests und Trends. Jahrbuch der Pädagogischen Diagnostik. Weinheim: Beltz, 1982.

Jäger, R. S. Der diagnostische Prozeß. Eine Diskussion psychologischer und methodischer Randbedingungen. Göttingen: Hogrefe, 1986, 2. Aufl.

Jäger, R. S. (Hrsg.), Psychologische Diagnostik. Ein Lehrbuch. München: Psychologie Verlags Union, 1988.

Jäger, R. S. & Nord-Rüdiger, D. Thesen zur Brauchbarkeit psychologischer Forschung. In D. Nord-Rüdiger et al. (Hrsg.), Beiträge zu Theorie und Praxis in Psychologie und Pädagogik. Frankfurt: Deutsches Institut für Internationale Pädagogische Forschung, 1982.

Klauer, K. J. Einführung in die Theorie lehrzielorientierter Tests. In K. J. Klauer, R. Fricke, M. Herbig, H. Rupprecht & F. Schott (Hrsg.), Lehrzielorientierte Tests. Düsseldorf: Schwann, 1972.

Kubinger, K. D. (Hrsg.), Moderne Testtheorie. München: Psychologie Verlags Union, 1988.

Moosbrugger, H. Testtheorie: Klassische Ansätze. In R. S. Jäger (Hrsg.), Psychologische Diagnostik. Ein Lehrbuch. München: Psychologie Verlags Union, 1988.

Moosbrugger, H. & Müller, H. A classical latent test model (CLA model). The German Journal of Psychology, 1982, 6, 145-149.

Neumeyer, M.; Wolf, E. & Ritter-Röhr, D. v.

Psychosoziale Aspekte des Mammakarzinoms. Teil I. Das allgemeine Profil des Krebspatienten. Sexualmedizin, 1980a, 108-110.

Neumeyer, M.; Wolf, E. & Ritter-Röhr, D. v. Psychosoziale Aspekte des Mammakarzinoms. Teil II: Vorsorgeverhalten und Persönlichkeitsstruktur der Brustpatientin. Sexualmedizin, 1980b, 9, 142-149.

Neumeyer, M.; Wolf, E. & Ritter-Röhr, D. v. Psychosoziale Aspekte des Mammakarzinoms. Teil III: Merkmale der Risikopatientin. Sexualmedizin, 1980c, 9, 188—192.

Noack, H. & Petermann, F. Entscheidungstheorie. In R. S. Jäger (Hrsg.), Psychologische Diagnostik. Ein Lehrbuch. München: Psychologie Verlags Union, 1988.

Petermann, F. Einzelfalldiagnose und klinische Praxis. Stuttgart: Kohlhammer, 1982.

Petermann, F. Kontrollierte Praxis. In R. S. Jäger (Hrsg.), Psychologische Diagnostik. Ein Lehrbuch. München: Psychologie Verlags Union, 1988.

Pawlik, K. Modell- und Praxisdimensionen psychologischer Diagnostik. In K. Pawlik (Hrsg.), Diagnose der Diagnostik. Beiträge zur Diskussion der psychologischen Diagnostik in der Verhaltensmodifikation. Stuttgart: Klett, 1976.

Saunders, D. R. Moderator variables in prediction. Educational and Psychological Measurement, 1956, 16, 209-222.

Scheurer, H. Diagnostik als Testung. In R. S. Jäger (Hrsg.), Psychologische Diagnostik. Ein Lehrbuch. München: Psychologie Verlags Union, 1988.

Scheurer, H. & Jäger, R. S. Experimentelle Psychologie. In R. S. Jäger (Hrsg.), Psychologische Diagnostik. Ein Lehrbuch. München: Psychologie Verlags Union, 1988.

Tarnai, Ch. Die Messung der Wahrnehmung von Konfliktgruppen: eine Skalenanalyse. Innovation, 1988a, 4/5, 507-526.

Tarnai, Ch. Methodenvergleich des „Klassischen latent-additiven Testmodells" und des Rasch-Modells. In K. D. Kubinger (Hrsg.), Moderne Testtheorie. München: Psychologie Verlags Union, 1988b.

Tarnai, Ch. & Fünders, B. Anwendung des klassischen latent-additiven Testmodells zur Konstruktion von Skalen und Indizes in verschiedenen Einstellungsbereichen. Münster: Institut für sozialwissenschaftliche Forschung e.V., 1986.

Westmeyer, H. Logik der psychologischen Diagnostik. Stuttgart: Kohlhammer, 1972.

Windelband, W. Geschichte und Naturwissenschaft. Strassbourg: Heintz, 1904.

Wottawa, H. Allgemeine Aussagen eine Fiktion. In: W. Michaelis (Hrsg.), Bericht über den 32. Kongreß der Deutschen Gesellschaft für Psychologie in Zürich 1980, Bd. 1. Göttingen: Hogrefe, 1981.

III.2. Ansätze der Einzelfallanalyse

Zeitreihenanalyse von Therapieverläufen – ein Überblick

Dirk Revenstorf & Wolfgang Keeser

1. Einleitung

Es ist oft genug darauf hingewiesen worden, daß Gruppenexperimente – die übliche Form des Nachweises der Manipulierbarkeit einer Variablen – für die klinische Forschung in mancher Beziehung inadäquat sind (*Chassan*, 1961; 1967; 1970; *Gottman*, 1973; *Gottman & Glass*, 1978; *Gottman, McFall & Barnett*, 1969; *Hersen & Barlow*, 1976; *Kazdin*, 1976, *Huber*, 1978, um nur einige zu nennen, s. auch den Beitrag von *Petermann* in diesem Band). Die Gründe hierfür sind vielfältig und müssen hier nicht im einzelnen diskutiert werden. Es handelt sich einmal um unerfüllte Voraussetzungen der Gruppenstatistik, zum anderen aber fallen in Therapieuntersuchungen Daten natürlicherweise als Zeitreihen an und charakterisieren so den Verlauf der Therapie weit besser als einige Vorher- und Nachher-Messungen. Verläufe können im Prinzip zwar gruppenstatistisch ausgewertet werden, die Abhängigkeit der Daten ergibt aber Probleme. Es müssen bei univariater Auswertung gewisse Restriktionen gegeben sein (Homogenität und Uniformität der Kovarianzmatrizen), die im allgemeinen nicht erfüllt sind (vgl. *McCall & Appelbaum* in *Petermann*, 1977). Die multivariate Auswertung dagegen etwa mittels der multivariaten Varianzanalyse und damit zusammenhängender Methoden (*Finn*, 1975) ist erst möglich, wenn sehr viel mehr Personen als Meßpunkte vorliegen (vgl. *Davidson*, 1972). Oft erscheint die Einzelfallanalyse aber auch deswegen angezeigt, weil mit ihrer Hilfe die Dynamik der psychischen Prozesse adäquater erfaßt wird als durch Mittelwertsanalysen. Und schließlich interessiert oft der einzelne Fall selbst im Sinne der Diagnostik oder Therapiekontrolle.

Gegen statistische Auswertungen im klinischen Bereich sind Einwendungen gemacht worden und gegen die statistische Auswertung von Einzelfällen im ganz besonderen (s. die genannten Literaturangaben). Im folgenden wird jedoch davon ausgegangen, daß eine statistische Analyse auch für Einzelfalldaten sinnvoll ist, d.h., daß in den beobachteten Variablen eine hinreichend große Variabilität vorliegt, die mögliche Effekte in diesen Variablen verschleiert, ohne daß der Nachweis dieser Effekte dadurch schon sinnlos wird.

Die Zeitreihenanalyse bietet der klinisch-psychologischen Forschung eine Reihe interessanter Möglichkeiten zur Analyse seriell anfallender Daten. Im Unterschied zur gruppenstatistischen Auswertung erfordert die Zeitreihenanalyse zwar relativ viele Meßzeitpunkte; sie vermeidet jedoch kritische Annahmen, insbesondere bei der Bewertung von Interventionseffekten, die noch im einzelnen diskutiert werden. Auf folgende Aspekte der Zeitreihenanalyse, die uns für die klinische Forschung von Interesse scheinen, soll näher eingegangen werden:

— Anhand des anzupassenden *Zeitreihenmodells* ergeben sich Hinweise auf die Struktur der untersuchten Prozesse bezüglich der seriellen Abhängigkeit und der Periodik.

— Man kann mit Hilfe von *Kreuzkorrelationen* (Korrelationen über die Zeit) feststellen, welche Variablen welchen anderen vorausläuft, und erhält so Hinweise auf mögliche Wirkungszusammenhänge mit Zeitverzögerungen.

— Die Zeitreihenanalyse ermöglicht die statistische Überprüfung von *Interventionseffekten*. Dabei können nicht nur einfache Niveau- oder Trendunterschiede, sondern auch der Form nach genau spezifizierte Hypothesen über den Verlauf der Intervention untersucht werden.

— Es wird möglich, kovariierende Variablen aus dem Verlauf der Zielvariablen mit Hilfe eines *regressions*ähnlichen Ansatzes zu eliminieren.

2. Serielle Abhängigkeit

Autokorrelation: Zeitreihen sind dadurch ausgezeichnet, daß die Werte in ihnen nacheinander erzeugt werden. Die Zeitreihenstichprobe kann daher nicht wie bei der querschnittlichen Stichprobe als unabhängig angesehen werden. Diese serielle Abhängigkeit hat einen entscheidenden Einfluß auf die Möglichkeiten der statistischen Analyse. Im Falle quantitativer Messungen ergibt sich die Möglichkeit, die serielle Abhängigkeit mit einem Korrelationskoeffizienten zu erfassen. Abb. 11 zeigt zwei fiktive Zeitreihen der Länge N=16. Wendet man eine leicht modifizierte Produktmoment-Formel (Pearson) auf die Zeitreihe und ihr um einen Zeitpunkt verschobenes Abbild an, so erhält man die (lineare) Korrelation von Z(t) mit Z(t-1), die Autokorrelation r(1). Da Mittelwert und Varianz der Zeitreihe und der verschobenen Zeitreihe als gleich angenommen werden können, vereinfacht sich zunächst die Formel für die Autokovarianz (c):

$$(1) \quad m = \sum_{t=1}^{N} z\,(t)/N \,;\, v = c\,(o) = \sum_{t=1}^{N} (z\,(t)\text{-}m)^2/N$$

$$(2) \quad c\,(1) = \sum_{t=2}^{N} (z\,(t)\text{-}m)\,(z\,(t\text{-}1)\text{-}m)/N$$

$$(3) \quad c\,(l) = \sum_{t=l+1}^{N} (z\,(t)\text{-}m)\,(z\,(t\text{-}l)\text{-}m/N.$$

Daraus ergibt sich die Autokorrelation r(1)=c(1)/v.
Für Verschiebungen um einen größeren Zeitraum (Lag > 1) lautet die allgemeine Formel (Autokorrelationsfunktion, ACF oder Autokorrelogramm)

$$(4) \quad r\,(l) = c\,(l)/c\,(o) \qquad \text{Autokorrelation.}$$

Im folgenden ist die Zeitreihe aus Abb. 11a dreimal versetzt untereinander geschrieben, um zu verdeutlichen, wie die ersten drei Autokorrelationen in dieser
Zeitreihe sich berechnen. Der Mittelwert war hier m=1.94 und die Varianz
c(0)=v=.68.

z (t):   2332210223232211- -   c (0) = .68

z (t-1):   -2332210223232211-   c (1) = .25   r (1) = +.37

z (t-2):   - -2332210223232211   c (2) = -.06   r (2) = -.09

Die *Autokorrelationsfunktion* (ACF), d.h., die ersten l Autokorrelationen
gegen die Zeitverschiebung (l) abgetragen, nimmt gewöhnlich nach rechts hin
allmählich kleiner werdende Werte an, wie etwa in dem empirischen Beispiel in
Abb. 13b deutlich wird. Die Autokorrelationsfunktion beginnt trivialerweise bei
dem Wert + 1.0 für das Lag l=0 (die Zeitreihe mit sich selbst korreliert). Sie kann
aber auch negative Werte annehmen wie in Abb. 11b, hier ist r(l)=-.54. Eine
positive Autokorrelation wie in Abb. 11a bedeutet, daß das System dazu tendiert,
in ähnlichen oder gleichen Zuständen zu verharren. Eine negative Autokorrelation wie in Abb. 11b bedeutet, daß das System auf einen großen Wert dazu ten-

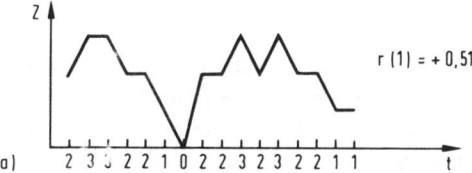

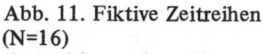

Abb. 11. Fiktive Zeitreihen
(N=16)
a) positiv autokorreliert,
b) negativ autokorreliert,
c) wie a) mit angepaßter
   Sinusschwingung.

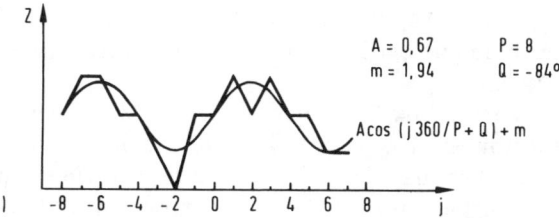

diert, einen kleinen Wert anzunehmen und umgekehrt, also zu alternieren. Die beiden Zeitreihen in Abb. 11a und 11b machen dies deutlich.

Mittelwert, Varianz und Autokorrelationen wurden als Mittel über die Zeitpunkte berechnet. Es muß daher sinnvollerweise angenommen werden, daß diese Statistiken für den Prozeß, der die Zeitreihe produziert, für den untersuchten Zeitraum konstant sind. Man nennt solche Prozesse schwach stationär. Stationarität im strengen Sinne setzt voraus, daß alle, auch die höheren Momente, konstant sind. Unter der Annahme der Normalverteilung der Daten sind alle höheren Momente Null und der Prozeß wird durch die Statistiken m, v und ACF vollständig beschrieben.

Bei Unabhängigkeit der Daten sind alle theoretischen Autokorrelationen Null. Möchte man die Hypothese prüfen, ob die empirische Autokorrelation r(l+1) signifikant von Null verschieden ist, dann kann man sich des folgenden auf *Bartlett* zurückgehenden Tests bedienen (vgl. *Box & Jenkins*, 1970; Kapitel 2).

$$(5) \quad s^2 = v\left(r\left(l+1\right)\right) = \left(1 + 2\sum_{i=1}^{l} r\left(i\right)\right)/N.$$

Auf dem 5% Niveau z.B. darf die Korrelation r(l+1) dann den Wert von 1.96s nicht überschreiten.

Periodik: Neben der direkten sequentiellen Abhängigkeit kann es ein weiteres Charakteristikum von Zeitreihe sein, daß *periodische* Abhängigkeiten bestehen. Mehr oder weniger deutlich nimmt die Zeitreihe möglicherweise in regelmäßigen Abständen (periodisch, zyklisch) ähnliche oder gleiche Werte an. In Abb. 11c durchläuft die Zeitreihe zu den Zeitpunkten t=1,5,9,13 den Wert 2 (etwa der Mittelwert m). Auch vom übrigen Erscheinungsbild her könnte man eine periodische Komponente mit der Halbperiode 4 (P=8) vermuten. Allgemein läßt sich der periodische Anteil der Zeitreihe durch Sinus/Cosinus-Funktionen wiedergeben.

Das sogenannte *Periodogramm* I(F) (oder bei kontinuierlichen Frequenzen das Spektrum) zeigt an, welche Periodiken in der Zeitreihe wie stark hervortreten. Abb. 12a zeigt eine Zeitreihe mit ausgeprägter Periodik. Es handelt sich um die Zeit, die 2 Ehepartner täglich zusammen verbringen (N=93). Am Wochenende ist diese Zeit natürlich besonders lang. Daher ist eine 7-Tage-Periodik anzunehmen. Entsprechend zeigt das Periodogramm in Abb. 12d bei den Frequenzen (F=N/P) F=13 und 14, die der Periode von P=7 entsprechen, eine starke Linie. Ebenso noch einmal bei F=26 und 25. Diese Frequenz entspricht der Periode von 14 Tagen.

Die Periodik kann man in vielen Fällen auch der Autokorrelationsfunktion entnehmen. Wie man sich leicht klarmacht, sind die Autokorrelationen mit einem Lag, das einem Vielfachen der Periode entspricht, besonders hoch. Abb. 12b zeigt ein Beispiel für eine periodische ACF. Nach Elimination der Periodik in

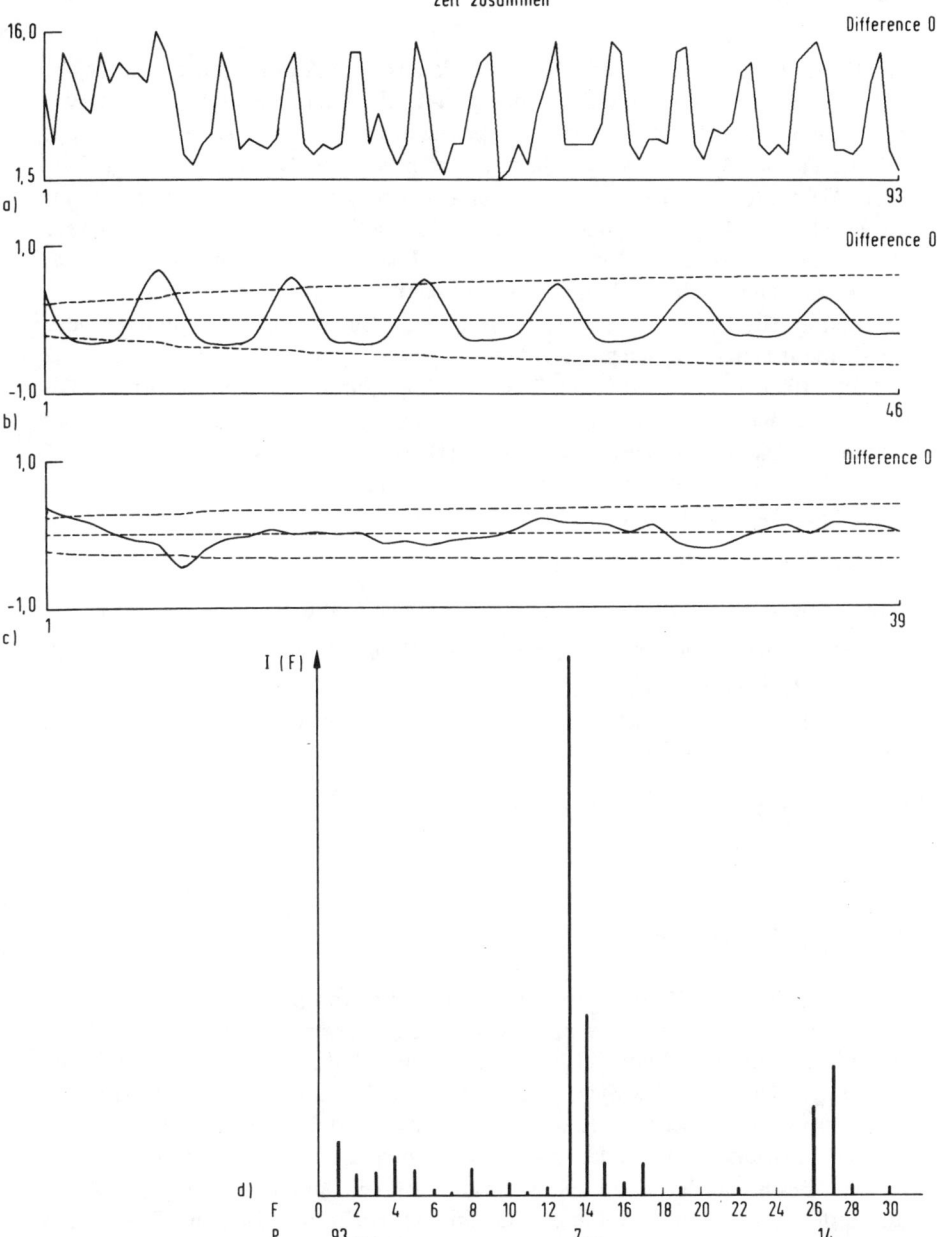

Abb. 12. Empirische Zeitreihe mit Periodik: Zusammen verbrachte Zeit von Eheleuten (subjektive Schätzung eines Partners) an 91 aufeinanderfolgenden Tagen.
a) Die Zeitreihe,
b) Autokorrelogramm (mit deutlicher Periodik),
c) Autokorrelogramm der saisonbereinigten Zeitreihe,
d) Periodogramm.

den Daten (s.u.) verschwindet die Periodik aus dem Autokorrelogramm (Abb. 12c). Die Autokorrelationsfunktion ergibt i. allg. stabilere Statistiken als das Periodogramm. Außerdem treten im Spektrum häufig Nebenperioden auf (hier z.B. die Periode 14), die gelegentlich schwer interpretierbar sind und möglicherweise Artefakte darstellen. Diese und andere Schwierigkeiten sind in der Literatur verschiedentlich hervorgehoben worden (*Seiwell & Wadsworth*, 1949; *Tukey*, 1967; B*ox & Jenkins*, 1970; *Wetzel*, 1970). Für psychologische Daten der Art, wie sie hier behandelt werden, würde die Spektralanalyse gelegentlich Hilfen zur Erkennung überlagerter Schwingungen bieten. Im allgemeinen soll hier aber auf sie nicht näher eingegangen werden.

Ein einfacher ganz allgemeiner Test, Abhängigkeiten verschiedener Art festzustellen, ist der Differenzenvarianzen-Test nach *v. Neumann* (*Lindgren*, 1960; Kapitel 9). Die Varianz der Differenzen z(t)-z(t-1) ist bei negativer Autokorrelation r(1) größer und bei positiver Autokorrelation kleiner als die doppelte Varianz der Originaldaten Z, und der Quotient

(6a) $\Delta = \Sigma \, (z \, (t)\text{-}z \, (t\text{-}1))^2 / (2v \, (N\text{-}1))$

liefert eine Statistik Δ, die für normalverteiltes Z und N > 20 mit m=1 und $s = \sqrt{(1\text{-}1/(N\text{-}1))/(N+1)}$ approximativ der Standardnormalverteilung folgt.

Ein anderer statistischer Test zur Überprüfung der sequentiellen Unabhängigkeit ist der sog. Portemanteau-Test (*Box & Jenkins* 1970), der sich aus den Autokorrelationen errechnet:

(6b) $\chi^2 = N \sum_{j=1}^{k} r \, (j)^2 \, ; \; k \geqslant 20; \, df = k$

3. Abhängigkeitsmodelle

Deterministische Modelle: In vielen Fällen ist es von Interesse, die serielle Abhängigkeit der Daten in Form eines Modells zu erfassen. Sei es, daß ein solches Modell von theoretischem Belang ist (z.B. beim Markov-Modell erster Ordnung ist das „Gedächtnis" des Systems genau einen Zeitpunkt lang), weil man Vorhersagen machen möchte (z.B. der Aktienkurs von morgen oder sonstige ökonomische Entwicklungen), oder sei es, weil man die Abhängigkeit eliminieren möchte. Besonders der letzte Fall ist für die Untersuchung von Therapieverläufen und anderen Verlaufsdaten interessant, um statistische Analysen über Trend- und Niveauunterschiede anzustellen.

Für Abhängigkeitsmodelle in Zeitreihen gibt es sehr unterschiedliche Möglichkeiten: z.B. die folgende fiktive Zeitreihe

t: 1   2   3   4   5   6   7   8   9 10
z: 10 12 14 16 18 20 22 24 26 28

hat eine ausgeprägte Autokorrelation r(1)=.80, und wird vollständig durch folgendes Modell abgebildet:

$$z(t) = a+bt + u(t) \qquad a = 8 \text{ und } b = 2.$$

Dabei sind die Residuen u(t) alle Null. Dieses Modell ist eine Gerade, ein *Polynom*, das auch allgemeiner gefaßt werden kann mit quadratischen, kubischen usw. Ausdücken. Polynome werden häufig bei Zeitreihen und auch Varianzanalysen mit und ohne wiederholten Messungen verwendet, um bestimmte Trends in den Daten zu charakterisieren. Allerdings haben Polynome etwas grundsätzlich unbiologisches, da sie mit zunehmender Abszisse, d.h. der Zeit, irgendwann sehr große Werte annehmen, was für die meisten psychischen, sozialen und biologischen Phänomene nicht zutreffend ist (vgl. *Lubin*, 1970). Vielmehr pendeln sich solche Variablen in einem bestimmten Bereich ein oder nähern sich einem bestimmten Niveau.

Ein anderes Verfahren der Zeitreihenanalyse, das sich großer Beliebtheit erfreut, beruht auf der im vorigen Abschnitt kurz beschriebenen Spektralanalyse, z.B. die folgende fiktive periodische Zeitreihe:

t:	1	2	3	4	5	6	7	8	9	10
z:	1	2	3	2	1	2	3	2	1	2

Mit den ebenfalls periodischen Autokorrelationen (P=4) von r(1)=0, r(2)=-.80 r(3)=0 r(4)=+.58 r(5)=0. . . wird sie vollständig durch folgendes Schwingungsmodell (π=180°) erfaßt:

$$z(t) = m + \cos(t\,\pi/2 + Q) + u(t); \qquad m = 2; \qquad Q = \pi/2.$$

Auch hier sind die Residuen u(t) für alle t Null. Dieses Modell ist ein Spezialfall der allgemeineren *Fourier-Serie*, wie sie in der Spektralanalyse verwendet wird (s.o.). Polynome und Fourierserien enthalten unkorrelierte (orthogonale) Varianz-Komponenten ähnlich den bei der Faktorenanalyse isolierten Faktoren. Diese Komponenten können in beiden Modellen einzeln auf Signifikanz überprüft werden (s.o.). Außerdem stellen Polynome wie auch die Fourierserien in vollständiger Form einfach Datentransformationen dar. D.h., durch Modelle mit hinreichend hohem Ordnungsgrad lassen sich die Daten vollständig wiedergeben. Beide Modelltypen sind im Bereich der Ökonometrie als sogenanntes *Berliner Verfahren* kombiniert worden (vgl. *Heiler*, 1970).

Auf die theoretischen und praktischen Schwierigkeiten bei der Schätzung und Anwendung dieser und ähnlicher Verfahren ist in der Literatur hingewiesen worden (*Nullau*, 1970; *Wetzel*, 1970; *Garbers*, 1970 und *Schaeffer*, 1970).

Stochastische Modelle: Die genannten Modelle sind trigonometrische Funktionen und Polynome in der Zeit, also abgesehen von der Restschwankung deterministische Modelle der Zeitreihe. Bei psychobiologischen Daten ist es häufig

sinnvoller anzunehmen, daß der Zustand zum Zeitpunkt t von den vorangehenden Zuständen abhängt und nicht direkt von der Zeit. Da diese Zustände selbst
Zufallsvariablen sind, erhält man so ein stochastisches Modell. Man unterscheidet
hier insbesondere zwei Modellformen. Ein *autoregressives* Modell (AR):

(7) $z(t) = m + \phi_1\, z(t\text{-}1) + \phi_2\, z(t\text{-}2) + \ldots + \phi_p\, z(t\text{-}p) + u(t)$ AR-Prozeß.

Hier wird der Wert der Variablen zum gegenwärtigen Zeitpunkt als durch den
Wert im vorangehenden Zeitpunkt oder unter Umständen durch Werte in noch
weiter zurückliegenden vorhergesagt. Eine andere Form des stochastischen
Modells für Zeitreihen ist der sogenannte *Moving-Average* Prozeß (MA):

(8) $z(t) = m - (\theta_1\, u(t\text{-}1) + \theta_2\, u(t\text{-}2) + \ldots + \theta_q\, u(t\text{-}q)) + u(t)$ MA-Prozeß.

Hier wird der gegenwärtige Wert der Variablen durch den Fehler-Wert zum
vorhergehenden Zeitpunkt bzw. zu den vorhergehenden Zeitpunkten bestimmt.
Die Formulierung des autoregressiven Modells entspricht sinngemäß einem
Wachstumsprozeß, bei dem das System sich an den vorangehenden Zuständen
orientiert. Der Moving-Average Prozeß entspricht eher einem homöostatischen
Modell, in denen die zufällige Auslenkung u(t) eines Prozesses von dem zugrundeliegenden Sollwert des Systems korrigiert wird. Dabei geht der vorangehende
Fehler mit dem Faktor θ in den gegenwärtigen Zustand des Prozesses ein, wobei
das negative Vorzeichen den Korrekturcharakter andeuten soll. Bisweilen läßt
sich aus Überlegungen zur Struktur des Systems herleiten, ob es sich um einen
AR- oder einen MA-Prozeß handelt. Abb. 13a zeigt eine empirische Zeitreihe, die
etwa einem AR(1)-Prozeß folgt. Es handelt sich um die Beurteilung des Gemein-

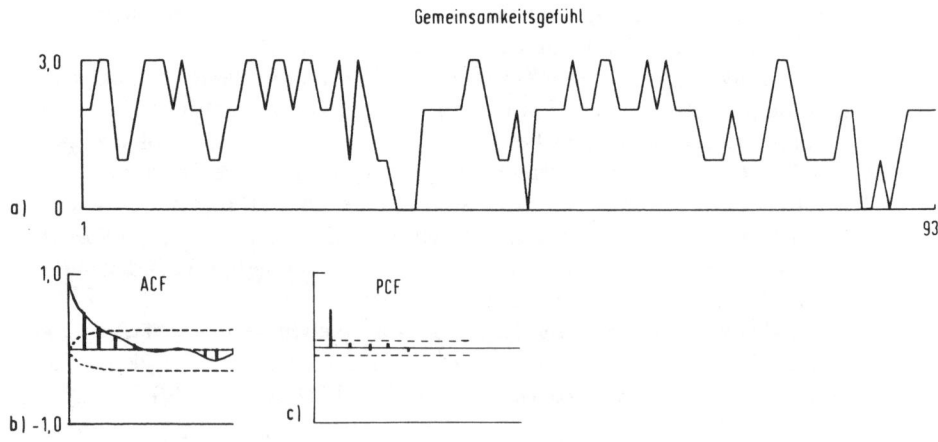

Abb. 13. Empirische Zeitreihe, die etwa einem AR (1) Prozeß entspricht.
a) Zeitreihe (Gemeinsamkeitsgefühl von Ehepartnern aus der Sicht der Frau),
b) Autokorrelationsfunktion mit eingezeichnetem Konfidenzintervall (95%),
c) Partielle Korrelationsfunktion mit eingezeichneten Konfidenzintervall (95%).

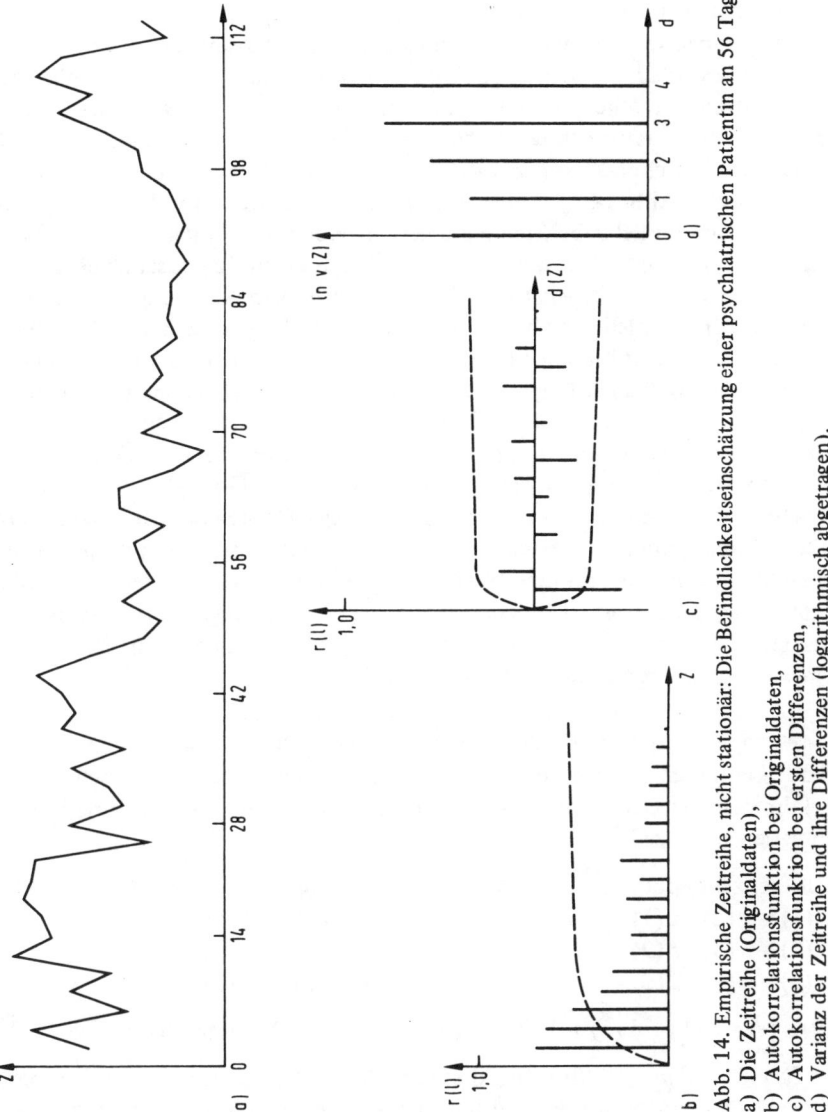

Abb. 14. Empirische Zeitreihe, nicht stationär: Die Befindlichkeitseinschätzung einer psychiatrischen Patientin an 56 Tagen.
a) Die Zeitreihe (Originaldaten),
b) Autokorrelationsfunktion bei Originaldaten,
c) Autokorrelationsfunktion bei ersten Differenzen,
d) Varianz der Zeitreihe und ihre Differenzen (logarithmisch abgetragen).

samkeitsgefühls durch einen Ehepartner an 91 aufeinanderfolgenden Tagen (Analyse siehe nächster Abschnitt).

Beide Prozesse sind bei der Änderung der Parameterzahl auch ineinander überführbar (*invertibel:* vgl. *Box & Jenkins,* 1970). AR- und MA-Prozesse müssen, damit bestimmte mathematische Bedingungen erfüllt sind, schwach stationär sein (s.o.). Diese Voraussetzung würde die Anwendungsmöglichkeiten solcher Modelle stark einschränken. *Nichtstationärität* von Zeitreihen läßt sich jedoch berücksichtigen. Abb. 14 gibt eine solche nichtstationäre Zeitreihe wieder (es handelt sich um die Selbstbeurteilung eines psychotischen Patienten auf der Befindlichkeitsskala von *v. Zerssen* an 60 jeweils um einen Tag auseinanderliegenden Tagen (vgl. *Gudat & Revenstorf,* 1976). Solche groben Änderungen der Zeitreihe lassen sich prinzipiell wie oben beschrieben durch Polynome in der Zeit erfassen. Wie man sich leicht klarmacht, verringert man den Grad eines solchen Polynoms, indem man aufeinanderfolgende Werte der Zeitreihen voneinander abzieht, d.h., *Differenzen* bildet. Z.B. die weiter oben genannte Zeitreihe von 10 bis 28 stellte ein Polynom ersten Grades dar und wird durch Differenzenbildung stationär mit dem konstanten Wert $z(t)-z(t-1)=2$ (Polynom 0ten Grades). Ebenso wird die quadratische Folge der Zahlen 1 4 9 16 25 36 usw. durch einmalige Differenzenbildung linear mit den Werten 3 5 7 9 11 usw. und durch zweimalige Differenzenbildung stationär mit dem Wert 2 an allen Stellen. Dieser Effekt der Differenzenbildung wird leicht plausibel, wenn man sich vergegenwärtigt, daß sie das diskrete Analogon zum Differenzieren darstellt und man beim Differenzieren eines Polynoms den Grad um 1 vermindert.

Wenn eine nicht-stationäre Zeitreihe durch Differenzenbildungen stationär wird, kann man sie sich durch Summation aus stationären Zeitreihen zustandegekommen denken. Man spricht in diesem Falle von einem summativen oder integrierten Prozeß:

Differenzenbildung:	Summation:
$d(1) = z(2) - z(1)$	$z(2) = d(1) + z(1)$
$d(2) = z(3) - z(2)$	$z(3) = d(2) + d(1) + z(1)$
$d(3) = z(4) - z(3)$	$z(4) = d(3) + d(2) + d(1) + z(1)$

(9) $z(t) = z(1) + d(1) + d(2) + d(3) + \ldots + d(t-1)$ Summativer Prozeß.

Box & Jenkins (1970) haben diese drei Modellkomponenten : Autoregressiver Prozeß, Moving-Average Prozeß und integrierter Prozeß zu einem Modell zusammengefaßt, den sie Autoregressiven Integrierten Moving-Average Prozeß ARIMA (p, d, q) nennen. Dabei ist p die Ordnung des autoregressiven, q die Ordnung des Moving-Average Prozesses und d gibt an, wie oft man Differenzen aus den Originaldaten bilden muß, um eine stationäre Zeitreihe zu erhalten.

Modellidentifikation: Wie findet man nun praktisch aus der Klasse der ARIMA (p, d, q)-Modelle das für die jeweils vorliegende Zeitreihe passende Modell? Hierzu bedient man sich zweier Größen, der *Autokorrelationsfunktion* (ACF) und der *partiellen Autokorrelationsfunktion* (PCF). Die Autokorrelationsfunktion enthält wie oben beschrieben, die Korrelationen der Zeitreihe mit sich selbst, und zwar jeweils um einen Zeitpunkt weiter verschoben, wobei die Länge der zu korrelierenden Vektoren N-*l* ist, wenn *l* der Grad der zeitlichen Verschiebung ist. Daraus ergibt sich, daß mit größer werdendem *l* die Anzahl der in die Berechnung der ACF eingehenden Werte immer kleiner wird und damit die Koeffizienten immer unzuverlässiger werden. Es empfiehlt sich daher, nicht mehr als N/4 Autokorrelationskoeffizienten zu berechnen und für N mindestens 50 bis 100 Werte zur Verfügung zu haben. Inhaltlich lassen sich die Werte der Autokorrelationsfunktion als das Ausmaß interpretieren, mit dem sich die Zeitreihe „an sich selbst erinnert". Abb. 13b zeigte die Autokorrelationsfunktion für die Beurteilungen des Gemeinsamkeitsgefühls. Die Abbildung enthält neben der Autokorrelationsfunktion eine zweite Größe, die von Bedeutung für die Identifikation des ARIMA-Modells ist: die partielle Autokorrelationsfunktion (PCF). Ihre Werte erhält man folgendermaßen: Man denke sich eine Regressionsgleichung, in der die Werte zum gegenwärtigen Zeitpunkt durch die Werte zu vorhergehenden Zeitpunkten vorausgesagt werden. Diese Regressionsgewichte sind den Partialkorrelationen proportional. Sie geben die Korrelation eines Prediktors unter Auspartialisierung anderer Prediktoren an. Die partielle Autokorrelationsfunktion enthält nun jeweils das letzte Regressionsgewicht einer Reihe zunehmend länger werdender Regressionsgleichungen, d.h. Regressionsgleichungen, die zunehmend länger in der Zeit nach rückwärts reichen:

(10) $z(t) = \phi_{11} z(t-1) + u(t)$

$z(t) = \phi_{21} z(t-1) + \phi_{22} z(t-2) + u(t)$

$z(t) = \phi_{31} z(t-1) + \phi_{32} z(t-2) + \phi_{33} z(t-3) + u(t)$

· · ·

Das letzte Regressionsgewicht (ϕ_{jj}) gibt die Korrelation der Zeitreihe zum Zeitpunkt t und zum Zeitpunkt t-j wieder, nachdem die dazwischenliegenden Werte auspartialisiert wurden. Verschwindet dieses letzte Regressionsgewicht, so ist die Ordnung der Regressionsgleichung zu hoch angesetzt. Man kann daher von der Anzahl der signifikanten Werte der partiellen Autokorrelationsfunktion auf den Ordnungsgrad des autoregressiven Prozesses schließen. Abb. 13a stellt insgesamt mit guter Annäherung einen autoregressiven Prozeß erster Ordnung dar. Trägt man die jeweils letzten Regressionsgewichte ϕ_{11}, ϕ_{22}, ϕ_{33} · · · ϕ_{jj} gegen den Ordnungsgrad der Regressionsgleichung (j), so erhält man die partielle Autokorrelationsfunktion PCF. In Abb. 13c bricht sie nach einem Glied ab. Der Standardfehler für die partiellen Regressionsgewichte ist nach *Quenouille* (vgl. *Box & Jenkins,* 1970; Kapitel 3) unter der Annahme, daß ihr Wert Null ist: $s=1/\sqrt{N}$. Es läßt sich nun leicht zeigen, daß die partielle Autokorrelationsfunktion für einen autoregressiven Prozeß erster Ordnung nach dem ersten Glied insignifikant wird und daß die Autokorrelationsfunktion einen exponentiellen abfallenden Verlauf nimmt wie hier in Abb. 13b (bei positivem ϕ) oder den Verlauf einer exponentiell gedämpften Sinusschwingung (bei negativem ϕ). Allgemeiner gilt, daß für einen AR-Prozeß p-ter Ordnung die Autokorrelationsfunktion den beschriebenen Verlauf nimmt und die partielle Autokorrelationsfunktion nach dem p-ten Glied abbricht.

Beim Moving-Average-Prozeß verhält es sich genau umgekehrt: Hier bricht die Autokorrelationsfunktion nach q signifikanten Werten ab, wenn es sich um einen MA (q)-Prozeß handelt. Die partielle Autokorrelationsfunktion dagegen fällt exponentiell ab oder verläuft in Form der gedämpften Sinusschwingung. Zur Bestimmung der Signifikanz der ACF kann man den Test von Bartlett und für die PCF die eben genannte Signifikanzprüfung von Quenouille verwenden (s.o.).

Soweit die stationären MA- und AR-Prozesse. Die *nichtstationären* Prozesse erkennt man einmal am Verlauf der Zeitreihe selbst, die größere Niveauschwankungen durchmacht. In Grenzfällen und mit größerer Sensibilität erkennt man die Nichtstationarität ebenfalls an der Autokorrelationsfunktion, die in solchen Fällen einen besonders flachen Verlauf nimmt. Abb. 14 zeigt einen solchen Fall (s.o.). Die ACF der Originaldaten verläuft relativ flach, die ACF der ersten Differenzen (Abb. 14c) bricht nach einem Glied ab. Die Zeitreihe selbst weist erhebliche Schwankungen auf und die Varianz hat ihr Minimum bei d=1 (Abb. 14d). Ein statistischer Test für Nichtstationarität wurde von *Priestley & Rao* (1969) entwickelt. Einen guten Hinweis dafür, wieviel Differenzen man bilden muß, gibt die Varianz der Zeitreihe. Stellt sie ein Polynom in der Zeit mit einer zufälligen Restschwankung dar, so vermindert man, wie oben erläutert, durch sukzessive Differenzenbildung den Polynomgrad, und dabei reduziert sich die Varianz der Zeitreihe zunehmend bis auf die Varianz der Restschwankung. Bildet man noch weitere Differenzen, so steigt die Varianz wieder an. Insofern die Nichtstationarität der Zeitreihe durch Polynome dargestellt und durch Differenzenbildung eliminiert werden kann, gibt daher das Minimum der Varianz in etwa den adäquaten Grad der Differenzenbildung wieder (vgl. auch *Anderson,* 1975). *Tintner & Rao* (1963) haben für verschiedene Signifikanzniveaus die kritischen Werte der Varianzquotienten (6) tabelliert: (v(d=o)/v(d=1), v/d=1)/ v(d=2) . . .). Geht man in der Differenzenbildung zu weit, so stellt sich eine artifizielle negative Autokorrelation der Daten ein, die durchaus irreführend sein kann. Auf der anderen Seite werden bei nichtstationären Daten, d.h. zu geringerer Differenzenbildung, die mathematischen Voraussetzungen für AR- und MA-Prozesse verletzt. Die richtige Bestimmung von d, dem Grad der Differenzenbildung, ist daher wichtig (vgl. *Box & Jenkins,* 1970). Nach der Bestimmung von d wird die oben beschriebene Diagnostik mit Hilfe von Autokorrelationsfunktion und partieller Autokorrelationsfunktion auf die Differenzdaten angewendet und so deren AR- bzw. MA-Komponente bestimmt. Man erhält dann entweder ein ARIMA

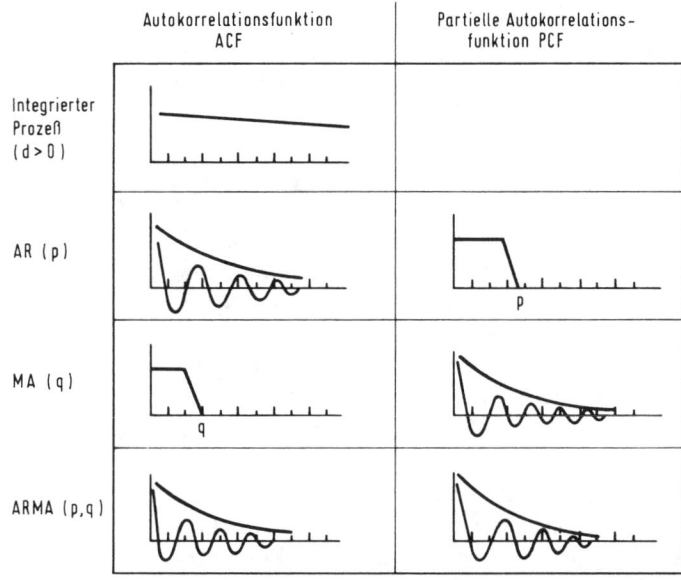

Abb. 15. Grob-Schema zur Identifikation des ARIMA-Modells nach *Box & Jenkins* 1970. d: Grad der Differenzenbildung, p: Ordnung des autoregressiven Modells, q: Ordnung des Moving-Average-Modells.

(p, d, 0)-Modell, ein ARIMA (0, d, q)-Modell oder ein ARIMA (p, d, q)-Modell. Für gemischte Modelle ARIMA (p, q) gilt, daß ACF und PCF in etwa einen gedämpften oder einen sinusförmig gedämpften Verlauf nehmen (Näheres s. *Box & Jenkins;* Kapitel 3). Eine schematische Zusammenfassung dieser diagnostischen Hilfen zur Identifikation des ARIMA Modells gibt Abb. 15.

Man könnte vermuten, daß entsprechend der unterschiedlichen Werte, die p, d und q annehmen können, eine Vielzahl von ARIMA-Modellen auftritt. *Glass* et al. (1975) haben die Modelle für 95 Zeitreihen unterschiedlicher Herkunft (psychologische, ökonomische, physiologische, technische Zeitreihen) bestimmt. Hierbei ergab sich, daß der häufigste Fall der unabhängiger Daten war, gefolgt von stationären AR (1) und MA (1) Modellen und dem nichtstationären ARIMA (0, 1, 1) Modell. Diese Modellklasse wird auch IMA (d, q) genannt (vgl. zu diesem Punkt auch *Noack* in diesem Band).

Das ARIMA-Modell ist auch in der Lage, *periodische* Abhängigkeiten zu berücksichtigen. Dabei wird allerdings eine Periodizität nicht direkt in Bezug auf die Zeit formuliert, sondern auf den Zustand des Systems vor Ablauf einer bestimmten Periode. D.h., die Regressionsgleichung des ARIMA-Modells wird um AR- oder MA-Komponenten erweitert, die den jetzigen Zustand des Systems mit dem Zustand, der vor Ablauf der Periode vorlag, verknüpfen. Abb. 12 gibt ein Beispiel für eine Zeitreihe mit periodischer Komponente. Die Periode war hier 7 (an Wochenenden war die zusammen verbrachte Zeit immer besonders lang). Das entsprechende ARIMA-Modell nach geeigneter Differenzenbildung lautet jetzt für AR- und MA-Komponenten 1ter und 7ter Ordnung so:

(11) $z(t) = m + \phi_1\, z\,(t\text{-}1) - \theta_1\, u\,(t\text{-}1) + \phi_7\, z\,(t\text{-}7) - \theta_7\, u\,(t\text{-}7) + u\,(t).$
$$\hphantom{z(t) = m + }\text{AR}\hphantom{xxxxxx}\text{MA}$$
(Periodische Komponenten)

Im Prinzip kann dabei auch der periodische Anteil als nichtstationär angenommen werden, d.h., man kann Differenzen zwischen den Werten der Zeitreihe bilden, die um eine Periode auseinanderliegen. Man erhält so das allgemeine Modell ARIMA $(p, d, q)_1$ $(p, d, q)_P$, wobei P die Periode angibt (multiplikatives Modell *Box & Jenkins,* 1970; Kapitel 9). Im Beispiel aus Abb. 12 handelt es sich um einen ARIMA $(1, 0, 0)_1$ $(1, 0, 0)_7$ Prozeß. Die Koeffizienten waren $\phi_1 = .45$ und $\phi_7 = .54$. Abb. 12c enthält die ACF der Residuen, die keine Periodik mehr aufweisen.

Das ARIMA Zeitreihenmodell gibt also die Art der sequentiellen Abhängigkeit innerhalb der Zeitreihe wieder und sieht dabei vielfache Möglichkeiten der Abhängigkeit von vorangegangenen Zuständen, von vorangegangenen Fehlern, Möglichkeiten der Nichtstationarität und der Periodizität vor. Die Identifikation des Prozesses ist die technische Voraussetzung für weitere Analysen der Zeitreihe, z.B. Vorhersage oder Überprüfen von Interventionseffekten. Die ARIMA-Modelle übrigens sind weitaus flexibler als Markov-Modelle (s. *Revenstorf & Vogel* in diesem Band), die zur Beschreibung von Systemen mit diskreten Zuständen verwendet werden. Dabei kann man in der Praxis nur Modelle erster oder höchstens zweiter Ordnung verwenden, da sonst die Daten zur Besetzung der Übergangsmatrix meistens nicht ausreichen.

4. Serielle Kovariation

Kreuzkorrelogramm: Bei quantitativen Daten hat man wieder die Möglichkeit der Verwendung der Produktmomentkorrelation zur Erfassung des Zusammenhanges zwischen zwei Variablen. Erwähnt sei auch *Strahans* (1971) Koeffizient der Richtungsänderungen, der praktisch die Summe der Wertepaare mit gleichen Vorzeichen darstellt, nachdem man von beiden Zeitreihen Differenzen gebildet hat. Der Koeffizient setzt nur Rangskalenqualität der Daten voraus. Eine andere Möglichkeit, den Zusammenhang zweier Zeitreihen zu erfassen, ist das Kreuzspektrum, auf das hier nicht eingegangen werden soll (s. *Jenkins & Watts,* 1969; Kapitel 7; *Wetzel,* 1970). Im Gegensatz zu dem Fall zweier unabhängiger Stichproben ergibt sich bei Zeitreihen die Möglichkeit, die zwei über die Zeit erfaßten Variablen nicht nur synchron zu korrelieren, sondern auch *zeitverschoben.* Der rechnerische Vorgang ist ganz analog zur Autokorrelation. Man versetzt die Zeitreihen mit zunehmend größerer Zeitverschiebung gegeneinander und erhält so eine Reihe von Korrelationskoeffizienten, die das Korrelogramm zusammensetzten. Allerdings sind beim Autokorrelogramm wegen der Gleichheit der beiden Zeitreihen $r_x(l) = r_x(-l)$, d.h., das vollständige Autokorrelogramm hat zwei symmetrische Äste, die der Zeitverschiebung nach vorn und hinten entsprechen. Beim *Kreuzkorrelogramm* sind diese Äste nicht symmetrisch, da einmal die Variable X der Variablen Y vorausläuft und das andere mal umgekehrt:

$$r_{xy}(l) = r_{yx}(-l) \neq r_{yx}(l) = r_{xy}(-l).$$

Der linke Ast des nichtsymmetrischen Kreuzkorrelogramms ist hier so definiert daß $x(t)$ mit $y(t-l)$ für zunehmend größeres l korreliert wird, d.h., Y führt X an (Lead-Variable). Ist eine solche verschobene Kreuzkorrelation signifikant, dann kann sie — sofern dritte Ursachen ausscheiden — möglicherweise kausal interpretiert werden: zeitliche Präzedenz ist eine notwendige, wenn auch nicht hinreichende Voraussetzung für Kausalität. Allerdings ist der Begriff der Kausalität logisch recht komplex (vgl. *Popper*, 1969; *Stegmüller*, 1969). Es soll daher auf die Diskussion dieses Begriffs verzichtet werden. Jedenfalls kann man bei einer signifikanten verschobenen Kreuzkorrelation sagen, daß X von Y mit der Verzögerung l gefolgt wird. Der rechte Ast des Kreuzkorrelogramms zeigt umgekehrt die verschobenen Kreuzkorrelationen, in denen X die Führungsvariable ist.

Probleme und Beispiele: Abb. 16a enthält das Kreuzkorrelogramm des Gemeinsamkeitsgefühls von Mann und Frau aus Daten wie in Abb. 13. Welche dieser Korrelationen sind nun signifikant? — Die synchrone Korrelation erreicht einen Wert von .70 und viele der um etliche Zeitpunkte verschobenen Korrelationen sind ebenfalls noch erheblich. Die übliche Signifikanzprüfung einzelner Korrelationen bezüglich ihrer Abweichung vom Wert Null setzt die Unabhängigkeit und Normalverteilung der Daten innerhalb beider Stichproben voraus. Das ist hier — wie bei Zeitreihen im allgemeinen — nicht gegeben. Die Autokorrelation ist bei der Frau $r(1)=+.66$ und beim Mann $r(1)=+.86$ (beide Koeffizienten sind nach (5) signifikant). Bei positiver Autokorrelation sind sich benachbarte Werte in jeder Zeitreihe ähnlich. Dadurch wächst aber auch die Korrelation zwischen den Zeitreihen, so daß eine hohe Kreuzkorrelation in dem Sinne artifiziell ist, als sie durch die Autokorrelation der einzelnen Zeitreihen erklärt werden kann. Der umgekehrte Schluß wäre aber auch denkbar: daß nämlich die Autokorrelation in der einen Zeitreihe so hoch ist, weil eine Kreuzkorrelation mit der anderen Zeitreihe besteht. Man muß sich hier entscheiden, welchem Sachverhalt Priorität eingeräumt werden soll.

Gemeinsamkeitsgefühl   Frau / Mann

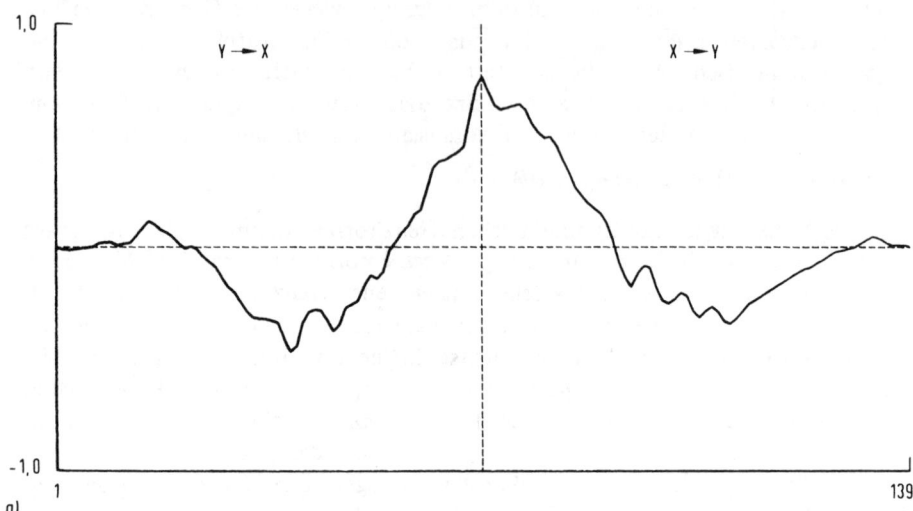

Gemeinsamkeitsgefühl   Frau / Mann   Residuen

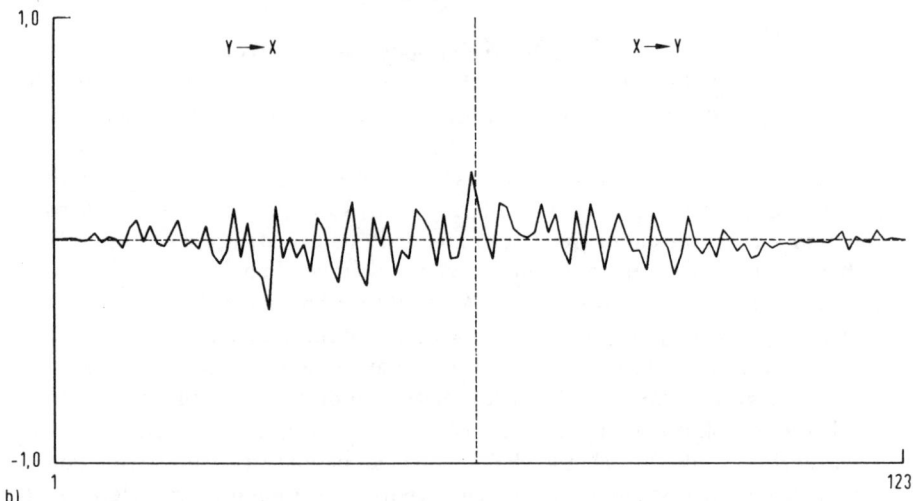

Abb. 16. Kreuzkorrelogramm des Gemeinsamkeitsgefühls von Mann und Frau eines Ehe-paares
a) unter Verwendung der Rohdaten,
b) nach Elimination des Abhängigkeitsmodells aus beiden Zeitreihen.

Ein anderes Beispiel dieses Problems ist das Kreuzkorrelogramm in Abb. 17a. Hier sind die Zeiten, in der Mann und Frau etwas gemeinsam unternommen haben, korreliert, d.h. deren subjektive Zeitschätzungen hierzu. Die beiden Zeitreihen weisen ähnlich wie Abb. 12 jede für sich eine starke Wochenperiodik auf (P=7; ϕ_7=.39 bei der Frau und .44 beim Mann, beide signifikant), die sich im Kreuzkorrelogramm widerspiegelt. Uns scheint hier in beiden Fällen (Abb. 16, Abb. 17) plausibel anzunehmen, daß die hohe Autokorrelation bzw. Periodik in den Zeitreihen eine Eigenheit der separaten Prozesse ist, obwohl man bei der vorhandenen Kopplung eine Rückkopplung zwischen diesen Prozessen nicht ausschließen kann. Als Stichprobenfluktuation der Kreuzkorrelation ist analog zu (5) die Formel

$$(12) \quad v\,(r_{xy}\,(l{+}1)) = (1{+}2\sum_{i=1}^{l} (r_x\,(i)\,r_y\,(i)))/N$$

vorgeschlagen worden (vgl. *Holtzmann*, 1963), wobei r_x (i) und r_y (i) die Autokorrelationen der beiden Zeitreihen sind.

Jenkins & Watts (1969; Kapitel 7) dagegen haben vorgeschlagen, die serielle Abhängigkeit der Zeitreihen zunächst separat zu eliminieren. Dies wird mit Hilfe des entsprechenden ARIMA-Modells möglich sein, wie in Abschnitt 3 beschrieben. Auf diese Weise erhält man im Fall von Abb. 16 und 17 unabhängige normalverteilte Residuen in beiden Variablen. Zwischen ihnen kann man wieder das Kreuzkorrelogramm berechnen, in dem nun einzelne Korrelationen mit Hilfe des üblichen Signifikanztests auf ihre Abweichung von Null überprüft werden können (s(r)=1/ $\sqrt{N}$). In Abb. 16b und 17b sind diese Kreuzkorrelogramme der Residuen enthalten. Man sieht, daß nun nur noch die synchrone Korrelation jeweils signifikant ist, alle anderen verschwinden.

Nach Beseitigung der überhöhten Kreuzkorrelationen durch die Abhängigkeit in den separaten Zeitreihen lassen sich unter Umständen sinnvolle Aussagen aus einem Kreuzkorrelogramm gewinnen. In Abb. 18 sind die Kreuzkorrelogramme von Gemeinsamkeitsgefühl und „zärtlich zusammen verbrachter Zeit" für Mann und Frau eines Ehepaares eingetragen. Es zeigt sich, daß für die Frau ein Zusammenhang zwischen diesen beiden Variablen partnerschaftlicher Interaktion besteht, für den Mann dagegen nicht. Dieser Punkt war beiden Partnern nicht bewußt und auch durch Exploration nicht zu gewinnen, erwies sich aber als nützlich für die Behandlung des Partnerschaftskonfliktes (*Revenstorf* et al. 1978).

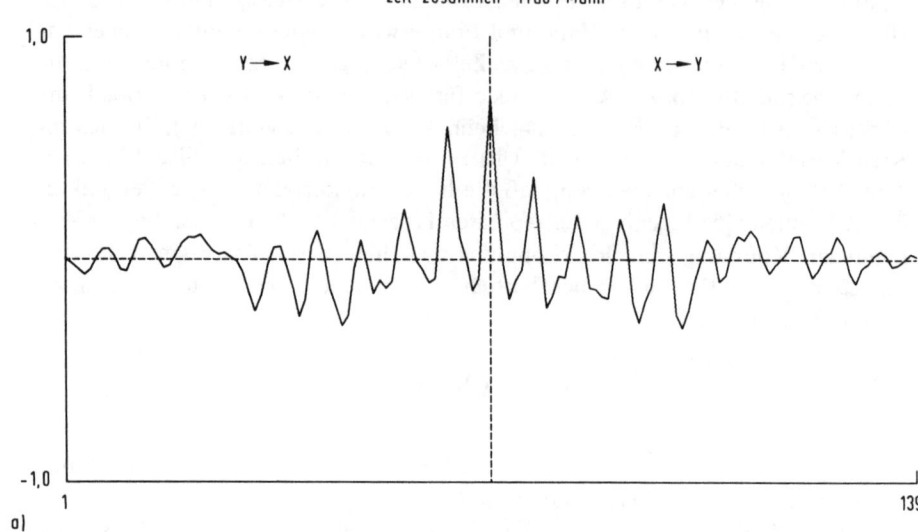

a)

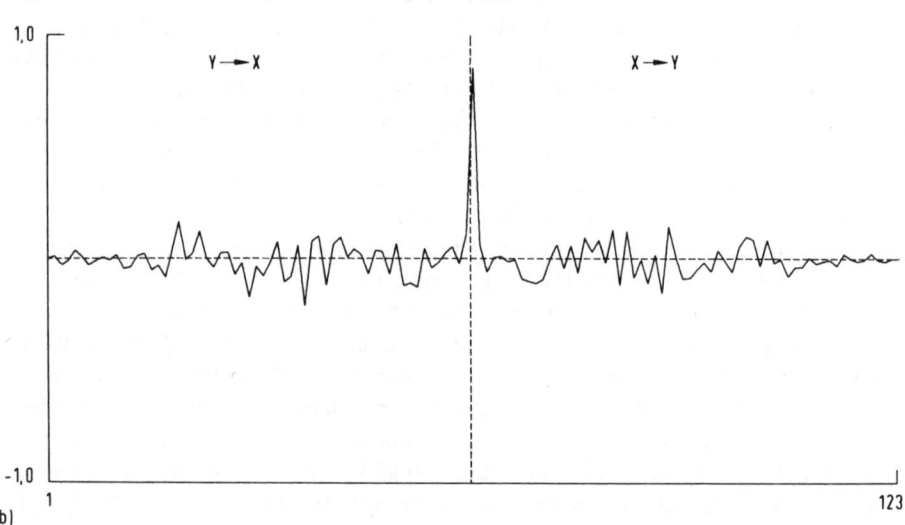

b)

Abb. 17. Kreuzkorrelogramm der zusammen verbrachten Zeit aus der Sicht des Mannes und der Frau
a) unter Verwendung der Rohdaten (mit deutlicher Periodik),
b) nach Elimination des Abhängigkeitsmodells und der Periodik aus beiden Zeitreihen.

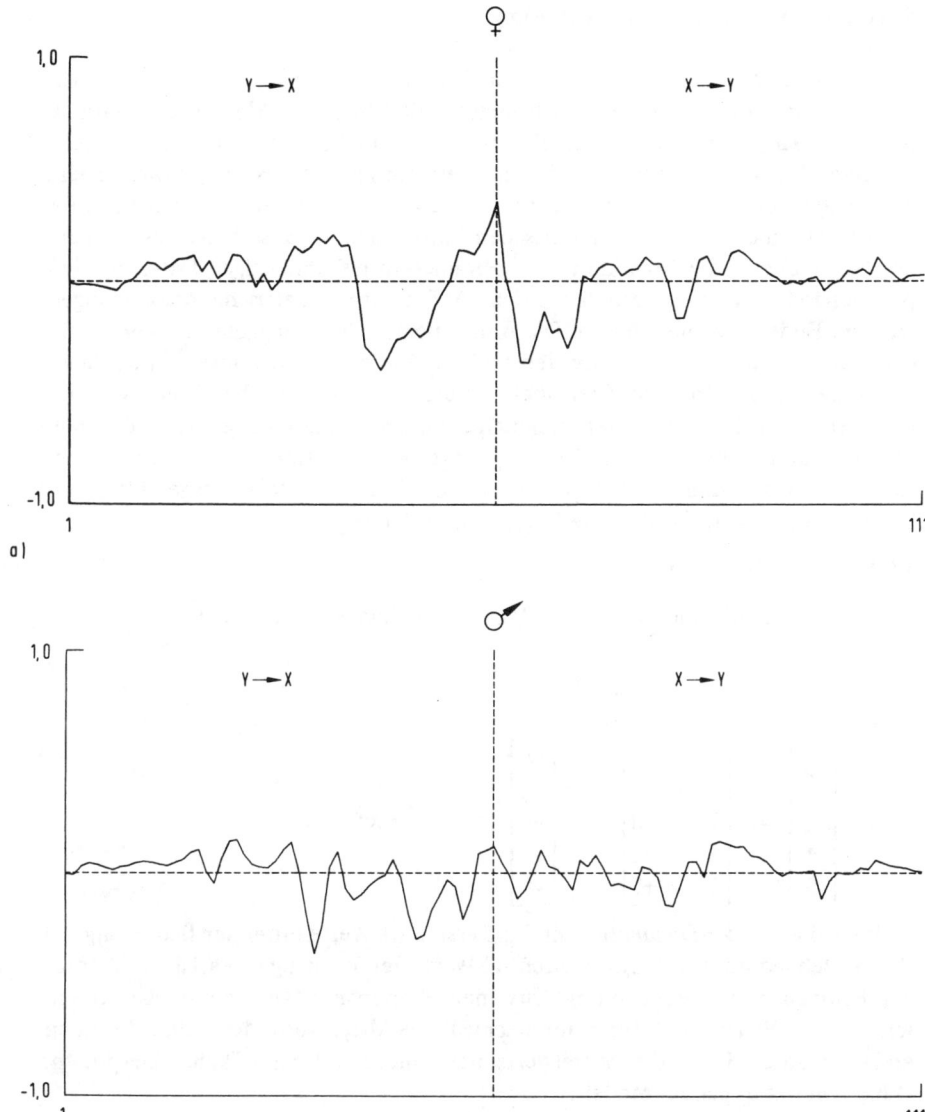

Abb. 18. Kreuzkorrelogramm von Gemeinsamkeitsgefühl und gemeinsame Aktivität.
a) Beide Variablen Schätzungen aus der Sicht der Frau,
b) beide Variabeln Schätzungen aus der Sicht des Mannes.

5. Interventionseffekte und Regression

Generelles lineares Modell: Das grundsätzliche Hindernis einer statistischen Auswertung sequentieller Beobachtungen mit Hilfe der klassischen Statistik ist die *Abhängigkeit* der Daten. Das trifft sowohl für Mittelwertsunterschiede einzelner Phasen der Zeitreihe, komplexere varianzanalytische Auswertungen, die Analyse der Kovariation von Zeitreihen (s.o.) als im allgemeinen auch für die Anwendung der nichtparametrischen Statistiken zu. Es soll hier das Problem der Schätzung und Überprüfung von Parametern bei abhängigen Daten für den parametrischen Fall dargestellt werden. Auf nichtparametrische Auswertungen wird am Ende kurz eingegangen. Die Annahme der Unabhängigkeit ist sowohl für den Fall der Regression wie für den Fall der Varianzanalyse nötig. Es ist daher zweckmäßig, die formale Gleichheit beider Analysen zu beachten. Bei der *Regression* soll eine beobachtete abhängige Variabel Y aus einer anderen als unabhängige Variable bezeichnete X vorhergesagt werden, etwa mit Hilfe eines generellen Niveaus m und eines Regressionsparameters b. Die Vorhersagefehler seien W. Dann ergibt sich die einfache Regressionsgleichung

$$y(i) = m + x(i) b + w(i),$$

oder an einem einfachen Beispiel in Matrixschreibweise dargestellt:

$$(13) \quad \begin{bmatrix} 1 \\ 2 \\ 3 \\ 4 \\ 5 \end{bmatrix} = \begin{bmatrix} 1 & -2 \\ 1 & -1 \\ 1 & 0 \\ 1 & +1 \\ 1 & +2 \end{bmatrix} \begin{bmatrix} m \\ b \end{bmatrix} + \begin{bmatrix} w \\ w \\ w \\ w \\ w \end{bmatrix} \quad Y = XB + W$$

Im Falle der *Varianzanalyse* sind die ersten n1-Werte unter der Bedingung A0 (keine Behandlung) und die zweiten n2-Werte der abhängigen Variablen Y unter der Bedingung A1 (Behandlung) zustandegekommen. Man möchte überprüfen, wieweit die Werte in Y durch unterschiedliche Mittelwerte der Teilstichproben erklärt werden bzw. die Mittelwertsunterschiede auf Signifikanz überprüfen. D.h., man hat folgendes Modell:

$$y(i) = m(1) + w(i) \qquad i = 1 \ldots n1$$

$$y(i) = m(2) + w(i) \qquad i = n1 + 1 \ldots n2,$$

oder an einem einfachen Beispiel in Matrixschreibweise dargestellt:

$$
(14) \quad
\begin{bmatrix} 1 \\ 3 \\ 5 \\ 3 \end{bmatrix}
\begin{matrix} = \\ = \\ = \\ = \end{matrix}
\begin{bmatrix} 1 & 0 \\ 1 & 0 \\ 0 & 1 \\ 0 & 1 \end{bmatrix}
\begin{bmatrix} m\,(1) \\ m\,(2) \end{bmatrix}
+
\begin{bmatrix} w \\ +w \\ w \\ w \end{bmatrix}
\qquad Y = XB + W.
$$

In Matrixschreibweise sind beide Ansätze identisch, nur daß die Parameter in B eine etwas unterschiedliche Bedeutung haben. Einmal handelt es sich um Mittelwert und Steigung, beim anderen um zwei Mittelwerte. Außerdem stehen bei der Regression in der Matrix X neben der Konstanten die Werte der unabhängigen Variablen, während in der Matrix X (in diesem Falle auch Designmatrix genannt) bei der Varianzanalyse 0/1-Pseudovariable stehen, die die Ausprägung des einen oder anderen Stichprobenmittelwerts in der Teilstichprobe charakterisieren.

Bei Unabhängigkeit und Normalverteilung der Residuen W gilt nun, daß die bekannte Least-Square-Schätzung (ordinary least square, OLS) die Parameter und deren Stichprobenvarianzen liefern, aus denen sich für die Überprüfung, ob die Parameter Null sind, kritische Brüche ableiten lassen, die asymptotisch der t-Verteilung folgen (s. *Anderson*, 1970; *Searle*, 1966):

$$
(15) \quad B_{OLS} = (X'X)^{-1}\,X'Y;\; C\,(B_{OLS}) = (X'X)^{-1}\,v
$$

$$
v_{OLS} = v\,(W) = (Y\text{-}XB)'(Y\text{-}XB)/(N\text{-}k).
$$

Die Prüfvarianzen finden sich in der Diagonale der Kovarianzmatrix der Parameter C, k ist die Anzahl der geschätzten Parameter. Für die Null-Hypothese der Parameter in B ergibt sich nun der t-Test

$$
(16) \quad t = (b_j\text{-}o)/\sqrt{c_{jj}} \quad df = N\text{-}k.
$$

Wie sich zeigen läßt, ergibt die Anwendung von (15) auf den Regressionsansatz (13) für m den generellen Mittelwert und für b = cov/v(x) den üblichen Regressionsparameter. Bei Anwendung von (15) auf den varianzanalytischen Ansatz (14) ergeben sich als Parameter die Mittelwerte der ersten und der zweiten Hälfte des Y-Vektors. Man kann beide Ansätze natürlich auch ganz anders parametrisieren, z.B. bei der Varianzanalyse durch ein generelles Niveau m und einen Niveauunterschied m(2)-m(1).

Abhängige Daten: Im Gegensatz zu Y mit voneinander unabhängigen Beobachtungen stelle man sich nun eine Zeitreihe Z vor, in der die Beobachtungen sequentiell angefallen sind. In Z sind die einzelnen Beobachtungen voneinander *nicht unabhängig.* Dies kann man in allgemeiner Form nur dann prüfen, wenn für Z hinreichend viele Realisationen vorliegen, etwa von vergleichbaren Individuen. Im hypothetischen Fall von mehr Personen als Zeitpunkten würde man die N x

N-Kovarianzmatrix S der Residuen U zu den verschiedenen Zeitpunkten berechnen können:

(17) $Z = XB + U;$ $UU'/N = S = \Omega v.$

Wegen der Annahme der Stationarität kann die Kovarianzmatrix S als Ωv geschrieben werden, wobei v die Varianz des Prozesses ist, die über den betrachteten Zeitraum konstant bleiben soll. Ω enthält dann die Korrelationen der Zeitpunkte. Da sich zu jeder positiv — semidefiniten und symmetrischen Matrix wie hier Ω eine Transformation in Form einer Dreiecksmatrix A findet, so daß

$A \Omega A' = I,$

kann man diese Transformation auf die sequentiell abhängigen Residuen U anwenden und erhält so unabhängige Residuen W, die den statistischen Anforderungen des linearen Modells genügen. Da aber U=Z-XB ist, bedeutet die Anwendung der Transformation A, daß man mit ihr ebenfalls die Zeitreihe selbst Z und Designmatrix X transformiert. Und man erhält so die transformierten Werte der Zeitreihe Y=AZ, deren *Modellresiduen* die unabhängigen W sind:

(18) $Y = AZ = AXB + AU = AXB + W,$

(19) $A\Omega A'v = AUU'A'/N = WW'/N = Iv.$

Schätzt man nun die Parameter B des linearen Modells, so erhält man die sogenannte *generalized least square* (GLS)- oder Gauss-Markov-Lösung, bei der die Abhängigkeit der ursprünglichen Zeitreihe berücksichtigt ist. Ganz analog zu (15) erhält man (da nach (17) $A'A=\Omega^{-1}$ ist):

(20) $B_{GLS} = (X'A'AX)^{-1} X'A'AZ = (X'\Omega^{-1} X)^{-1} X'\Omega^{-1}Z.$

Wie sich zeigen läßt, ist sowohl die OLS-Schätzung wie auch die GLS-Schätzung erwartungstreu (vgl. *Anderson*, 1970; *Hibbs*, 1975). Nur unterscheiden sich die Kovarianzmatrizen der Parameter-Schätzungen im Falle abhängiger Residuen erheblich:

OLS: $C(B) = (X'X)^{-1} X'\Omega X (X'X)^{-1}v,$

(21)   GLS: $C(B) = (X'\Omega^{-1}X)^{-1}v.$

Ebenfalls führt die Schätzung der Fehlervarianz aufgrund von U'U zu einem systematischen Fehler gegenüber der GLS-Schätzung, wie aus (22) deutlich wird:

(22)   OLS: $U'U = Nv + \text{Spur}((X'X)^{-1} X'\Omega X),$

GLS: $U'\Omega^{-1}U = (N-k-1) v.$

Da die in (22) auftauchende Matrixspur immer positiv ist, führt die OLS-Schätzung der Fehlervarianz zu einer erheblichen Fehlschätzung der Varianz, während bei der GLS-Schätzung kein systematischer Fehler auftritt. Ebenso läßt sich zeigen, (vgl. *Hibbs*, 1975), daß die Fehlervarianz der Parameterschätzungen für OLS im allgemeinen eine Unterschätzung darstellt. Daraus resultiert nun, daß man bei Verwendung der üblichen statistischen Verfahren, die alle auf OLS-Schätzungen beruhen, nämlich t-Test, Varianzanalyse oder Regression, die geschätzten Parameter gegen eine viel zu kleine Prüfvarianz testet und daher in vielen Fällen signifikante Ergebnisse erhält, wo bei adäquater Behandlung des Problems keine Signifikanz auftreten würde. Daraus wird deutlich, daß die übliche Statistik bei Zeitreihenanalysen sehr irreführend sein kann.

Um nun zu einer sinnvollen Verwendung von statistischen Analysen bei Zeitreihendaten zu kommen, muß die Korrelationsmatrix der Residuen bekannt sein. Man kann sie nicht wie üblich über Individuen berechnen, wenn die Zeitreihe nur von einem Individuum erhoben wurde. Gewisse Informationen erhält man unter Annahme der Stationarität des Prozesses allerdings aus der Autokorrelationsfunktion. Dies sei im einfachsten Fall des AR (1) demonstriert. Die Korrelation zwischen benachbarten Zeitpunkten ist hier ϕ. Unter Verwendung von (3) und (17) erhält man die Autokorrelationsfunktion unter Annahme dieses Modells r (l)=ϕ, so daß sich die Omegamatrix wie folgt ergibt:

$$
\begin{bmatrix} 1 & \phi & \phi^2 & \phi^3 \\ \phi & 1 & \phi & \phi^2 \\ \phi^2 & \phi & 1 & \phi \\ \phi^3 & \phi^2 & \phi & 1 \end{bmatrix} \quad \begin{bmatrix} 1 & -\phi & 0 & 0 \\ -\phi & 1+\phi^2 & -\phi & 0 \\ 0 & -\phi & 1+\phi^2 & -\phi \\ 0 & 0 & -\phi & 1+\phi^2 \end{bmatrix} 1/(1-\phi^2) \quad \begin{bmatrix} \sqrt{1-\phi^2} & 0 & 0 & 0 \\ -\phi & 1 & 0 & 0 \\ 0 & -\phi & 1 & 0 \\ 0 & 0 & -\phi & 1 \end{bmatrix} 1/\sqrt{1-\phi^2}.
$$

$$\Omega_{AR\ (1)} \qquad\qquad \Omega^{-1} = A'A \qquad\qquad\qquad A$$

Aus der Inversion Ω^{-1} ergibt sich deren Dreieckszerlegung A. Wie man sieht ist die Transformation, mit der man die Zeitreihe Z und die Designmatrix X multiplizieren muß, eine untere Dreiecksmatrix besonders einfacher Form. In Skalar-Schreibweise ausgedrückt bedeutet diese Transformation einfach die Subtraktion des vorangehenden Wertes multipliziert mit dem Koeffizienten ϕ:

(23) y (t) = z (t) - ϕz (t-1).

Versuchspläne und Designmatrizen: Ohne hier ausführlich auf die Logik und die Variationen des Einzelfalldesigns einzugehen (vgl. dazu *Sidman*, 1960; *Glass* et al., 1975; *Hersen & Barlow*, 1976; *Kazdin*, 1976; *Huber*, 1977), sei hier doch folgendes zusammengefaßt: Beim Einzelfall stellt die untersuchte Person die interessierende Population von Ereignissen dar. Es wird nun versucht, den Effekt innerhalb dieser Person so zu replizieren, daß er als herstellbar, also willkürlich manipulierbar, gelten kann. Allerdings sind den Replikationsmöglichkeiten bekanntlich enge Grenzen gesetzt und man beschränkt sich meistens auf ein willkürliches Ein- und Wiederabsetzen der Intervention (ABAB-Design, „*Withdrawal*" – oder „*Reversal*" Design) bzw. auf einer Replikation des Effektes in verschiedenen Verhaltensaspekten oder Individuen („*Multiple-Baseline*" Design). Auf verschiedenen Formen der Einzelfallversuchspläne wird in den Beiträgen von *Fichter* und *Petermann* in diesem Band näher eingegangen (vgl. auch *Barlow & Hersen,* 1973; *Leitenberg,* 1977).

In der statistischen Zeitreihenanalyse wird die beobachtete Zeitreihe Z als Funktion zweier Größen betrachtet. Einmal als Funktion ihrer selbst in Form der internen sequentiellen Abhängigkeit und zum anderen als Funktion der Intervention bzw. der Kovariaten, d.h. der externen Manipulation oder Einflußnahme auf die Zeitreihe. Anders ausgedrückt, die Zeitreihe Z setzt sich zusammen aus drei additiven Komponenten, dem unabhängigen Fehler W, dem autokorrelierten Anteil der Zeitreihe G und dem Parameter der externen Einwirkung B. Die Form der Wirkungsweise der externen Parameter wird in der Designmatrix X gekennzeichnet. G und W ergeben zusammen die korrelierte Restschwankung des allgemeinen linearen Modells mit der Korrelationsmatrix Ω. Es gibt nun eine Transformation A, die, auf U angewandt, unkorrelierte Restschwankungen W ergibt (s.o.):

(24) $\quad Z = XB + (G+W), \quad WW' = Iv$

$\qquad = XB + A^{-1} W, \quad UU' = \Omega v; \quad \Omega^{-1} = A'A$

$\qquad AU = W.$

Um das allgemeine lineare Modell mit unkorrelierten Restschwankungen zu erhalten, muß man die Gleichung auf (24) von links mit A multiplizieren, d.h., man orthogonalisiert sie. Dabei wird natürlich auch die Designmatrix X mit dieser Transformation behandelt:

(25) $\quad Y = AZ = (AX) B + AU$

$\qquad = (AX) B + W.$

Die Transformation A für die drei wichtigsten Modelle AR (1) MA (1) und IMA (1,1) wurden in Tabelle 7 dargestellt.

Tabelle 7. Die Transformationsmatrizen A (Dreiecksmatrizen) zur Orthogonalisierung der Zeitreihe Z unter verschiedenen Zeitreihenmodellen (für N = 4).

$$A: \begin{bmatrix} 1 & & & \\ -\phi & 1 & & \\ 0 & -\phi & 1 & \\ 0 & 0 & -\phi & 1 \end{bmatrix} \qquad \begin{bmatrix} 1 & & & \\ \theta & 1 & & \\ \theta^2 & \theta & 1 & \\ \theta^3 & \theta^2 & \theta & 1 \end{bmatrix} \qquad \begin{bmatrix} 1 & & & \\ -(1-\theta) & 1 & & \\ -(1-\theta)\theta & -(1-\theta) & 1 & \\ -(1-\theta)\theta^2 & -(1-\theta)\theta & -(1-\theta) & 1 \end{bmatrix}$$

$$Y_t = Z_t - \phi Z_{t-1} \qquad\qquad Y_t = Z_t + \sum_{j=1}^{n} \theta^j Z_{t-j} \qquad\qquad Y_t = Z_t - (1-\theta)\sum_{j=1}^{n} \theta^{j-1} Z_{t-j}$$

$$Y_1 = Z_1 \qquad\qquad\qquad Y_1 = Z_1 \qquad\qquad\qquad\qquad Y_1 = Z_1$$
$$Y_2 = Z_2 - \phi Z_1 \qquad\qquad Y_2 = Z_2 + \theta Z_1 \qquad\qquad\qquad Y_2 = Z_2 - (1-\theta)Z_1$$
$$Y_3 = Z_3 - \phi Z_2 \qquad\qquad Y_3 = Z_3 + \theta Z_2 + \theta^2 Z_1 \qquad\quad Y_3 = Z_3 - (1-\theta)Z_2 - (1-\theta)\theta Z_1$$

$$\dots \qquad\qquad\qquad\qquad \dots \qquad\qquad\qquad\qquad\qquad \dots$$

$$\text{AR (1)} \qquad\qquad\qquad \text{MA (1)} \qquad\qquad\qquad\qquad \text{IMA (1,1)}$$

Die *Designmatrix* X kann sehr verschiedene Gestalt annehmen. Tabelle 8 enthält verschiedene Designmatrizen, in der unterschiedliche Effekte der externen Einflußnahme auf die Zeitreihe konkretisiert sind. Im Teil a der Tabelle wird ein einfaches Einschaltdesign (AB) dargestellt. Dieses Design hat einen Niveauparameter m, der das Niveau der Zeitreihe vor Einsetzen der Intervention kennzeichnet, und einen zweiten Parameter, der die Veränderung nach Einsetzen der Intervention kennzeichnet. Dies ist eine etwas andere Parametrisierung als in (14). Alternativ hierzu kann man auch die Designmatrix wie in b formulieren. Hier ist m das allgemeine Niveau (Mittelwert) über die gesamte Zeitreihe und der zweite Parameter ist die Differenz davon nach unten (vor der Intervention) und nach oben (nach der Intervention). Wie man sich leicht klar macht, liefert die zweite Designmatrix unkorrelierte Parameter, denn die Produktsummen der Spalten von X sind Null; die erste Designmatrix dagegen liefert keine unkorrelierten Parameter. Die Orthogonalität der Designmatrix X ist bei der Zeitreihenanalyse jedoch nicht ausschlaggebend, weil effektiv die transformierte Designmatrix AX zur Schätzung der Parameter B verwendet wird. Um zu verdeutlichen, inwiefern sich diese effektive Designmatrix durch die Transformation A von der ursprünglichen Designmatrix X bei verschiedenen Zeitreihenmodellen unterscheidet, sind in Tabelle 9 für die drei schon genannten wichtigsten Zeitreihenmodelle die effektiven Designmatrizen mit numerischen Beispielen und den Produktmomenten wiedergegeben. Wenn die Produktmomente nicht diagonal sind, sind auch die Parameter, wie man sich leicht klarmacht, nicht unkorreliert $((X`X^{-1})$ ist nur diagnoal, wenn auch $X`X$ diagonal ist). Wie aus Tabelle 9 deutlich wird, ist beim IMA-Modell die Wirkung der Transformation nicht so gravierend, da die Gewichte in den Spalten der Designmatrix exponentiell abnehmen. Wenn die Zeitreihe vor der Intervention hinreichend lang ist, sind die Gewichte schon fast Null, wenn die Intervention einsetzt, und die Parameterschätzung wird orthogonal. Bei dem MA-Prozeß scheint die Parameterschätzung umsomehr von der Orthogonalität abzuweichen, je länger die Phase vor der Intervention ist, und beim AR-Prozeß ist die Korrelation unabhängig von der Phasenlänge. Möglicherweise liefert die alternative Parametrisierung in Tabelle 8b weniger stark abhängige Parameterschätzungen.

Bevor die beispielhafte Analyse eines Einzelfalles beschrieben wird, sollen noch einmal die einzelnen Schritte des Vorgehens zusammengefaßt werden. Dabei wird auf technische Details weitgehend verzichtet. Die einzelnen Analyseschritte sind folgende:

0. Die Zeitreihe wird als *Funktion* der internen (sequentiellen) Abhängigkeit und als Funktion der Designparameter B (Intervention, Kovariate) aufgefaßt.

1. *Designmatrix:* Der postulierte Interventionseffekt bzw. die Wirkung der Kovariaten wird in Form der Designmatrix X spezifiziert.

2. *Periodik:* Eine etwa vorhandene Periodik in der Zeitreihe wird mit Hilfe der

Tabelle 8. Einfache Designmatrizen für verschiedene Formen des Interventionseffekts.

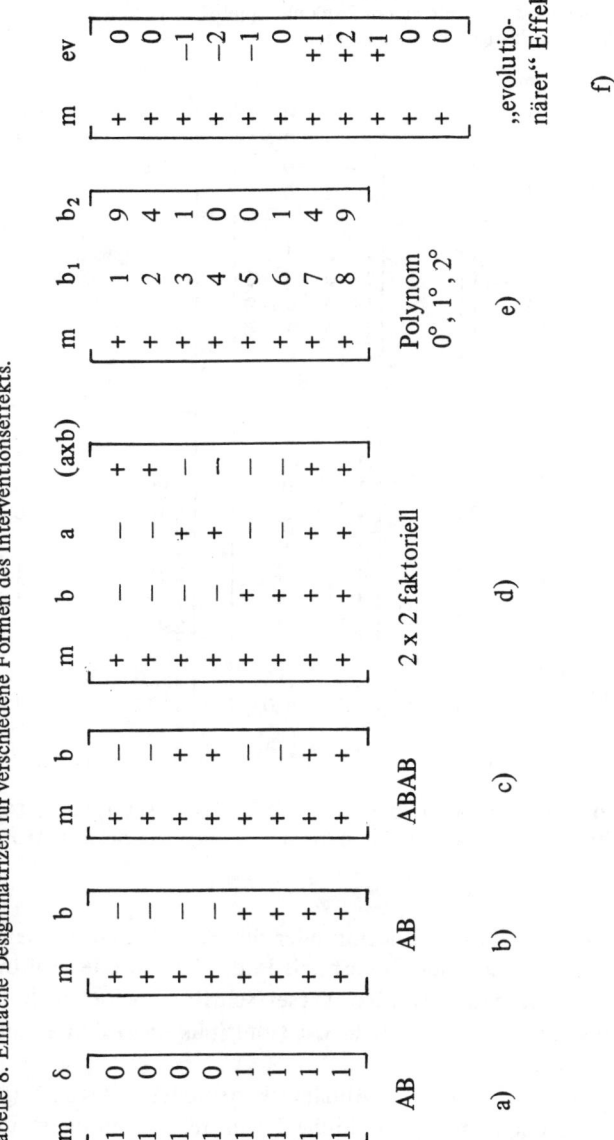

a) AB

m	δ
1	0
1	0
1	0
1	0
1	−1
1	−1
1	−1
1	−1

b) AB

m	b
+	−
+	−
+	−
+	−
+	+
+	+
+	+
+	+

c) ABAB

m	b
+	−
+	−
+	+
+	+
+	−
+	−
+	+
+	+

d) 2 x 2 faktoriell

m	b	a	(axb)
+	−	−	+
+	−	−	+
+	−	+	−
+	−	+	−
+	+	−	−
+	+	−	−
+	+	+	+
+	+	+	+

e) Polynom $0°, 1°, 2°$

m	b_1	b_2
+	1	9
+	2	4
+	3	1
+	4	0
+	5	0
+	6	1
+	7	4
+	8	9

f) „evolutionärer" Effekt

m	ev
+	0
+	0
+	−1
+	−2
+	−1
+	0
+	+1
+	+2
+	+1
+	0
+	0

Tabelle 9. Eine einfache Designmatrix und ihre effektive Form unter verschiedenen Zeitreihenmodellen mit einem Zahlenbeispiel für $n_1 = n_2 = 4$ und $\emptyset = .6$ bzw. $\theta = .6$ sowie mit dem zugehörigen Produktmoment.

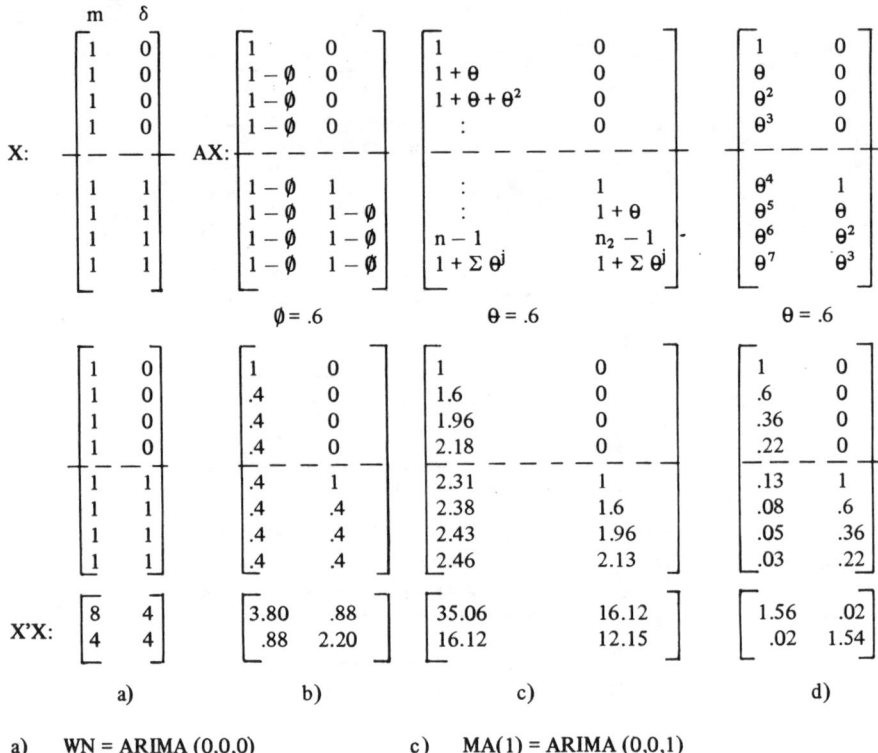

a)   WN = ARIMA (0,0,0)   c)   MA(1) = ARIMA (0,0,1)
b)   AR(1) = ARIMA (1,0,0)   d)   IMA(1,1) = ARIMA (0,1,1)

Autokorrelationsfunktion oder des Periodogramms identifiziert. Sie kann durch ein entsprechendes deterministisches Modell oder Subtraktion der Saisonmittelwerte eliminiert werden. Dieser Schritt ist jedoch nicht unerläßlich, da die Periodik auch stochastisch in das (multiplikative) Zeitreihenmodell einbezogen werden kann.

3. *Identifikation* des Abhängigkeitsmodells: ARIMA (p, d, q). Dabei wird der Grad der Differenzenbildung d ermittelt, der nötig ist, um die Zeitreihe stationär zu machen, und der Ordnungsgrad des autoregressiven und des Moving-Average-Modells p und q.

4. *Modellparameter:* Je nach dem Modell, das im Schritt 3 ermittelt wurde. müssen die unbekannten Parameter beim autoregressiven und beim Moving-Average-Modell bzw. beide in einem gemischten Modell geschätzt werden (ϕ,θ).

5. *Die Elimination* des Abhängigkeitsmodells aus den Daten: Dies ist der ent-

scheidende Unterschied zur herkömmlichen Statistik. Die Zeitreihe wird mit Hilfe der Transformation A orthogonalisiert, dabei wird auch die Designmatrix verändert, damit der Parameter B als GLS-Schätzung geschätzt werden kann.

6. *Interventionsparameter:* Die Parameter des Interventionseffekts werden wie bei der Regression nach dem GLS-Verfahren geschätzt. Dabei fallen auch die Prüfvarianzen für die Parameter an.

7. *Statistischer Test:* Die Signifikanz der Parameter (Niveaudifferenz, Veränderung der Steigung usw.) wird mit Hilfe üblicher t-Tests anhand der genannten Prüfvarianz konstruiert werden auf Signifikanz überprüft. Ist einer der Parameter nicht statistisch von Null verschieden, so lag kein in dieser Form postulierter Interventionseffekt vor.

Technisch ergeben sich eine Reihe von Komplikationen, die darin bestehen, daß es sich um ein doppeltes Schätzproblem handelt: Einmal müssen die Abhängigkeitsparameter und zum anderen die Interventionsparameter geschätzt werden, und zwar in geschachtelter Form. Hierzu ist von *Glass* et al. (1975) eine iterative Lösung vorgeschlagen worden, für die auch ein entsprechendes Computerprogramm vorliegt (*Bower* et al., 1974). Abb. 19 zeigt als Flußdiagramm diese und andere Einzelheiten des Verfahrens. Nach *Glass* et al. muß Modellidentifikation unbedingt getrennt für Pre- und Postinterventionsdaten durchgeführt werden. Bei vielen Zeitreihendesigns fallen allerdings für die einzelnen Phasen nicht genügend Zeitpunkte an, um eine vertretbare Modellidentifikation durchzuführen. Dies gilt besonders für kompliziertere Designs. In so einem Fall den Identifikationsprozeß auf die ganze Zeitreihe anzuwenden, kann zu gravierenden Fehlern führen. Es wurde daher von *Keeser* (1976) ein zweistufiges Verfahren vorgeschlagen:

1. Schritt: Gewöhnliche OLS-Schätzung:
$B = (X'X)^{-1} X'Y$ und Berechnung der Residuen $U = Z - XB$.

2. Schritt: Bestimmung des ARIMA-Modells mit den Residuen U. Durch dieses Vorgehen werden Interventionseffekte, die das Abhängigkeitsmodell überdecken können, eliminiert. Die Abhängigkeit der Residuen entspricht dabei der „wahren" Abhängigkeit der Daten (*Mohr*, 1976; *Johnston*, 1972; *Durbin & Watson*, 1950; 1951). Diese Möglichkeit ist in dem Flußdiagramm mit einem Sternchen gekennzeichnet. Der Vorteil dieser Methode ist einmal, daß nur *ein* Abhängigkeitsmodell geschätzt werden muß, und zum zweiten, daß dieses Modell wegen der zahlreicheren Zeitpunkte zuverlässiger ist.

Um die Vielfältigkeit zu zeigen, mit der man Interventionseffekte im Zeitreihendesign formulieren kann, sind in Tabelle 8 noch eine Reihe weiterer Designmatrixen dargestellt, in 8c zunächst das übliche ABAB-Design. In d wird ein faktorielles Design dargestellt, und zwar mit Interaktion (letzte Spalte der Designmatrix). In e und f sind Interventionseffekte formuliert, die einem deterministischen polynomialen Trend und einer „evolutionären" Reaktion entsprechen. So

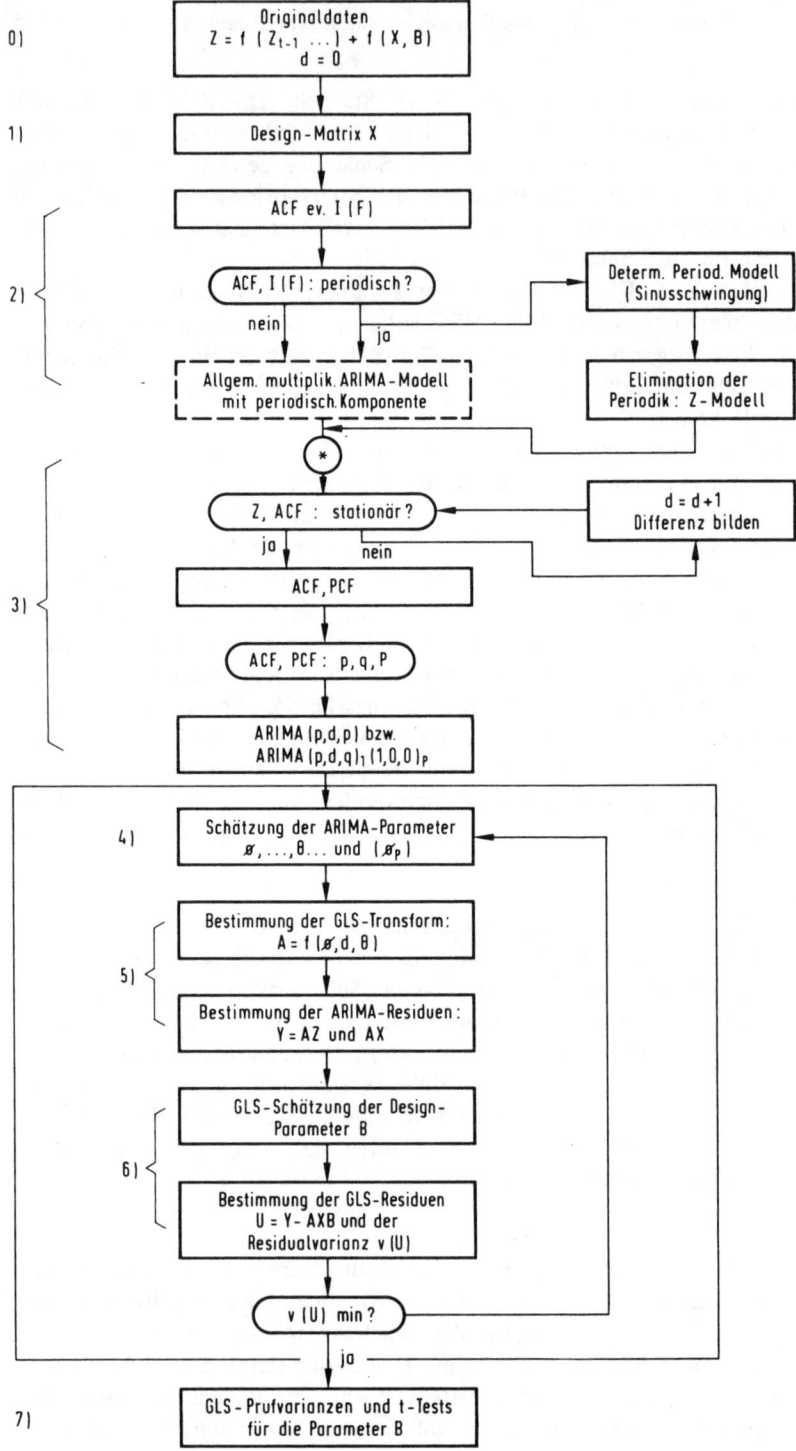

0)

Originaldaten
$Z = f(Z_{t-1} \ldots) + f(X, B)$
$d = 0$

1)

Design-Matrix X

2)

ACF ev. I (F)

ACF, I (F): periodisch?

nein   ja

Determ. Period. Modell
(Sinusschwingung)

Allgem. multiplik. ARIMA-Modell
mit periodisch. Komponente

Elimination der
Periodik: Z-Modell

*

3)

Z, ACF : stationär?

ja   nein

$d = d+1$
Differenz bilden

ACF, PCF

ACF, PCF : p, q, P

ARIMA (p,d,p) bzw.
ARIMA $(p,d,q)_1 (1,0,0)_P$

4)

Schätzung der ARIMA-Parameter
$\emptyset, \ldots, \theta \ldots$ und $(\emptyset_P)$

5)

Bestimmung der GLS-Transform:
$A = f(\emptyset, d, \theta)$

Bestimmung der ARIMA-Residuen:
$Y = AZ$ und AX

6)

GLS-Schätzung der Design-
Parameter B

Bestimmung der GLS-Residuen
$U = Y - AXB$ und der
Residualvarianz v (U)

v (U) min?

ja

7)

GLS-Prüfvarianzen und t-Tests
für die Parameter B

Abb. 19. Flußdiagramm zur Zeitreihenanalyse (nähere Erläuterung s. Text).

etwa könnte man sich vorstellen, daß ein Organismus auf eine Schockwirkung reagiert: zunächst durch ein Absinken der hier als positiv definierten Kriteriumsvariablen, dann ein Adaptionsprozeß, der zu einer überschießenden Reaktion führt, und dann ein Rückfall auf das alte Niveau, der die Verarbeitung des externen Schocks anzeigt. Etwa ein solcher Verlauf wird bekanntlich beim evozierten Potential in physiologischen Zeitreihen vermutet.

Beispiel: Interventionseffekt: Beispiel eines einfachen Interventionseffektes ist die Analyse der Wirkung einer Selbstkontroll-Brieftherapie (*Schwarze-Bindhardt*, 1975) auf die Wirkung des Zigarettenkonsums einer Person[1]). Die Therapie setzte nach 7 Tagen Baseline ein und dauerte 35 Tage. Abb. 20 enthält die Zeitreihe des Zigarettenkonsums mit dem eingezeichneten Interventionseffekt (a) ACF und PCF (b) und die Varianz gegen den Differenzengrad abgetragen (c). Die Daten sind nicht unabhängig (χ^2=42.7, df=20). ACF und PCF entsprechen einem AR (1)-Modell. Allerdings reduziert sich die Varianz bei Differenzenbildung (Abb. 20c). Dies ist vermutlich auf den leichten Abwärtstrend in den Daten zurückzuführen. Es bieten sich folgende Analysen zur Bestimmung des Interventionseffektes an (vgl. Tabelle 10):

(A1) Das AR (1)-Modell und der Test auf Niveauunterschied in den Phasen (Baseline-Behandlung) ergibt für verschiedene autoregressive Parameter unterschiedliche Residualvarianzen und unterschiedlichen t-Wert (Abb. 20d). Das Minimum der Residualvarianz liegt bei ϕ=-.06. Die Abnahme im Zigarettenkonsum hat einen t-Wert von -10.7, was hochsignifikant ist. Die Residuen eines solchen autoregressiven Modells und eines Interventionseffektes, der der Designmatrix in Tabelle 8a entspricht, sind unabhängig (die Autokorrelation ist r(1)=.06, χ^2=10.1 mit df=19). Diese Signifikanz des Effektes unterscheidet sich in diesem Fall kaum von einer Analyse, in der man die sequentielle Abhängigkeit der Daten unberücksichtigt gelassen und Unabhängigkeit angenommen hätte.

(A2) Möchte man den Trend als Nichtstationarität aus den Daten eliminieren, dann kann man zunächst die Differenzen bilden. Wie man aus Tabelle 10 entnehmen kann, haben diese Daten noch eine erhebliche Autokorrelation (r(1)=.28), die allerdings nicht signifikant ist (χ^2=13.1). Möchte man trotzdem ein serielles Abhängigkeitsmodell verwenden, so bietet sich das IMA (1,1)-Modell an, da alle Autokorrelationen außer der ersten verschwinden. In einem solchen Fall reduziert sich die Autokorrelation auf r(1)=.11, und auch die Restvarianz reduziert sich erheblich von 17.8 auf 9.3. Der Interventionseffekt ist bei Annahme diese Modells ebenfalls signifikant (t=-9.9). Unter der Annahme der Unabhängigkeit der Differenzen wäre er nicht signifikant gewesen. Der Modellparameter des IMA (1,1)-Prozesses allerdings ist an seiner oberen Grenze θ=.98 und die Varianz hat an dieser Stelle noch kein sichtbares Minimum erreicht.

(A3) Man kann den Trend auch explizit im Sinne einer linearen Komponente wie b in Tabelle 8d einbeziehen. Zugleich kann man einen Trendunterschied in den beiden Phasen prüfen, indem man als einen neuen Parameter einen zusätzlich linearen Trend nach Ein-

---

[1]) Die Daten wurden freundlicherweise von Frau Dr. Schwarze-Bindhardt zur Verfügung gestellt.

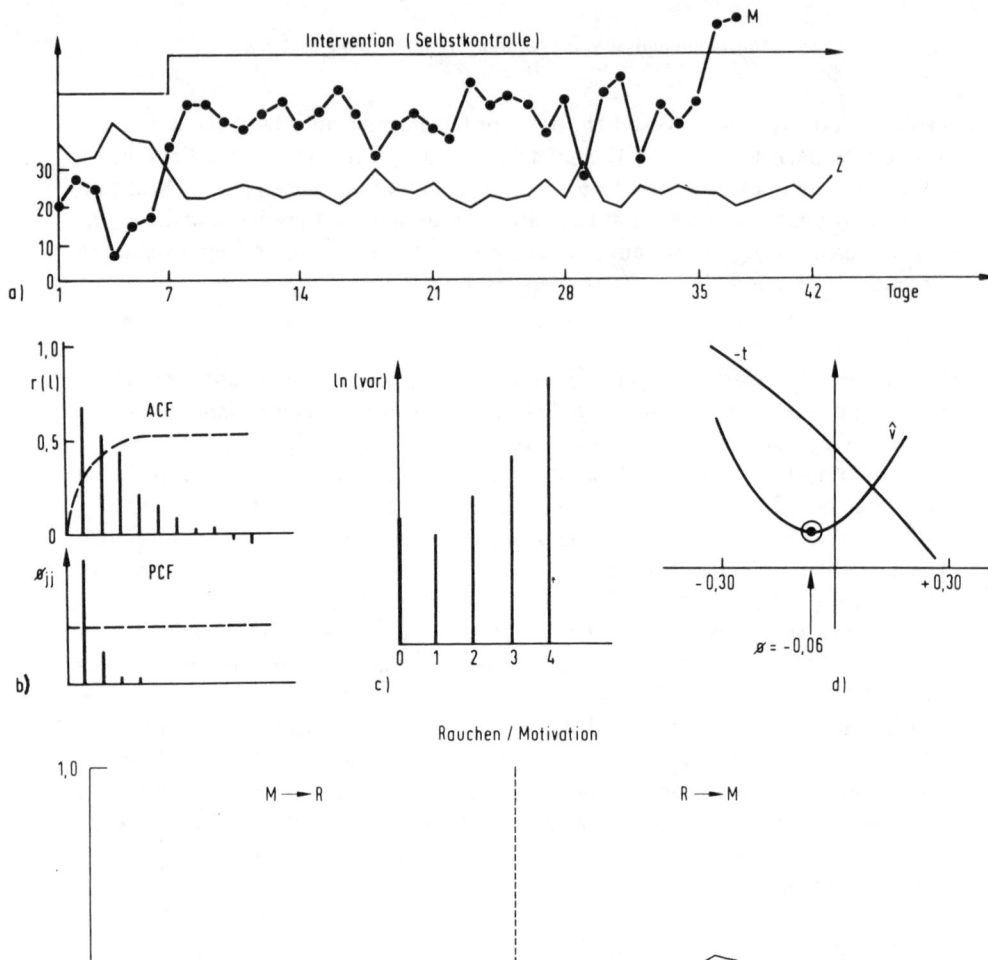

Abb. 20. Zwei empirische Zeitreihen: Zigarettenkonsum (Z) und Therapiemotivation (M) eines Rauchers an 42 aufeinanderfolgenden Tagen.

a) Die Zeitreihen und die Phasen der Intervention (Selbstkontrolltherapie),
b) Autokorrelationsfunktion und partielle Autokorrelationsfunktion des Zigarettenkonsums,
c) Varianz der Rohdaten und ihrer Differenzen (Zigarettenkonsum, logarithmisch abgetragen),
d) t-Wert zur Überprüfung des Interventionseffektes und Prüfvarianz (v) in Abhängigkeit von der Wahl des autoregressiven Parameters ϕ,
e) Kreuzkorrelogramm von Zigarettenkonsum und Therapiemotivation.

setzen der Behandlung einführt, dessen Werte in X vorher Null sind. Dies ist äquivalent mit einer Veränderung des Anstiegs in der Behandlungsphase. Nimmt man ein AR (1)-Modell an, dann ergibt sich etwa der gleiche Abhängigkeitsparameter ϕ. Der Niveauunterschied reduziert sich allerdings erheblich, bleibt aber signifikant. Dies ist darauf zurückzuführen, daß der wenn auch nicht signifikante Trend ein Teil des Niveauunterschiedes von Behandlungsphase und Baseline erklärt. Ebensowenig wie der Trend ist der Trendunterschied in diesem Fall signifikant.

(A4) Da man sich aufgrund der Kürze der Zeitreihe (N=42) bei der Modellidentifikation nicht ganz sicher sein kann, könnte man auch versuchen, ein MA-Modell anzunehmen. In diesem Fall erzielt man ohne Berücksichtigung eines deterministischen Trends zwar die gleiche Residualvarianz wie beim AR (1)-Modell in Analyse A1 (s.o.), aber es verbleibt eine erhebliche Autokorrelation in den Residuen (r(1)=.46). Dieses Modell erscheint daher sowohl wegen der Form der ACF wie auch wegen der Abhängigkeit der Residuen wenig geeignet.

Tabelle 10. Analyse von Interventionseffekten (Niveau- und Trendunterschiede) bei verschiedenen Modellannahmen.

Modell	Parameter	Effekte ⌐	⟋	⟋	Residuen v	r(1)	χ^2_{20}
unabhängig d = 0	$\phi = 0$ $\theta = 0$	−10.2***	− − −	− − −	9.1	.65	42.7
AR(1) mit Trend	$\phi = -.06$ $\phi = -.06$	−10.7*** − 5.0***	− − − −.50 NS	− − − .44 NS	9.0	.06	10.1
MA(1) mit Trend	$\theta = .08$ $\theta = .98$	−11.0*** −10.0***	− − − −.99 NS	− − − .82 NS	9.0	.46	23.2
unabhängig d = 1	$\theta = 0$	− 1.7 NS	− − −	− − −	17.8	.28	13.1
IMA (1,1)	$\theta = .98$	− 9.9***	− − −	− − −	9.3	.11	9.8

Aufgrund theoretischer Überlegungen wäre das AR (1)-Modell mit Trend vorzuziehen, auch wenn der Trend nicht signifikant ist. Die Abnahme des Zigarettenkonsums ist aufgrund der Therapie und dem Vorgang des Registrierens a priori sinnvoll. Es ist daher angemessener, einen deterministischen Trend anzunehmen und nicht eine stochastische Schwankung wie beim IMA-Modell.

Den Unterschied zwischen der zeitreihenanalytischen Auswertung und einer Auswertung ohne Berücksichtigung der seriellen Abhängigkeit (d.h. unter der Annahme, daß sie es sind), zeigen die Daten von *Fichter* (in diesem Band). Die Tabelle 11 enthält für die 14 dort durchgeführten Analysen die t-Werte und Fehlervarianzen einmal unter der teilweise falschen Annahme von Unabhängigkeit und zum anderen unter der Annahme des passenden ARIMA-Modells. In 5 von 9 Fällen mit abhängigen Daten ist der t-Wert ohne Berücksichtigung der Abhängigkeit zum Teil erheblich zu groß und nur einmal sehr viel zu klein.

Tabelle 11. Vergleich der Interventionseffekte von *Fichter* (S. 74 f. in diesem Band) für die Annahme der Unabhängigkeit (ARIMA(0,0,0)) und das passende Abhängigkeitsmodell (ARIMA(p,d,q)).

	Situation I				II				III		IV			
ARIMA-Modell:	100	001	100	201	101	000	000	001	200	$(001)_1$ $(001)_7$	000	000	200	000
ARIMA(0,0,0) $\hat{v}$	461	270	161	270	73	116	201	128	216	300	330	156	260	72
$\hat{t}$	5.0	14.5	16.8	14.8	5.5	29.7	15.7	22.8	16.0	5.2	7.5	14.3	10.1	22.2
ARIMA(p,d,q) $\hat{v}$	381	258	127	238	68	—	—	109	195	180	—	—	189	—
$\hat{t}$	2.9	12.6	11.8	27.5	4.0	—	—	17.9	16.3	12.6	—	—	10.4	—

Beispiel: Regression: Wie weiter oben schon angedeutet, kann man in der Designmatrix nicht nur die Ausprägung des Interventionseffektes eintragen, sondern eine ganz allgemeine Regressionsvariable wie im Fall der einfachen und multiplen Regression (vgl. (13)). Dabei werden die Zeitreihendaten Z und deren Prediktoren X allerdings nicht symmetrisch behandelt. Vielmehr werden die Werte in Z durch die Werte in X vorhergesagt, wobei eine Abweichung von der Vorhersage W in Rechnung gestellt wird. Es wird gewissermaßen der wahre Wert in Z vorhergesagt. Würde dagegen bei X eine Abweichung vom wahren Wert auftreten, so würde sie mit in die Vorhersage eingehen. Die Prediktoren X werden als Variablen mit fixen Werten angenommen, die Werte in Z dagegen als Zufallsvariablen.

In Abb. 20 ist neben Zigarettenkonsum die Therapiemotivation (M) derselben Klienten als Zeitreihe eingetragen. Führt man in die Designmatrix eine Spalte mit einer Konstanten für das allgemeine Niveau als Parameter und als zweite Spalte die Therapiemotivation als Kovariate ein, so erhält man die Analogie zur linearen Regression mit Schätzungen für das allgemeine Niveau m und für Regressionskoeffizienten b. Allerdings ist im Gegensatz zur üblichen Regression bei unabhängigen Stichproben zu berücksichtigen, daß der Prediktor auf die Zielvariable mit einer Zeitverzögerung (lag) wirksam werden kann. Man muß daher zuvor die optimale Verzögerung aufsuchen, mit der man den Prediktor in der Designmatrix verschiebt. Anhaltspunkte hierzu gewinnt man aus dem Kreuzkorrelogramm. Abb. 20e enthält das Kreuzkorrelogramm der Rohwerte der beiden Variablen der Abb. 20a. Wie man sieht, ist die synchrone Kreuzkorrelation am größten, so daß man einen verzögerten Zusammenhang zwischen Zigarettenkonsum und Therapiemotivation bei dieser Person nicht vermuten wird. Die Kovariate wird also ohne Verzögerung eingeführt. Die Ergebnisse dieser Analyse: der Regressionskoeffizient ist -.22 und signifikant. Durch die gemäß dem AR (1)-Modell notwendige Transformation der Daten ergibt sich allerdings aus der Inversen des Produktmoments von AX eine Korrelation des Parameters b und m von .65. D.h., bei geringerem durchschnittlichen Zigarettenkonsum wäre der Zusammenhang zwischen Motivation und Zigarettenkonsum weniger auffällig gewesen. Es fällt auf, daß der autoregressive Parameter bei dieser Analyse ganz anders ausfällt als bei der Analyse des Interventionseffektes, obwohl es sich um dieselben Daten handelt. Hier wird eine Schwäche des iterativen Verfahrens von *Bower* et al. in ihrem Programm deutlich. Die Regressionsparameter B und die Parameter der Transformationsmatrix A werden nicht unabhängig geschätzt, sondern an der Stelle gewonnen, wo die Residualvarianz v(W) minimal ist. Und dieses ist möglicherweise nicht der optimale Wert. Um genau vorzugehen, müßte man das autoregressive Modell wählen, das unkorrelierte Residuen zurückläßt. Dies wurde im Fall der Regression nicht überprüft. Aber auch in der Annahme des autoregressiven Parameters -.06 wie in der Analyse des Interventionseffektes ergibt sich noch ein signifikanter Regressionskoeffizient von -.12. Kritisch bei diesem Vorgehen ist einmal die Annahme, der Prediktor enthalte keinen Meßfehler. Weiter aber kann ein Teil der sequentiellen Abhängigkeit in Y durch eine ähnliche sequentielle Abhängigkeit in X bedingt sein. Durch die separate Elimination der Abhängigkeit in Y beseitigt man daher unter Umständen einen Teil der kreuzweisen Abhängigkeit, den man durchaus nicht als artifiziell betrachten muß — wie bei der Kreuzkorrelation (Abschnitt 4). Einen alternativen Ansatz bildet das Transfermodell von *Box & Jenkins* (1970; Kapitel 10; *Box & Tiao*, 1975).

6. Andere Formen der Analyse von Interventionseffekten

Spezielle Varianzanalysen: Eine Reihe von Versuchsplänen gestatten eine Auswertung mit Hilfe spezieller varianzanalytischer Techniken. Sie können hier nur andeutungsweise diskutiert werden. Der Leser ist auf die angegebenen Quellen verwiesen. Für den Fall mehrerer Behandlungsbedingungen ABC bietet sich ein spezielles lateinisches Quadrat an, in dem die Sequenzeffekte und Behandlungseffekte geprüft werden können. Dazu müssen die Wiederholungen für alle notwendigen Behandlungsabfolgen vorliegen, die jede Behandlung in jeder Position auftreten läßt, z.B.

A − B − C
B − C − A
C·− A − B.

Die Auswertung hierzu wird von *Benjamin* (1965) und *Browning* (1967) diskutiert. Eine Möglichkeit, die serielle Abhängigkeit zu berücksichtigen ist es, sie in Form von *Polynomen* zu erfassen. *Cox* (1952) hat systematische Versuchspläne entwickelt, in denen die Behandlungseffekte zu einfachen Polynomen orthogonal sind. Dabei wird davon ausgegangen, daß die einzelnen Behandlungsstufen nach einem bestimmten Schema angewendet werden können, nämlich z.B.: ABBABAAB. Tabelle 12a enthält eine Designmatrix, in der der Treatmenteffekt als 0 Nullen und Einsen sowie ein linearer und quadratischer Trend eingetragen sind. Wie man sich leicht klarmacht, ist diese Designmatrix orthogonal, d.h., alle Effekte sind voneinander unabhängig. Dadurch eliminiert man möglicherweise die serielle Abhängigkeit der Daten mit Hilfe des Polynoms, ohne den Behandlungseffekt zu tangieren. Falls die Residuen Z-XB unabhängig sind (wobei B die Parameter für Behandlungseffekt, linearen und quadratischen Trend enthält), lassen sich einfache t-Werte berechnen, und die Signifikanz sämtlicher Komponenten ist überprüfbar.

Ein anderer systematischer Versuchsplan wurde im Rahmen der *Spektralanalyse* entwickelt und findet sich bei *Jenkins & Watts* (1969; Kapitel 7). Man stelle sich eine Behandlung vor, die zweimal täglich (vormittags und nachmittags) und an zwei aufeinanderfolgenden Tagen (T1 und T2) durchgeführt wird. Davor gibt es eine gleichlange Phase ohne Behandlung. Wenn die genannten drei Varianzquellen (Behandlung, Tage, vormittags, nachmittags) für die beobachteten Daten

Tabelle 12. Spezielle Formen der Varianzanalyse:
a) Behandlungseffekt orthogonal zum Polynom,
b) faktorielle Anordnung Behandlung, Tage und Tageszeit für eine spektralanalytische Auswertung.

a)
$$
\begin{bmatrix} z_1 \\ z_2 \\ z_3 \\ z_4 \\ z_5 \\ z_6 \\ z_7 \\ z_8 \end{bmatrix}
=
\begin{bmatrix}
0 & -7 & +7 \\
1 & -5 & +1 \\
1 & -3 & -3 \\
0 & -1 & -5 \\
1 & +1 & -5 \\
0 & +3 & -3 \\
0 & +5 & +1 \\
1 & +7 & +7
\end{bmatrix}
\begin{bmatrix} b_0 \\ b_1 \\ b_2 \end{bmatrix}
\quad
\begin{matrix}
\text{Behandlungseffekt} \\
\text{linearer Trend} \\
\text{quadratischer Trend}
\end{matrix}
$$

$$\hat{Z} = XB$$

b)

Behandlung:	1	1	1	1	2	2	2	2	P = 8
Tage:	1	1	2	2	1	1	2	2	P = 4
Vorm./Nachmittag:	1	2	1	2	1	2	1	2	P = 2
Daten	z_1	z_2	z_3	z_4	z_5	z_6	z_7	z_8	

$$QS(Beh.) = (z_5 + z_6 + z_7 + z_8 - z_1 - z_2 - z_3 - z_4)^2/8$$

$$QS(Tage) = (z_3 + z_4 - z_1 - z_2)^2/4 + (z_7 + z_8 - z_5 - z_6)^2/4$$

$$QS(V/N) = (z_2 - z_1)^2/2 + (z_4 - z_3)^2/2 + \ldots + (z_8 - z_7)^2/2$$

$$(Z - m(Z))^2/8 = (QS(B) + QS(T) + QS(V/N))/8$$

erschöpfend sind, dann setzen sich die Daten aus drei Rechteckschwingungen mit den Perioden P=2, 4 und 8 zusammen. Die Varianzkomponenten im Sinne von Spektraldichten werden wie in Tabelle 12b berechnet. Andere Versuchspläne für unterschiedliche Abfolge von Behandlungseffekten sind von *Cox* (1955) diskutiert worden.

Zur Verwendung der Varianzanalyse ohne Berücksichtigung der Abhängigkeit: Mit der Einführung des individuumzentrierten *„intensiven Designs"* verteidigte *Chassan* die Anwendung des t-Tests (und ebenso der Varianzanalyse) damit, daß „der gewöhnliche t-Test mit hinreichender Gültigkeit selbst bei hoch autokorrelierten Serien benutzt werden kann" (1967, S. 201). *Scheffe* (1959) und *Padia* (1973) zeigten allerdings, daß positive Autokorreliertheit das Risiko, einen *Fehler der ersten Art* zu begehen, drastisch erhöht (vgl. auch *Hibbs,* 1975; s.o.), wogegen bei negativer Autokorreliertheit sich das Risiko eines *Fehlers zweiter*

Art erhöht. So ist bei einem AR (1)-Prozeß mit ϕ=.5 die tatsächlich Wahrscheinlichkeit, einen Fehler der ersten Art zu begehen, statt .05 α=.26 und bei ϕ= -.5 α=.0006.

Daß es sich hierbei nicht um statistische Spitzfindigkeit handelt, dürfte damit belegt sein. In der Folge wurde daher von verschiedenen Autoren nach Alternativen zum gewöhnlichen t-Test bzw. zur gewöhnlichen Varianzanalyse gesucht. Vorschläge von *Shine & Bower* (1971; 1973a, b; 1974), *Kelly, McNeil & Newman* (1973), *Gentile, Roden & Klein* (1972) wurden von *Hartmann* (1974), *Keselman & Leventhal* (1974) und *Thoresen & Elashoff* (1974) und *Kratochwill* et al. (1974) zurückgewiesen. Den genannten Modellen ist gemein, daß sie Unabhängigkeit der Messungen postulieren, die häufig nicht gegeben ist (s.o.) und die deswegen nicht unüberprüft angenommen werden kann. Gelegentlich wird dies mit einem der vier Axiome *Zubins* (1950, S. 3) verteidigt (z.B. von *Huber,* 1978): „Every individual is characterized by a given level of performance of which the observed testscores are a random sample." Als Beispiel soll hier das Verfahren von *Shine & Bower* (1971) etwas genauer diskutiert werden. Im Prinzip handelt es sich dabei um ein zweifaktorielles varianzanalytisches Design mit festen Effekten. Der Faktor A repräsentiert die Meßwiederholungen, der Faktor B die Behandlungsphasen. Die Fehlerschätzung ist nach *Bortz* (1977) der problematische Teil des Modells. Ausgehend von der Annahme, daß „wahre" Änderungen in der Zeitreihe langsam stattfinden, werden aufeinanderfolgende Werte im wesentlichen als Fehlerschwankungen angesehen. Die Fehlerquadratsumme wird daher als die Summe der quadrierten Differenzen aufeinanderfolgender Zeilenmittel in Tabelle 13 geschätzt. Diese Tabelle enthält auch das hier diskutierte Zahlenbeispiel. Es handelt sich dabei um die Daten eines Raucherexperiments (*Brengelmann & Sedlmayr,* 1976), bei dem der Effekt von zwei Auffrischungssitzungen mit dazwischenliegenden Baselines überprüft werden sollte. Die abhängige Variable hier ist der Zigarettenkonsum als Gruppenmittelwert (n=30) an aufeinanderfolgenden Tagen (ABAB-Design mit der Phasenlänge 6).

Wie Tabelle 13 erkennen läßt, ist der Behandlungseffekt B signifikant (F= 12.06). Allerdings ist die Voraussetzung der Unabhängigkeit in diesem Fall deutlich verletzt. Das sieht man einmal an dem Varianzverhältnis nach (6), zum anderen an den Autokorrelationen:

l: 1   2   3   4   5 . . .

$\qquad\qquad\qquad\qquad\Delta = 20.43$

r: .76   .56   .42   .24   .13 . . .

Eine zeitreihenanalytische Auswertung, wie in Abschnitt 5 beschrieben wurde, ergibt für den Parameter des ABAB-Effektes einen nicht signifikanten Wert (!). Auf der anderen Seite hätte eine übliche einfaktorielle Varianzanalyse ohne Berücksichtigung der Meßwiederholung innerhalb der Treatments einen noch viel größeren F-Wert ergeben (F=35.75). Voraussetzung für eine sinnvolle varianz-

Tabelle 13. Varianzanalyse nach *Shine-Bower.*

Faktor B	Faktor A: Treatment				A_i
Trials	Baseline$_2$	Booster$_2$	Baseline$_3$	Booster$_3$	
1	14.6	13.8	16.3	17.0	61.7
2	14.8	13.5	17.1	16.3	61.7
3	15.1	14.2	16.9	17.1	63.3
4	15.0	13.9	17.5	18.4	64.8
5	15.8	13.4	16.9	17.2	63.3
6	13.2	13.1	16.6	15.9	58.8
B_j:	88.5	81.9	101.3	101.9	373.6

$$(1) = \frac{(\Sigma z)^2}{N} = 5815.71 \qquad\qquad N = kn$$

$$(2) = (5) = \Sigma_i \Sigma_j z_{i,j}^2 = 5873.24$$

$$(3) = \Sigma_i A_i^2/n = 23284.04/4 = 5821.01 \qquad \Delta = \frac{\Sigma(Z(t) - Z(t-1))^2/(N-1)}{2((2) - (1))/N}$$

$$(4) = \Sigma_j B_j^2/k = 35185.16/6 = 5864.19 \qquad\qquad = 20.43$$

Quadratsummen:

$QS_A = (3) - (1) = 5.30$

$QS_B = (4) - (1) = 48.49$

$QS_{AB} = (5) - (3) - (4) + (1) = 3.74$

$QS_{Fehler} = ((61.7 - 61.7)^2 + (64.8 - 63.3)^2 + (58.8 - 63.3)^2)/8 = 3.41$

Varianzanalyse:

Varianzquelle	QS	df	Varianz-Komponente	F
B (Behandlungen)	48.49	3	16.16	12.06**
A (Wiederholung)	5.30	5	1.06	.79 NS
A x B	3.74	15	.25	.19 NS
Fehler	3.41	3	1.34	

analytische Auswertung und für den t-Test als Spezialfall davon ist auch die Stationarität der Daten. Andernfalls sind Statistiken aus dieser Art Analyse sinnlos. Hat z.B. die Zeitreihe einen linearen Trend, so ergibt sich ein Niveauunterschied, ohne daß sich durch die Behandlung etwas geändert hätte. Auf der anderen Seite scheint ein Behandlungseffekt als Niveauunterschied nicht auf, wenn er in einer Umkehr des Trends besteht, wie man es sich leicht klarmacht. In diesem Sinne argumentieren *Keselman & Leventhal* (1974), statt eines Omnibus-F-Test gezielte Hypothesen zu testen, wie etwa in den Designmatrizen in Tabelle 9.

Andere Auswertungen spezieller Einzelfalldesigns: Die serielle Abhängigkeit kann unter Umständen geschickt umgangen werden. Liegen die Zeitpunkte weitgehend auseinander, so spielt sie eventuell keine Rolle mehr. In diesem Sinne wird auch von *Gentile* et al. (1972) argumentiert, wenn sie Beobachtungen von auseinanderliegenden Phasen zusammenfassen und im übrigen ähnlich analysieren wie *Shine & Bower.*

Wenn es möglich ist, die Behandlungen randomisiert aufeinanderfolgen zu lassen, etwa: ABBAABAABBA. . ., dann läßt sich ein einfacherer Randomisierungstest verwenden, um den Unterschied zwischen A und B-Phasen zu testen. Dabei spielt die serielle Abhängigkeit der Daten keine Rolle (*Edgington*, 1972). Es wird hier die Nullhypothese überprüft, ob die Werte zu den verschiedenen Zeitpunkten in A und in B gleich sind. Dazu werden aus den beobachteten 2n-Werten alle n-fachen Kombinationen gebildet, wenn n die Anzahl der A-Phasen und B-Phasen ist (A und B müssen gleich oft vorkommen). Treten dabei nur wenige Kombinationen auf, deren Mittelwertdifferenzen zwischen A und B geringer sind als die beobachtete Differenz, so ist das Ergebnis auf dem entsprechenden Signifikanzniveau signifikant. Als fiktives Demonstrationsbeispiel seien die Werte der ersten Zeile in Tabelle 14 die vier Messungen eines ABAB-Designs verwendet. Tabelle 14 enthält die 6 möglichen Zweier-Kombinationen aus den Daten, drei davon führen zu Mittelwertdifferenzen die nicht größer sind als die beobachtete Mittelwertdifferenz. D.h., das Signifikanzniveau ist 3/6=50% (NS).

Tabelle 14. Die sechs möglichen Zweier-Kombinationen der Daten aus Tabelle 13, Zeile 1, die resultierenden Mittelwerte für die Kombinationen (mA) und die restlichen zwei Daten (mB) sowie die resultierende Mittelwertdifferenz.

Kombination (A)		m(A)	m(B)	(m(A) − m(B))
14.6	13.8	14.2	17.6	− 3.4
14.6	16.3	15.4	16.4	− 1.0
* 14.6	17.0	15.8	16.0	− 0.2
13.8	16.3	15.1	16.7	− 1.6
13.8	17.0	15.4	16.4	− 1.0
16.3	17.0	16.7	15.1	+ 1.6

Für lange Zeitreihen ergeben sich Approximationen durch den t- und Mann-Whitney's U-Test. Die begrenzte Reversibilität der meisten Behandlungen schränkt diese Art von Auswertungen genauso ein wie das systematische Design nach *Cox* (s.o.). Eine weitere Diskussion des Verfahrens vergleiche bei *Kazdin* (1977). Eine allgemeine Einführung in die Randomisierungspläne und deren Auswertung findet sich in *Lienert* (1973).

Für multiple Baselines hat *Revusky* einen anderen Randomisierungstest vorgeschlagen. Hierzu muß die Behandlung in einzelnen Individuen oder Verhaltensaspekten randomisiert zugewiesen werden. Betrachtet wird jeweils der erste Wert nach Einführung der Behandlung. Etwa so:

AAAB	121<u>4</u>
AAB	23<u>2</u>
AAAAB	2132<u>3</u>
AAAAB	1212<u>5</u>

Ränge: 2111   Summe = 5.

Jeder B-Wert wird mit allen gleichzeitigen A-Werten verglichen und es wird ihm ein entsprechender Rangplatz zugewiesen. Da unter der Nullhypothese das A und B gleich wirksam sind, ist jede Rangkombination gleich wahrscheinlich. Die Verteilung derartiger Rangsummen wird von *Revusky* (1967) gegeben. Das Verfahren setzt voraus, daß alle Werte auf vergleichbaren Skalen gegeben sind, was bei unterschiedlichen Individuen zweifelhaft ist. Dann müssen sie erst ipsativiert werden (Diskussion des Verfahrens vgl. *Kazdin*, 1977; *Huber*, 1978).

Ein anderer einfacher Test zur Untersuchung von Interventionseffekten ist das Split-Mittelverfahren von *White* (1974). Dabei wird in einem AB-Design der Trend der Daten aufgrund der Mediane in den Hälften der ersten Phase (Baseline) ermittelt (Celeration line). Diese Gerade wird für die B-Phase (Behandlung) extrapoliert und es werden die Datenpunkte gezählt, die unter und über dieser Linie liegen. Nach der Nullhypothese, daß keine Veränderung stattfindet, müßten gleich viele Punkte oberhalb und unterhalb der Linie liegen. Diese Nullhypothese läßt sich mit Hilfe des Binomialtests prüfen (*Siegel*, 1956).

7. Abschließende Bemerkungen

Zeitreihenanalyse wurde als Methode der statistischen Analyse von Verlaufsdaten unter spezieller Berücksichtigung der Therapieforschung diskutiert. Ohne hier die genannten Verfahren noch einmal zusammenzufassen, sind die Autoren der Meinung, daß die mit dem ARIMA-Modell verknüpften Verfahren anderen Alternativen, die nur umrissen werden konnten, an Flexibilität und Aussagekraft überlegen sind. Die Annahmen sind doch weit weniger fragwürdig als bei den verschiedenen Abwandlungen der klassischen Varianzanalyse für den Einzelfall, und sie sind überprüfbar (Modellanpassung, Normalität der Residuen).

Einige Bereiche der Zeitreihenanalyse, die für die klinische Forschung von Interesse sind, konnten hier nicht einmal andeutungsweise diskutiert werden. Dazu gehört die Behandlung multipler Zeitreihen. Eine Schwierigkeit bei der Anwendung von Regressionsverfahren in der Zeitreihe besteht darin, daß durch das Regressionsmodell ein Teil des autoregressiven Modells in den einzelnen Zeitreihen absorbiert wird (vgl. Abschnitt 5). Ein interessanter Ansatz in diesem Bereich ist die multiple Zeitreihenanalyse, wie sie von *Quenouille* (1957) entwickelt wurde. Hier werden mehrere Zeitreihen symmetrisch behandelt und Transfermodelle wie auch autogressive bzw. Moving-Average-Modelle für die einzelnen Zeitreihen bestimmt. Ebenfalls nicht erwähnt wurde die faktorenanalytische Behandlung multipler Zeitreihen, wie sie in der P-Technik von *Cattell* (1963) vorgestellt wurde (*Petermann*, 1978). Hier werden die einzelnen Zeitreihen über die Zeitpunkte korreliert, und die Analyse dieser Korrelationen ergibt Verlaufstypen, d.h. Zusammenfassungen von Variablen, die einen ähnlichen Verlauf in der Zeit nehmen. Es gibt noch eine Reihe verwandter Techniken, die in *Cattell* (1966) diskutiert werden. Eine Reihe von Problemen der statistischen Einzelfallanalyse kann bisher noch nicht als befriedigend analysiert betrachtet werden. Dazu gehört einmal der offenbare Mangel an Generalisierungsfähigkeit der so gewonnenen Ergebnisse. Ein anderer damit zusammenhängender kritischer Punkt ist die Frage der Agglutination mehrerer derart gewonnener statistischer Einzelergebnisse zu einer Gesamtaussage. Inwieweit erhöht sich hierdurch die Generalisierungsfähigkeit der Resultate? Zurückweisen dagegen läßt sich nach Meinung der Autoren das Argument, statistische Analysen seien in klinischen Untersuchungen überflüssig, da nur massive Effekte von praktischem Interesse sind. Die Zeitreihenanalyse ist nicht nur der Inspektion durch das bloße Auge an Sensibilität in quantitativer Weise überlegen. Vielmehr stellt es einen qualitativen Sprung dar, wenn etwa der zeitliche Vorlauf einer Variablen vor der anderen statistisch festgestellt werden kann oder wenn die Interaktion zweier unabhängigen Variablen in ihrer Wirkung auf die Zeitreihe gesichert wird.

Literatur

Anderson, O. M. Time series analysis and forcasting: The Box-Jenkins Approach, London: Butterworth, 1975.

Anderson, R. L. Distribution of the serial correlation coefficient. *Annuals of Mathematical Statistics*, 1942, *13*, 1-13.

Anderson, T. W. The use of factor analysis in the statistical analysis of multiple time series. Psychometrica, 1963, *28*, 1-25.

Anderson, T. W. The statistical analysis of time series. New York: Wiley & Sons, 1970.

Atiqullah, M. On the robustness of analysis of variance. *Bulletin of the Institute of Statistical Research and Training*, 1967, *1*, 77-81.

Barlow, D. H., & Hersen, M. Single-case experimental designs. *Archives of General Psychiatry*, 1973, *29*, 319-325. Dt in. *Petermann* (1977).

Bartlett, M. S. Periodogram analysis and continous spectra. *Biometrica*, 1950, *37*.

Benjamin, L. S. A special latin square for

the use of each subject as his own control. *Psychometrika*, 1965, *39*, 449-513.

Boneau, C. A. The effects of violations of assumptions underlying the t-test. *Psychological Bulletin*, 1960, *57*, 49-64.

Bortz, J. Lehrbuch der Statistik. Berlin: Springer, 1977.

Bower, C. P., Padia W. L. & Glass G. V. TMS: Two Fortran IV programs for the analysis of time-series experiments Boulder Col.: Laboratory of Educational Research, 1974.

Box, G. E. P., & Jenkins, G. M. Time series analysis: Forecasting and control. San Francisco, California: Holden-Day, 1970.

Box, G. E. P., & Tiao, G. C. A change in level of non-stationary time series. *Biometrica*, 1965, *52*, 181-192.

Box, G. E. P. & Tiao, G. C. Intervention analysis with applications to economie and environmental problems. *J. American Statistical Association*, 1975.

Brengelmann, J. C. & Sedlmayr, E. Experimente zur Behandlung des Rauchens. Schriftenreihe des Bundesministeriums für Jugend, Familie und Gesundheit Bd. 35, Stuttgart: Kohlhammer, 1976.

Browning, R. M. A same-subject design for simultaneous comparison of three reinforcement contingencies. *Behavior Research and Therapy*, 1967, *5*, 237-243.

Campbell, D. T. From description to experimentation: Interpreting trends as quasi-experiments. In C. W. Harris (Ed.), Problems in measuring change. Madison: University of Wisconsin, 1963.

Campbell, D. T. Reforms as experiments. *American Psychologist*, 1969, *24*, 409-429.

Campbell, D. T., & Stanley, J. C. Experimental and quasi-experimental designs for research and teaching. In N. L. Gage (Ed.), Handbook of research on teaching. Chicago: Rand McNally, 1963.

Campbell, D. T. & Stanley, J. C. Experimental and quasi-experimental designs for research. Chicago: Rand McNally, 1966.

Chassan, J. B. „Stochastic models of the single case as a basis of clinical research design." *Behavioral Science*, 1961, *6*, 42-50.

Chassan, J. B. Research design in clinical psychology and psychiatry. New York: Appleton-Century-Crofts, 1967.

Chassan, J. B. „On Psychodynamics and Clinical Research Methodology." *Psychiatry*, 1970, *30*, 94-101.

Cattell, R. B. The structuring of change by P-technique and incremental R-technique. In Ch. W. Harris, (Ed.), Problems measuring change. Madison: University of Wisconsin Press, 1963, 167-198. Dt. in Petermann (1977).

Cattell, R. B. Patterns of change: Measurement in relation to state dimension, trait change, lability and process concepts. In Cattell, R. B. (Ed.), Handbook of multivariate experimental psychology. Chicago: McNally, 1966, Kap. 11.

Cox, D. R. Some recent work on systematic experimental designs. *Journal of the Royal Statistical Society*, 1952, *14*, 211-219.

Cox, D. R. A design in which certain treatment arrangements are inadmissible. *Biometrika*, 1955, *41*, 287-295.

Cox, D. R. & Lewis, P. A. W. The Statistical Analysis of Time Series. London: Methuen, 1966.

Davidson, M. L. Univariate Versus Multivariate Tests in Repeated-Measures Experiments. *Psychological Bulletin*, 1972, *77*, 446-452.

Davidson, P. O. & Costello, C. G. (Eds.) N=1: Experimental studies of single cases. New York: van Nostrand Co, 1969.

Dukes, F. N=1. *Psychological Bulletin*, 1965, *64*, 74-79. Dt. in Petermann (1977).

Durbin, J. & Watson, G. S. Testing for serial correlation in leastsquare regression I: *Biometrika 37*, 409-420, 1950, II: *Biometrika 38*, 115-178, 1951.

Edgar, E., & Billingsley, F. Believability when N=1. *Psychological Record*, 1974, *24*, 147-160.

Edgington, E. S. Statistical inference from N=1 experiments. *Journal of Psychology*, 1967, *65*, 195-199.

Edgington, E. S. The design of one-subject experiments for testing hypotheses. *Western Psychologist*, 1972, *3*, 33-38.

Finn, J. A general model for multivariate analysis. New York: Holt, Rinehart und Winston, 1974.

Garbers, H. Probleme bei der praktischen Anwendung spektralanalytischer Methoden auf ökonomische Zeitreihen. Sonderhefte zum Allgemeinen Statistischen Archiv, Heft 1, 47, 67, 1970.

Gentile, J. R., Roden, A. H., & Klein, R. D. An analysis of variance model for the intrasubject replication design. *Journal of Applied Behavior Analysis,* 1972, *5,* 193-198.

Glass, G. V. Analysis of Data on the Connecticut Speeding Crackdown as a Time-Series Quasi-Experiment. *Law and Society Review,* 1968, *3,* 55-76.

Glass, G. V., & Maguire, T. O. Analysis of time-series quasi-experiments (Final report, Project No. 6-8329). Boulder, Colorado: University of Colorado, Laboratory of Educational Research, 1968.

Glass, G. V., Tiao, G. C., & Maguire, T. U. Analysis of Data on the 1900 Revision of the German Divorce Laws as a Quasi-Experiment. *Law and Society Review,* 1969, *4.*

Glass, G. V., Willson, V. L., & Gottman, J. M. Design and analysis of time-series experiments. Boulder, Colorado: Colorado Associated University Press, 1975.

Gottman, J. M. N-of-one and N-of-two research in psychotherapy. *Psychological Bulletin,* 1973, *80,* 93-105.

Gottman, J. M. & Glass, F. V. Analysis of interrupted time series experiments. In T. Kratochwill (Ed,), Strategies to evaluate change in single subject research. New York: Academic Press, 1978.

Gottman, J. M., McFall, R. M., & Barnett, J. T. Design and analysis of research using time-series. *Psychological Bulletin,* 1969, *72,* 299-306.

Grenander, U. & Rosenblatt, M. Statistical Analysis of Stationary Time Series. New York: Wiley, 1957.

Grizzle, J. E. & Allaw, D. M. Analysis of Growth and Doze Response Curves. *Bicmetrics,* 1969, *25,* 357-381.

Gudat, U. & Revenstorf, D. Interventionseffekte in klinischen Zeitreihen. *Archiv für Psychologie,* 1976, *128,* 16-44.

Harris, B. (Ed.) Spectral Analysis of Time Series. New York: Wiley, 1967.

Hartmann, D. P. Forcing square pegs into round holes: Some comments on „An analysis-of-variance model for the intrasubject replication design." *Journal of Applied Behavior Analysis,* 1974, *7,* 635-638.

Heiler, S. Theoretische Grundlagen des „Berliner Verfahrens". *Sonderhefte zum Allgemeinen Statistischen Archiv,* 1970, *1,* 67-94.

Hersen, M. & Barlow, O. H. Single case experimental design: Strategies for studying behavior change Oxford: Pergamon, 1976.

Hibbs, D. A. Problems of statistical estimation and causal inference in time series regression models. In *Costner* (Ed.), Sociological Methodology. London: Jossey Boss, 1975.

Holtzman, W. H. Statistical models for the study of change in the single case. In C. W. Harris (Ed.), Problems in measuring change. Madison, Wisconsin: University of Wisconsin Press, 1963, 199-211. Dt. in *Petermann* (1977).

Huber, H. Kontrollierte Einzelfallstudie. In Pongratz, L. J. (Hrsg.), Handbuch der Psychologie. Göttingen: Hogrefe, 1978.

Jenkins, G. M. & Watts, D. W. Spectral analysis and its applications. San Francisco: Holdenday, 1969.

Johnston, H. Econometric methods. New York: Wiley, 1966.

Jones, Richard H., Crowell, David H. & Kapuniai, Linda E. Change Detection Model for Serially Correlated Data. *Psychological Bulletin,* 1969, *71,* 352-358.

Kazdin, A. E. Statistical analysis for single-case experimental design. In *Hersen M. & Barlow, D. H.* (Hrsg.), Single Case Experimental Design. Oxford: Pergamon, 1976.

Keeser, W. Time series analysis versus group statistics in the evaluation of therapy outcome. Paper at the Meeting of the Society of Multivariate Experimental Psychology, Schliersee, FRG, 1976.

Kelly, F. J., McNeil, K., & Newman, I. Suggested inferential statistical models for research in behavior modification. *Journal of Experimental Education,* 1973, *41,* 54-63.

Keselman, H. J.. & Leventhal, L. Concerning the statistical procedures enumerated by Gentile et al.: Another perspective. *Journal of Applied Behavior Analysis,* 1974, *7,* 643-645.

Kratochwill, T., Alden, K., Demuth, D., Dawson, D., Panicucci, C., Arntson, P., McMurray, N., Hempstead, J., & Levin, J. A further consideration in the application of an analysis-of-variance model for the intrasubject replication design. *Journal of Applied Behavior Analysis,* 1974, *7,* 629-633.

Leitenberg, H. The use of single case methodologie in psychotherapeutic research. *Journal of Abnormal Psychology,* 1973, *82,* 87-101. Dt. in *F. Petermann & C. Schmook* (Hrsg.), Grundlagentexte der

Klinischen Psychologie. Bern: Huber, 1977.

Lienert, G. A. Verteilungsfreie Methoden in der Biostatistik. 2. Aufl. Bd. 1, Meisenheim a. G.: Hain, 1973.

Lubin, A. The use of time series in social experimentation. Paper presented at the social change conference, Nashville: May, 1970.

McCall, R. B. & Appelbaum, M. I. Systematische Fehler bei der Analyse von Designs mit wiederholten Messungen: einige alternative Ansätze. In *F. Petermann,* (Hrsg.), Methodische Grundlagen Klinischer Psychologie, Weinheim: Beltz, 1977.

Mohr, W. Univariate autoregressive moving average Prozesse und die Anwendung der Box-Jenkins Technik in der Zeitreihenanalyse. Würzburg: Physika Verlag, 1976.

Namboodiri, N. K. Experimental designs in which each subject is used repeatedly. *Psychological Bulletin,* 1972, *77,* 54-64. Dt. in *Petermann* (1977).

Neumann, J. v. Distribution of the ratio of the mean square of successive differences to the variance. *Annals of Mathematical statistics,* 1941, *12,* 367-395.

Nullau, B. Probleme bei der Anwendung des „Berliner Verfahrens". *Sonderhefte zum Allgemeinen Statistischen Archiv,* 1970, *1,* 95-130.

Padia, W. L. Effect of autocorrelation on probability statistics about the mean. Masters Thesis: Univ. Colorado, 1973.

Petermann, F. (Hrsg.) Methodische Grundlagen Klinischer Psychologie. Weinheim: Beltz, 1977.

Petermann, F. Veränderungsmessung. Stuttgart: Kohlhammer, 1978.

Popper, K. Logik der Forschung. Tübingen: I. C. B Mohr 1969.

Priestley, M. B. & Rao, T. S. A test for nonstationarity of time series. *J. Royal Statistical Society,* B, 1969, *31,* 140-149.

Quenouille, M. H. Approximate tests of correlation in time-series. *Journal of the Royal Statistical Society,* 1949, *11,* Series B, 68-84.

Quenouille, M. H. The analysis of multiple time series. London: Griffin, 1957.

Revenstorf, D., Halweg, K. & Schindler, L. Lead and lag in aspects of marital interaction. European Journal of Behavior Analysis and Modification 1978, *2,* 174-184.

Revusky, S. H. Some statistical treatments compatible with individual organism methodology. *Journal of the Experimental Analysis of Behavior,* 1967, *10,* 319-330.

Schaeffer, K. Beurteilung einiger herkömmlicher Methoden zur Analyse ökonomischer Zeitreihen. *Sonderhefte zum Allgemeinen Statistischen Archiv* 1970, *1,* 131-161.

Scheffe, H. The analysis of variance. New York: Wiley & Sons, 1959.

Schnelle, J. F., & Frank, L. J. A quasi-experimental retrospective evaluation of a prison policy change. *Journal of Applied Behavior Analysis,* 1974, *7,* 483-494.

Schwarze-Birdhardt, U. Die Rolle des Therapiehelfers in der Behandlung des Rauchens. Vortrag. 5. EABT Konferenz, Mallorca 1975.

Searle, S. R. Matrix Algebra for the Biological Sciences. New York: Wiley 1966.

Seiwell, H. R. & Wadsworth, G. P. A new development in ocean wave research. Science, 1949, *109,* 217-274.

Shapiro, M. B. The single case in clinical psychological research. *Journal of General Psychology,* 1966, *74,* 3-23.

Shine, L. C. A multi-way analysis of variance for single-subject designs. *Educational and Psychological Measurements,* 1973a, *33,* 633-636.

Shine, L. C. A design combing the single-subject and multi-subject approaches to research. *Educational and Psychological Measurements,* 1973b, *33,* 763-766.

Shine, L. C. & Bower, S. M. A one-way analysis of variance for single-subject designs. *Educational and Psychological Measurements,* 1971, *31,* 105-113.

Sidman, M. Tactics of scientific research. New York: Basic Books, 1960.

Siegel, S. Nonparametric statistics for the behavioral sciences. New York: McGraw-Hill, 1956.

Stegmüller, W. Wissenschaftliche Erklärung und Begründung. Berlin: Springer, 1969.

Strahan, R. F. A coefficient of directional correlation for time series analysis. *Psychological Bulletin,* 1971, *76,* 211-214.

Tinter, G. D. & Rao, I. N. K. On the variate difference method. *Australian Journal of Statistics,* 1963, *5,* 106.

Thoresen, C. E., & Elashoff, J. D. Some comments on „An analysis-of-variance model for the intrasubject replication design." *Journal of Applied Behavior Analysis,* 1974, *7,* 639-641.

Tukey, J. W. An introduction to the calculations of numerical spectrum analysis. In *Harris B.* (Ed.), Spectral Analysis of Time Series. New York: Wiley, 1967.

Wetzel, W. Neuere Entwicklungen auf dem Gebiet der Zeitreihenanalyse *"Sonderhefte zum Allgemeinen Statistischen Ar-*

chiv, Heft 1. Göttingen: Vandenhoek & Ruprecht, 1970.

White, O. R. The split-middle-a „quickie" method of trend estimation. Experimental Education Unit. Child development and Retardation Center University of Washington, 1974.

Zubin, J. (Ed.) Symposium on Statistics for the Clinician. *Journal of Clinical Psychology,* 1950, *6,* 1-76.

Neuere Entwicklungen, Software und Kritik zur Zeitreihenanalyse nach der ARIMA-Methodik

Herbert Noack

1. Einführung

Die Zeitreihenanalyse mit ARIMA-Modellen nach Box & Jenkins (1976), die im wesentlichen zwischen 1970 und 1975 mathematisch ausformuliert wurde, hat sich in den letzten 10 Jahren nach Erscheinen des Artikels von Revenstorf & Keeser in einigen Punkten (z.B. Identifikation, Transferfunktionsmodelle) weiterentwickelt. Die meisten Veränderungen in dieser Zeit erfolgten jedoch eindeutig auf der Anwenderseite. Heute sind ARIMA-Analysen in allen großen Statistikprogrammsystemen verfügbar. Ihre Handhabung ist jedoch aufgrund der datenabhängig zu treffenden Entscheidungen und des komplexen mathematischen Modells nicht einfach. So ist eine automatische Identifikation des Abhängigkeitsmodells nicht implementiert - über ihren Sinn könnte man allerdings auch streiten.

Revenstorf & Keeser (in diesem Buch) haben wesentlich zur Verbreitung von ARIMA-Modellen im Bereich der psychologischen Forschung allgemein und der Therapieforschung im speziellen beigetragen. In der Zwischenzeit sind eine Fülle von Arbeiten erschienen, die den Nutzen dieser Methodik für verschiedene Bereiche belegen, z.B. Appelt & Strauß (1985), Brunsdon & Skinner (1987), Schmitz & Brauns (1987), Schmitz & Otto (1984). Ebenfalls liegen eine Reihe aktueller deutschsprachiger Lehrbücher vor, die umfassend den Bereich der Zeitreihenanalyse darstellen: Schmitz (1989, 1987), Schlittgen & Streitberg (1987), Metzler & Nickel (1986), Leiner (1987). Aufgrund dieser sehr guten Informationslage ist es nicht die Absicht, neuere Entwicklungen erschöpfend zu berichten, es wird vielmehr ein Überblick gegeben, der anwendungsorientierte Fragestellungen in den Vordergrund stellt.

Es haben sich jedoch auch Kritiker der ARIMA-Methodik zu Wort gemeldet, die unter dem Blickwinkel eines streng hypothesentestenden Statistikers die Aussagekraft der Analysen bezweifeln und diese Methode für den psychologischen Bereich für weitgehend ungeeignet halten (Krauth, 1983, 1986). Da diese Kritik grundsätzlich und verstärkt bei einzelnen Anwendungen beachtet werden muß, sollten zunächst die Voraussetzungen zur Durchführung einer Zeitreihenanalyse nach dem ARIMA-Modell betrachtet werden.

2. Voraussetzungen der ARIMA-Methodik

Ein anwendungsorientierter Wissenschaftler, der eine Zeitreihenuntersuchung plant, interessiert sich zunächst für folgende Fragen:
1. Wie viele Meßzeitpunkte müssen bei einem gewählten Design erhoben werden?

2. Wie sehen die Anforderungen an die Datenqualität aus?
3. Welche sonstigen Anforderungen sind zu beachten?
4. Welche Aussagekraft hat die ARIMA-Methodik?

Erst wenn diese Fragen zufriedenstellend beantwortet sind und sich die Anforderungen "ohne Vergewaltigung des Forschungsgegenstandes" realisieren lassen, lohnt sich der tiefere Einstieg in die komplexe ARIMA-Methodik.

2.1. Anzahl der Meßzeitpunkte

In der Literatur sucht man vergebens nach klaren Richtlinien zur Bestimmung der Anzahl der Meßzeitpunkte. Diese unbefriedigende Situation ist auf zwei Umstände zurück- zuführen: Zum einen war es lange eine Zielrichtung der Zeitreihenmodelle, die Daten opti- mal anzupassen. Dies ist leicht möglich, sofern nur genügend viele Parameter berücksich- tigt werden. Das Modell selbst war weitgehend irrelevant und wurde selten zufallskritisch betrachtet. Ein solches "optimales" Modell sollte vor allem gute Vorhersagen über zukünf- tige Zeitpunkte treffen (z.B. "forecasting" von Aktienkursen). Bei der Analyse von Inter- ventionshypothesen innerhalb von ARIMA-Modellen ist dieser wissenschaftstheoretisch zweifelhafte Standpunkt nicht mehr haltbar. In einem komplexen Modell mit vielen Para- metern kann man nicht nur den Interventionsparameter zufallskritisch betrachten, während die übrigen ungeprüft bleiben. Selbst die Ökonometrie wendet sich heute verstärkt theorie- geleiteten Modellen zu.

Ein weiterer Grund liegt in der Komplexität des Abhängigkeitsmodells. Lassen sich ein- fache ARIMA-Modelle (z.B. AR(1)-, MA(1)-Prozesse) an eine Zeitreihe gut anpassen, dann mögen 50 bis 100 Meßwerte genügen. In komplexeren Modellen kann eine weitaus größere Anzahl notwendig sein. Krauth (1986, S. 24) meint dazu:

> "Bei Zeitreihen mit weniger als 100 Meßzeitpunkten muß man bezweifeln, daß eine
> auch nur näherungsweise richtige Identifikation des zugrundeliegenden ARIMA-
> Modells aufgrund der Schätzfehler für die Parameter möglich ist. Dabei sollte man
> für jeden zu schätzenden Parameter mindestens 50 Meßwerte zugrundelegen, wobei
> eine solche Faustregel aufgrund der unbekannten Varianz der Residuen, d.h. der
> Zufallsschocks, fragwürdig bleiben muß."

Der Anwender kann aber vor einer Analyse der Daten nichts über ihre Abhängigkeitsstruk- tur aussagen, und die Literatur gibt so gut wie keine Empfehlung für Abhängigkeitsmodelle bei bestimmten Anwendungen. Aufgrund der großen interindividuellen Unterschiede in der Abhängigkeitsstruktur kann man bereits durchgeführte Analysen nur sehr begrenzt als Heuristik zur Bestimmung der Anzahl der Meßzeitpunkte heranziehen. Hier tappt der For- scher also im Dunkeln, die Empfehlung lautet daher eher: so viele Meßzeitpunkte wie mög- lich erheben, mindestens jedoch 50, und hoffen, das die Abhängigkeitsstruktur sich mit der vorhandenen Anzahl wirklich identifizieren und zufallskritisch beurteilen läßt. Bei Möbus & Nagl (1983) beginnt z.b. der Anwendungsbereich der ARIMA-Modelle erst bei mehr als 50 Meßzeitpunkten. Allerdings kann man auch nicht kategorisch sagen, daß 45 Meßzeitpunkte in jedem Fall zu wenig sind, man geht hier allerdings ein erhebliches Risiko ein, die Abhängigkeitsstruktur nicht oder nicht richtig identifizieren zu können, was die Voraussetzung aller weiteren Analysen ist (s.a. Strauß & Stemmler, 1985).

Auch die Anzahl und Höhe der zu schätzenden Interventionsparameter (vgl. die Transferfunktion) sollten in diese Überlegungen einfließen. Die Power des statistischen Tests, d.h. die Wahrscheinlichkeit, daß ein tatsächlich vorhandener Effekt auch als signifikant erkannt wird, hängt wesentlich von seiner Größe (z.B. Höhe des Mittelwertunterschiedes) und der Anzahl der Meßzeitpunkte ab. Gottman (1981) konnte zeigen, daß bei einem einfachen Abhängigkeitsmodell und einem einzelnen Interventionsparameter (Vorher-Nachher-Mittelwertunterschied) eine Halbierung der Effektgröße die vierfache Anzahl an Meßzeitpunkten benötigt, um die gleiche Power zu erzielen.

2.2. Anforderungen an die Datenqualität

Die ARIMA-Methodik geht von kontinuierlichen Variablen, äquidistanten Zeitpunkten und einer vollständigen Meßreihe (ohne fehlende Werte) aus, daneben ist - wie bei jeder Messung - nach der Reliabilität und Validität der Daten zu fragen.
Eine zu analysierende Zeitreihe sollte daher nur aus Messungen bestehen,

- für die eine Intervallskalierung begründet angenommen werden kann,
- die möglichst viele Ausprägungen annehmen können, d.h. daß die kontinuierliche latente Variable, die mit der Messung erfaßt werden soll, sensitiv in einen diskreten Raum abgebildet wird und die Untersuchungseinheit auch tatsächlich viele Abstufungen benutzt. Ist letzteres zweifelhaft, sollte eine kleine Vorerhebung erfolgen.
- die auf keinen Fall Decken- oder Bodeneffekte (zur Entstehung vgl. Petermann, 1978) aufweisen. Tritt dieser Fall ein oder auch nur zeitweise ein, verändert sich die Abhängigkeitsstruktur der Zeitreihe in diesem Abschnitt völlig. Im günstigen Fall sollten die Bereichsgrenzen des Meßinstruments nicht erreicht werden.

Bei der Äquidistanz wird davon ausgegangen, daß die Abstände zwischen den Meßzeitpunkten gleich sind, damit die Summe der innerhalb dieser Zeit einwirkenden Zufallseinflüsse zwischen allen Meßzeitpunkten potentiell gleich ist. Wichtig ist hier die theoriegeleitete Wahl der für die Fragestellung richtigen Meßintervalle (Stunde, Tag, Woche etc.), z.B. hängt von ihr die Aufdeckung systematischer Schwankungen ab. Es stellt sich aber bei subjektiven Einschätzungen oder physiologischen Messungen die Frage, ob die Äquidistanz objektiv über den genauen Zeitpunkt definiert werden kann oder eine Situationsgleichheit für die Fragestellung angemessen ist (z.B. vor dem Zu-Bett-Gehen, nach dem Aufwachen).

Fehlende Meßwerte in der Zeitreihe sind auf mehrfache Weise fatal: Sie können Verschiebungen in die Zeitreihe bringen, die einen vorhandenen saisonalen Effekt unidentifizierbar machen, zudem beeinflussen die üblichen Techniken zur Korrektur fehlender Werte die Abhängigkeitsstruktur. Die Computerprogramme bestehen auf vollständigen Zeitreihen, das "Aufrücken" der Meßzeitpunkte bei fehlenden Werten bringt so die Struktur der Reihe durcheinander. Auch eine Ersetzung durch den Mittelwert der benachbarten Zeitpunkte ist nicht möglich, da zwischen diesen drei Datenpunkten sodann eine deterministische Abhängigkeitsstruktur besteht. Eine Möglichkeit besteht in der Ersetzung der fehlenden Werte durch ein "forecasting" gemäß des ARIMA-Modells; in einem nachfolgenden Test der Abhängigkeitsstruktur erhöht dies jedoch den α-Fehler. In jüngster Zeit gibt es Ansätze, die für bestimmte Abhängigkeitsmodelle (z.B. AR (1)) Strategien anbieten (Schmitz, 1989), mit unvollständigen Meßwertreihen zu arbeiten.

Weiterhin sollte das verwendete Meßinstrument ähnliche Gütekriterien erfüllen, wie sie in der Psychologie gefordert werden. Die Überprüfung dieser Gütekriterien muß jedoch auf individueller Basis erfolgen, da die gruppenstatistischen Untersuchungen nicht auf den Einzelfall übertragen werden können. Neben den klassischen Gütekriterien sind für Einzelfallanalysen weitere gefordert worden (siehe Kap. II und IV in diesem Band). Ist die Reliabilität des Meßinstruments nicht in ausreichendem Maße gegeben, dann beinhaltet die Zufallskomponente des ARIMA-Modells nicht nur externe Einflüsse auf die untersuchte Person, sondern auch interne Zufallsschwankungen aufgrund der Erhebungsprozedur. Diese Noise-Komponente kann hier u.U. so stark werden, daß die tatsächliche Abhängigkeitsstruktur der latenten Variable nicht richtig identifiziert und ein Interventionseffekt übersehen wird.

Ein weiteres Problem stellen Ausreißerwerte innerhalb der Zeitreihe dar, sie gehen in die Berechnung jeder Autokorrelation und damit mehrfach ein (s. McCleary & Hay, 1980, S. 128ff und S. 199ff). Kann ein Ausreißerwert eindeutig als Artefakt oder Meßfehler ausgemacht werden, hat man einen fehlenden Wert.

2.3. Sonstige Anforderungen bzw. Annahmen

Eine wichtige Voraussetzung der ARIMA-Methodik mit Implikationen für den Anwendungsbereich besteht in der Stationarität der Zeitreihe bzw. dem Erreichen der Stationarität durch Differenzenbildung. Dazu Strauß & Stemmler (1985, S. 146):

> "Nach dem Vorgehen von Box u. Jenkins werden nichtstationäre Zeitreihen durch sukzessive Differenzenbildung in stationäre Zeitreihen überführt. Man kann vermuten, daß dieses Vorgehen sehr an dem für Box u. Jenkins wesentlichen Zweck der Zeitreihenanalyse, dem Forecasting, orientiert ist. Im Zusammenhang mit psychologischen Daten ist ernsthaft zu prüfen, ob Nichtstationaritäten, etwa Unter-

schiede im Niveau, Trends oder Zyklen, nicht von wichtiger inhaltlicher Bedeutung sind und durch Differenzenbildung eliminiert werden würden. Dies gilt auch für Nichtstationaritäten höherer Ordnung, z.b. Unterschiede in der Varianz der Zeitreihe zu bestimmten Abschnitten, die bei psychologischen Daten fast sicher eine inhaltliche Bedeutung besitzen."

Schmitz (1989, S. 41) führt dazu aus:

"Die Bedeutung des Stationaritätskonzepts für psychologische Prozesse ist eminent wichtig. Betrachten wir wieder das Beispiel "Verlauf der gedrückten Stimmung" bei einer Person über mehrere Monate und fragen nach den Implikationen, wenn wir annehmen, daß der zugrundeliegende Prozeß stationär sei. Stationarität verlangt, daß ein Prozeß im Zeitverlauf sein Niveau, seine Variabilität und seine interne (autokorrelative) Struktur nicht ändert. Das bedeutet etwa, daß es keine Phasen gibt, in denen die Stimmung grundsätzlich besser oder schlechter ist oder daß sich die Variabilität ändert, sieht man von stochastischen Zufallsschwankungen ab. Diese Stationaritätsannahme steht in deutlichem Gegensatz zum Entwicklungskonzept."

Die Zeitreihenanalyse geht weiterhin davon aus, daß außerhalb der berücksichtigten seriellen Abhängigkeit und der ggf. vorhandenen Effekte der Interventionszeitreihe (s.u.) nur Zufallseinflüsse auf die beobachtete Variable wirken. Werden sonstige systematische Einflüsse vermutet, sind diese einzubeziehen, dies gilt ganz generell für alle Einzelfallanalysen, die immer als quasi-experimentelle Designs betrachtet werden müssen. Weiterhin wird davon ausgegangen, daß das geschätzte Abhängigkeitsmodell über die beobachtete Zeit hinweg konstant bleibt. Eine Intervention kann sich daher nur auf den Level der stationären Zeitreihe auswirken, nicht jedoch auf ihre interne Struktur. Krauth (1986, S. 24) sieht dies für die psychotherapeutische Forschung sehr kritisch:

"Die Interpretation signifikanter Ergebnisse wird weiterhin dadurch beeinträchtigt, daß kaum damit zu rechnen ist, daß eine Intervention bei einem psychischen Prozeß nur einen einzigen Parameter verändert. Vielmehr ist es bei therapeutischen Interventionen oft gerade die Absicht, die ganze Struktur des Prozesses zu verändern."

Eine zusätzliche Annahme ist die der Linearität des Abhängigkeitsmodells der Zeitreihe. Zwar werden lineare Modelle zumeist unreflektiert angewandt, dennoch bedarf dies eigentlich einer theoretischen Begründung und - wenn möglich - empirischen Überprüfung der Angemessenheit dieser Annahme. Letzteres kann bei univariaten Zeitreihenmodellen möglicherweise mit dem von Luukkonen et al. (1988) vorgestellten Test auf Linearität beantwortet werden.

2.4. Kontroverse: Aussagekraft des Hypothesentests

Zunächst muß unterschieden werden zwischen

1. der Identifikation des "richtigen" ARIMA-Modells,

2. der zufallskritischen Beurteilung der Parameter dieses Modells und

3. der Testung eines Interventionseffektes.

Im Hinblick auf die Wahl des ARIMA-Modells könnte man die Meinung vertreten, daß es sich hier nur um ein rein technisches Verfahren zur Filterung von Abhängigkeiten in den Daten handelt und ein Test dieser Prozedur nicht sinnvoll ist. Dies würde bedeuten, daß die Art des Prozesses (AR(1), MA(1), saisonal) keine inhaltliche Bedeutung hätte. Aber - so Krauth (1986, S. 19) - "... der Begriff eines psychologischen Prozesses wäre sinnlos, wenn es keinerlei Zusammenhang zwischen den Meßwerten zu verschiedenen Zeitpunkten gäbe und man so tun könnte, als habe man zu jedem Zeitpunkt eine andere Person gemessen." Es mag zwar viele Prozesse geben, für die der Anwender - aus welchen Gründen auch immer - keine inhaltliche Interpretation findet, einige Prozesse, z.B. mit Tages- oder Wochen-Rhythmik, bieten jedoch mit Sicherheit viele Informationen.

Auf der anderen Seite ist die ARIMA-Methode keine "black box", in die man die verunreinigten grauen (abhängigen) Daten hineinsteckt und dann sauber und weiß (unabhängig) wieder herausholt. Eine Automatisierung des Verfahrens ist nicht möglich, da in Abhängigkeit von den Indikatoren (ACF, PACF etc.) Entscheidungen zu treffen sind, die nicht eindeutig aus diesen ableitbar sind. Man kann auf dem Standpunkt stehen, daß alle diese Entscheidungen als Hypothesen betrachtet und auch beurteilt werden müssen (Krauth, 1986). Im üblichen Ablauf der ARIMA-Methode erfolgt die zufallskritische Beurteilung aber nur innerhalb eines gewählten Modells. Es wird geprüft, ob die gewählten und anhand der Daten geschätzten Parameter von Null verschieden sind und ob innerhalb der Residuen noch Abhängigkeit vorhanden ist. Die Erfahrung zeigt aber, daß häufig unterschiedliche Modelle eine ähnlich gute Anpassung liefern. Dies gilt auch für Modelle, die sich hinsichtlich der Anzahl ihrer Parameter kaum unterscheiden. Die Entscheidung für ein bestimmtes Abhängigkeitsmodell ist damit statistisch nicht prüfbar.

Weiterhin ist es möglich, das Anpassungsproblem bei Zeitreihen auch mit ganz anderem "Werkzeug" anzugehen, z.B. Spektralanalyse (Schlittgen & Streitberg, 1987) oder "exponential smoothing" (Dobravsky, 1984).

Die Testung eines Interventionseffektes baut auf der Entscheidung über ein Abhängigkeitsmodell auf (Generelles lineares Modell; s. Revenstorf & Keeser in diesem Band) oder ist als Transfermodell (s.u.) in die Entscheidungen über die Abhängigkeitsstruktur eingebettet. Die Interventionsbeurteilung ist damit nicht losgelöst von der Wahl des "richtigen" Modells zu sehen. Sicherlich hängt die Beurteilung des Interventionseffektes (Signifikanz, Größe) auch von dem gewählten ARIMA-Modell ab, was zukünftig systematisch in Simulationsstudien zu prüfen wäre.

3. Neuere Entwicklungen der Statistik zum ARIMA-Modell

Die neuen Entwicklungen beziehen sich auf die verschiedenen Stufen des Vorgehens:
Identifikation, Parameterschätzung und Modelldiagnostik.

Zunächst sei aber eine im weiteren Verlauf verwendete Schreibweise eingeführt, die Vorteile in der Darstellung bringt und sich innerhalb der Zeitreihenstatistik durchgesetzt hat: der "Backshift-Operator", abgekürzt "B".

Es gilt $\quad B(x_t) = x_{t-1}$

$$B(x_{t-1}) = B(B(x_t)) = B^2(x_t) = x_{t-2}$$

$$B^m(x_t) = x_{t-m} \quad .$$

Damit kann die Schreibweise für einen AR(p)-Prozeß vereinfacht werden:

$$y_t = \phi_1 y_{t-1} + \phi_2 y_{t-2} + \dots + \phi_p y_{t-p} + a_t$$

$$y_t - (\phi_1 y_{t-1} + \phi_2 y_{t-2} + \dots + \phi_p y_{t-p}) = a_t$$

$$y_t - \phi_1 B^1 y_t - \phi_2 B^2 y_t - \dots - \phi_p B^p y_t = a_t$$

$$(1 - \phi_1 B^1 - \phi_2 B^2 - \dots - \phi_p B^p)\, y_t = a_t$$

Nach Definition des folgenden Polynoms

$$\phi_p(B) = 1 - \phi_1 B^1 - \phi_2 B^2 - \dots - \phi_p B^p$$

ergibt sich eine verkürzte Schreibweise des AR(p)-Prozesses

(1) $\qquad \phi_p(B) y_t = a_t \quad .$

In gleicher Weise kann ein MA(q)-Prozeß dargestellt werden:

$$y_t = a_t - \theta_1 a_{t-1} - \theta_2 a_{t-2} - \dots - \theta_q a_{t-q}$$

$$y_t = a_t - \theta_1 B^1 a_t - \theta_2 B^2 a_t - \dots - \theta_q B^q a_t$$

$$y_t = (1 - \theta_1 B^1 - \theta_2 B^2 - \dots - \theta_q B^q)\, a_t$$

Nach Definition des folgenden Polynoms

$$\theta_q(B) = 1 - \theta_1 B^1 - \theta_2 B^2 - \dots - \theta_q B^q$$

ergibt sich ebenso eine verkürzte Schreibweise des MA(q)-Prozesses

(2) $\qquad y_t = \theta_q(B) a_t \quad .$

Für die Differenzenbildung bedeutet bei

- einfacher Differenzenbildung:

$$y_t - y_{t-1} = y_t - B^1 y_t = (1-B)^1 y_t$$

- zweifacher Differenzenbildung:

$$(y_t - y_{t-1}) - (y_{t-1} - y_{t-2}) = y_t - 2y_{t-1} + y_{t-2} = y_t - 2B^1 y_t + B^2 y_t = (1-B)^2 y_t$$

- d-facher Differenzenbildung:

$$(1-B)^d y_t \quad .$$

Damit ergibt sich das gesamte ARIMA-Modell

(3a) $\phi_p(B)w_t = \theta_q(B)a_t$

mit $w_t = (1-B)^d y_t$ für d>0   bzw.

$w_t = y_t$ für d=0

oder aufgelöst nach y_t

(3b) $$y_t = \frac{\theta_q(B)a_t}{\phi_p(B)(1-B)^d}$$

3.1. Identifikation

Nach Berechnung der Autokorrelationsfunktion tritt für die Signifikanzbeurteilung das Problem der Vielzahl simultaner Tests auf. Gemäß Programmstandard wird zwar zumeist der Standardfehler der Autokorrelationen ausgegeben bzw. mit seiner Hilfe ein Signifikanztest bei jeder einzelnen Korrelation durchgeführt, jedoch sind bei der Fülle der Korrelationen signifikante Werte in hohem Maße wahrscheinlich. Aus diesem Grund wurde von Ljung & Box (1978) der Portmanteau-Test vorgeschlagen (oft abgekürzt als LBQ), der prüft, ob die gesamte Autokorrelationsfunktion (bis zu einem anzugebenden maximalen lag) nicht signifikant von einem White-noise-Prozeß abweicht. Dieser Test ist in den nachfolgend beschriebenen Programm verfügbar.

Wie Keeser und Revenstorf zeigen, können reine AR- bzw. MA-Prozesse aufgrund ihrer charakteristischen ACF- und PACF-Verläufe relativ leicht identifiziert werden. Problematischer ist es jedoch bei den gemischten ARMA-Modellen. Hier kann die extendierte Stichproben-Autokorrelationsfunktion (ESACF) Informationen geben; sie bestimmt die Autokorrelationen nachdem AR(1)-...-AR(k)-Modelle aus den Daten eliminiert wurden (s. Schmitz, 1989). Als zusätzlicher Indikator ist die inverse Autokorrelationsfunktion (IACF) entwickelt worden, die ähnlich der PACF ausgewertet wird; wobei ihr zusätzlicher Informationsgehalt jedoch verschiedentlich bezweifelt wird (Schmitz, 1989; Schlittgen & Streitberg, 1987).

Aufgrund der Problematik der adäquaten Modellidentifikation wurden auch verschiedene semiautomatische Identifikationsmethoden entwickelt, die auch dem ungeübten Anwender den Zugang zur ARIMA-Methodik öffnen sollten. Bislang wurde aber noch keine dieser Methoden in die gängigen Statistikprogrammpakete aufgenommen, z.T. wurden sie auch kritisiert. Hier zu nennen ist die "Corner-Methode" (Carr & Keeser, 1985) und die Vektorkorrelation (Schlittgen & Streitberg, 1987), in beiden ist die Ordnung der MA- und AR-Komponente aus einer Indikatortabelle ablesbar.

3.2. Parameterschätzung

Die Parameterschätzung kann durch drei unterschiedliche Methoden (s. Schlittgen & Streitberg, 1987) erfolgen, die nicht in allen Programmen wählbar sind:

1. die "Conditional-least-squares"-Methode (CLS),

2. die "Unconditional-least-squares"-Methode (ULS), die auch als "Backcasting"-Methode bezeichnet wird, und

3. die exakte Maximum-Likelihood-Methode (ML)

Die Parameterschätzungen dieser Methoden können sich sowohl in der Höhe der Parameter als auch ihrer Signifikanzbeurteilung erheblich unterscheiden. Dies kann von lokalen Maxima bzw. Minima der Schätzfunktion, von den gewählten Startwerten und dem Konvergenzkriterium abhängen. Zur Prüfung der Stabilität des Ergebnisses sollten mehrere Schätzmethoden angewandt und die Startwerte definiert werden. Findet man z.B. eine gute Schätzung durch die ULS- oder CLS-Methode, so empfiehlt sich eine ML-Schätzung mit diesen Schätzungen als Startwert.

3.3. Modelldiagnostik

Die Modelldiagnostik bezieht sich auf die Signifikanztestung der Parameter und die Anpassungsgüte des gesamten ARIMA-Modells. Die Residuen des Abhängigkeitsmodells müssen dabei einem White-noise-Prozeß entsprechen. Zur Überprüfung dieses Kriteriums wurde von Box & Pierce (1970) der "Portemanteau-Test" (s.o.) vorgeschlagen. Ist dieser Test signifikant gemäß gewähltem Niveau, muß von einer Autokorrelation der Residuen ausgegangen werden. In diesem Fall ist ein anderes bzw. erweitertes ARIMA-Modell zu wählen.

Für die deskriptive Beurteilung der Modellanpassung eignet sich die Varianz der Residuen kaum, da sie mit der Anzahl der Parameter abnimmt. Aus diesem Grund wurden Informationskriterien entwickelt, die sowohl die Residualvarianz als auch die Anzahl der Parameter einbeziehen und damit sowohl ein "Overfitting" (zu viele Parameter) als auch ein "Underfitting" (zu wenige Parameter) anzeigen. Folgende Kriterien werden diskutiert (s. Schmitz, 1989; Schlittgen & Streitberg, 1987):

- das Akaike-Informations-Kriterium (AIC),

- das Bayessche-Informations-Kriterium (BIC bzw. SBC) und

- das Hannan-Quinn-Kriterium (HQ).

3.4. Testung von Interventionshypothesen mittels Transferfunktionen

Revenstorf & Keeser (in diesem Band) führen zur Schätzung des Interventionseffektes das generelle lineare Modell für ARIMA-Residuen nach Glass et al. (1975) und Anderson (1970) ein. Einen alternativen Ansatz bietet das Transfermodell von Box & Tiao (1975), das eine Integration des Interventionsansatzes in die ARIMA-Zeitreihenmethodik vornimmt und eine größere Flexibilität bei der Formulierung von Interventionshypothesen bietet. Beide Modelle sind bedingt äquivalent (s. Möbus et al., 1983). Das Transferfunktionsmodell ist in den Computerprogrammen BMDP2T und SAS-ARIMA enthalten und damit verfügbar und verhältnismäßig einfach durchführbar; im folgenden ist dieser Ansatz dargestellt.

Die Integration einer Intervention in die Zeitreihenmethodik bedeutet die Übersetzung dieser Intervention in eine Zeitreihe des Interventionsdesigns (I_t), die z.B. über die Codierung 0-1 anzeigt, wann die Intervention einsetzt und wie lange sie andauert. Weiterhin muß als Hypothese angegeben werden, wie sich diese binäre Interventionszeitreihe auf die beobachtete Zeitreihe y_t auswirken wird. Diese Hypothese wird als Transferfunktion (T) spezifiziert und ergibt kombiniert mit der Interventionszeitreihe (I_t) den aufgrund der Hypothese erwarteten Verlauf der Zeitreihe (y^*_t). Zur Testung der Intervention wird der Einfluß der erwarteten Zeitreihe auf die beobachtete Zeitreihe (y_t) unter Berücksichtigung der seriellen Abhängigkeit und zufälliger Einflüsse (N_t) über die geschätzten Parameter der Transferfunktion bestimmt. Sind diese Parameter signifikant von Null verschieden kann der Interventionseinfluß gemäß des gewählten Wahrscheinlichkeitsniveaus als bestätigt gelten. Für die klinische Relevanz ist dann die Höhe der Parameter zu interpretieren.

Zur formalen Darstellung ergibt sich als Gesamtgleichung

(4) $\quad\quad y_t = T\,I_t + N_t$.

Die Noise-Komponete N_t beinhaltet dabei ein vollständiges ARIMA-Modell nach Gleichung 3b. Die reinen Auswirkungen der Intervention lassen sich mit der Effektzeitreihe y^*_t beschreiben

$\quad\quad y^*_t = T\,I_t.$

Für die Intervention selbst haben Box & Jenkins (1976) die Unterscheidung zwischen einem Puls- und einem Step-Input eingeführt. Ein Puls-Input stellt ein singuläres Ereignis zu einem Zeitpunkt t dar, z.B. eine einmalige Gabe eines Medikaments. Der Step- oder Stufen-Input beginnt zum Zeitpunkt t und hält für die weitere Beobachtungszeit kontinuierlich an, z.B. Dauermedikation. Eine Intervention kann sich natürlich aus mehreren Pulsen bzw. mehreren Stufen zusammensetzen, es liegt hier jedoch die Auffassung zugrunde, daß sich jeder Puls bzw. jede Stufe in gleicher Weise auswirkt, d.h. gemäß der gleichen Transferfunktion die Zeitreihe beeinflußt. Hat man sich für ein Design entschieden, kann man nach Festlegung der Intervention die Input-Zeitreihe bestimmen, diese wird dann später parallel zu den beobachteten Daten eingegeben (Codierung z.B. 0-1). Für den Fall einer Intervention sind diese beiden Möglichkeiten als Input-Zeitreihen in der Abbildung 21 dargestellt.

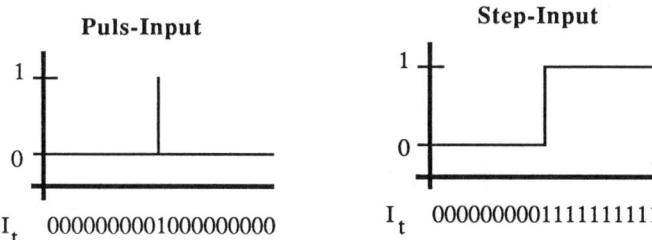

Abb. 21. Interventionszeitreihe als Puls- und Stufen-Input.

Neben dieser Design-Entscheidung muß man sich jedoch weiterhin vor Beginn der Erhebung Überlegungen zur Transferfunktion machen, d.h. eine Hypothese über die Auswirkungen des Inputs aufstellen. Dieses mündet in die theoriegeleitete Wahl der Parameter der Transferfunktion, die später geschätzt und auf Abweichung von Null getestet werden. Welches sind nun die wichtigsten Bestimmungsstücke einer Transferfunktion, aus der dann die Parameter abgeleitet werden können?

Grundsätzlich gibt es unzählige Möglichkeiten für Transferfunktionen, nur einige praktisch relevante seien im folgenden genannt.

1. Zeitverzögerung oder Totzeit (b); d.h. das System reagiert auf eine Intervention zum Zeitpunkt t erst bei Zeitpunkt t+b mit einer Veränderung der beobachteten Zeitreihe.

2. Dauer des Einflusses einer einzelnen Intervention, das "Gedächtnis" der Intervention (r,s).

3. Abrupte, allmähliche oder überschießende Reaktion.

In der Abbildung 22 sind erwartete Zeitverläufe (y^*_t) für zwei Transferfunktionen bei einem Puls- bzw. Stufen-Input dargestellt. Die erste Transferfunktion führt nach b Zeitpunkten zu einer Reaktion, die nur so lange aufrechterhalten wird, wie die Intervention andauert. Die zweite Transferfunktion führt bei einem Puls-Input zu einer zeitgleichen Reaktion, einem Sprung auf den Wert ω_0 und einem allmählichen Ausklingen dieser Reaktion auf das Ausgangsniveau zurück. Die gleiche Funktion führt bei einem Stufen-Input ebenfalls zu einem Sprung auf ω_0 und einem weiteren, sich verlangsamenden Anstieg auf ein asymptotisches Maximum.

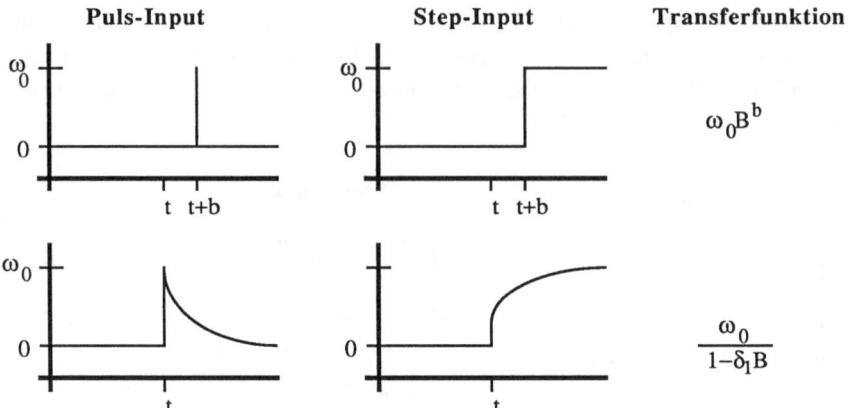

| **Puls-Input** | **Step-Input** | **Transferfunktion** |

Abb. 22.   Hypothetische Zeitreihen gemäß zweier Transferfunktionen bei Puls- und
                Stufen-Input.

Zur ausführlicheren Darstellung siehe Möbus & Nagl (1983, S. 304ff), Box & Jenkins
(1976, S. 348ff), McCleary & Hay (1980, S. 141ff) und Schmitz (1989, S. 124ff).

In einer allgemeinen Form läßt sich die Transferfunktion ähnlich des ARIMA-Modells
mittels Backshiftoperator angeben:

(5) $\delta_r(B)y^*_t = \Omega(B)I_t$

mit $\Omega(B) = \omega_s(B)B^b = (\omega_0 - \omega_1 B^1 - ... - \omega_s B^s)B^b$

und $\delta_r(B) = 1 - \delta_1 B^1 - ... - \delta_r B^r$,

aufgelöst nach y^*_t ergibt sich

(6) $y^*_t = \delta_1 y^*_{t-1} + ... + \delta_r y^*_{t-r} + \omega_0 I_{t-b} - ... - \omega_s I_{t-b-s}$,

oder als Funktionsdarstellung für T

(7) $T = \dfrac{\omega_s(B)B^b}{\delta_r(B)}$.

Die Indices r und s beinhalten das Gedächtnis der Interventionskomponenten, der Index b
die Zeitverzögerung des Effektes.

Zum Vorgehen bei der Transfermodellanalyse: Zunächst muß das ARIMA-Modell der
Zeitreihe bestimmt werden, das den Noise-Prozeß (N_t) darstellt. Hier tritt das Problem auf,
daß die beobachtete Zeitreihe (y_t) von der Effektzeitreihe y^*_t beeinflußt ist bzw. man nimmt
dies an. Dieser Einfluß kann sich u.U. negativ auf die Identifikation und Schätzung des
Abhängigkeitsmodells auswirken. Daher sind verschiedene Vorgehensweisen bei der Identifikation der Noise-Komponente vorgeschlagen worden:

1. Betrachtung der gesamten Original-Zeitreihe,

2. Betrachtung nur der Beobachtungen vor der Intervention und

3. Subtraktion der Effektzeitreihe y*$_t$ (nach Schätzung der Transferfunktion ohne
Noise-Modell) von der beobachteten Zeitreihe y_t und Analyse der Differenzen
bzw. der Residuen.

Ist ein angemessenes Noise-Modell gefunden, wird das gesamte Transfermodell einschließlich des Noise-Modells simultan geschätzt. Der Ablauf ist in der Abb. 23 schema-
tisch aufgeführt.

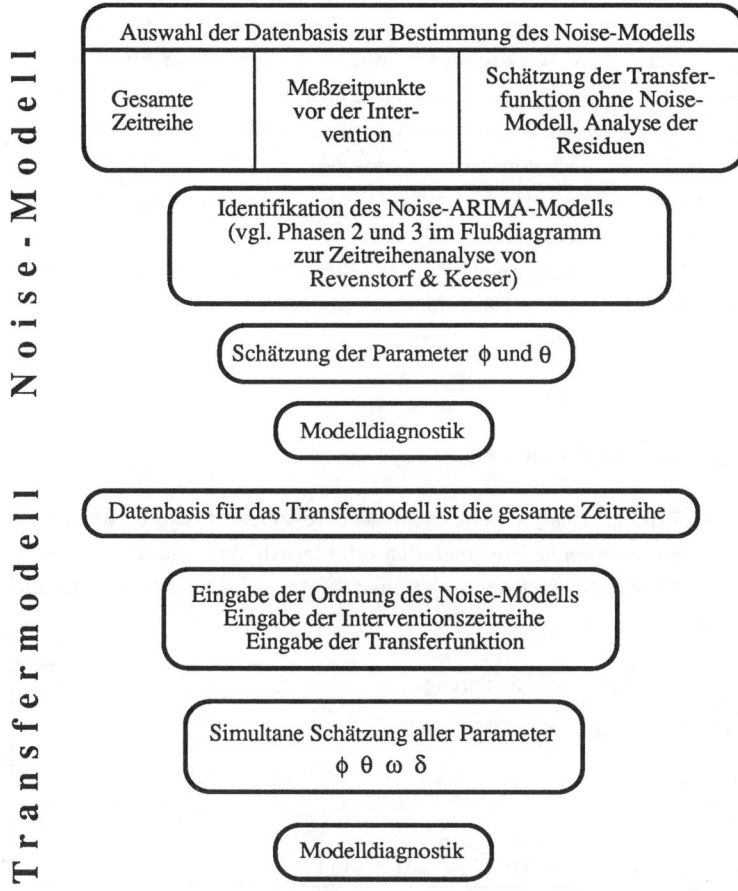

Abb. 23. Schematische Darstellung der Transferfunktionsanalyse.

4. Verfügbare Software

Die großen Statistikprogrammpakete SPSS, SAS und BMDP verfügen heute alle über
Programme zur Zeitreihenanalyse nach dem ARIMA-Modell. In der folgenden Übersicht
wird allerdings auf eine Beschreibung der Prozedur BOX-JENKINS in SPSSX (SPSS
Inc.; 1988) verzichtet, da in ihrem Rahmen bisher noch keine Interventionseffektprüfung
mittels Transferfunktionen möglich ist. Weiterhin gibt es einige Spezialprogramme (z.B.

HITS, Carr & Keeser, 1985; SCA, Lui & Hudak, 1986), die über zusätzliche Möglichkeiten verfügen, auf die hier jedoch nicht eingegangen werden kann.

Die Einführung in die Zeitreihenanalyse-Programme BMDP2T (Dixon et al., 1988;
Bollinger et al., 1983) und ARIMA in SAS (SAS Institute Inc., 1984) kann dabei natürlich
keine Programmbeschreibung ersetzen, sie soll lediglich einen Überblick der wichtigsten
Steuerkarten liefern. Zu diesem Zweck werden je zwei Beispieljobs aufgeführt und erklärt.
Zur detaillierteren Information sei auf die jeweiligen Programmbeschreibungen und auf
Schmitz (1989) verwiesen, dort finden sich sowohl Input- als auch Outputbeispiele.

Da die Analyse von simulierten Daten wertvolle Hinweise für die Planung und Durchführung von Zeitreihenanalysen liefern kann, ist ebenfalls ein Simulationsprogramm aus der
IMSL-Fortran-Library beschrieben.

Jeweils die ersten Zeilen der Programmbeispiele beziehen sich auf die Programmauswahl
und sind rechnerspezifisch, hier beispielhaft für einen IBM-Großrechner unter MVS angegeben.

4.1. Das Programm ARIMA in SAS

Der Ablauf der Zeitreihenanalyse ist innerhalb der SAS-Prozedur ARIMA weitgehend
standardisiert, so daß nur wenige Eingabezeilen erforderlich sind. Sie hat gegenüber
BMDP2T auch den Vorteil, daß die Kriterien AIC und SBC berechnet werden und alle drei
Schätzmethoden möglich sind.

```
Beispielaufruf zur Identifikation und Schätzung:
//     EXEC SAS
//DATEN    DD DSN=zeitreihe.data,DISP=SHR
DATA BOX;
       INFILE DATEN;
       INPUT GEN;
PROC ARIMA;
       IDENTIFY VAR=gen(0) NLAG=10;
       ESTIMATE P=1 Q=(1,3) METHOD=CLS PLOT;
```

Zunächst werden die Daten von Eingabekanal DATEN gelesen und der Zeitreihe wird
der Name "gen" gegeben. Nach dem Programmaufruf ARIMA werden die Statistiken zur
Modellidentifikation (IDENTIFY) angefordert. Der Ausdruck "gen(0)" bedeutet, daß keine
Differenzierung (d) der Zeitreihe "gen" vorgenommen wird. NLAG gibt die maximale lag-
Anzahl für die zu berechnenden Autokorrelationen und die partiellen und inversen Auto-
korrelationen an. Da der Differenzierungsgrad (hier d=0) bereits gewählt ist, benötigt die
Schätzangabe (ESTIMATE) nur noch die Angabe der Indices p und q des (p, d, q)-
ARIMA-Modells. Mit P=1 wird ein autoregressiver Parameter mit lag 1 gewählt, mit

Q=(1,3) werden zwei MA-Parameter gewählt, einer mit lag 1 und einer mit lag 3; angegeben ist hier also ein (1, 0, 2)-Modell. Als Schätzmethode (METHOD) werden "Conditional-least-squares" (CLS) gewünscht. Nach der Parameterschätzung erfolgt automatisch eine Modelldiagnostik über die Residuen, mit der Angabe PLOT werden diese Residualstatistiken geplottet.

Die Interventionsanalyse in SAS ist kaum aufwendiger, lediglich die Angabe der Transferfunktion bedarf einiger Übung.

```
Beispielaufruf zur Interventionstestung mittels Transferfunktion:
//      EXEC SAS
//DATEN    DD DSN=zeitreihe.data,DISP=SHR
DATA BOX;
         INFILE DATEN;
         INPUT INT GEN;
PROC ARIMA;
         IDENTIFY VAR=gen(0) CROSSCORR=(int) NOPRINT;
         ESTIMATE P=1 Q=(1,3) INPUT=(0$(0)/(1) int) METHOD=CLS PLOT;
```

Neben der Zeitreihe "gen" wird hier die Interventionszeitreihe "int" eingelesen, die über die Werte 0 und 1 anzeigt, wann die Intervention einsetzt und wie lange sie andauert. Unter der Voraussetzung, daß das Noise-Modell vorher korrekt identifiziert wurde, wird nun mit dem ARIMA-Aufruf eine Transferfunktionsanalyse vorgenommen. Der IDENTIFY-Paragraph muß dennoch angegeben werden, da er zur Variablenübergabe dient und nur hier der Differenzierungsgrad angegeben werden kann. Die Interventionszeitreihe "int" muß mit der CROSSCORR-Angabe der Schätzprozedur übergeben werden. Die Angabe NOPRINT unterdrückt die in diesem Fall sinnlosen Statistiken zur Identifikation und Kreuzkorrelation der beiden Zeitreihen. Die Transferfunktion wird im ESTIMATE-Paragraph über INPUT angegeben. Die Schreibweise richtet sich hier nach der Formel (vgl. Formel 7):

$$B^b \ (\omega_s \ / \ \delta_r) \ => \ b\$ \ (\omega_s) \ / \ (\delta_r) \ .$$

Hinter der Transferfunktion wird die Variable aufgeführt, auf die sie angewandt werden soll, hier die Interventionszeitreihe "int". Mit (0$(0)/(1) int) ist die Transferfunktion

$$\frac{\omega_0}{1 - \delta_1 B^1}$$ gewählt (s.a. Abb. 22).

Das gesamte Modell wird simultan geschätzt, die Modelldiagnostik wird automatisch durchgeführt.

4.2. Das Programm BMDP2T

Die Handhabung des Programms BMDP2T ist etwas aufwendiger, hier müssen die einzelnen Schritte (Identifikation, Schätzung, Diagnostik) explizit angegeben werden.

```
Beispiel-Aufruf zur Identifikation und Schätzung:
//      EXEC BIMED,P=BMDP2T
//FT25F001  DD  DSN=zeitreihe,DISP=SHR
/PROBLEM    TITLE='zeitreihe'.                     ⎫
/INPUT      Var=1.  FORMAT='fortranformat'.        ⎬  0
            CASES=150.  UNIT=25.                   
/VARIABLE   NAME=gen.                              ⎭
/END
TPLOT       VAR=gen./                              ⎫
ACF         VAR=gen.  MAXLAG=20.  LBQ./            ⎬  1
PACF        VAR=gen.  MAXLAG=20./                  ⎭
ARIMA       VAR=gen.                               ⎫
            ARORDER='(1)'.                         
            DFORDER=0.                             
            MAORDER='(1,3)'.                       ⎬  2
            CONSTANT./                             
ESTIMATE    RESIDUALS=genres.                      
            METHOD=BACKCASTING./                   ⎭
TPLOT       VAR=genres./                           ⎫
ACF         VAR=genres.  MAXLAG=10.  LBQ./         ⎬  3
PACF        VAR=genres.  MAXLAG=10./               ⎭
END/
```

Im Abschnitt 0 werden die Inputdaten der Zeitreihe spezifiziert. Eingelesen wird eine Variable mit 150 Beobachtungen von Eingabekanal FT25F001. Die Variable erhält den Namen "gen".

Abschnitt 1 beinhaltet die zur Identifikation des Abhängigkeitsmodells notwendigen Steuerkarten. Es wird ein Plot (TPLOT) der Zeitreihe angefordert und die Berechnung der Autokorrelationen (ACF) von lag 1 bis lag 20 zusammen mit dem Portmanteau-Test (LBQ). Die partielle Autokorrelation (PACF) wird ebenfalls von lag 1 bis lag 20 berechnet.

Im Abschnitt 2 wird das identifizierte ARIMA-Modell angegeben und geschätzt. ARORDER gibt den autoregressiven Teil an, es wird ein Parameter ϕ mit lag 1 gewählt; dies entspricht dem Ausdruck $\qquad (1 - \phi_1 B^1)$.

Mit DFORDER kann die Differenzierung (einfache, zweifache etc.) der Zeitreihe gewählt werden, hier wird keine gewünscht, d.h. die Originalzeitreihe "gen" wird verwendet. Mit MAORDER wird der MA-Teil angegeben, es werden zwei Parameter gewünscht, der erste mit lag 1 und der zweite mit lag 3, dies entspricht dem Ausdruck

$$(1 - \theta_1 B^1 - \theta_3 B^3).$$

Aufgrund der Angabe CONSTANT wird bei nicht-zentrierten Zeitreihen das mittlere Niveau als Konstante geschätzt. Damit ist auch hier das (1,0,2)-ARIMA-Modell angegeben worden. Bei der Schätzung (ESTIMATE) wird ein neuer Variablenname für die Residuen des Modells angegeben (genres) und die Schätzmethode gewählt (BACKCASTING).

In Abschnitt 3 werden zur Modelldiagnostik fast die gleichen Angaben gemacht wie zur Identifikation in Abschnitt 1, hier beziehen sie sich lediglich auf die Residuen "genres". Es wird hier untersucht, ob die Residual-Autokorrelationen einem White-Noise-Prozeß entsprechen.

In ähnlicher Weise wird eine Transferfunktionsanalyse aufgerufen.

```
Beispiel-Aufruf zur Interventionsanalyse mittels Transferfunktionen:
//        EXEC BIMED,P=BMDP2T
//FT25F001 DD  DSN=zeitreihe,DISP=SHR
//SYSIN DD  *
/PROBLEM     TITLE='zeitreihe'.
/INPUT       Var=2. FORMAT='fortranformat'.
             CASES=150. UNIT=25.                        } 0
/VARIABLE    NAME=int,gen.
/END
ARIMA        VAR=gen.
             ARORDER='(1)'.
             DFORDER=0.
             MAORDER='(1)'.
             CONSTANT./
INDEPENDENT VAR=int. TYPE=BINARY.                       } 1
             UPORDER='0'.
             DFORDER=0.
             SPORDER='1'./
CHECK        MODEL./
ESTIMATE     RESIDUALS=igenres.
             METHOD=BACKCASTING./
TPLOT        VAR=igenres./
ACF          VAR=igenres. MAXLAG=10. LBQ./              } 2
PACF         VAR=igenres. MAXLAG=10./
END/
```

In Abschnitt 0 wird wiederum eine Datendefinition vorgenommen, neben der bereits bekannten Variable "gen" wird hier die Variable "int" eingelesen, die aus 150 0/1-Werten (binäre Variable) besteht und die Dauer der Intervention anzeigt.

Unter der Voraussetzung, daß das Noise-Modell, d.h. das ARIMA-Modell der Zeitreihe "gen" korrekt identifiziert ist, kann in Abschnitt 1 die Transferfunktionsanalyse erfolgen. Sie steht aus der Angabe dieses Abhängigkeitsmodells (ARIMA), der Angabe der Transferfunktion (INDEPENDENT), einem Modellcheck (CHECK) und der simultanen Schätzung aller Parameter (ESTIMATE). Die Spezifikation der Transferfunktion orientiert sich dabei an der Darstellung gemäß Gleichung 7:

$$T = U(B)\, D(B)\, /\, S(B) \ .$$

Im Beispiel ist eine Transferfunktion gewählt, die keine zeitverzögerte Reaktion aufweist (s. Abb. 22), d.h. D(B)=0 ; sie lautet:

$$\frac{\omega_0}{1-\delta_1 B^1}$$

Diese Transferfunktion bezieht sich auf die Indikatorvariable "int", die binären Typs ist. Mit UPORDER wird die Ordnung des Zählerpolynoms angegeben, hier wird ein ω mit lag 0 ausgewählt. DFORDER ist die Zeitverzögerung der gesamten Reaktion, hier 0. SPORDER gibt die Ordnung des Nennerpolynoms an, hier wird ein δ mit lag 1 gewünscht. Das ganze Modell wird mit ESTIMATE geschätzt und nachfolgend im Abschnitt 2 wird es über die Residuen geprüft.

4.3. Simulation von ARIMA-Modellen mit FTGEN der IMSL-Library

Wenn eine aufwendige Einzelfallanalyse geplant wird, deren Auswertung nach der ARIMA-Methodik (mit oder ohne Interventionseffekt) vorgenommen werden soll und die Untersucher noch über keine hinreichende Erfahrung mit dieser Methodik verfügen, sollte der gesamte Ablauf der Analyse und ggf. auch die Interpretation anhand simulierter Daten durchgespielt werden. Ebenso eignet sich die Simulation zur Prüfung der Auswertungsmöglichkeiten bei komplexen Interventionen und Transferfunktionen. Weiterhin kann mittels Simulation grob abgeschätzt werden, wie sich spezielle Eigenschaften eines Meßinstruments (z.B. nur 7 Abstufungen) und einer gesamten Zeitreihe (Länge, fehlende Werte) auf Identifikation und Parameterschätzung auswirken können, denn das "wahre" Abhängigkeitsmodell ist bei den simulierten Daten ja bekannt.

In der weitverbreiteten IMSL-Library (IMSL, 1984) findet sich das Unterprogramm FTGEN, daß eine Zeitreihe für ein spezifiziertes ARIMA-Modell generiert. Leider ist im Rahmen dieses Unterprogramms die Modellierung eines saisonalen Effektes nicht möglich. An den Rechenzentren wird diese Bibliothek zumeist standardmäßig mit dem Aufruf eines Fortran-Compilers verbunden, so daß beim Aufruf ihrer Unterprogramme über CALL keine zusätzlichen Angaben notwendig sind. Im folgenden werden die Parameter des Aufrufs beschrieben und ein kleines Beispielprogramm angegeben.

Aufruf: CALL FTGEN(arps,pmas,pmac,start,mnv,dseed,ip,iq,lw,w,wa)
Parameter (Reihenfolge beachten !):
arps: Input-Vektor der Länge ip (=Anzahl der AR-Parameter), der die AR-Parameter des Modells enthält.
pmas: Input-Vektor der Länge iq (=Anzahl der MA-Parameter), der die MA-Parameter des Modells enthält.
pmac: Input-Gesamt-MA-Parameter zur Angabe eines linearen Trends der Zeitreihe

start: Input-Vektor der Länge ip (=Anzahl der AR-Parameter), der die Start-Werte der
            Formel zur Generierung der Zeitreihe enthält, d.h. der Werte vor Zeitpunkt 0, auf
            die die AR-Parameter bei dem ersten Zeitpunkt zurückgreifen
wnv: Input der Varianz der Zufallsschwankungen (white noise)
dseed: Input eines ganzzahligen Wertes im double-precision Fortran-Format zum Start des
            Zufallszahlengenerators
ip: Input der Anzahl der autoregressiven (AR) Parameter des Modells
iq: Input der Anzahl der moving average (MA) Parameter des Modells
lw: Input der Länge der Zeitreihe, die generiert werden soll
w: Output-Vektor, der Länge lw (=Anzahl Meßzeitpunkte), der die generierte Zeitreihe
            aufnimmt
wa: Arbeitsbereich Vektor der Länge lw+max(ip,iq).

```
Beispiel-Programm:
//fort EXEC f7r        [Aufruf des Fortran-Compilers incl. Ausführung]
//FT08F001 DD DSN=dateiname,DISP=SHR
    DOUBLE PRECISION DSEED
    REAL*8 ARPS(1),PMAS(1),PMAC,START(1),WNV,W(150),WA(160)
    INTEGER IP,IQ,LW
    ARPS(1)=.35
    PMAS(1)=.35
    PMAC=0.00
    START(1)=7.00
    WNV=1.50
    DSEED=1000.D0
    IP=1
    IQ=1
    LW=150
    CALL FTGEN(ARPS,PMAS,PMAC,START,WNV,DSEED,IP,IQ,LW,W,WA)
    WRITE(8,100) (W(I),I=1,150)
100 FORMAT(10X,F8.3)
    STOP
    END
```

Das Programm gibt eine Zeitreihe der Länge t=150 nach einem (1,0,1)-ARIMA-Modell mit
den Parameterwerten AR(1)=.35 und MA(1)=.35 auf dem Output-Kanal FT08F001 aus.
Als Startwert für den AR-Parameter wurde der Wert 7.00 gewählt, der Zufallszahlengene-
rator startet mit der Zahl 1000.00 und generiert normalverteilte Zufallsschocks mit Erwartungswert 0.00 und Varianz 1.50 . Ein Trend, der später über einmalige Differenzierung
bereinigt werden könnte, ist nicht gewünscht.

Die Simulation eines Interventionseffektes kann durch Addition von Werten ab dem Inter-
ventionszeitpunkt erfolgen, d.h. addiert wird die Effektzeitreihe y^*_t. Dies kann sowohl
innerhalb des Fortran-Programms als auch nach Einlesen der Daten in SAS oder BMDP
innerhalb dieser Statistikprogrammpakete erfolgen.

Die nachfolgende Identifikation und Parameterschätzung des ARIMA-Modells und ggf. der
Transferfunktion - insbesondere, wenn der Auswerter die "wahre" Struktur des Modells
nicht kennt - geben einen Einblick in die Gesamtproblematik der ARIMA-Methodik. Wich-

tig ist natürlich die realistische Wahl der Varianz der Zufallsschocks, sie sollte entsprechend der geschätzten oder bekannten Reliabilität des Meßinstrumentes und der geschätzten unkontrollierten Zufallseinflüsse zwischen zwei Meßzeitpunkten bestimmt werden.

5. Perspektiven der ARIMA-Methode in der psychologischen Forschung

Die Zeitreihenanalyse nach dem ARIMA-Modell hat innerhalb der Psychotherapieforschung hohe Erwartungen geweckt, insbesondere ihre Möglichkeit der inferenzstatistischen Absicherung einer Intervention im Einzelfall. Den beschreibenden Möglichkeiten der ARIMA-Methodik wurde relativ wenig Beachtung geschenkt. Dagegen erschien die Abbildung von Interventionen und Prozessen im Therapieverlauf möglich und das alles mit den "höheren Weihen" der Inferenzstatistik. Darüber konnte man fast vergessen, daß es sich lediglich um einen Einzelfall handelt und die Inferenz sich nur auf den Nachweis eines Effektes innerhalb der erhobenen Zeitreihe dieses Einzelfalles bezieht. Nur in diesem Sinne ist die Interventionsanalyse mittels Zeitreihenanalyse ein Verfahren zur Entscheidungshilfe im Einzelfall. Aufgrund ihres Aufwandes wird man sie nur dort einsetzen, wo keine Entscheidung über eine Intervention im Einzelfall getroffen werden kann; zudem muß man Interventionseffekte innerhalb äquidistant erhobener Beobachtungen konkretisieren können. Die Forderung nach Äquidistanz steht hier den potentiellen Möglichkeiten einer Einzelfallhypothese im Hinblick auf Generalisierung über zeitliche, räumliche und situative Bedingungen entgegen.

Noch ein weiterer methodischer Punkt begrenzt inhaltlich die Abbildung von Therapieprozessen: die Kausalrichtung. Aufgrund der Analyse im zeitlichen Verlauf sind Kausalaussagen möglich - eine wesentliche Stärke des Verfahrens. Wir können also im Einzelfall den kausalen Effekt einer oder mehrerer unabhängiger Variablen auf eine oder mehrere abhängige Variablen untersuchen. Die einseitige Kausalrichtung ist für die gesamte Zeitreihe Grundbedingung, auf keinen Fall darf ein Wert der abhängigen Variable eine Veränderung der unabhängigen Variable nach sich ziehen. Dies bedeutet, daß die zu untersuchenden Interventionen genau vorausgeplant und ohne Veränderung durchgeführt werden müssen, keinesfalls darf in Abhängigkeit von der beobachteten Variable die Intervention modifiziert werden. Dieses an der experimentellen Laborforschung orientierte einfache Kausalmodell läßt sich auf den psychotherapeutischen Prozeß nur in wenigen Fällen übertragen, der zumeist von den Reaktionen des Klienten geprägt ist und damit einem Modell wechselseitiger Einflüsse folgt.

Die hohen Erwartungen an die ARIMA-Methodik im Hinblick auf die Interventionsbetrachtung müssen reduziert werden, zumal sie von mathematisch-statistischer Seite zuviel

Angriffsfläche liefern. Ganz anders dagegen kann die Beschreibung vorhandener Zeitreihen beurteilt werden. Das Auffinden von seriellen Abhängigkeiten innerhalb eines Symtoms oder Verhaltens kann wesentliche Hinweise für Diagnose, Behandlung und Prognose geben. Ob zu diesem Zweck ein komplettes ARIMA-Modell angepaßt werden muß oder die Betrachtung der Autokorrelationen (ACF, PACF) bereits ausreicht, kann nur im speziellen Anwendungsfall beurteilt werden. Bleibt man auf der Korrelationsebene, so ist die Verwendung von Rangkorrelationskoeffizienten (z.B. Kendall´s tau; s.a. Petermann & Noack, 1984) leicht möglich. Für viele der innerhalb der Psychologie anfallenden Daten wäre dies ein angemesseneres Vorgehen.

Literatur

Anderson, T.W. The statistical analysis of time series. New York: Wiley, 1970.

Appelt, H. & Strauß, B. (Hrsg.) Ergebnisse einzelfallstatistischer Untersuchungen in Psychosomatik und klinischer Psychologie. Berlin: Springer, 1985.

Bollinger, G., Herrmann, A. & Möntmann, V. BMDP - Statistikprogramme für die Bio-, Human- und Sozialwissenschaften. Stuttgart: Fischer, 1983.

Box, G.E.P. & Jenkins, G.M. Time series analysis: forecasting and control. San Francisco: Holden Day, 1976, 2. Auflage.

Box, G.E.P. & Pierce, D.A. Distribution of residual autocorrelations in ARIMA time series models. *Journal of the American Statistical Association*, 1970, 64, 1509-1526.

Box, G.E.P. & Tiao, G.C. Intervention analysis with applications to economic and environmental problems. *Journal of the American Statistical Association*, 1975, 70, 70-79.

Brunsdon, T.M. & Skinner, C.J. The analysis of dependencies between time series in psychological experiments. *British Journal of Mathematical and Statistical Psychology*, 1987, 40, 125-139.

Carr, D. & Keeser, W. HITS - a program for helping and identifying uni- and multivariate time-series models. München: unveröffentlichter Arbeits-

bericht des Instituts für Medizinische Psychologie, 1985.

Dixon, W.J. et al. BMDP Statistical Software. Berkeley: University of California Press, 1988.

Dobravsky, G. Box-Jenkins- und exponential smoothing-Prädiktoren im theoretischen und praktischen Vergleich. Kiel: unveröffentlichte Dissertation, 1984.

Glass, G.V., Willson, U.L. & Gottman, J.M. Design and analysis of time series experiments. Boulder, Colorado: Associated University Press, 1975.

Gottman, J.M. Time series analysis. Cambridge: Cambridge University Press, 1981.

International Mathematical and Statistical Libraries Inc. IMSL-Library: FORTRAN Subroutines for mathematics and statistics (ed. 9.2). Houston: Author, 1984.

Krauth, J. Einige Fragen zur Zeitreihenanalyse. Manuskript zum Vortrag am 28.11. an der RWTH Aachen, 1983.

Krauth, J. Probleme bei der Auswertung von Einzelfallstudien. *Diagnostica*, 1986, 32, 17-29.

Leiner, B. Einführung in die Zeitreihenanalyse. München: Oldenbourg, 1987.

Liu, L.M. & Hudak, G.B. The S C A statistical system reference manual for forecasting and time series analysis - Version 3. DeKalb, Il: SCA, 1986.

Ljung, G.M. & Box, G.E.P. On a measure of lack of fit in time series models. *Biometrika*, 1978, *65*, 297-303.

Luukkonen, R., Saikkonen, P. & Teräsvirta, T. Testing linearity in univariate time series models. *Scandinavian Journal of Statistics*, 1988, *15*, 161-175.

McCleary, R. & Hay, R.A. Applied time series analysis for the social sciences. Beverly Hills, CA: Sage, 1980.

Metzler, P. & Nickel, B. Zeitreihen- und Verlaufsanalysen. Leipzig: Hirzel, 1986.

Möbus, C. & Nagl, W. Messung, Analyse und Prognose von Veränderungen. In *J. Bredenkamp & H. Feger* (Hrsg.), Hypothesenprüfung - Enzyklopädie der Psychologie. Göttingen: Hogrefe, 1983.

Möbus, C., Göricke, G. & Kröh, P.A. Statistical analysis of single case experimental designs: conditional equivalence of the general linear-model approach of Glass, Willson & Gottman with the intervention model of Box and Tiao. *EDV in Medizin und Biologie*, 1983, 14, 98-108.

Petermann, F. Veränderungsmessung. Stuttgart: Kohlhammer, 1978.

Petermann, F. & Noack, H. Entwicklung und Erprobung von Verfahren zur nonparametrische Zeitreihenanalyse. Aachen: Arbeitsbericht des Psychologischen Instituts der RWTH, 1984.

Schlittgen, R. & Streitberg, B.J.H. Zeitreihenanalyse. München: Oldenbourg, 1987, 2. Auflage.

Schmitz, B. Zeitreihenanalyse in der Psychologie. Weinheim: Deutscher Studien Verlag - Beltz, 1987.

Schmitz, B. Einführung in die Zeitreihenanalyse. Bern: Huber, 1989.

Schmitz, B. & Brauns, H.-P. Zur Verarbeitung von Prozessen, die mit ARIMA-Modellen simuliert werden. *Zeitschrift für Experimentelle und Angewandte Psychologie*, 1987, *34*, 431-452.

Schmitz, B. & Otto, J. Die Analyse von Migräne mit allgemeinpsychologischen Streßkonzepten. Zeitreihenanalysen für einen Einzelfall. *Archiv für Psychologie*, 1984, *136*, 211-234.

SAS Institute Inc. SAS/ETS User´s guide - version 5 edition. Cary, NC: SAS Institute Inc., 1984.

SPSS Inc. SPSSX User´s guide 3nd Ed. Chicago, Ill.: SPSS Inc., 1988.

Strauß, B. & Stemmler, G. Praktische Probleme bei der Anwendung von Zeitreihenanalysen. In *H. Appelt & B. Strauß* (Hrsg.), Ergebnisse einzelfallstatistischer Untersuchungen in Psychosomatik und klinischer Psychologie. Berlin: Springer, 1985.

Zur Analyse qualitativer Verlaufsdaten – ein Überblick

Dirk Revenstorf & Bernd Vogel

1. Einleitung

Bei der Analyse von Therapieverläufen steht eine dynamische Beschreibung des Prozesses in der Zeit im Vordergrund. Und zwar interessiert dabei häufig der Verlauf des Prozesses und seine Interaktion mit anderen gleichzeitig ablaufenden Prozessen. Das bedeutet, daß wiederholte Beobachtungen anfallen. Das heißt nicht unbedingt, daß es sich um Einzelfallanalysen handeln muß. Es können auch wiederholte Beobachtungen von einer Anzahl vergleichbarer Individuen vorliegen; dann sind auch querschnittliche bzw. kombiniert querschnittliche und längsschnittliche Untersuchungstechniken möglich. In vielen Fällen handelt es sich bei den Beobachtungsreihen jedoch um Daten eines Individuums, die einzeln analysiert werden, da entweder vergleichbare Daten von anderen Individuen nicht verfügbar sind oder die individuelle Dynamik des infrage stehenden Prozesses interessiert.

Die Daten solcher Beobachtungsreihen können verschiedener Natur sein. Die einfachste Art von Daten sind Ereignisse, die entweder eintreten oder nicht eintreten. Zählt ein Stotterer seine Sprechfehler, so könnte sich eine Ereignisfolge wie in Abb. 24a ergeben. Die Abszisse stellt die Zeitachse dar (hier über 33 min), die Ordinate ist 1, wenn das Ereignis eintritt, und andernfalls 0. Die abhängige Variable (das Stottern) ist hier diskret (0/1) und die Zeit kontinuierlich erfaßt. Aus der dichotomen Ereignis-Variablen wird eine abgestufte Frequenz-Variable, wenn man die Zeit diskretisiert, indem man etwa einen Raster von 3 min wie in Abb. 24b anlegt. Die Auszählung der Sprechfehler pro 3min-Einheit ergibt dann eine neue Variable, die mehrere Ausprägungsgrade annehmen kann. Ein anderer Aspekt der Ereignisfolge in Abb.24a ist die Dauer der Intervalle zwischen zwei Sprechfehlern, die in Abb. 24d abgetragen wurde. Beide Darstellungen, die Ereignisfolge und die Folge der Intervalle, sind äquivalente Darstellungen und auseinander reproduzierbar: Durch waagrechte Aneinanderreihung der Intervalle erhält man wieder die Ereignisfolge im richtigen Abstand. Die Frequenzdarstellung bei gröberem Zeitraster dagegen bedeutet eine Zusammenfassung der Daten. Noch weiter zusammengefaßt werden die Daten in den Häufigkeitshistogrammen für Frequenz und Intervalle in Abb. 24c und 24e. Auch hier besteht wieder eine gewisse Äquivalenz der Information: Wenn die mittlere Dauer zwischen zwei Ereignissen 1.5 Minuten betrug (vgl. *Intervallhistogramm*), dann werden in einer 3-Minuteneinheit im Durchschnitt zwei Ereignisse auftreten (vgl. *Frequenzhistogramm*). Wie man sieht, lassen sich die elementaren Beobachtungen in unterschiedlicher Weise darstellen. Über die angemessene Art der Darstellung muß von Fall zu Fall entschieden werden, unter anderem auch nach Gesichtspunkten der Auswertung.

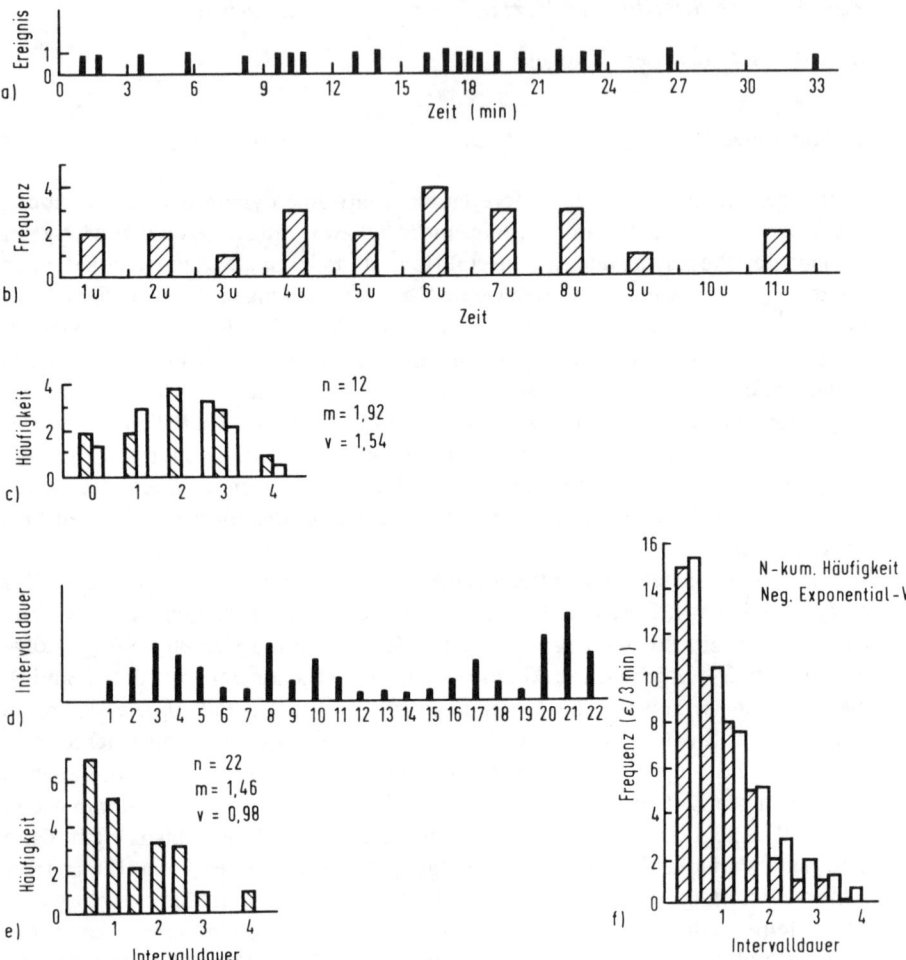

Abb. 24. Verschiedene Arten der Datenregistrierung an einem fiktiven Beispiel des Stotterns bei einem Zeitraster von 1 min.

a) Ereignisregistrierung (0/1),
b) Frequenzauszählung für ein 3 min Raster (u=3 min),
c) Frequenzhistogramm mit hypothetischer Verteilung unter der Annahme der Unabhängigkeit (Poisson-Verteilung),
d) Abfolge der Intervalle zwischen den Ereignissen,
e) Intervallhistogramm,
f) linkskumulatives Intervallhistogramm mit hypothetischer Verteilung unter der Annahme der Unabhängigkeit (negative Exponentialverteilung).

Im genannten Beispiel waren die Werte der Beobachtungsvariablen zunächst binär. In anderen Fällen treten mehr als zwei Kategorien auf, wie etwa bei folgender Kodierung der Verhaltensbeobachtung einer Interaktion, bei der eine Mutter ihrem Kind vergeblich bei den Hausaufgaben zu helfen versucht (aus *Innerhofer*, 1977). Bei der Kodierung handelt es sich um den Aspekt der gegenseitigen Lenkung.

t: 1 2 3 4 5 6 7 8 9 . . .
Mutter : P P Z P Z P P P P . . .
Kind: Q Q P Q P Q Q Q Q . . .

Zeichenschlüssel:
P. Initiative, Versuch der Lenkung des Anderen.
Q. Blockade, Nichtbefolgen.
Z. Eingehen auf den Lenkungsversuch des anderen.

Auch hier können die Häufigkeiten der verschiedenen Ereignisse ausgezählt und in Histogrammform dargestellt werden. Allerdings handelt es sich um zwei Zeitreihen verschiedener, wenn auch nicht unabhängiger Datengeneratoren. Außerdem treten mehrere Kategorien auf, die sich nicht als Abstufungen einer Dimension einordnen lassen. Es gibt drei mögliche Elementarereignisse: P, Q und Z.

Als weiteres Beispiel soll eine Zeitreihe betrachtet werden, die ebenso wie die Häufigkeiten in Abb. 24b oder Intervalle in Abb. 24d quantitativ sind, nur daß diese Quantitäten als elementare Beb0achtungen anfallen. In Tabelle 15a sind die subjektiven Beurteilungen des Zusammengehörigkeitsgefühls eines Ehepaares aus der Sicht eines Partners dargestellt. Sie wurden über 91 Tage täglich erhoben. Die Urteile wurden auf einer vierstufigen Skala von „sehr gering" (1) bis „sehr stark zusammengehörig" (4) abgegeben. Bei solchen Daten ist eine qualitative Auswertung denkbar, indem man die Rangordnung der Stufen ignoriert. Man kann sie aber auch quantitativ auswerten, indem man annäherungsweise Intervallskalenqualität unterstellt.

Im klinischen Bereich fallen Daten an, die sich grob wie folgt unterteilen lassen:

Qualitative Daten:
(1)   einkategorielle (binäre) Ereignisregistrierung (0,1),
(2)   mehrkategorielle Ereignisregistrierung (A, B, C . . .),

quantitative Daten:
(3)   abgestufte Beurteilungen (rating-scales) oder summierte binäre Beurteilungen,
(4)   Häufigkeitsauszählungen,
(5)   Dauer oder Intensitätsmessungen.

Die Daten der 1. und 2. Art sind sogenannte Nominaldaten (Ereignisbenennungen). Bei den Daten der 3. Art handelt es sich eigentlich um Rangskalenqualität, sie werden jedoch häufig wie Intervalldaten behandelt. Bei den Daten 4. und 5. Art handelt es sich um diskret quantitative und kontinuierlich quantitative

Meßwerte, denen man wenigstens Intervallskalenqualität zusprechen kann. Bei Zeitangaben handelt es sich um eine Verhältnisskala, bei Häufigkeiten um eine Absolutskala. Man kann jedoch die Skalenqualität mit dem Argument in Frage stellen, daß nicht die vordergründigen Zeit- oder Häufigkeitsangaben psychologisch relevant sind, sondern deren subjektive Äquivalente. Im folgenden wird davon ausgegangen, daß Daten der 1. und 2. Art vorliegen (qualitative Daten). Zur Behandlung quantitativer Zeitreihen siehe das Kapitel III. 2 in diesem Band.

Neben der Skalenqualität von Daten ist für die Auswertung von Bedeutung, ob die Zeit kontinuierlich oder diskret und gleichabständig erfaßt wurde. Fürs weitere wird davon ausgegangen, daß es sich um diskrete, gleichabständige (äquidistante) Zeiteinheiten handelt, die zwischen den Beobachtungen liegen. Dies können einmal Intervalle bestimmter Länge, (Minuten, Dreiminutenabschnitte (wie in Abb. 24b) oder Durchgänge sein (wie in Abb. 24d). Die Gleichabständigkeit der Beobachtungen ist für einige Verfahren der Zeitreihenanalyse eine grundlegende Annahme (s.u.). Auf Bedeutung variabler Zeiteinheiten kann hier ebenso wie auf Meßfehler, Beobachtungsfehler oder Skalenqualität der Daten nicht näher eingegangen werden. Probleme der Datenerhebung (z.B. *Repp* et al., 1976) und der Bestimmung der Beobachterübereinstimmung werden z.B. in *Bijou* et al. (1969), *Johnson & Bolstad* (1973), *Hawkins & Dotson* (1975) und *Kazdin* (1977) diskutiert. Zur Problematik des Beobachtens vergleiche auch *v. Cranach & Frenz* (1969) oder *Mees & Selg* (1977).

2. Serielle Abhängigkeit

Verteilung der Intervalle: Das entscheidende Merkmal von Verlaufsdaten ist deren serielle (sequentielle) Abhängigkeit. Die Daten sind die Stichprobe eines Datengenerators (Individuum, technisches oder ökonomisches System) und werden sequentiell gezogen. Da Systeme oft über eine gewisse Trägheit bzw. ein „Gedächtnis" verfügen, ist der Zustand des Systems zum jeweiligen Zeitpunkt von den Zuständen in vorangehenden Zeitpunkten im allgemeinen nicht unabhängig.

Es gibt viele Tests, um die Unabhängigkeit von sequentiellen Daten zu überprüfen. Handelt es sich um eine Ereignisfolge, die kontinuierlich in der Zeit registriert wird (wie Abb. 24a), so läßt sich die Intervalldauer zwischen den Ereignissen untersuchen. Unabhängige Ereignisse mit einer fixen Austrittswahrscheinlichkeit λ (hier 23:33=.70 Ereignisse pro Minute) heißen *Poisson-Prozeß.* Für sie gilt, daß Intervalle länger als x mit der Wahrscheinlichkeit

(1) *Prob* $(X > x) = exp\,(-x\,\lambda)$ negative Exponentialverteilung

der sogenannten *negativen Exponentialverteilung* auftreten.

Abb. 24d enthält die Folge der Intervalle und Abb. 24e das Häufigkeitsdiagramm der vorkommenden Intervalle (z.B. .5 min kam 7mal vor). In Abb. 24f sind die Häufigkeiten längerer Intervalle als x=.5,1.0, 1.5 . . . min dargestellt, sowie die theoretisch aufgrund der negativen Exponentialverteilung (1) zu erwartenden Häufigkeiten. Z.B. 7 von N=22 Intervallen haben die Länge .5 Minuten, also sind 22-7=15 Intervalle länger als .5 Minuten. Die unter Annahme der Unabhängigkeit erwartete Häufigkeit ist: $N exp(-x\lambda)=22 exp(-.5(.70))=15.53$. Die Intervalle in Abb. 24d folgen etwa einem solchen Modell, die Ereignisse können daher vermutlich als unabhängig angenommen werden. Statistische Tests zur Überprüfung dieser Unabhängigkeitshypothese finden sich in *Cox & Lewis* (1969, Kapitel 6), Anwendungen dazu z.B. bei *Kloot* et al. (1975).

Verteilung der Häufigkeiten: Man kann auch die Häufigkeit der Ereignisse in einem bestimmten Zeitintervall auszählen. In Abb. 24b wurde das Dreiminutenintervall ausgewählt. Die Frequenz der Ereignisse in einem solchen Intervall folgt bei Unabhängigkeit einer Binomialverteilung bzw. bei relativ seltenen Ereignissen einer *Poissonverteilung* (vgl. *Feller*, 1950; *Lindgren*, 1960), d.h., die Häufigkeit von n Ereignissen in einem Zeitintervall t (hier t=3min) hat approximativ die Wahrscheinlichkeit:

(2) *Prob* (n) = $(m^n/n!)\, exp$ (-m)   Poissonverteilung.

Dabei ist m der Poisson Parameter, die erwartete Frequenz in dem Intervall t (hier 3(23/33)=2.09). In Abb. 24c ist das Histogramm der Häufigkeiten der Ereignisse in 3-Minuten-Abschnitten dargestellt und die erwarteten Werte (N*Prob* (n)) sind ebenfalls eingetragen.

Wieder erscheint die beobachtete Verteilung dem Poisson-Modell einigermaßen zu entsprechen. Da die Häufigkeiten hier im Gegensatz zu denen bei der Exponentialverteilung in Abb. 24f, wo kumulative Häufigkeiten verwendet wurden, unabhängige Schätzungen darstellen, läßt sich die Verteilungshypothese mit einem einfachen χ^2- Test überprüfen (z.B. *Siegel*, 1976)

(3) $\chi^2 = \Sigma\, (n_{beob} - n_{erw})^2/n_{erw}$ Anpassungs-Test

df = k-1; k . . . Anzahl der Klassen.
Der Wert war hier für Abb. 24c χ^2=1.02 bei 4 Freiheitsgraden und ist nicht signifikant.

Runs-Test: Mit der Darstellung in Abb. 24b wurde bereits zu fixen Zeitintervallen übergegangen. Man hätte auch die Ergebnisse selbst als 0/1 Variable in .5-Minuten-Intervallen auffassen können. Für derartige Folgen läßt sich die Unabhängigkeit mit dem *Runs-Test* überprüfen. Für die Ereignisfolge in Abb. 24a ergibt sich in .5min-Intervallen die folgende 0/1 Sequenz:

<u>0011</u>000<u>1000</u>1000010011<u>1000011000</u>10<u>11111</u>0<u>100</u>10<u>101</u>0000001000001<u>0001</u>.

Sind die Ereignisse unabhängig, so dürfen nicht zu viele gleichartige Ereignisse aufeinanderfolgen (Runs, positive Verbundenheit), aber auch nicht zuviele Abwechslungen auftreten (negative Verbundenheit). Die Runs sind durch Unterstreichungen gekennzeichnet. Die Anzahl der Runs ist hier r=26. Bei größeren Stichproben ist ein approximativer Test für die Unabhängigkeit der Ereignisse durch folgenden Wert z der Standard-Normalverteilung (*Siegel*, 1976):

$$z = \frac{r - N^*/N + 1}{\sqrt{N^* (N^* - N)/N^2 (N - 1)}} \qquad \text{Runs-Test.}$$

(4)

$$N = n_0 + n_1 \qquad\qquad N^* = 2\, n_0\, n_1$$

Im Beispiel war die Anzahl der Nullen n_0=43 und die Anzahl der Ereignisse n_1=23. Es ergibt sich bei r=26 Runs ein z-Wert von: z=(26-30.91)/1336=-1.36, der kleiner ist als der kritische Wert von z=1.96 für den zweiseitigen Signifikanz-Test auf dem 5% Niveau. Es muß demnach die Hypothese der Unabhängigkeit für die Ereignisfolge in Abb. 24 auch nach dieser Betrachtungsweise aufrechterhalten werden.

Übergangsmatrizen: Auf Nominaldaten-Niveau läßt sich die Abhängigkeit aufeinanderfolgender Ereignisse ganz allgemein durch Übergangsmatrizen beschreiben. Tabelle 15a enthält die Daten einer Beobachtungsreihe (Selbsteinschätzung) des Gemeinsamkeitsgefühl von Ehepartnern. Die Variable kann vier Werte annehmen (1 bis 4), die hier nominal behandelt werden sollen, also als qualitative Kategorien (analog wie die Kategorien der Mutter- Kind-Beobachtung P, Q, Z). Die Kategorien des Gemeinsamkeitsgefühls sind

1 . . . kein Gemeinsamkeitsgefühl,
2 . . . geringes Gemeinsamkeitsgefühl,
3 . . . deutliches Gemeinsamkeitsgefühl,
4 . . . starkes Gemeinsamkeitsgefühl.

Die Beobachtungsreihe (91 Tage die Werte eines Ehepartners) beginnt mit einer 4, auf die eine 3 folgt. Entsprechend wird in der Häufigkeitsmatrix (Tabelle 15b) eine Eintragung in Zeile 4 in Spalte 3 erhalten. Darauf folgt eine 4, so daß Zeile 3 in Spalte 4 eine Eintragung erhält und so fort. So ergeben sich die Häufigkeiten der Übergänge von einem Zustand zum anderen an zwei aufeinanderfolgenden Zeitpunkten t-1 und t. Die Spaltensummen oder Zeilensummen ergeben die Verteilung der Zustände in der beobachteten Stichprobe. Dividiert man die Werte in der Häufigkeitsmatrix zeilenweise durch diese Randsummen, so erhält man die Matrix P=p (j|i) der *Übergangwahrscheinlichkeiten*[1]). Dividiert man die

---

[1]) Genauer die Schätzung der relativen Häufigkeiten.

Tabelle 15. Kategoriale Daten (Gemeinsamkeitsgefühl, K = 4 Kategorien) eines Individuums (N = 91) über 91 Tage mit Übergangshäufigkeiten und Übergangswahrscheinlichkeiten (P) sowie Randverteilung (p_j).

a) Gemeinsamkeitsgefühl eines Ehepartners über 91 Tage

```
Z:    4 3 4 4 2 2 3 3 4 4 3 3 4 4 4 4 3 3 4 4 4 4 1 2 3 3
Runs:   1     2   3           4               5       6  7
t:    1         10        20              30

Z:    3 3 2 1 1 1 2 3 3 4 4 4 4 3 2 3 1 2 3 4 3 4 3 4 4 4 4 3
Runs:   8       9      10 11 12      13
t:    31        40        50              60

Z:    3 1 2 4 2 3 4 4 4 1 2 2 3 2 2 3 4 3 3 2 2 4 1 1 1 1 1
Runs:  14 15 16  17  18 19 20 21 22 23 24 25 26
t:    61        70        80              90
```

b) Übergangshäufigkeiten

		t			
t − 1	1	2	3	4	Σ
1	6	4	1	0	
2	1	4	10	2	
3	1	6	13	13	
4	3	2	10	14	
Σ	11	16	34	29	N = 90

c) Übergangswahrscheinlichkeiten

	1	2	3	4	Σ
1	.55	.36	.09		1.00
2	.06	.24	.59	.11	1.00
3	.03	.19	.39	.39	1.00
4	.10	.07	.35	.48	1.00
p_j:	.12	.18	.38	.32	1.00

$$P = [p_{j \mid i}]$$

Häufigkeiten durch die Gesamtzahl N, so erhält man die *Verbundwahrscheinlich-keiten* p (i, j); sie addieren sich über die gesamte Matrix zu Eins. Die Übergangs-wahrscheinlichkeiten in Tabelle 15c zeigen, daß auf den Zustand 1 besonders häufig wieder der Zustand 1 folgt, ebenso tendiert das System dazu, im Zustand 3 und 4 verharren. Aus dem Zustand 4 geht es aber auch leicht in den Zustand 3 über, vom Zustand 2 besonders leicht in den Zustand 3. Die Werte einer Zeile der Übergangsmatrix stellen die Verteilung der Zustände nach einem bestimmten Zu-stand dar und ergänzen sich zu Eins. Diese einzelnen bedingten Verteilungen sind hier unterschiedlich von der Gesamtverteilung, die im unteren Rand der Matrix eingetragen ist (ihre Werte ergeben sich aus den Spaltensummen von Tabelle 15b durch die Division mit der Gesamtzahl der Übergänge N=90). Die Abhängigkeit der Beobachtungen kommt darin zum Ausdruck, daß die Wahrscheinlichkeit der Zustände in t davon abhängt, welcher Zustand in t-1 vorlag. Wären die Ereignisse unabhängig davon, so müßten die Zeilen in der Übergangsmatrix alle gleich sein und den absoluten Wahrscheinlichkeiten entsprechen. Mit einem einfachen An-passungstest analog zu (3) läßt sich diese Unabhängigkeit unmittelbar aufeinan-derfolgender Ereignisse überprüfen (*Anderson & Goodman*, 1956; *Chatfield*, 1972)[1]:

$$(5) \quad \chi^2 = \sum_i^k \sum_j^k n\,(i) \frac{(p\,(j\,|\,i) - p\,(j))^2}{p\,(j)} \qquad df = (k - 1)^2 \qquad \text{Markov-Test 1. Ordnung.}$$

Wie man durch Umformung leicht sieht, handelt es sich wieder um die Gegen-überstellung beobachteter und erwarteter Häufigkeiten wie in (3). Die erwarteten Häufigkeiten sind hier n (i) p (j) oder n (i) n (j)/N und die beobachteten n (i) p (j | i) oder n (i, j). Die Werte können pro Zeile berechnet, eventuell aber auch ins-gesamt aufsummiert werden. Im genannten Beispiel des Gemeinsamkeitsgefühls an aufeinanderfolgenden Tagen sind die Daten offensichtlich nicht sequentiell unabhängig: $\chi^2=36.5$, df=9, dies entspricht einer Signifikanz auf dem .001-Niveau.

Nach Dichotomisierung der Werte in Tabelle 15a etwa in Werte x<3 und Werte x>2 kann man auch den Runs-Test (4) durchführen. Die Runs sind in Tabelle 15a durch Unterstreichung gekennzeichnet. Auch dieser Test fällt hier signifikant aus:

r = 26, n_{1+2} = 62 n_{3+4} = 29 z = (26 - 40.52) / 16.91 = 3.53.

Markov-Prozesse: Möglicherweise hängt der Zustand des Systems aber nicht nur vom vorhergehenden Zustand ab, sondern von den beiden vorangehenden

---

[1]) Für die χ^2-Tests wird eigentlich die Voraussetzung gemacht, daß die Beobachtungen, aus denen p (j), p (j | i), p (j | i, h) geschätzt werden, voneinander unabhängig sind. *Hoel* (1954) hat aber gezeigt, daß die Tests (5) und (6) auch für eine Markov-Kette von einem Individu-um bei hinreichender Länge gelten.

Zuständen. Um dies zu prüfen, stellt man eine Matrix her wie in Tabelle 16a, in der die Häufigkeiten des gegenwärtigen Zustandes bei bestimmten vorangehenden Zuständen zu t-1 und t-2 ausgezählt sind. Man erhält so 4 untereinander angeordnete Übergangsmatrizen (für jeden Zustand in t-2 eine), die als hintereinanderliegende Scheiben einen Würfel bilden. Ist der Zustand in t-2 irrelevant, so müssen die Häufigkeiten in jeder der k Scheiben statistisch gleich sein, d.h., n (h, i, j)=n (i, j) p (h).

Auch hier gibt es wieder einen einfachen Anpassungstest (*Anderson & Goodman*, 1956).

$$(6) \quad \chi^2 = \sum_h^k \sum_i^k \sum_j^k n(i,j) \frac{(p(i,j|h) - p(j|i))^2}{p(j|i)} \qquad df = k(k-1)^2 \qquad \begin{array}{l}\text{Markov-Test}\\ \text{2. Ordnung.}\end{array}$$

In Tabelle 16 wurden die Daten von zwei Personen (Ehepaar) zusammengefaßt, da sonst der Würfel der Übergangsmatrizen zu wenige Daten enthielte. Tabelle 16a enthält als unterste Zeile auch die Randverteilung p (j), die der aus Tabelle 15b gut entspricht. Als Zeilensummen enthält Tabelle 16a die 16 Werte der Übergangsmatrix erster Ordnung, die ebenfalls in etwa den Werten in Tabelle 15c entsprechen. Tabelle 16c stellt eine Supermatrix dar, die in jeder Zelle für jeden Zustand in t-2 (sofern er auftrat) die Übergangswahrscheinlichkeit erster Ordnung enthält. Alle Werte in einer Zelle müssen verglichen werden, um die Abhängigkeit zweiter Ordnung zu beurteilen. Man erkennt, daß die Werte weitgehend übereinstimmten. Der statistische Test (6), der hier nicht ganz unbedenklich ist, da viele Zellen des Würfels unbesetzt sind, zeigt, daß keine Abhängigkeit zweiter Ordnung besteht (χ^2=33.4, df=36, nicht signifikant). Einen solchen Prozeß nennt man Markov-Prozeß erster Ordnung. Wäre schon der Anpassungstest in Tabelle 15 nicht signifikant ausgefallen, so läge ein *Markov-Prozeß* nullter Ordnung oder *Bernoulli-Prozeß* vor. Ebenso lassen sich Markov-Prozesse höherer Ordnung denken und überprüfen.

Über Markov-Prozesse lassen sich eine Reihe von Aussagen machen, die deskriptiv nützlich sind (*Kemeny & Snell*, 1960; oder als Zusammenfassung z.B. *Revenstorf* et al., 1974) auf die hier nicht weiter eingegangen werden kann. Bei den untersuchten Beispielen wurde die Annahme gemacht, daß die Übergangsmatrizen für den ganzen untersuchten Zeitraum konstant bleiben. Man nennt dies *Stationarität* des Prozesses. Liegen Zeitreihen (Markov-Ketten) von genügend vielen Individuen vor, so kann man die Übergangsmatrix P über die Individuen ermitteln und von Durchgang zu Durchgang vergleichen. Ein entsprechender Test ist analog zu (6) aufgebaut, in dem man die Summation über die Scheiben des Würfels durch die Summation über die Zeitpunkte ersetzt (s. *Anderson & Goodman*, 1956). Andererseits kann man unter der Annahme der Stationarität die *Homogenität* der Individuenstichprobe überprüfen, indem man die Matrizen pro Individuum berechnet und miteinander vergleicht. Zur Anwendung von Markov-Prozessen bei klinischen Verlaufsdaten siehe *Rausch* (1965), *Brownsberger* (1965), *Hertel* (1972), *Rodda* et al. (1971), *Leistikow* (1977) (vgl. auch

Tabelle 16. Übergangswahrscheinlichkeiten 2. Ordnung (Gemeinsamkeitsgefühl N = 182).

		t					
t − 2	t − 1	1	2	3	4	Σ	P
1	1	5	2	2		9	*.50*
1	2	1	1	4		4	.33
1	3			2	1	3	.17
1	4					−	−
2	1	2	1			3	.08
2	2	1	4	9	1	15	*.41*
2	3	2	2	8	5	17	.46
2	4	1		1		2	.05
3	1	1	1	1		3	.04
3	2	1	8	3		12	.16
3	3	1	5	14	12	32	*.43*
3	4		3	8	17	28	.37
4	1	1	2			3	.06
4	2		2	2	1	5	.09
4	3		4	9	9	22	.42
4	4	2	2	12	7	23	*.43*
Σ		18	37	75	53	183	
P_j		.10	.20	.41	.29		

a) Übergangsmatrix 2. Ordnung (Häufigkeiten)

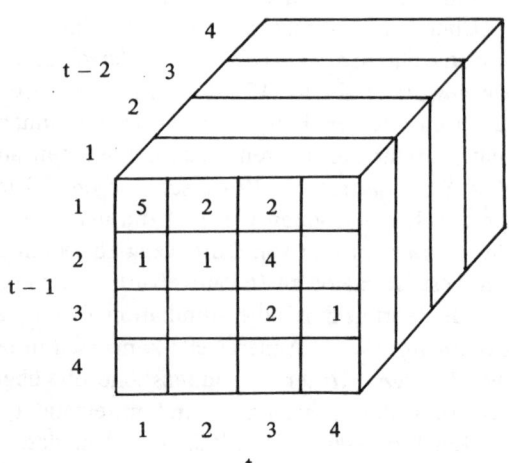

b) Übergangsmatrix 2. Ordnung:
   Würfeldarstellung (Häufigkeiten)

Tabelle 16. (Fortsetzung)

			t		
t – 2	t – 1	1	2	3	4
1		.56	.22	.22	
2	1	.67	.33		
3		.33	.33	.33	
4		.33	.67		
1		.17	.17	.66	
2	2	.07	.27	.59	.07
3		.08	.67	.25	
4			.50	.25	.25
1				.67	.33
2	3	.12	.12	.47	.29
3		.03	.16	.44	.37
4			.18	.41	.91
1					
2	4	.50	.50		
3			.11	.29	.60
4		.10	.10	.10	.10

c) Übergangsmatrix 2. Ordnung: geschachtelte Darstellung
   (rel. Häufigkeiten)

Revenstorf, 1976), eine Anwendung aus der Sozialpsychologie siehe bei *Hedge* et al. (1978), eine Anwendung aus der Verhaltensforschung bei *Altmann* (1975). Als weitere Untersuchung zu Markov-Prozessen in den Verhaltenswissenschaften siehe *Gribbons* et al. (1966), *Rapoport & Moshowitz* (1966).

3. Serielle Kovariation

Sequentielle Beobachtung: Den Zusammenhang von Nominaldaten (qualitativen Merkmalen) erfaßt man mit Kontingenztabellen. Eine solche Kontingenztabelle stellt auch die Übergangsmatrix in Tabelle 15 dar. Dort wurde der Zusammenhang der Zustände eines Systems in Zeitpunkt t-1 und Zeitpunkt t analysiert. Liegen Verhaltenssequenzen von zwei Interaktionspartnern vor, wie etwa Mutter und Kind, so kann man auch den Zusammenhang zwischen diesen beiden Kanälen analysieren. Wird das Verhalten beider Interaktionspartner nacheinander beobachtet, d.h., reagiert immer nur einer zur Zeit, dann ergeben sich zwei Übergangsmatrizen, im Beispiel hier die von der Mutter aufs Kind und umgekehrt. Tabelle 17a enthält zur Erläuterung einen Ausschnitt einer kodierten

Interaktionssequenz von Mutter und Kind in einer Schularbeitensituation (*Innerhofer*, 1977). Dabei haben die Symbole P, Q und Z wie auf Seite 237. Tabelle 17b ist die Übergangsmatrix vom Mutterverhalten auf das Kindverhalten. Es handelt sich dabei um die Wahrscheinlichkeit der Übergänge, die in Tabelle 17a durch Doppelstriche gekennzeichnet sind (die Pause - wurde nicht mitgezählt). An den Rändern der Matrix sind die absoluten Verteilungen der drei Kategorien für Mutter (Zeilen) und Kind (Spalten) eingetragen. Die einzelnen drei Zeilen, die bedingten Verteilungen des Kindverhaltens nach bestimmten Reaktionen der Mutter, unterscheiden sich von der letzten Zeile, der Randverteilung des Kindverhaltens. Der entsprechende Chiquadratwert nach (5) ist signifikant. Man würde sagen, das Verhalten des Kindes zeigt sich hier als vom Verhalten der Mutter abhängig.

Die umgekehrte Beziehung wird in Tabelle 17c betrachtet. Sie enthält die Übergänge vom Kindverhalten zum Mutterverhalten. Diese sind in Tabelle 17a durch einfache Striche gekennzeichnet. Auch hier besteht wieder ein signifikanter Zusammenhang. Das Kindverhalten beeinflußt das Mutterverhalten (Chiquadrattest). Die Zeilen-Randverteilung müßte mit der Spaltenrandverteilung von Tabelle b übereinstimmen. Die hier vorliegenden Unterschiede gehen auf die wegen der Nichtbeachtung der Pause (-) unterschiedlichen Ereignisstichproben in beiden Auszählungen zurück.

Mutter:　... − A N E N N E   A A A N N E ....

Kind:　... E E − A   E − N E E E E N N ...

a)

Kind

		E	A	N	H (K/M)	p (M)
	E	.09	.40	.51	1.30	.69
Mutter	A	.63	.00	.37	1.00	.07
	N	.78	.02	.20	.80	.24
		.29	.35	.36	1.19	N=1007

$X_4^2 = 495$　　$\hat{T} = .39$

H (K) = 1.58

b)

Mutter

		E	A	N	H (M/K)	p (K)
	E	.18	.20	.62	1.30	.36
Kind	A	.83	.00	.17	0.70	.35
	N	.80	.00	.19	0.70	.29
		.58	.07	.34	.93	N=1008

$X_4^2 = 421$　　$T = .33$

H (M) = 1.26

c)

Tabelle 17: Übergangssituationen zur Analyse einer zwei-Personen-Interaktion (Mutter-Kind, nach Innerhofer 1977)
a) Verhaltenssequenzen, kodiert
b) Übergangsmatrix Mutter → Kind
c) Übergangsmatrix Kind → Mutter

Informationstheoretische Betrachtung: Der Sachverhalt des Zusammenhangs zwischen dem Verhalten der beiden Akteure kann auch so ausgedrückt werden: Mutter lenkt zu einem gewissen Ausmaß ihr Kind und umgekehrt. Die mit dem Verhalten der Mutter gegebenen Signale werden vom Kind – bewußt oder unbewußt – z.T. aufgenommen und bei der eigenen Reaktion berücksichtigt. Nachrichtentechnisch ausgedrückt sind die beiden Kanäle gekoppelt. Es besteht eine *Transinformation* von der Mutter auf das Kind und umgekehrt. Mit Hilfe der Informationstheorie lassen sich diese Aussagen quantitativ fassen. Es wird dabei die Information betrachtet, die ein Ereignis in einer Zeichenfolge liefert. Diese Information ist umso größer, je größer die Unsicherheit oder *Entropie* ist, daß das Signal auftritt. Die maximale Information liefert eine Zeichenfolge; wenn alle Zeichen gleich häufig auftreten, dann ist die Unsicherheit bezüglich eines bestimmten Zeichens am größten. Die Information wird gewöhnlich in bit gemessen. Das ist die Anzahl der ja/nein-(binären)-Entscheidungen, die das Auftreten eines Signals einem abnimmt. Beim Raten eines Münzwurfergebnisses ist dies eine Entscheidung Kopf oder Zahl. Bei Unkenntnis der Verteilung oder Gleichverteilung der Ereignisse (50%, 50%) ist dies ein bit. Handelt es sich um Ereignisse, die ungleich häufig auftreten, z.B. auf der Straße nach 18 Uhr einen Arbeitslosen oder einen Arbeitnehmer zu treffen (2%, 98%) – so enthält das Ereignis, einen Arbeitslosen zu treffen sehr viel mehr Information (Überraschungswert) als das andere Ereignis, einen Nichtarbeitslosen zu treffen. Die Information dieses Ereignisses ist gering, weil es mit ziemlich großer Sicherheit feststeht, daß es eintritt. Die Information ist invers zur Auftrittswahrscheinlichkeit des Ereignisses definiert als

$$H(x = j) = ld(1/p(j)).$$

Bei $p(j) = .50$ ist der Wert gerade ein bit.

Der Informationsgehalt einer Ereignissequenz und damit des Senders, der diese Zeichenfolge produziert H(X), wird über die k möglichen Ereignisse (Zeichenvorrat) gemittelt:

(7) $H(X) = \sum_{j} p(j) \, ld(1/p(j))$ Entropie.

Bei Gleichverteilung ($p(j) = 1/k$) ergibt sich der Maximalwert der Entropie eines Zeichenvorrats: H(max)=ld(k). Z.B. bei 8 Ereignissen benötigt man maximal drei Entscheidungen, um das Ereignis zu raten: $2^3 = 8$ bzw. ld(8)=3.

Zur Analyse der Übergangsmatrizen benötigt man verschiedene Entropiemaße, zwischen denen einfache additive Beziehungen bestehen. Ohne hier auf die Einzelheiten einzugehen (vgl. *Atneave*, 1959 dt. 1965; *Klix*, 1971 u.a.), seien hier einige dieser Beziehungen genannt. Die Entropie der Ereigniskombinationen in der Übergangsmatrix heißt *Verbundentropie* H(X,Y) und wird mit Hilfe der Verbundwahrscheinlichkeiten p(i,j) berechnet.

(8) $H(X,Y) = \sum_{i,j} p(i,j) \, \mathrm{ld}(1/p(i,j))$ Verbund-Entropie.

Sie ist identisch mit der Entropie der *Digramme* (Ereigniskombinationen) in der Sequenz. Die Entropie der Zeilen einer Übergangsmatrix mit den bedingten Wahrscheinlichkeiten heißt *Rückschluß-Entropie* (oder bedingte Entropie). Sie gibt z.B. in Tabelle 17b an, wieweit man vom Verhalten der Mutter auf das Verhalten des Kindes rückschließen kann, bzw. wieviel freie Information im Kindverhalten unter Berücksichtigung der Mutter noch enthalten ist:

(9) $H(Y \mid X) = \sum_{i} p(i) \sum_{j} p(j \mid i) \, \mathrm{ld}(1/p(j \mid i))$ Rückschlußentropie.

Abb. 25 (VENN-Diagramm) macht den Zusammenhang zwischen den Informationsgrößen deutlich: Die beiden Kanäle (hier Kreise) überschneiden sich zu einem gewissen Ausmaß, das ist deren Transinformation T. Die verbleibende Entropie in den beiden Kreisen ist $H(X \mid Y)$ und $H(Y \mid X)$. Bei $T \neq o$ ist die Verbundentropie kleiner als die Summe aus $H(X)$ und $H(Y)$. Es gelten unter anderem folgende Beziehungen:

(10) $H(Y, X) = H(Y) + H(Y) - T$
$\ \ H(Y \mid Y) = H(X, Y) - H(Y)$
$\ \ H(Y \mid X) = H(X, Y) - H(X)$
$\ \ T = H(X, Y) - H(X \mid Y) - H(Y \mid X)$
$\ \ \phantom{T } = H(X) + H(Y) - H(X, Y)$
$\ \ \phantom{T } = H(X) - H(X \mid Y)$
$\ \ \phantom{T } = H(Y) - H(Y \mid X).$

Zwischen T und dem χ^2 in (5), das ebenfalls den Zusammenhang zwischen den beiden Kanälen charakterisiert, gibt es eine approximative Beziehung (N=die Gesamtzahl der Fälle):

$$\chi^2 \simeq 1.3863 \, NT.$$

Bidirektionale Kommunikationsanalyse: Betrachtet man die Entropiemaße für die Übergangsmatrix in Tabelle 17b und 17c, so ergibt sich folgendes: Das Kind erreicht mit seinem Verhalten die maximale Entropie von $H(K)=\mathrm{ld}(3)=1.58$. Die Mutter ist etwas besser vorhersagbar ($H(M)=1.26$). Die Gesamtentropie beider Kanäle $H(M, K)$ ist nach (8) mit 2.48 bit weit unter der Maximalentropie der kombinierten Ereignisse von $\mathrm{ld}(9)=3.17$. Die Transinformation ermittelt sich aus den etwas unterschiedlichen Verhaltensstichproben, die Tabelle 17b und 17c zugrundeliegen als T=.39 bzw. .33. Damit ist das Kind-Verhalten zu $T/H(K)=.39/1.58=25\%$ aus dem Verhalten der Mutter vorhersagbar. Das Mutterverhalten ist zu $T/H(M)=.33/1.26=26\%$ aus dem Kinderverhalten vorhersagbar.

Alle genannten Informationsgrößen stellen in der bisher beschriebenen Form Überschätzungen der Entropie dar. In Wirklichkeit ist das Verhalten der Kanäle

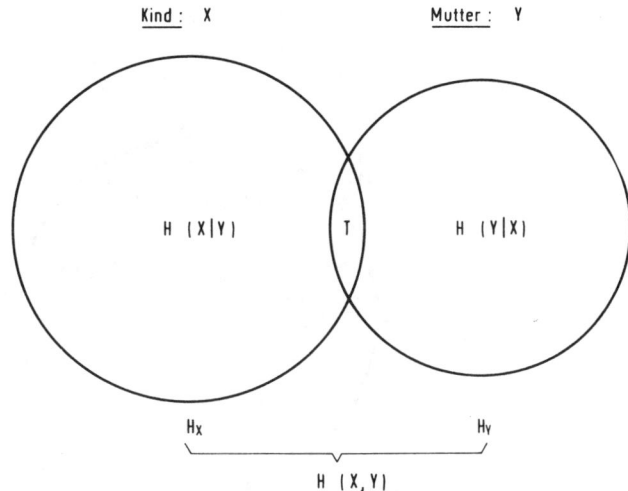

Abb. 25. Schema zur informationstheoretischen Betrachtung: Verbundentropie H (X, Y), Rückschlußentropie H (X | Y) und H (Y | X) und Transinformation T.

besser vorhersagbar (weniger unsicher), wenn man die Systemvergangenheit jedes Kanals mit berücksichtigt. Bisher wurde so getan, als wenn eine sequentielle Abhängigkeit innerhalb der Kanäle nicht bestünde (Markov-Prozeß Nullter Ordnung):

(11) $H(x_t \mid x_{t-1} \ldots x_{t-n}) = H(X \mid Xn) \leqslant H(X)$.

Marko (1968) hat die Informationstheorie für den Zusammenhang von zwei miteinander in Beziehung stehenden Kanälen unter Berücksichtigung ihrer Vergangenheit ausgearbeitet. Er nennt S (X)=H (X | Xn) die *subjektive Entropie* des Kanals (Individuums) X und F (X)=H (X | Xn, Yn) die *freie Entropie,* die unabhängig vom anderen Kanal besteht. Für den zweiten Kanal Y sind entsprechend S (Y) und F (Y) definiert. Die Transinformationswerte T (X ← Y)=S (X)-F (X) und T (Y ← X)=S (Y)-F(Y) sind hier nicht notwendigerweise gleich und stellen gerichtete Größen dar, die im Grenzfall (n → ∞) die Gesamt-Transformation zusammensetzen: T (X ← Y)+ T (Y← X)=T.

Das schon verwendete Verhältnis von Transformation zur subjektiven Entropie T (X ← Y)/S (X) ist der Anteil des Verhaltens von X, der durch einen anderen Kanal gesteuert wird. Es bezeichnet den Kopplungsgrad, und zwar als Lenkung des einen Kanals durch den anderen. Diese Größen lassen sich anschaulich im Diagramm des Informationsflusses darstellen, wie es in Abb. 26 für die Mutter-Kind-Beziehung in erster Approximation aus den Daten der Tabelle 17 ausgeführt wurde. (Die Informationsgrößen berücksichtigen die Vergangenheit des Gegenkanals für einen zurückliegenden Zeitpunkt, nicht aber die Vergangenheit des eige-

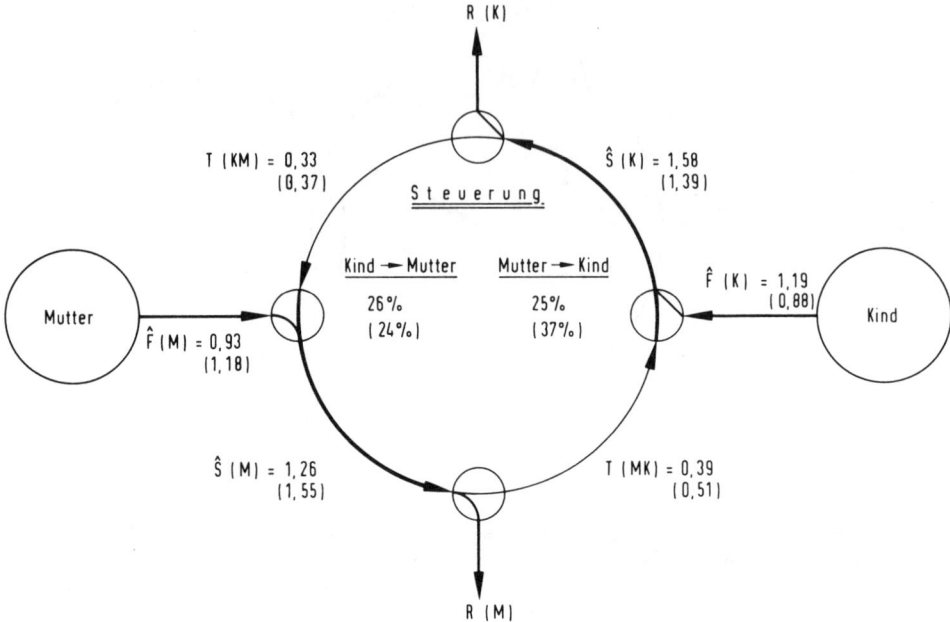

Abb. 26. Informationsflußdiagramm zur bidirektionalen Kommunikationsanalyse. F: Freie
Entropie, S: Subjektive Entropie, T: Transinformation, R: Restentropie. Daten aus der
Analyse einer Mutter-Kind-Beziehung (*Innerhofer,* 1977) mit Werten vor einem Erzieher-
training und nach einem Erziehertraining (in Klammern).

nen Kanals.) Das Diagramm enthält die Werte einer Beobachtungssequenz vor und
in Klammern nach einem Erziehertraining zur Steigerung der Effizienz der Schul-
arbeitenssituation. Es zeigt sich, daß die Steuerung der Mutter durch das Kind
von dem Training unbeeinflußt bleibt, bzw. sogar etwas geringer wird (von 26%
auf 24%). Die Steuerung des Kindes dagegen durch die Mutter nimmt durch das
Training zu und steigt von 25% auf 37%. Außerdem sinkt die Gesamtentropie im
Kindverhalten: es wird besser vorhergesagt (1.19 und .88). Zugleich steigt die
Entropie des Mutterverhaltens etwas an, es wird weniger gut vorhersagbar (von
.93 auf 1.18). Möglicherweise ist die Mutter nach dem Training etwas flexibler
geworden. Eine inhaltliche Interpretation soll an dieser Stelle allerdings nicht
versucht werden, dazu müßte die Matrix der Übergangswahrscheinlichkeiten und
deren Änderung herangezogen werden.

Simultane Beobachtung: Werden beide Interaktionspartner simultan beobachtet, können sie also beide zur gleichen Zeit reagieren, dann ist eine etwas andere
Betrachtungsweise sinnvoll. Die zeitverschobenen Übergangsmatrizen wie in

Tabelle 17 sind zwar ebenfalls möglich. Hinzu kommt aber die Matrix der Verhaltenskombinationen zum gleichen Zeitpunkt. Zur Demonstration seien die Daten des Gemeinsamkeitsempfindens beider Partner wie auch schon in Tabelle 16 verwendet. Hier allerdings für die beiden Kanäle (Partner) getrennt. Um nicht so viele Zellen bei relativ wenig Daten zu haben (N=91), werden die Zustände wie beim Runs-Test (s.o.) verschmolzen, so daß nur x=1 (früher 1 oder 2) und x=2 (früher 3 oder 4) übrig bleiben.

Zunächst werden die beiden Ketten für Mann und Frau getrennt betrachtet. Tabelle 18a enthält die Häufigkeiten der Übergänge und Tabelle 18b die Übergangswahrscheinlichkeiten. Beide Ketten weichen gemäß (5) signifikant von einem Bernoulli-Prozeß ab. Beim Mann ist $\chi^2=8.28$ und bei der Frau ist $\chi^2=17.47$. Bei einem Freiheitsgrad ist der kritische Wert auf dem 1%-Niveau $\chi^2=6.6$. Es soll hier in Anlehnung an die Analyse der nicht verschmolzenen Zustände in Tabelle 16 ohne weitere Berechnung angenommen werden, daß in beiden Ketten ein Markov-Prozeß erster Ordnung vorliegt. D.h., daß der Test nach (6) nicht signifikant ausfiele.

Eine für Interaktionsanalysen interessante Hypothese ist nun, ob beide Kanäle (bei Partnern) sich gegenseitig beeinflussen. Dazu werden die kombinierten Ereignisse der Kategorien für Mann und Frau betrachtet. Das sind insgesamt 4 Zustände, nämlich:

	M	F
Beide fühlen keine Gemeinsamkeit.	1	1
Mann fühlt keine Gemeinsamkeit/Frau fühlt Gemeinsamkeit.	1	2
Mann fühlt Gemeinsamkeit/Frau fühlt keine Gemeinsamkeit.	2	1
Beide fühlen Gemeinsamkeit.	2	2

Verhalten sich beide Partner *voneinander* unabhängig im Sinne je eines Markov-Prozesses erster Ordnung, dann ist die Kette der gemeinsamen 4 Zustände ebenfalls ein Markov-Prozeß erster Ordnung, und zwar mit bestimmten erwarteten Übergangswahrscheinlichkeiten. Diese berechnen sich dann (*Jaffee* et al., 1967; *Sandland*, 1976; *Hedge* et al., 1978) wie folgt:

z.B. $p(11|11) = p(1|1) p(1|1)$
$\quad\quad p(12|11) = p(1|2) p(2|1)$
$\quad\quad p(21|11) = p(2|1) p(1|1)$
$\quad\quad p(22|11) = p(2|1) p(2|1)$
$\quad\quad p(11|21) = p(2|1) p(2|2)$
$\quad\quad \dots .,$

oder allgemein:

(12) $p(x=i, y=j|x=g, y=h) = p(x=i|x=g) p(y=j|y=h).$

Die Wahrscheinlichkeit der kombinierten Übergänge ist also unter der Nullhypothese der kreuzweisen Unabhängigkeit der Ketten das Produkt der separaten Übergänge für Mann und Frau (oder allgemeiner: die Matrix der Übergangs-

Tabelle1 18. Übergangsmatrizen zweier Markov-Ketten (Gemeinsamkeitsgefühl von Mann und Frau) getrennt und für die Kombination der Zustände.

Mann:

		t 1	t 2	
t – 1	1	14 (8.1)	13 (18.9)	27
	2	13 (18.9)	50 (44.0)	63
				90

Frau:

		t 1	t 2	
t – 1	1	18 (9.3)	11 (19.7)	29
	2	11 (19.7)	50 (41.3)	61
				90

a) Häufigkeiten getrennt

.52	.48	1.00
.21	.79	1.00
.30	.70	

.62	.38	1.00
.18	.82	1.00
.32	.68	

b) Übergangswahrscheinlichkeiten getrennt

MF	MF 11	MF 12	MF 21	MF 22	
11	12 (7.09)	2 (4.35)	3 (6.55)	5 (4.00)	22
12	0 (.56)	1 (2.56)	0 (.52)	5 (2.36)	6
21	2 (.91)	0 (.56)	1 (3.43)	4 (2.10)	7
22	9 (2.08)	2 (9.47)	2 (7.82)	43 (35.63)	55
					90

c) Häufigkeiten gemeinsam

wahrscheinlichkeiten der kombinierten Zustände ist das sogenannte Kronecker-Produkt der beiden separaten Übergangsmatrizen der Interaktionspartner). Tabelle 18c enthält die beobachteten Häufigkeiten der gemeinsamen Übergangsmatrix sowie die erwarteten Häufigkeiten, die sich aus den erwarteten Übergangswahrscheinlichkeiten (12) nach der einfachen Formel

$$n_{erw} = n (x = i, y = j) \, p \, (i, j \,|\, g, h)$$

berechnen.

Ein Chiquadrattest analog zu (3) zeigt, ob die Unabhängigkeits-Hypothese aufrechterhalten werden kann. Die Freiheitsgrade errechnen sich dabei aus der Anzahl der Zellen pro Zeile (f), deren Erwartungswerte > 0 sind, abzüglich der Anzahl der geschätzten Parameter des Modells. Die Anzahl der geschätzten Parameter ist im vorliegenden Fall k=8, nämlich je 4 Übergangswahrscheinlichkeiten für Mann und Frau.

(13) $\chi^2 = \Sigma \, (n \, (x = i, y = j \,|\, x = g, y = h) \text{-} n_{erw})/n \quad df = (f\text{-}1)\text{-}k.$

Die Freiheitsgrade sind demnach 12-8=4. Der für Tabelle 18 gefundene Wert ist χ^2=47.63 und signifikant. Das Gemeinsamkeitsempfinden der beiden Partner ist jeweils für sich genommen ein Markov-Prozeß erster Ordnung, und diese beiden Prozesse beeinflussen sich offenbar gegenseitig.

Weitere Hypothesen über die Form der Interaktion können ebenfalls überprüft werden (vgl. *Hedge* et al., 1978).

4. Zusammenfassung

Nominaldaten haben neben den qualitativen Aspekten des Auftretens qualitativ unterschiedlicher Ereignisse auch quantitative Aspekte. Einmal ist dies die Intervalldauer zwischen den Ereignissen und zum anderen die Häufigkeit der Ereignisse in Zeitintervallen bestimmter Länge. Vielfach interessiert die Frage, ob sequentiell anfallende qualitative Daten voneinander abhängig sind. Bei binären Ereignissen läßt sich dies mit dem *Runs-Test* (4) überprüfen. Bei nicht äquidistanten Zeitabständen zwischen den Beobachtungen läßt sich durch die Untersuchung der Intervalldauer überprüfen, ob die Ereignisse voneinander unabhängig sind: Das (links-kumulative) Intervallhistogramm (Prob $(X>x)$) muß dann der *negativen Exponentialverteilung* (1) folgen. Unterlegt man ein festes Zeitraster, so läßt sich die Unabhängigkeit anhand des Frequenzhistogramms (Prob (x/t)) überprüfen, das dann einer Binomialverteilung oder approximativ einer *Poisson-Verteilung* folgt.

Bei mehrkategoriellen Daten drückt die sequentielle Abhängigkeit zugleich die Beziehungen der Kategorien zueinander aus (etwa: auf Freude folgt Ruhe, auf Ärger folgt Bewegung). Derartige Sachverhalte erfaßt die Übergangsmatrix, die die Wahrscheinlichkeiten eines bestimmten Zustandes nach einem vorangehenden Zustand enthält. Unterscheiden sich die Zeilen der Übergangsmatrix nicht, so besteht keine Abhängigkeit von dem vorangehenden Zustand. Beschreibt die *Übergangsmatrix* die Zusammenhänge zu unmittelbar aufeinanderfolgenden Zeitpunkten, so handelt es sich dann um einen *Bernoulli-Prozeß*. Man kann einen früher liegenden Zeitpunkt (t-2) mit einbeziehen und bei der so entstehenden dreidimensionalen Übergangsmatrix die Scheiben des Würfels vergleichen. Sie beschreiben jeweils die Übergänge zwischen zwei aufeinanderfolgenden Zeitpunkten in Abhängigkeit von einem bestimmten Zustand zum Zeitpunkt t-2. So läßt sich prüfen, ob man zumindest eine Abhängigkeit zweiter Ordnung annehmen muß: Sind die Scheiben gleich, so hat der Zustand zum Zeitpunkt t-2 keinen Einfluß auf Übergänge von t-1 nach t, und es handelt sich um einen *Markov-Prozeß* erster Ordnung. Andernfalls ist es ein Markov-Prozeß höherer Ordnung. Das Prüfverfahren läßt sich entsprechend verallgemeinern.

Ebenso wie man mit Hilfe einfacher Chiquadrattests an den Übergangsmatrizen die Ordnung der sequentiellen Abhängigkeit bestimmen kann, lassen sich bestimmte Hypothesen bezüglich der Elemente der Übergangsmatrix prüfen, z.B., ob die Übergangswahrscheinlichkeiten bestimmte a priori festliegende Werte haben, oder ob die Übergangsmatrizen verschiedener Personen sich gleichen (*Homogenität*), ob die Übergangsmatrix von einem Durchgang zum anderen gleichbleibt (*Stationarität*).

Neben der sequentiellen Abhängigkeit einer Beobachtungsreihe interessiert oft deren Interaktion mit einer anderen, also die kreuzweise Abhängigkeit zweier Beobachtungsreihen. Hierfür lassen sich wieder Übergangsmatrizen errechnen, und zwar für die simultane Interaktion — sofern die Beobachtungen es zulassen, als auch für die zeitverschobene Interaktion. Falls die Interaktionspartner die Möglichkeit gleichzeitiger Aktion haben (simultane Beobachtung), sind als Zustände die Kombinationen der Zustände beider Partner einzusetzen. Bei sukzessiver Beobachtung dagegen könnten die Partner getrennt behandelt werden. Die Abhängigkeit zwischen zwei Beobachtungsreihen wird im Falle sukzessiver Beobachtung anhand der Gleichheit der Zeilen der Übergangsmatrix überprüft (Zeilen = Partner A, Spalten = Partner B). Aufgrund der zeitlichen Präzedenz ist bei Abhängigkeit eine Wirkungsrichtung konstatierbar. Für die Übergangsmatrizen mit kombinierten Zuständen (simultane Beobachtung) gibt es einen einfachen Test, der die Unabhängigkeit beider Beobachtungsreihen unter Annahme, daß sie jeweils separate Markov-Ketten bilden, überprüft.

Literatur

Altmann, S. A. Socialbiology of Rhesus monkeys II: Stochastics of social communication. *Journal Theoretical Biology*, 1965, *8*, 490-522.

Anderson, T. W., Goodman, L. A. Statistical inference about Markoff chains. *American Math. Stat.* 1957, *28*.

Atneave, F. Informationstheorie in der Psychology, Bern: Huber, 1965.

Bijou, S. W., Peterson, R. F., Harris, F. R., Allen, K. E., & Johnston, M. S. Methodology for experimental studies of young children in natural settings. *Psychological Record*, 1969, *19*, 177-210.

Brownsberger, C. N. Clinical versus statistical assessment of psychotherapy. *Behavioral Science*, 1965, *16*, 421.

Chatfield, C. Statistical inference regarding Markov chain models. *Applied Statistics*, 1973, *22*, 7-20.

Cox, D. R., Lewis, P. A. W. The statistical of time series. London: Methuen, 1966.

v. Cranach, M. & Frenz, A. G. Systematische Beobachtung. In *Graumann, L. F.* (Hrsg.), Handbuch der Psychologie, Bd. 7, Kap. 8, Göttingen: Hogrefe, 1969.

Delius, J. D. A stochastic analysis of the maintenance behavior of skylarks. *Behavior*, 1969, *33*, 137-178.

Feller, W. An introduction to probability theory and its applications. New York: Wiley, 1957.

Gribbons, W. D., Halperin, S., Lohnes, P. R. Applications of stochastic models in research on career development. *J. Counsel. Psychol.*, 1966, *13*, 403.

Halperin, S., Lissitz, R. W. Statistical properties of Markoff chains: a computer program. *Beh. Science*, 1971, *16*, 244.

Hawkins, R. P., & Dotson, V. A. Reliability scores that delude: An Alice in Wonderland trip through the misleading characteristics of interobserver agreement scores in interval recording. In *Ramp E. & Semb G.* (Eds.), Behavior analysis: Areas of research and application. Englewood Cliffs, New Jersey: Prentice-Hall, 1975.

Hedge, B. J., Everitt, B. S. & Frith, C. D. The role of dialogue. *Acta Psychologica*, 1978 (im Druck).

Hertel, R. K. Application of stochastic process analyses to the study of psychotherapeutic processes. *Psychol. Bull.*, 1972, *77*, 421-430.

Hoel, P. G. A test for Markov chains. *Biometrica*, 1954, *41*, 430-433.

Innerhofer, P. Das Münchner Trainingsmodell. Beobachtung – Interaktionsanalyse – Verhaltensänderung, Heidelberg: Springer, 1977.

Jaffee, J., Feldstein, S. & Cassotta, L. Markovian models in dialogic time patterns. *Nature*, 1967, *216*, 93-94.

Johnson, S. M., & Bolstad, O. D. Methodological issues in naturalistic observation: Some problems and solutions for field research. In *L. A. Hamerlynck, L. C. Handy, & E. J. Mash* (Eds.), Behavior change: Methodology, concepts, and practice. Champaign, Illinois: Research Press, 1973, 7-67.

Kazdin, A. E. Methodology of applied behavior analysis. In *Brigham T. A. & Catania A, C.* (Hrsg.), Social foundations and applications of a behavioral analysis. New York: Wiley, 1977.

Kemeny, J. G., Snell, J. C. Finite Markoff chains. Princetown: Van Nostrand, 1960.

Klix, F. Information und Verhalten. Bern: Huber, 1971.

v.d. Kloot W. & Morse, M. J. A stochastic analysis of the display behavior of the red-breasted merganser. *Behavior*, 1975, *54*, 181-216.

Leistikow, J. Ein Modell zur Interaktionsanalyse in der Psychotherapieforschung. Dissertation. Universität Kiel, 1975.

Leistikow, J. Voraussetzungen, Methode und Ergebnisse einer Interaktionsanalyse in der klientenzentrierten Kinderpsychotherapie. In *Petermann, F.* (Hrsg.), Methodische Grundlagen der Klinischen Psychologie. Weinheim: Beltz, 1977.

Lindgren, B. W. Statistical Theory. New York: McMillan, 1960.

Marko, H. Die Theorie der bidirektionalen Kommunikation und ihre Anwendung auf die Nachrichtenübermittlung zwischen Menschen (Subjektive Information). *Kybernetik*, 1966, *3*, 128-136.

Marko, H. Kommunikation der Gruppe. (Ein Beitrag zur Informationstheorie.) Habil.-Schr. an der Fakultät für Maschinenwesen und Elektrotechnik der Technischen Hochschule München, 1968.

Mayer, W. Gruppenverhalten von Totenkopfaffen unter besonderer Berücksichtigung der Kommunikationstheorie. Kybernetik, 1971, *8*, 59-68.

Mees, U. & Selg, H. (Hrsg.) Verhaltensbeobachtung und Verhaltensmodifikation. Stuttgart: Klett, 1977.

Neuburger, E. Über gerichtete Größen in der Informationstheorie (Untersuchungen zur Theorie der bidirektionalen Kommunikation.) *Arch. elektr. Übertrag,* 1967, *21,* 61-69.

Öhler, J. Informationstheoretische Analyse akustischer Kommunikation bei Vögeln. *Nova Acta Leopoldina,* 1972, *208,* 241-247.

Pruscha, H. & Maurus, M. A statistical method for the classification of behavior units occurring in primate behavior. *Behavioral Biology,* 1973, *9,* 511-516.

Rapoport, A., Chammah, A. M. Prisoners Dilemma. A study in a conflict and cooperation. Ann Arbor: Univ. Michigan Press, 1965.

Rapoport, A., Moshowitz, A. Experimental studies of stochastic models for the Prisoners Dilemma. *Beh. Science,* 1966, *11,* 444.

Rausch, H. L. Interaction sequences. *J. Pers. Soc. Psychol.,* 1965, *2,* 487.

Repp, A., Roberts, D. M., Slack, D. J., Repp, C. F. & Berkeler, M. S. A comparison of frequency, interval, and time sampling methods of data collection. *J. Appl. Behav. Anal.,* 1976, *9,* 501-508.

Revenstorf, D. Datengenerierende Prozesse zur Analyse von Therapieverläufen. *Zeitschrift für Klinische Psychologie,* 1976, *5,* 210-230.

Revenstorf, D., Wegscheider, R., Fitting, U. & Mai, N. Markoff-Modelle für das Verhalten in experimentellen Nichtnullsummen-Spielen. In *W. F. Kempf* (Hrsg.), Probalisistische Modelle in der Sozialpsychologie. Bern, Huber, 1974.

Rodda, B. E., Miller, M. C., Bruhn, J. B. Prediction of anxiety and depression patterns among coronary patients using a Markov process analysis. *Beh. Science,* 1971, *16,* 482.

Sandland, R. L. Applications of methods of testing for independence between two Markov chains. *Biometrics* 1976, *32,* 629-636.

Siegel, S. Nichtparametrische Statistik, Frankfurt: Fachbuchhandlung für Psychologie, 1976.

KAPITEL IV

Ergebnisinterpretation und Beispiele

1. Einführung

Dieses Kapitel berichtet über Formen und Grenzen der Ergebnisinterpretationen. Fehlermöglichkeiten liegen sowohl im statistischen als auch im inhaltlichen Bereich. Im statistischen Bereich betrifft dies die Stichprobendefinition und -größe, die Auswertungsmethoden und das Signifikanzniveau und im inhaltlichen die Generalisierung von Ergebnissen. Um die Grenzen einer Interpretation zu erkennen, sollte beiden Bereichen Aufmerksamkeit zuteil werden. Die Chancen und Grenzen der Einzelfallanalyse illustrieren einige Anwendungsbeispiele des vorliegenden Kapitels. Für den Bereich der Therapieplanung wird eine Übersicht über qualitative Ansätze von *Scholz* gegeben, für den Sektor der klinischen Medizin steht der Beitrag von *Langewitz,* der sich mit der Bedeutung periodischer Verläufe beschäftigt. *Curio* gibt ein Beispiel für die Einzelfall- und Zeitreihenanalyse von biochemischen Indikatoren („Streßhormonen"). Die Beurteilung des Aussagewertes von Einzelfallanalysen hängt entscheidend von solchen Anwendungsbeispielen ab. In den letzten Jahren konnten aus folgenden Bereichen Beispiele vorgelegt werden:

- Neuropsychologie und Neuropathologie von *Marshall & Newcomb* (1984) und *Schmitz & Otto* (1984);
- Psychotherapieforschung von *Abke* (1985), *Hautzinger* et al. (1987) und *Keeser & Bullinger* (1984);
- Medizinische Psychologie von *Maiwald* et al. (1988);
- Sportwissenschaften von *Schlicht* (1988) und
- Entwicklungs- und Pädagogische Psychologie von *Petermann* (1983) und *Scruggs* et al. (1987).

2. Ergebnisdarstellung in Abhängigkeit vom Skalenniveau

Nominalskalen. Es sind lediglich Häufigkeitsauszählungen oder Kreuztabellen möglich, um Übereinstimmungen festzustellen. Da dieses Skalenniveau kein Ordnungsprinzip beinhaltet, sind hier nur Tests möglich, die keine Annahmen über eine Verteilung machen. Zur *Deskriptivstatistik* kann als *Maß der zentralen Tendenz* der Modus herangezogen werden. Da kein Streuungsmaß angegeben werden kann, sind weitergehende Statistiken zur Beschreibung nicht anwendbar. Die Reduktion auf den Modus bietet daher keine umfassende Art der

Ergebnisdarstellung. Besser eignet sich die *Klassenbildung*. Zum Beispiel die Klasse oder Menge aller Trikotnummern der Zahl 5. Klassengrenzen sind so zu wählen, daß die Klassen unabhängig sind, sich also nicht überschneiden. Offene Klassen haben nur eine obere oder untere Grenze, geschlossene Klassen haben eine obere und untere Grenze. Zu beachten ist auch, daß die Klassenbreite für alle Klassen in etwa gleich ist. Die Wahl der Klassengrenzen, und damit der Klassenbreite ist letztlich willkürlich und beinhaltet die Gefahr von Informationsverfälschung. Über Ergebnisdarstellungen bei Einzelfallanalysen mit Daten auf Nominalskalennniveau berichten *Revenstorf & Vogel* (in diesem Buch).

Inferenzstatistisch läßt sich bei Nominalskalen lediglich das Auftreten einer Häufigkeit darstellen, d.h. die Verteilung eines Wertes über die Zeit. Bei Einzelfallanalysen liegen vom Design her mindestens zwei Dimensionen vor. Einmal die Zeit(achse), die entweder kontinuierlich oder diskret erfaßt wird, und einmal die zu erfassende Variable. Man kann bei diesem Design also mindestens die Häufigkeiten in bestimmten Zeitintervallen als Grundlage einer Interpretation nehmen.

Dazu ein Beispiel: Erfaßt und beschrieben werden soll das Auftreten bestimmter Krankheitsklassen in der Bevölkerung. „1" sei die Klasse aller Krebserkrankungen, „2" die Klasse aller Allergien und „3" die Klasse aller Erkrankungen des rheumatischen Formenkreises. Wir wollen weiterhin davon ausgehen, daß die Klassen als disjunkt definiert wurden, es also keine inhaltlichen Überschneidungen gibt. Im ersten Zeitintervall traten 50 mal Erkrankungen der Klasse „1", 30 mal der Klasse „2" und 20 mal der Klasse „3" auf. Im zweiten Zeitintervall 40 mal „1", 30 mal „2" und 30 mal „3". Im dritten Zeitintervall schließlich bei einer parallelisierten Stichprobe 10 mal „1", 40 mal „2" und 50 mal „3". Trägt man die Daten graphisch auf, ist leicht zu erkennen, daß Allergien und rheumatische Erkrankungen zugenommen haben. Da der Verlauf stetig ist, kann geschlossen werden, daß sie auch in Zukunft steigen werden. Wie sicher diese Interpretation ist, kann beim Nominalskalenniveau allerdings nicht ermittelt werden.

Ordinalskalen. Bei dieser Skala kann die Größer-Kleiner-Relation inhaltlich interpretiert werden. Das Maß der zentralen Tendenz ist der Median, der die Meßreihe so teilt, daß ober- und unterhalb dieses Wertes 50% aller Daten liegen.

Da bei Ordinalskalen jede Wertepaarkombination inhaltlich zu interpretieren ist, geht durch eine Klassenbildung Information verloren. Interpretierbar sind nach der Einteilung in Klassen nicht mehr einzelne Paarkombinationen, sondern nur noch die Klassen untereinander. Aufgrund der Ordnungsrelationen ist darauf zu achten, daß Klassen nur aus Elementen eines zusammenhängenden Zeitintervalls bestehen, da ansonsten das Ordnungsprinzip nicht auf die Klassen übertragbar ist.

Alle Formen der *Häufigkeitsdarstellung* sind bei der Ordinalskala einsetzbar. Information geht bei der Transformation in Häufigkeiten nicht verloren, da die ursprüngliche Wertemenge der Stichprobe erhalten bleibt. Mit Häufigkeitsauszählungen wird bei Einzelfallanalysen u.a. die Auftretenshäufigkeit von Merkmalen in verschiedenen Zeitintervallen ermittelt. Eine andere Möglichkeit besteht bei multiplen Baseline Designs darin, die einzelnen Häufigkeiten der verschiedenen Situationen oder Personen über die Zeit zu bestimmen.

Inferenzstatistisch sind sowohl der Median als auch die Klassen- und die Häufigkeitsverteilung interpretierbar. Aufgrund des Medians kann bei multiplen Baseline Designs darauf geschlossen werden, ob und in welche Richtung sich zwei Verläufe über die Zeit voneinander unterscheiden. Bei der Interpretation des Medians hat man gleichzeitig den geringsten Informationsverlust, da keine Transformation der Daten vorgenommen wurde. Die Klasseneinteilung ist direkt zu interpretieren, da eine höhere Klasse auch eine höhere Ausprägung bedeutet.

Intervall- und Proportionalskalen. Die beiden Skalentypen sollen hier gemeinsam behandelt werden, da sich die Statistiken bei ihnen nicht wesentlich unterscheiden. Lediglich bei der Transformation der Skalen ist darauf zu achten, daß die Proportionalskala einen definierten Nullpunkt hat, und daher nicht in der Form

$$f(x) = \ldots bx + a$$

transformiert werden darf.

Die Maße der zentralen Tendenz sind durch verschiedene Mittelwerte gegeben. Berücksichtigt werden muß bei dieser Form der Auswertung, daß die Daten eventuell seriell abhängig sind. Die Auswertung mit Mittelwerten ist dann möglich, wenn z.B. Phasen verglichen werden sollen bzw. wenn nach der Modellidentifikation (ARIMA o.ä.) mit den Residuen gearbeitet wird. Der gebräuchlichste Mittelwert, das arithmetische Mittel, wird wie folgt definiert:

$$M = \Sigma\,(i = 1, N)\,x_i/N.$$

Die *Klassenbildung* ist möglich. Allerdings verliert man durch diese Einteilung bei Intervall- oder Proportionalskalen wesentlich mehr an Informationen als bei den anderen Skalen. Ab Intervallskalenniveau ist eine Verteilung definiert, die inhaltlich interpretiert werden kann. Die Informationen der Verteilungsform (normalverteilt, bimodal, Schiefe u.a.) gehen bei einer Einteilung in Klassen verloren. Daher stellt die Einteilung in Klassen in diesem Fall ein unzureichendes Verfahren dar.

Durch die Auszählung von *Häufigkeiten* innerhalb definierter Zeitintervalle werden die Verteilungsformen verändert. Da die Verteilungsform der wichtigste Informationsträger bei diesen Skalen ist, empfiehlt sich die Auswertung von Häufigkeiten nur, wenn eine einfache und übersichtliche Darstellung gewünscht wird. Sie eignet sich nicht, um statistische Signifikanz zu berechnen und zu interpretieren.

Für die *Inferenzstatistik* spielen der Mittelwert und die Streuungsmaße eine zentrale Rolle. Zwei Interpretationen sind bei Einzelfallanalysen möglich: *Erstens* kann festgestellt werden, ob sich Phasen in einer Zeitreihe signifikant voneinander unterscheiden. Dies ist mit einem t-Test möglich, wobei die Mittelwerte der verschiedenen Phasen miteinander verglichen werden. *Zweitens* kann eine Vorhersage des weiteren Verlaufs interessieren. Hierzu kann untersucht werden, welche Systematik die Entwicklung der Mittelwerte von verschiedenen Phasen enthält. Aufgrund einer vorhandenen Systematik (z.b. monoton steigend oder fallend, zyklische Veränderungen mit einer bestimmten Frequenz) kann auf den weiteren Verlauf geschlossen werden.

3. Gütekriterien

Gütekriterien werden dazu herangezogen, um die Aussagekraft einer Einzelfallanalyse zu bewerten und um die Übertragbarkeit der Ergebnisse abzuschätzen (vgl. dazu die Beiträge von *Fichter, Petermann, Rollett* und *Tack* in diesem Buch). Solche Kriterien sind durch die Objektivität, die Reliabilität und die Validität gegeben, wobei in der Einzelfallforschung weitere Forderungen, wie die aus dem Konzept der Kontrollierten Praxis, die jedoch nicht weiter vertieft werden (vgl. *Petermann,* 1982, S. 41ff.), bestehen.

Die *Objektivität* ist die Unabhängigkeit eines Verfahrens vom Untersucher. Ein Verfahren ist demnach objektiv, wenn verschiedene Untersucher bei den gleichen Versuchspersonen zum gleichen Ergebnis gelangen. Zu unterscheiden sind zwei Arten der Objektivität. Die erste ist die *Durchführungsobjektivität.* Sie ist dann maximal, wenn während der Versuchsdurchführung (Beobachtung oder Intervention) keine systematischen oder zufälligen Außeneinflüsse existieren. Bei Einzelfallstudien ist dies meist schlecht zu bestimmen, da bei einer Versuchsperson während einer Verlaufsstudie der Untersucher (z.B. der Therapeut) nicht variiert werden kann. Im zweiten Fall handelt es sich um die *Auswertungsobjektivität.* Sie beschreibt das Ausmaß, in dem es möglich ist, Beobachtungen oder Verhaltensweisen eindeutig zu klassifizieren. Bei Einzelfallanalysen kann dies dadurch überprüft werden, daß man Veränderungen über die Zeit mit einer Videokamera aufgezeichnet und erst dann von verschiedenen Beurteilern klassifizieren läßt.

Die *Reliabilität* eines Verfahrens ist das Ausmaß der Genauigkeit, mit dem ein bestimmter Inhalt erfaßt werden kann, unabhängig davon, ob dieser Inhalt auch gemessen werden sollte. Vier Möglichkeiten sind zu unterscheiden: erstens, die *Paralleltest-Reliabilität.* Hierbei wird einer Versuchsperson, nachdem ein Test durchgeführt wurde, ein zweiter, vergleichbarer Test vorgelegt. Die Ergebnisse beider Tests werden korreliert. Das Problem bei Einzelfallanalysen besteht dabei in der seriellen Abhängigkeit bzw. den Trainings- oder Ermüdungseffekten, die allein durch die Durchführung eines Tests auftreten. Eine andere Möglichkeit stellt die *Retest-Reliabilität* dar. In diesem Fall werden gleiche Tests der Versuchsperson nach einer gewissen Zeit wieder vorgelegt oder die gleiche Verhaltensbeobachtung bzw. Intervention noch einmal durchgeführt; die erzielten Ergebnisse werden verglichen. Es treten dieselben Probleme wie bei der Paralleltest-Reliabilität auf, wobei sich durch die wiederholte Messung die Trainingseffekte verstärken. Die *Testhalbierungsmethode* zur Ermittlung der inneren Konsistenz bildet einen dritten Zugang. Das Erhebungsverfahren wird einmal vorgegeben, die erzielten Informationen nach dem Zufall gesplittet und beide „Hälften" miteinander korreliert. Bei einer hohen Korrelation kann man davon ausgehen, daß sich das Erhebungsverfahren als über die Zeit stabil erweisen wird. Einen vierten Zugang bietet die *Konsistenzanalyse*. Hierbei wird das Erhebungsverfahren in zwei Teile aufgesplittet, und beide Teile dann getrennt ausgewertet. Bei der Konsistenzanalyse teilt man die Hälfte soweit weiter, bis man für jede Kategorie (Item, Aussage) einen Kennwert bestimmen kann. Jeder dieser Kennwerte gibt dann die spezifische Homogenität an. Neuere Ansätze diskutiert *Tack* (1986), der die Reliabilität eines Tests über einen Vergleich der Varianzen verschiedener Meßverfahren ermittelt, wodurch sich besondere Vorteile für die Veränderungsmessung und Einzelfallanalyse ergeben (vgl. auch *Tack* in diesem Buch).

Die *Validität* gibt das Ausmaß an, inwieweit ein Verfahren das mißt, was es zu messen vorgibt. Liegt eine hohe Validität vor, kann also ein Rückschluß auf die Existenz eines bestimmten Inhalts vorgenommen werden. Drei Formen der Validität sind zu unterscheiden: erstens die *inhaltliche Validität*. Diese Form wird bei einem Verfahren meist durch ein Expertenurteil überprüft. Ein Verfahren ist dann inhaltlich valide, wenn es die zu erfassende Verhaltensweise hinreichend repräsentiert. Bei komplexen Merkmalen, die durch ein Breitband-Verfahren erfaßt werden, ist dieses Vorgehen jedoch sehr problematisch. Hier bieten sich zur Qualitätsbestimmung Korrelationen zu „Außenkriterien" an. Diese *Übereinstimmungsvalidität* (Kriteriumsvalidität) sollte mit möglichst verschiedenartigen und eindeutigen Kriterien bestimmt werden. Einen weiteren Zugang stellt die Berechnung der Vorhersagekraft eines Verfahrens für später stattfindende reale Ereignisse dar. In diesem Fall spricht man von Vorhersage- oder prognostischer Validität. Einen anderen Ansatz zur Bestimmung der Validität bietet *Leichsenring* (1985, 1987). In Anlehnung an *Popper* (1966) schlägt er keine induktive, sondern deduktive Schlüsse zur Lösung von Validitätsproblemen vor. Der Geltungsbereich soll dabei die Psychotherapieforschung umfassen. Er unterscheidet in

– *Populationsvalidität* (= Übereinstimmung zwischen unterschiedlichen Subpopulationen oder zwischen Stichprobe und Population),

- *Variablenvalidität* (= ausreichende Eindeutigkeit der Variablen bzw. ausreichende konzeptuelle Replikation) und
- *Situationsvalidität* (= Repräsentativität der Untersuchungsbedingungen für die zu erfassenden Merkmale).

4. Generalisierung

Die Diskussion zum Thema „Generalisierung von Einzelfallbefunden" knüpft an die einleitenden Bemerkungen zu Kapitel II an. Dort wurde darauf hingewiesen, daß Verallgemeinerungen über Untersucher (Therapeuten), Versuchspersonen (Patienten) und Situationsbedingungen ausgeführt werden. Solche Generalisierungen besitzen nach *Petermann* (1982, S. 40f.) vier Funktionen:

(1) *Dokumentation* der generellen Wirksamkeit einer Behandlung;
(2) *Abschätzung* der Ansprechbarkeit einer Patientengruppe auf eine Behandlung;
(3) *Übertragung* bestimmter Techniken auf andere Symptombilder der Patientengruppe (z.B. Angst vs. Aggression bei Kindern) und die
(4) *langfristige Qualitätskontrolle* der eigenen therapeutischen Arbeit (i.S. einer kumulativen Erfahrungsverwertung).

Nach *Kennedy* (1979) müssen bei der Generalisierung von Einzelfallaussagen folgende Kriterien erfüllt sein:
- Innerhalb der Stichprobe sollte ein weiter Bereich des zu erfassenden Kriteriums abgedeckt werden;
- zwischen der Stichprobe und der Gesamtheit müssen viele gemeinsame Merkmale existieren;
- die Stichprobe darf nicht über zu viele Merkmale variieren und
- alle Merkmale müssen wesentlich sein.

Dementsprechend sind die Kriterien für die Merkmale einer Intervention zu formulieren. So muß bei Wiederholungen ein breiter Bereich von Interventionsmerkmalen gegeben sein. Bei verschiedenen Versuchspersonen ist ein gleiches Ergebnis der Intervention erforderlich und drittens muß die Art, in der die Intervention wirkt, bei mehreren Versuchspersonen identisch sein.

Literatur

Abke, D. Angst. Theorie, Diagnostik, Therapie und Ergebnisse einer psychophysiologischen Untersuchung. Frankfurt: Lang, 1985.

Hautzinger, M., Baumgarten, P., Neßhöver, W. & Schmitz, B. Zeitreihenanalyse kognitiver Verhaltenstherapie bei depressiven Patienten. Zeitschrift für Klinische Psychologie, 1987, 16, 256-263.

Keeser, W. & Bullinger, M. Process oriented evaluation of a cognitive behavioural treatment for clinical pain: a time-series approach. In Bromm, B. (Ed.), New approaches to pain measurement in man. New York: Elsevier, 1984.

Kennedy, M. M. Generalizing from single case studies. Evaluation Quarterly, 1979, 3, 661-678.

Leichsenring, F. Die Probleme der „externen" Validität in der Psychotherapieforschung. Zeitschrift für Klinische Psychologie, 1985, 14, 214-227.

Leichsenring, F. Einzelfallanalyse und Strenge der Prüfung. Diagnostica, 1987, 33, 93-109.

Maiwald, M., Geider, F. J., Jost, F. & Rogge, K.-E. Grundlagen einer medizinisch-psychologischen Langzeit-Einzelfalluntersuchung. Zeitschrift für Klinische Psychologie, Psychotherapie und Psychopathologie, 1988, 36, 138-155.

Marshall, J. C. & Newcomb, F. Putative problems and pure progress in neuropsychological single-case study. Journal of Clinical Neuropsychology, 1984, 6, 65-70.

Petermann, F. Einzelfalldiagnose und klinische Praxis. Stuttgart: Kohlhammer, 1982.

Petermann, F. Single-case analysis (time-series analysis) for the evaluation of documents. Archiv für Psychologie, 1983, 135, 257-267.

Popper, K. R. Logik der Forschung. Tübingen: Mohr, 1966.

Schlicht, W. Einzelfallanalysen im Hochleistungssport. Schorndorf: Hofmann, 1988.

Schmitz, B. & Otto, J. Die Analyse von Migräne mit allgemein-psychologischen Streßkonzepten. Zeitreihenanalyse für den Einzelfall. Archiv für Psychologie, 1984, 136, 211-234.

Scruggs, T. E., Mastropieri, M. A. & Casto, G. The quantitative synthesis of single-subject research: Methodology and validation. Remedial and Special Education, 1987, 8, 24-33.

Tack, W. H. Reliabilitäts- und Effektfunktionen – ein Ansatz zur Zuverlässigkeit von Meßwertänderungen. Diagnostica, 1986, 32, 48-63.

Therapieplanung des Einzelfalles — Voraussetzungen, Methoden, Anwendungen

O. Berndt Scholz[1])

1. Zum Gegenstand der Ausführungen — Psychotherapie als Problemlösung

Seit geraumer Zeit wird Psychotherapie zunehmend mehr in Begriffen der Denkpsychologie als Problemlösung behandelt. Das betrifft hauptsächlich den psychotherapeutischen Prozeß und das einzelfallbezogene Vorgehen. Obgleich noch empirisch bzw. experimentell zu klären ist, welche Momente Problem-, welche Aufgabencharakter haben, welche Operationen heuristischer und welche algorithmischer Strategien bedürfen, es mag für die folgenden Ausführungen nützlich sein, psychotherapeutisches Vorgehen als einen Problemlösungsprozeß zu betrachten. Dabei sei der Betrachtungsweise von *Kaminski* (1970), *Urban & Ford* (1971), *Schulte* (1973), *Bastine* (1976), *Marquis* (1976), *Kanfer & Goldstein* (1977), *Bromme* (1977), *Scholz* (1978) und *Fiedler* (1978) gefolgt.

Ein Problem (P) läßt sich im Sinne der Theorie informationsverarbeitender Prozesse darstellen als P = $<$A, Z, O $>$, wobei A für die Menge von Ausgangszuständen, Z für die Menge von Zielzuständen und O für die Menge möglicher Operationen steht (vgl. *Sydow*, 1968). In Abhängigkeit davon, welches Bestimmungsstück fehlt, ist von einem besonderen Problemtyp zu sprechen. *Hoffmann* (1977) versucht, einige Fragestellungen der Klinischen Psychologie im Sinne dieser Problemtypen zu beschreiben.

In notwendiger Beschränkung auf psychotherapeutische Fragestellungen soll festgehalten werden, daß die Konzentration auf Mengen von A der Klassifikation und Deskription von Verhaltensstörungen entspricht. Diagnostische Urteilsbildung beschäftigt sich meistens mit Ausgangszuständen. Das mag einer der Gründe für die Divergenz von Diagnostik und Therapie sein.

Die Beschäftigung mit Zielzuständen bezieht sich im Einzelfall auf die Deskription und Klassifikation von Anliegen, Wünschen, Erwartungen, die ein Klient mitbringt, wenn er um psychotherapeutische Hilfe nachsucht. Ebenso ist hierzu die Optimierung des Therapeutenverhaltens im Sinne einer festgelegten Therapiekonzeption zu zählen.

Die Auswahl einer Interventionsstrategie, die Entscheidung für eine von möglichen Interventionskonzeptionen sowie deren Realisierung gehören zur Menge der Operationen innerhalb psychotherapeutischer Probleme. *Kruse & Juhl* (1977) sprechen in Anlehnung an *Segeth* (1974) von einem Plan. Der Therapie-

---

[1]) Die Arbeit entstand im Rahmen des Forschungsprojektes „Analyse von Kooperationsstörungen alternder Ehen", das freundlicherweise von der Stiftung Volkswagenwerk finanziert wird.

plan basiert auf der Kenntnis von A und Z. Diese Bedingungen berücksichtigend, soll der Plan in bezug auf das Therapeutenverhalten (vgl. *Rhenius*, 1976) und in bezug auf das Beziehungsverhältnis zwischen Therapeuten und Klienten optimal sein. In diesem Sinne können Therapieplanung und Strategieformulierung als Synonyma gelten.

Der vorliegende Beitrag wird sich unter praktischem Aspekt mit Methoden und Prozeduren zur Zieldefinition und Strategiewahl als Wesensmerkmal der Therapieplanung beschäftigen und diese teilweise am Beispiel erläutern. Dies alles zum Gebrauch für den Einzelfall!

Der zu behandelnde Stoff kann infolge Platzmangels nur sehr knapp dargestellt werden. Insbesondere wirkt sich dieser Umstand auf die Diskussion aus.

Arbeiten mit primär forschungsbezogenem Anliegen bleiben ausgespart. Darüber informieren mehrere Beiträge in diesem Band. Überdies kann sich der interessierte Leser beispielsweise bei *Scriven* (1967), *Rachman* (1971), *Christl* (1973), *Gronlund* (1973), *Burck & Peterson* (1975), *Rosenfeld & Houtz* (1976), *Mai* (1976) oder bei *Petermann* (1977) informieren.

2. Methoden der einzelfallbezogenen Zielbestimmung

2.1 Einige Beziehungen zwischen einzelfallbezogener Zielbestimmung und psychotherapeutischer Methodik

In Einzelfalldarstellungen psychotherapeutischer Konzeptionen wird deren Indikation zumeist als Absichtserklärung, Slogan oder Platitüde, formuliert. Sie sprechen für lautere Absichten bzw. den guten Willen des Autors, aber nicht für den Wert der Behandlungsmethode. Beispiele für solche Zieldefinition sind „Nachreifung", „Ich-Stärkung", „Selbstverwirklichung", „Erreichung sozialer Kompetenz". Diese Konstrukte sind schwer operationalisierbar und selten auf den Einzelfall bezogen. Sie gehen von der Frage aus: „Welche Klienten sind für die vorliegende Methode geeignet?"

Folglich können einzelfallbezogene Ziele sowohl vom Klienten, als auch Therapeuten und/oder einem Dritten nur global, vage, ambivalent bzw. kaum kontrollierbar formuliert werden (*Brill* et al., 1964). Andererseits zeigen beispielsweise *Strupp & Bloxom* (1973), daß die Beratung um so effektiver ist, je klarer dem Klienten ebenso wie dem Therapeuten das Behandlungsziel ist (vgl. auch *Scriven*, 1972).

Es ist zu fragen, wieso psychotherapeutisches Handeln sich bisher nicht intensiver mit Fragen der Zieldefinition beschäftigte. Verschiedene Gründe seien dafür genannt:

a) Einige psychotherapeutische Orientierungen halten ihre Methodik für derart komplex, daß sie daraus schließen, weder konkrete Entscheidungsregeln noch allgemeine Handlungsweisen aufstellen zu können, die eine optimale Therapieplanung lehr- und lernbar machen. Sogenannte komplexe Therapien mögen dafür ein Beispiel sein.

b) Einige Orientierungen definieren das psychotherapeutische Ziel für den Klienten als Negation seines Ausgangszustandes. Das gilt vor allem für monosymptomatische, uniloculäre Verhaltensstörungen. Psychotherapie wird folglich nicht als ein heuristisch zu lösendes Problem, sondern als (mehr oder minder) algorithmisch beschreibbare Aufgabe betrachtet. Verschiedene Trainings- bzw. Therapieprogramme spiegeln diese Auffassung wider.

c) Psychotherapie wird gelegentlich als eine Theorie, nicht aber als eine (zumeist theoriegebundene) Methode betrachtet. Weil aber Psychotherapie keine Theorie ist, können hinsichtlich der Methode keine Wahrheitsaussagen (z.B. richtig/falsch), sondern vielmehr Zweckmäßigkeitsaussagen im Sinne von Aufforderungen, Regeln gelten.

d) Zunehmend mehr wird Psychotherapie als Angelegenheit sukzessiv zu fällender Entscheidungen gesehen. Es besteht jedoch Unsicherheit darüber, wer diese Entscheidungen zu fällen hat. Ungeachtet des Verweises auf *Bandura* (1971) und *Bergold* et al. (1973) soll diese Angelegenheit im folgenden nicht behandelt werden. Im weiteren sind vorwiegend solche Vorgehensweisen beschrieben, bei denen bezüglich der Zielbestimmung vor allem dem Klienten, bezüglich der Strategiefestlegung hauptsächlich dem Therapeuten die primäre Entscheidung vorbehalten bleibt. Die Untersuchungsergebnisse von *Thompson & Zimmerman* (1969) stimmen mit dieser Auffassung überein.

e) Häufig wird davon ausgegangen, daß die Ziele eines Klienten im Verlaufe der Psychotherapie konstant bleiben. Tatsächlich aber sind häufig Veränderungen sowohl der Bedeutsamkeit als auch der Zielinhalte zu beobachten. Methoden zur Zieldefinition und Strategiebeurteilung sollten dieser Sachlage gerecht werden.

Im Sinne größerer Effektivität, Rationalität, Verallgemeinerbarkeit, Spezifität, Transparenz und Partnerschaftlichkeit des psychotherapeutischen Geschehens sollten also auf den jeweiligen Klienten bezogene Ziele festgelegt werden. Jedes Ziel sollte durch folgende Merkmale ausgewiesen sein:
- Situationsbezogenheit,
- Verhaltensbezogenheit,
- klientbezogene Relevanz,
- handlungsanleitende Funktion,
- Kriterien der Zielerreichung (möglichst qualitativ und quantitativ).

2.2 Konstruktion persönlicher Fragebögen (PF)

Im Jahre 1961 veröffentlichte *Shapiro* eine Methode, mit der einzelfallbezogene Veränderungen – etwa aufgrund von Psychotherapie – abgebildet werden können. Er ging davon aus, daß die Erreichung eines Zielzustandes der Negation des Ausgangszustandes entspricht. Obgleich damit ein Spezialfall der Therapieplanung betrachtet wird, bereitet es keinerlei Schwierigkeiten, persönliche Ziele bzw. Teilziele als Basis für die Konstruktion eines PF zu wählen.

Welche *Voraussetzungen und Arbeitsschritte* sind zu berücksichtigen, wenn ein PF konstruiert wird?

(1) Aufgrund von Interviews mit dem Klienten und/oder relevanter Bezugspersonen werden maximal 20 Feststellungen (Symptome, Ziele) ausgesucht. Sie bilden Bezugsmarken für zu erreichenden Veränderungen. Jede dieser Feststellungen wird dreifach in quantitativer Abstufung formuliert, so daß maximal 60 Items in den Fragebogen eingehen. Jeweils ein Item drückt das Eingeständnis einer alternativen Erfahrung aus, ein Item steht für den Ausgangs- und ein Item für den Zielzustand.

(2) In früheren Arbeiten empfiehlt *Shapiro* (1964), eine Art Itemeichung vorzunehmen, indem jedes Item vom Klienten auf einer neunstufigen Beurteilungsskala (von „unbedingt angenehm" bis „unbedingt unangenehm") bewertet wird. Psychotherapierelevante Items sind dann solche, die als „Ausgangszustands-Items" sehr negativ bewertet werden und als „Verbesserungsitems" leicht positiv bzw. als „Zielzustands-Items" sehr positiv bewertet werden. In diesem Stadium ist es noch möglich, weitere Items in den PF einzubeziehen.

(3) Der endgültige PF wird als Paarvergleich dem Klienten vorgelegt. Dazu werden die drei Items jeder Feststellung in folgender Anordnung auf Kärtchen geschrieben:

a) Ich fühle mich nicht depressiv
b) Ich fühle mich etwas depressiv

b) Ich fühle mich etwas depressiv
c) Ich fühle mich sehr depressiv

c) Ich fühle mich sehr depressiv
a) Ich fühle mich nicht depressiv

Für jede Feststellung sind folglich drei Karten nötig. Vor der Testdurchführung werden alle Karten gemischt. Der Klient legt jede Karte auf einen von zwei Haufen, je nachdem, ob das obere oder das untere Item zutrifft.

(4) Der Therapeut wertet die Daten dann sehr schnell aus, wenn er die Ergebnisse in folgendes Antwortformular einträgt:

Feststellung	Item 1	Item 2	Item 3	Antwortmuster
1	..vor..	..vor..	..vor..	
2	..vor..	..vor..	..vor..	
.	.	.	.	
.	.	.	.	
.	.	.	.	

Anschließend stellt er für jede Feststellung das korrespondierende Antwortmuster fest.

(5) Die PF-Darbietung ermöglicht acht verschiedene Antwortmuster pro Feststellung. Dabei sind die ersten vier als konsistente, die zweiten vier als inkonsistente Antwortmuster zu bezeichnen. Das Verhältnis beider Antwortmuster wird von *M.B. Shaprio* (1964) als Ausdruck für die Reliabilität der Testdurchführung interpretiert. Nachfolgend die acht Antwortmuster, ihre quantitative Bewertung und ihre inhaltliche Bedeutung:

a vor b	a vor c	b vor c	1= Zielzustand erreicht
b vor a	a vor c	b vor c	2= Zielzustand fast erreicht
b vor a	c vor a	b vor c	3= Ausgangszustand verbessert
b vor a	c vor a	c vor b	4= Ausgangszustand beibehalten

a vor b	c vor a	b vor c	
b vor a	a vor c	c vor b	inkonsistente Antwortmuster;
a vor b	a vor c	c vor b	keine Bewertung
b vor a	c vor a	b vor c	

(6) Die PF-Ergebnisse können im Fall mehrfacher Darbietung als Indizes berechnet werden. *D.A. Shapiro* et al. (1975) teilen mehrere solcher Indizes mit. Sie sollen auszugsweise wiedergegeben werden.

a) Prozentsatz der Zielerreichung (Ordinary Percentage Improvement)

$$OPI = [(K - J) / S] \times 100$$

mit S = Gesamtzahl der Testdarbietungen;
K = Anzahl von Testdarbietungen mit einem geringeren Punktwert als bei der vorangegangenen Testdarbietung
($RW_i > RW_{i+1}$); entspricht Verbesserung;
J = Anzahl der Testdarbietungen mit $RW_i < RW_{i+1}$, entspricht Verschlechterung

b) Prozentsatz der Veränderungen während der psychotherapeutischen Intervention (Grand Net Percentage Improvement)

$$GNPI = [(K_n / X_n) - (J_n / Y_n)] \times 100$$

mit X_n = Summe aller Verbesserungsmöglichkeiten über alle Feststellungen und Testdarbietungen;
Y_n = Summe aller Verschlechterungsmöglichkeiten über alle Feststellungen und Testdarbietungen.

c) Gesamttrend-Index (Overall Trend Index)

OTI = [(I - W) / N] x 100

Mit I = Anzahl der Feststellungen, die einen Verbesserungstrend anzeigen;
W = Anzahl der Feststellungen, die einen Verschlechterungstrend anzeigen;
N = Anzahl der Feststellungen im persönlichen Fragebogen.

Diskussion der Methode: Empirische Untersuchungen zur Leistungsfähigkeit des PF liegen nur vereinzelt vor. Sie entstammen zumeist dem Arbeitskreis von *Shapiro*. Immerhin konnte gezeigt werden (*Shapiro* et al., 1975), daß Ausmaß und Art psychotherapeutischer Veränderungen in keiner eindeutig interpretierbaren Beziehung zu den Daten der persönlichen Fragebögen stehen. Psychotherapeutische Erfolge werden folglich durch unterschiedliche Variablen bewirkt, über deren Anteil noch sehr wenig bekannt ist.

Die PF-Konstruktion in der dargestellten Form ist zeitlich aufwendiger als andere noch zu beschreibende Methoden. Darüber hinaus erfordert die Methode vom Klienten wenigstens durchschnittliche Befähigung zur Selbstreflexion und deren Artikulation. Kinder, Jugendliche oder auch bildungsbenachteiligte Erwachsene werden mit Mühe persönliche Beziehungen zu ihrem PF entwickeln.

Die Methode impliziert primär zeitlich konstante Interventionsziele. Insofern dürfte sie für umschriebene, monosymptomatische Verhaltensstörungen oder aber als begleitende Untersuchung bei therapeutischen Programmen (z.B. Autogenes Training, Selbstsicherheitstraining) geeignet sein.

Die erwähnten Möglichkeiten der Datenauswertung und -verdichtung arbeiten mit Informationen, die unterhalb des Skalenniveaus der Rohdaten liegen. Es ist jedoch leicht möglich, die Indizes so umzuformen, daß sie mit Rangdaten berechnet werden können. Darüberhinaus wäre der psychometrische Hintergrund dieser Methode gesondert zu diskutieren. Der entscheidende Vorzug des PF liegt in der Tatsache begründet, daß die Arbeitsweise der Methode für den Klienten schwer zu durchschauen ist. Schließlich ist auf die enge Beziehung zwischen allgemeiner psychologischer Methodik und therapierelevanter Diagnostik des Einzelfalls aufmerksam zu machen. Weiterführende Beschreibungen und Kommentare zur PF geben die Arbeiten von *Shapiro* (1975), *Shapiro & Hobson* (1972) und *Hobson & Shapiro* (1970).

2.3 Die Methode „Goal Attainment Scaling" (GAS)

Sie wurde erstmals von *Kiresuk & Sherman* im Jahre 1968 publiziert. Seit dieser Zeit sind zu dieser Methode mehr als 220 Publikationen veröffentlicht worden. Die Methode verfolgt das Anliegen, die aktuellen Interventionsziele zu spezifizieren und deren Erreichung zu quantifizieren. Dadurch können Besonderheiten des Interventionsprozesses objektiviert werden. Ebenso ist es mit dieser Methode möglich, unterschiedliche psychotherapeutische Strategien miteinander zu vergleichen und konsequenterweise zu optimieren.

Das *allgemeine Rationale* und die *Prozedur* bei der Erstellung einer einzelfallbezogenen GAS läßt sich so erläutern:

(1) Die Konstruktion des GAS sollte möglichst während eines der ersten Kontakte zwischen Klient und Therapeut erfolgen.

(2) Es wird eine Anzahl — möglichst nicht mehr als fünf — für den Klienten wichtiger Probleme, Sorgen oder Schwierigkeiten ausgewählt und etikettiert.

(3) Jedes Problem wird entsprechend seiner Relevanz für den Klienten gewichtet. Dafür stehen die Faktoren 3, 2, 1 zur Verfügung, wobei der Faktor 3 für die höchste Relevanz steht.

(4) Es werden für jedes Problem Indikatoren bzw. Parameter der Zielerreichung gesucht. Diese sollen präzise formuliert sein, objektiv (möglichst abzählbar) beschrieben werden und für einen Außenstehenden beobachtbar sein.

(5) Die Zielerreichungs-Indikatoren werden benötigt, um für jedes Problem fünf Skalenpunkte aufzustellen. Diesen Punkten werden ganze Zahlen von (-2) bis (+2) zugeordnet. Die Stufen und ihre numerische Zuordnung lauten:
   — viel weniger als die erwarteten Resultate (-2),
   — etwas weniger als die erwarteten Resultate (-1),
   — am meisten erwartete oder angenehme Resultate (0),
   — etwas mehr als die erwarteten Resultate (+1),
   — viel mehr als die erwarteten Resultate (+2).
   Praktisch geht man so vor, daß man zunächst die Stufe (0) festlegt, ihr folgen die Stufen (-2), (+2), (-1), (+1).

(6) Abschließend wird für jedes Problem die Stufe bestimmt, die die Gegenwartssituation am besten kennzeichnet. An dieser Stelle sollte die Intervention beginnen.

(7) Das Ausmaß der Zielerreichung kann unter Ausnutzung des Kalküls

$$ T = 50 + \frac{10 \left[\Sigma\, w_i\, x_i \ - \ E\, (\Sigma\, w_i\, x_i) \right.}{\sqrt{\text{var}\, (\Sigma\, w_i\, x_i)}} \tag{1} $$

mit dem Mittelwert $\bar{x} = \Sigma\, (\Sigma\, w_i\, x_i) = \Sigma\, E\, (w_i\, x_i) = 0$
und der Varianz var $(\Sigma\, w_i\, x_i) = E\, [\, (\Sigma\, w_i\, x_i)^2\,] = 1$
bestimmt werden.

Dabei bedeuten: x_i = numerischer Wert des Ergebnisses auf der Zielerreichung-Skala i und w_i = relatives Gewicht der Skala i.

Die Gleichung (1) läßt sich umformen (vgl. *Kiresuk & Sherman*, 1968) zu

$$T = 50 + \frac{10 \; \Sigma \; w_i \, x_i}{\sqrt{(1 - \rho) \; \Sigma \; w_i^2 + \rho \, (\Sigma \; w_i)^2}} \qquad (2)$$

Der Ausdruck ρ wird als eine intuitive Schätzung einer gewichteten mittleren Korrelation der x-Werte mit 0,3 in Gleichung (2) eingesetzt.

Damit kann das Ergebnis der bisherigen Intervention quantitativ bestimmt und für die weitere Strategiefestlegung ausgenutzt werden. Das sei an einem Beispiel verdeutlicht:

Ein Klient bat wegen chronischer Schlafstörungen, unangemessenem Sozialverhalten gegenüber seinen Mitarbeitern und persönlicher Arbeitsüberlastung um Psychotherapie. Im 2. Kontakt wurde mit ihm das GAS (s. Tabelle 19) aufgestellt.

Tabelle 19. Beispiel eines GAS-Interventionsplanes.

Skalenstufe (Bezeichnungen in Text)	Problem 1: Durchschlafstörungen	Problem 2: Ärger über Mitarbeiter	Problem 3: Arbeitstechniken
	Gewicht: w = 3	Gewicht: w = 2	Gewicht: w = 2
− 2	Jede Nacht aufwachen	Mitarbeiter kritisieren, aber nicht alles mitteilen	Täglich Arbeit mit heimnehmen und drei Stunden zu Hause arbeiten
− 1	Jede 2. Nacht aufwachen; nach Duschbad weiterschlafen	Allen Ärger festhalten (Tagebuch); Kritik nur sachlich äußern	Für maximal 2 Stunden Arbeit nach Hause nehmen; Pausenplan
0	Einmal pro Woche aufwachen	Allen Ärger aussprechen und „gute Seiten" der Mitarbeiter überlegen	Arbeit nur am Wochenende mit heimnehmen; Arbeits- und Pausenplan aufstellen
+ 1	Einmal in 10 Tagen nicht durchschlafen und dabei nicht grübeln	Höchstens einmal pro Tag kritisieren; so oft wie möglich loben	Täglich Aufgaben- und Zeitplanung; Arbeit nur dreimal pro Monat mit heimnehmen
+ 2	Einmal pro Monat nicht durchschlafen und das gelassen hinnehmen	Kritik nur, wenn nötig; Lob so oft wie möglich	Tägliche Aufgaben- und Zeitplanung für den Tag; Arbeit nur bei schuldhafter Nichteinhaltung mit nach Hause nehmen

Die Behandlung erfolgte zunächst im Sinne eines differenzierten Kontigenz-Managements. Der Behandlungsverlauf erforderte zunehmend eine Konzentration auf Problem 2 und 3 (vgl. Tabelle 20).

Tabelle 20. GAS-Werte als Funktion des Behandlungsverlaufes.

Kontakt	2	5	8	11	Follow up	(10 Wochen)
Problem 1 w = 3	−2	0	+1	+2	+2	
Problem 2 w = 2	−2	−1	0	+1	0	
Problem 3 w = 2	−2	−1	+1	0	+1	
T-Wert	18,1	40,9	61,4	68,2	68,2	

Deshalb lernte der Klient ab 5. Kontakt verstärkt Techniken der positiven Selbstinstruktion und der Kontingenz-Verstärkung. Der weitere Behandlungsverlauf zeigt die Angemessenheit der psychotherapeutischen Strategie. Nach 11 Kontakten konnte die Psychotherapie, weil die eingangs vereinbarten Ziele erreicht waren, abgeschlossen werden.

Bei der *Diskussion dieser Methode* muß zuerst ihre Praktikabilität hervorgehoben werden. Sie erweist sich als eine klare, von der Person des Konstrukteurs unabhängige und einzelfallbezogene Methodik. GAS kann theorien- und methodenunabhängig eingesetzt werden. Sie ist in der Einzelfallforschung ebenso wie in der Prozeß-, Erfolgskontrolle oder der vergleichenden Therapieforschung einsetzbar. Über die unterschiedlichen Einsatzgebiete informieren die beiden Berichte „Goal Attainment Review".

Die Auswahl der Ziele sollte und kann sich an den Wünschen und Bedürfnissen des Klienten orientieren, sie muß es aber nicht (etwa im Falle geistiger Behinderung). Die Ziele können ebenso von anderen Personen oder Gruppen festgelegt werden.

Nicht erfolgreiche Interventionen können leichter aufgeklärt werden, weil die Festlegung der Ziele kaum durch GAS, wohl aber durch die Interventionsstrategie (vgl. *Kiesler*, 1966, dt. 1977) bedingt werden.

Empirische Untersuchungen zum Vergleich von GAS mit anderen Methoden sind im größeren Umfange zu fordern. *Smith* (1976) untersuchte den Einfluß von GAS auf die Gestaltung von Beratungssituationen. Danach ist GAS ein wichtiges Hilfsmittel zur Klärung von Erwartungen und Einstellungen bei Klienten und Therapeuten, indem es Mißverständnissen vorbeugt und Beziehungsverhältnisse klärt.

Weinstein & Ricks (1977) bestätigen eine gute Reliabilität der Skalen. Entsprechend ihren Untersuchungen liefert GAS zwar spezifische Informationen über Indikatoren der Intervention, aber keine Zielrelevanz. Der Einsatz von GAS bewirke nicht nur, daß die Behandlungsziele schneller erreicht werden, sie werden auch von naiven Beurteilern deutlicher wahrgenommen. Die psychometrischen Implikationen, die in GAS eingehen, werden von *Kiresuk & Sherman* (1968) ausführlich diskutiert.

2.4 Weitere Methoden der einzelfallbezogenen Zieldefinition

Alle vier Methoden, die nachfolgend kurz erläutert werden, stehen in enger Verwandtschaft zum PF, mehr noch zur GAS. Ihnen sind größere Praktikabilität, aber auch geringere methodische Sauberkeit (zumindest in den Voraussetzungen) eigen.

Die von *Romney* (1976) mitgeteilte Variante, soll die Konstruktion der GAS vereinfachen. Bei der Problemgewichtung hat der Klient Größen zwischen 0 und 1 zu wählen, so daß sich die Summe aller Faktoren zu 1 addiert. Obgleich *Romney* diese Faktoren während der gesamten Interventionsdauer konstant hält – jedes Problem bleibt gleich wichtig –, können auch Variationen der Gewichtungsfaktoren in dieser Methode zugelassen werden.

Bei jeder Testung gibt der Klient das Ausmaß seiner Zielerreichung (Besserungsrate) an. Dabei bedeuten

keine Besserung	– 0%
leichte Besserung	– 25%
mäßige Besserung	– 50%
deutliche Besserung	– 75%
vollständige Besserung	– 100%

Bezeichnet man in gewohnter Weise mit w_i die Gewichtungsfaktoren und mit x_i die Besserungsrate jedes Problems eines Klienten, dann ist die Gesamt-Besserungsrate (overall improvement score)

$$O/S = \sum_{i=1}^{n} w_i \, x_i \, .$$

Analog kann die Zielerreichung jedes einzelnen Problems bestimmt werden.

Ellis & Wilson (1973) nennen ihr System von Anweisungen zur Schätzung des Behandlungsfortschrittes Goal Attainment Rating Program (= G A R P). In leichter Modifikation dieser Methode formulierten *Meldman* et al. (1973) für jeden einzelnen Patienten einer stationären psychiatrischen Behandlung individuelle Ziele. Die Ziele orientierten sich am stationären Behandlungsprogramm und variierten stark hinsichtlich ihres Allgemeinheitsgrades. In wöchentlichen Intervallen beurteilte das gesamte Team den Fortschritt der Zielerreichung anhand der Schätzskala

0	– vollständige Zielerreichung,	4	– unterdurchschnittliche Zielerreichung,
1	– weitgehende Zielerreichung,	5	– mäßige Zielerreichung,
2	– überdurchschnittliche Zielerreichung,	6	– keine Zielerreichung.
3	– durchschnittliche Zielerreichung,		

Diese Rohdaten können analog zur GAS auf Intervallskalen-Niveau transformiert werden.

Meldman et al. (1973) verfahren nun so, daß sie die Zwischenergebnisse jedes einzelnen Patienten vor der Therapiegruppe mitteilen. Der psychotherapeutische Prozeß wird somit von einer beständigen Diskussion um die persönliche Zielerreichung getragen.

Schließlich ist von einer Methode zu berichten, die in der Tat zweimal erfunden wurde, ohne daß die Autoren aufeinander Bezug nehmen. Das Verfahren basiert auf dem von *Càrkhuff* (1973) entwickelten Problem Solving Grid. Sowohl *Hill* (1975), die ihre Methode Counseling Outcome Inventory (COI) nennt, als auch HO (1976), von ihm jedoch als Practice Outcome Inventory (POI) bezeichnet, nennen sechs Konstruktionsstufen:

(1) Der Klient wird gebeten, sich im Sinne seines Idealbildes zu beschreiben. Es werden 10 bis 15 Schilderungen eingeholt.

(2) Gemeinsam mit dem Klienten wird jede Schilderung an ein zu beobachtendes Verhaltensmerkmal gebunden und zu einem Item formuliert.

(3) Der Klient bildet über den gesamten Itemsatz eine Rangreihe nach dem Kriterium der persönlichen Bedeutsamkeit. Das „wichtigste Item" erhält den höchsten Rangwert.

(4) Über jedes Item wird eine neunstufige Ratingskala gelegt, die das Ausmaß der Zielerreichung x_i pro Item abbilden soll und von „sehr unzufrieden" bis „sehr zufrieden" läuft.

(5) Das Ausmaß der Lösung des gesamten subjektiven Problemraums wird abermals als $\sum_{i=1}^{n} w_i x_i$ bestimmt.

(6) Therapeut und Klient schließen einen Vertrag darüber ab, auf welches Item sich die Intervention zunächst zu konzentrieren hat, welcher Aktionsplan zu verwirklichen ist und innerhalb welcher Zeit der Zielzustand erreicht werden kann.

Bleibt noch zu erwähnen, daß verschiedentlich in Analogie zu den Beschwerdelisten Fragebögen zur Zieldefinition der psychotherapeutischen Intervention entwickelt worden sind (z.B. *Elliott*, 1975; *Vandergoot*, 1976). Ebenso wurde das in diesem Band beschriebene Repertory Grid und seine Sonderformen bei der Bewertung von Einzeltherapien (*Slater*, 1965), Gruppen- (*Watson*, 1970) und Paartherapien (*Ryle & Lunghi*, 1970) eingesetzt.

2.5 Kritische Beurteilung der Methoden

Die Methoden berücksichtigen explizit den subjektiven Problemraum des Klienten und fördern damit seine Aktivität in Richtung Zielerreichung. Sie sind bezüglich der Genese, Klassifikation oder Modifikation der Verhaltensstörungen voraussetzungslos. Kriterien der Zielerreichung sollen jedoch beobachtbar und auf das Verhalten des Klienten bezogen sein.

Die beschriebenen Methoden werden zur Beurteilung von Prä-Post-Veränderungen (unter Umgehung statistischer Regressionseffekte) eingesetzt. Mit ihrer Hilfe wird die Wirksamkeit verschiedener Interventionsstrategien geprüft. Schließlich dienen sie als eine Art Motivator für den Klienten (und Therapeuten), wenn der psychotherapeutische Fortschritt stagniert. Die Methoden haben also unmittelbar modifizierende Funktion. In der zitierten Literatur wird mehrfach darauf verwiesen, daß z.B. bei Anwendung der GAS weniger dropout-Klienten zu beobachten waren. Möglicherweise steht dieser Sachverhalt in Wechselwirkung mit der Klarheit der persönlichen Ziele und der damit korrespondierenden Klärung von Erwartungen an den Interventionsprozeß ebenso wie an die daran beteiligten Personen.

Die vorgenannten Methoden sind nur bedingt geeignet im Umgang mit Klienten, deren Artikulationsfähigkeit gering zu veranschlagen ist. In diesem Falle sollte der Therapeut oder eine dritte Person (besser noch eine Gruppe) die persönlichen Ziele des Klienten definieren oder daran beteiligt sein. Allerdings werden dadurch wesentliche Wirkungsmechanismen der Methode begrenzt.

Die Methoden sind nicht geeignet, wenn (a) die Klienten sehr fixierte und umschriebene Vorstellungen vom Ablauf der Intervention haben, (b) wenn sie bereits genau wissen, was sie wollen und was ihnen nützt, (c) wenn ihre Ziele beständig fluktuieren.

Die formalen Konstruktionsprinzipien wirken in ihrer Herleitung willkürlich und wenig reflektiert. Das gilt beispielsweise für die Verwendung von Rangdaten als Gewichte, die dann mit weiteren Schätzdaten multipliziert werden. An diese Stelle sollten saubere Skalierungstechniken treten, die bei gleichem Durchführungsaufwand valider und zulänglicher sind. Ebenso ist die allen genannten Methoden gemeinsame Annahme, daß die Bedeutsamkeit der persönlichen Ziele im Interventionsprozeß konstant bleibt, nicht notwendig.

3. Einzelfallbezogene Therapieplanung als Entscheidungsproblem

3.1 Vorbemerkungen

Die Autoren der bisher referierten Methoden benutzen nicht nur die Ausgangszustände, sondern auch die Ziele, die es zu erreichen gilt, um eine auf den Einzelfall bezogene Interventionsstrategie festzulegen. Dieses Vorgehen wird der Realität eher gerecht als die beständige Abarbeitung festgelegter Interventionsprogramme. Allein: Die Strategieauswahl bzw. der Strategiewechsel wird zumeist intuitiv vollzogen und entspringt der nicht kontrollierbaren persönlichen Erfahrung des Therapeuten. Damit verbundene Fehlerquellen diskutiert *Kohler* (1974).

Sozusagen als Alternative wird eine Verfahrensweise vorgestellt, die dem Therapeuten eine Entscheidungshilfe bei der Auswahl und dem Wechsel einer einzelfallbezogenen Interventionsstrategie sein kann. Dabei berücksichtigt der Begriff „Strategieauswahl" mehr die wahrgenommenen Problemzustände und der Begriff „Strategiewechsel" eher die beobachteten Konsequenzen einer realisierten Strategie. In beiden Fällen werden Entscheidungen unter Unsicherheit verlangt; einmal liegen bezüglich des Interventionserfolges einzelfallunspezifische Informationen vor (das ist während der Initialentscheidung der Fall), zum anderen determinieren unvollständige, allerdings auf den Einzelfall bezogene Informationen wiederholte Entscheidungen. Um es anders auszudrücken: Der Therapeut entscheidet über die erfolgreichste (wahrscheinlichste) Strategie, die zum Interventionserfolg führt, nicht aber über die Wahrscheinlichkeit der Ziele unter Anwendung einer fixen Strategie. Es handelt sich hierbei um Fragestellungen, die mit Techniken der *Bayes*-Statistik beantwortet werden können.

3.2 *Bayes-Verfahren*

Die Möglichkeiten der *Bayes*-Statistik wurden für die deutschsprachige Psychologie von *Hofstätter & Wendt* (1974) sowie von *Rüppell* (1977) dargestellt. Ebenso ausführlich wie anschaulich hat *Phillips* (1973) dieses Gebiet behandelt. Auf kritische Implikationen bei der Anwendung von *Bayes*-Verfahren weist unter anderem *Hamaker* (1977) hin. Unlängst wiesen *Bartoszyk & Bartoszyk* (1978) auf Anwendungsmöglichkeiten der *Bayes*-Statistik in der Psychotherapie hin.

Bayes-Statistik wird als Methode der Wahl angesehen, wenn es um die Optimierung komplexer Entscheidungen geht. Das Verfahren ist als Revisionsvorschrift für den psychotherapeutischen Strategiewechsel anzusehen, nachdem mit der ausgewählten Strategie einzelfallbezogene praktische Erfahrungen vorliegen. Die Voraussetzungen für eine solche Optimierung sind (a) die Schätzung der Wahrscheinlichkeiten der entscheidungsrelevanten Indikatoren, (b) die Integration qualitativ unterschiedlicher Informationen, (c) die Sammlung zeitlich aufeinanderfolgender Informationen und (d) die Berücksichtigung des Nutzens/ Risikos der einzelnen Alternativen.

Bei Anwendung des *Bayes*-Theorems kann der Entscheidungsprozeß für oder gegen eine einzelfallbezogene Interventionsstrategie folgendermaßen formuliert werden:

(1) Formuliere einen Satz spezifischer, auf den Einzelfall bezogener Interventionsstrategien (Hypothesen)!
(2) Bewerte jede einzelne Strategie danach, inwieweit sie geeignet ist, den Ausgangs- in den Zielzustand zu transformieren (a priori Wahrscheinlichkeiten)!
(3) Wähle die Bewertungen so, daß sie die Summe aller a priori Wahrscheinlichkeiten 1.00 ergibt!

(4) Bestimme für jede einzelne Strategie das Ausmaß ihrer Realisierungsmöglichkeiten (Likelihoods)!
(5) Multipliziere (2) mit (4)!
(6) Addiere die Produkte in (5)!
(7) Dividiere die Produkte in (5) durch die Summe in (6) (a posteriori Wahrscheinlichkeiten)! Die Summe aller Quotienten ergänzt sich zu 1.00.
(8) Wende die Interventionsstrategie mit der höchsten a posteriori Wahrscheinlichkeit für den Einzelfall an!
(9) Sammle Daten über den Interventionsprozeß und behandle diese als a priori Wahrscheinlichkeiten!
(10) Setze einen neuen Entscheidungsprozeß in Gang, in dem die Daten aus (10) in (2) eingesetzt werden!

In allgemeiner Form lautet das Entscheidungstheorem, hier als *Bayes*-Formel geschrieben,

$$p\,(H_i/D) = \frac{p\,(H_i)\ p\,(D/H_i)}{\sum\limits_{i=1}^{n} p\,(H_n)\ p\,(D/H_n)} \quad , \tag{3}$$

wobei H = Hypothese (Strategie) und
D = Ereignisse (Realisierungsmöglichkeiten).

Für die praktische Anwendung bedeutsam ist, daß die a priori Wahrscheinlichkeiten (p (H)) nicht nur Auftrittswahrscheinlichkeiten zu sein brauchen, sondern ebenfalls quantifizierbare Meinungen, Überzeugungen, Erfahrungen sein können.

In den Arbeiten von *Peterson & Beach* (1967), *Edwards* (1968), *du Charme* (1970), *Slovic & Lichtenstein* (1971), *Lindley* (1971) und *Phillips* (1973) sind zahlreiche Schätzungsmethoden und Empfehlungen angegeben, die die zweifellos „schwache Stelle" der *Bayes*-Statistik zuverlässiger gestalten.

Bei der Festlegung der p (D/H) ist zwischen der Initialentscheidung und wiederholten Entscheidungen zu trennen. Während wiederholte Entscheidungen bezüglich Strategiewechsel oder -beinhaltung empirische Daten des bisherigen Therapieverlaufes explizit berücksichtigen und somit im Sinne der klassischen Statistik objektive Entscheidungen gefällt werden, müssen in der Initialentscheidung persönliche Urteile berücksichtigt werden. Damit ist die Entscheidung für oder gegen eine auf den Klienten bezogene psychotherapeutische Strategie in ihrer Zuverlässigkeit eingeschränkt.

Der Therapeut erhöht diese jedoch, indem er Untersuchungen zu vergleichenden oder zur Erfolgsforschung beachtet. Ebenso kann er die p (D/H) dadurch optimieren, daß er (a) verschiedene Risiko-Niveaus bestimmt (vgl. *Hofstätter & Wendt*, 1974), (b) die Intervalle zwischen initialer und wiederholter Entscheidung möglichst kurz ansetzt, (c) bereits in der Diagnostik die Eignung verschiedener Behandlungsmethoden für den Klienten prüft, also Indikationsdiagnostik im eigentlichen Sinne betreibt, oder (d) von der Gleichwahrscheinlichkeit der Alternativen ausgeht. Schließlich kann auf *Schlaifer* (1969) verwiesen werden. Er beschreibt *Bayes*-Verfahren für Situationen, bei denen p (D/H) unter Verzicht auf empirische Daten ganz oder teilweise mit Hilfe von Schätzurteilen bestimmt werden.

3.3 Demonstration von Bayes-Verfahren am Einzelfall

Als anschauliches Beispiel diene wieder der Klient, dessen Durchschlaf-, Arbeitsstörungen und Schwierigkeiten in Umgang mit seinen Mitarbeitern zu behandeln waren. Die einzuschlagende Interventionsstrategie sollte (a) möglichst effektiv sein, d.h., möglichst viele der genannten Teilziele gleichzeitig erreichen, (b) zu baldigen für den Klienten sichtbaren Erfolgen führen und (c) den Klienten zu möglichst großer Selbsthilfe verhelfen. In die engere Auswahl fielen drei Konzeptionen. Deren Schwergewichte lagen jeweils auf Aktivierung, Entspannung und kognitiver Umstrukturierung. Die Strategien können aus Platzgründen nicht näher erläutert und begründet werden. In Tabelle 21 ist die Initialentscheidung zwecks Strategienauswahl wiedergegeben.

Tabelle 21. Berechnung der *Bayes*-Wahrscheinlichkeit zwecks Strategienauswahl.

Strategie	p (H)	p (D/H)	p (H) p (D/H)	p (H/D)
Aktivierung	.44	.48	.211	.589
Entspannung	.23	.24	.055	.154
Umstrukturierung	.33	.28	.092	.257
Summe	1.00		.358	1.000

Die p (H) repräsentieren den Durchschnitt von Antworten (100 Punkte auf die Strategien anteilmäßig verteilen) auf folgende Teilfragen an den Therapeuten:
— persönliche Erfahrungen im Umgang mit den Strategien sowohl an den Therapeuten als auch an den Klienten,
— Erfolgserwartung des Behandlungsergebnisses unabhängig von der Behandlungsdauer.

Die p (D/H) repräsentieren den Durchschnitt von Antworten (100 Punkte auf die Strategien anteilmäßig verteilen) auf folgende Teilfragen an den Therapeuten:
— Reduktion des Leidensdruckes beim Klienten;
— kurzfristige Erreichung positiver Therapieeffekte an den Klienten:
— voraussichtliche Behandlungsdauer bis zur Zielerreichung;
— Bereitschaft des Klienten, die erläuterte Strategie zu akzeptieren.

Die Entscheidung erfolgte — gemäß den Resultaten von Tabelle 21 — zugunsten des Aktivierungskonzeptes.

Der Klient beurteilte alltäglich die Verbesserung/Verschlechterung seines Befindens. Als Bezugsmaßstab waren seine drei Teilziele vereinbart. In dem 21 tägigen Intervall zwischen 1. und 2. Kontakt, erzielte der Klient eine Besserungsrate von p (D/Aktivierung) = .62.

Im 2. Kontakt galt es zu prüfen, ob ein Strategiewechsel nötig sei, weil andere p (D/H) als im 1. Kontakt vorlagen. Im Gegensatz zur Empfehlung von *Hofstätter & Wendt* (1974) wurden die p (H) aus dem 1. Kontakt beibehalten, also nicht durch die korrespondierenden p (H/D) ersetzt (vgl. Tabelle 22).

Tabelle 22. Berechnung der *Bayes*-Wahrscheinlichkeit zwecks Strategiewechsel (*empirischer Wert).

Strategie	p (H)	p (D/H)	p (H) p (D/H)	p (H/D)
Aktivierung	.44	.62*	.273	.650
Entspannung	.23	.24	.055	.131
Umstrukturierung	.33	.28	.092	.219
Summe	1.00		.420	1.000

Die Wahrscheinlichkeit zur Beibehaltung der bereits eingeschlagenen Hypothese hat sich sogar noch erhöht. Zur selben Aussage käme man, wollte man (a) die p (H) als gleich wahrscheinlich betrachten, (b) die p (D/H) der Entspannungs- und/oder Umstrukturierungsstrategie favorisieren oder aber über die vorliegenden Daten die *Bayes*-Wahrscheinlichkeit für Einzelergebnisse (vgl. *Phillips*, 1973, Kap. 4.6) berechnen.

Wie aus Tabelle 20 ersichtlich ist, hatte unser Klient bereits im 5. Kontakt sein erstes Teilziel (Durchschlafen) erreicht. Sein Vertrauen und das des Therapeuten in die Zweckmäßigkeit der Aktivierungsstrategie begann zu sinken. Es wurde eine Umbewertung der p (H) und der p (D/H) erforderlich.

Für die p (D/Aktivierung) lagen empirische Daten vor. Die p (D/H) der anderen beiden Strategien mußten wie bisher geschätzt werden. Tabelle 23 zeigt die Ergebnisse:

Tabelle 23. Berechnung der *Bayes*-Wahrscheinlichkeit zwecks Strategiewechsel (*empirischer Wert).

Strategie	p (H)	p (D/H)	p (H) p (D/H)	p (H/D)
Aktivierung	.38	.58*	.220	.558
		.52		
Entspannung	.13	.17	.022	.056
Umstrukturierung	.49	.31	.152	.386
Summe	1.00		.394	1.000

Zwar ist die Aktivierungsstrategie relativ zu den anderen beiden zwar immer noch die erfolgreichere. Die Wahrscheinlichkeit, mit der Entspannungsstrategie zu arbeiten, wird indessen beständig kleiner. Dafür ist für die Umstrukturierungsstrategie ein steigender Trend zu registrieren. Ab dem 6. Kontakt wurde sie schließlich favorisiert (vgl. auch Tabelle 20).

3.4 Kritische Beurteilung der Vorgehensweise

Bayes-Statistik ist vielfacher Kritik ausgesetzt. Die Hauptargumente wurden bereits illustriert. Sie beziehen sich darauf, daß in die Entscheidung subjektive, in ihrer Komplexität unbekannte Größen eingehen und daß Aussagen trivial oder artifiziell seien. Dem kann entgegnet werden:

Bis auf weiteres wird Klinische Psychologie und speziell Psychotherapie mit einem großen Teil weicher Daten auskommen müssen. Subjektive Komponenten sind darin wesentlich enthalten. *Bayes*-Statistik ist wie Psychotherapie eine Methode. Ihnen kommen erkenntnistransformierende, nicht -generierende Eigenschaften zu. Oder anders: Unangemessene Entscheidungen können nicht der Methode, sondern dem, der die Daten auswählt und sammelt, zugeschrieben werden. Das wird meistens der Therapeut sein. Es sollte also nicht erwartet werden, daß *Bayes*-Verfahren psychotherapeutische Strategien explizieren, wohl aber ist damit ihre Spezifizierung oder Modifizierung möglich.

Ebenso sollte nicht erwartet werden, daß die *Bayes*-Statistik die methodische Grundlage zur Erforschung wesentlicher Aspekte der Psychotherapie liefert. Hier liegt der Akzent auf der Bewertung eines schwer zugänglichen und bisher für den Einzelfall vernachlässigten Momentes des Interventionsprozesses: der Strategiefestlegung. *Bayes*-Verfahren berücksichtigen dabei ebenso die persönliche Sichtweise des Therapeuten wie den Behandlungsfortschritt des Klienten. Sie mögen Fortschritt und Alternative zugleich sein, weil (a) dogmatische Überzeugungen von der Wirkung der bevorzugten Behandlungsweise relativiert werden können, insofern der Therapeut dazu bereit ist, und weil (b) die Verfahrensweise als ein ökonomisch kontrolliertes Vorgehen charakterisiert werden kann, das auf den Einzelfall bezogen ist.

Es wurden nur einfache Prozeduren wiedergegeben. Speziellere, anspruchsvollere und auf andere Fragestellungen zugeschnittene *Bayes*-Verfahren sind in der angegebenen Literatur zu finden.

4. Zusammenfassung

Ausgehend von der Kennzeichnung psychotherapeutischen Geschehens als denkpsychologisch formulierbares Problem wurden zwei Aspekte am Einzelfall orientiert behandelt:

Der erste Aspekt betrifft Fragen und Methoden der psychotherapeutischen Zieldefinition. Ausgehend vom Stellenwert der persönlichen Zieldefinition für die Gestaltung und den Effekt der Intervention wurden zwei Methoden ausführlicher und weitere vier bezüglich ihrer Arbeitsweise erläutert und kritisch kommentiert.

Der zweite Aspekt betrifft Auswahl und Wechsel psychotherapeutischer Strategien für den Einzelfall. Dabei handelt es sich um ein Entscheidungsproblem, das unter Unsicherheit optimal zu lösen ist. *Bayes*-Verfahren können dabei helfen, indem sie alternative Strategien (unter Einbeziehung verschiedener Kriterien) bewerten und den Behandlungsverlauf explizit berücksichtigen. Der exemplarische, hinweisende Charakter der Ausführungen wurde betont, da in der Spezialliteratur zahlreiche Verfahren beschrieben sind.

Literatur

Bandura, A. Principles of Behaviour Modification. London: Holt, Rinehart & Winston, 1971.

Bartoszyk, G. D. & Bartoszyk, J. Bayes-Ansätze zur Prognose von Therapieerfolg und Therapieeignung. *Mitteilungen der DGVT*, 1978, *10*, 428 - 433.

Bastine, R. Ansätze zur Formulierung von Interventionsstrategien in der Psychotherapie. In *Jankowski, P.* et al. (Hrsg.), Gesprächspsychotherapie heute. Bericht über den I. Europäischen Kongreß für Gesprächspsychotherapie. Göttingen: Hogrefe, 1976.

Bergold, J. et al. Emanzipation und Verhaltensmodifikation. In *Brengelmann, J. C. & Tunner, W.* (Hrsg.), Behaviour Therapy – Verhaltenstherapie. München: Urban & Schwarzenberg, 1973.

Bromme, R. Das Theorie-Praxis-Problem als Aufgabe der allgemeinen Psychologie. In *Bergold, J. & Jaeggi, E.* (Hrsg.), Verhaltenstherapie – Theorie. Tübingen: Sonderheft I/1977 der DGVT, 1977.

Brill, N. B. et al. Controlled study of psychiatry outpatient treatment. *Archives of General Psychiatry*, 1964, *10*, 581 - 595.

Burck, D. H. & Peterson, G. W. Needed: more evaluation, not research. *Personnel and Guidance Journal*, 1975, *53*, 563 - 569.

Carkhuff, R. R. The art of problem-solving. Amherst, Mass.: Human Resource Development Press, 1973, (Disturbed by APGA Press, Washington, D. C.).

du Charme, W. M. A response bias explanation of conservative human inference. *Journal of Experimental Psychology*, 1970, *85*, 66 - 74.

Christl, H. L. Ein mathematisches Modell für eine optimale therapeutische Entscheidungsfolge. *EDV in Medizin und Biologie*, 1973, *4*, 45 - 49.

Edwards, W. Conservatism in human information processing. In *Kleinmuntz, B.* (Hrsg.), Formal representation of human judgment. New-York: Wiley, 1968.

Elliott, C. D. A new self report behavioral measure for evaluating therapeutic outcomes. Utah State University: Diss., 1975.

Ellis, R. H. & Wilson, N. C. Evaluating treatment effectiveness using a goaloriented automated progress note. Fort Logan Mental Health Center, Denver, Colorado, 80236, Report PN 20, 1973.

Fiedler, P. A. Diagnostische und therapeutische Verwertbarkeit kognitiver Verhaltensanteile. In *Hoffmann, N.* (Hrsg.), Kognitionstherapien. Bern: Huber, 1978.

Gronlund, N. E. Preparing criterion-referenced tests for classroom instruction. New York: Macmillan, 1973.

Hamaker, H. C. Bayesianism; a threat to the statistical profession? *Int. Stat. Rev.*, 1977, *45*, 111 - 115.

Hill, C. A process approach for establishing counseling goals and outcomes. *Personnel and Guidance Journal*, 1975, *53*, 571 - 576.

Ho, M. K. Evaluation: a means of treatment. *Social Work*, 1976, *21*, 24 - 27.

Hobson, R. F. & Shapiro, D. A. The personal questionnaire as a method of assessing change during psychotherapy. *British Journal of Psychiatry*, 1970, *117*, 623 - 626.

Hoffmann, M. Zur Genese von Verhaltensstörungen aufgrund fehlgeschlagener Problemlöse-Strategien. Braunschweig: Diss. 1977.

Hofstätter, P. R. & Wendt, D. Quantitative Methoden der Psychologie, Band I. Frankfurt/Main: J. A. Barth, 1974.

Kaminski, G. Verhaltenstheorie und Verhaltensmodifikation. Stuttgart: Klett, 1970.

Kanfer, F. H. & Goldstein, A. P. (Hrsg.) Möglichkeiten der Verhaltensänderung. München: Urban & Schwarzenberg, 1977.

Kiesler, D. J. Some myths of psychotherapy and the search for a paradigm. *Psychological Bulletin*, 1966, *65*, 110 - 136, Dt. in *Petermann* (1977).

Kiresuk, T. J. & Sherman, R. E. Goal attainment scaling: a general method for evaluating comprehensive community mental health program. *Community Mental Health Journal*, 1968, *4*, 443 - 453.

Kohler, Ch. Die wissenschaftliche Situation der Psychotherapie. In *Helm, J.* (Hrsg.), Psychotherapieforschung. Berlin: VEB Dt. Verl. der Wissenschaften, 1974.

Kruse, O. & Juhl, K. Zur Struktur psychotherapeutischer Konzeptionen: Der Plan in der Psychotherapie. *Mitteilungen der DGVT*, 1977, *9*, 193 - 217.

Lindley, D. V. Making decisions. London: Wiley, 1971.

Mai, N. Zur Anwendung der additiven Nutzentheorie bei der Bewertung von Therapien. *Z. Klin. Psychol.* 1976, *5*, 181 - 193.

Marquis, J. N. Ein zweckdienliches Modell der Verhaltenstherapie. In *Lazarus, A. A.* (Hrsg.), Angewandte Verhaltenstherapie. Stuttgart: Klett, 1976.

Meldman, M. J. et al. The psychotherapeutic use of evaluation data. Sonderdruck, Illinois: Des Plaines, 1973.

Petermann, F. (Hrsg.) Psychotherapieforschung. Weinheim: Beltz, 1977.

Peterson, C. & Beach, C. R. Man as an intuitive statistician. *Psychological Bulletin*, 1967, *68*, 29 - 46.

Phillips, L. D. Bayesian statistics for social scientists. London: Nelson, 1973.

Program Evaluation Resource Center (Hrsg.). Goal Attainment Review, Vol. 1. Minneapolis, 1974.

Program Evaluation Resource Center (Hrsg.). Goal Attainment Review, Vol. 2. Minneapolis, 1976.

Rachman, S. Effects of psychotherapy. New York: Pergamon Press, 1971.

Rhenius, D. Sequentielles Entscheidungsmodell zur Optimierung von psychotherapeutischen Gesprächen. *Archiv für Psychologie*, 1976, *128*, 210 - 218.

Romney, D. M. Treatment progress by objektives: Kiresuk's and Cherman's approach simplified. *Community Mental Health Journal*, 1976, *12*, 286 - 290.

Rosenfield, S. & Houtz, J. C. Evaluation of behavior modification studies using criterion referenced measurement principles. *The Psychological Record*, 1976, *26*, 269 - 278.

Rüppell, H. Bayes-Statistik – eine Alternative zur klassischen Statistik. *Archiv für Psychologie*, 1977, *129*, 175 - 186.

Ryle, A. & M. Lunghi. The dyad grid: a modification of repertory grid testing. *British Journal of Psychiatry*, 1970, *117*, 323 - 327.

Schlaifer, R. Analysis of decisions under uncertainty. New York: McGraw-Hill, 1969.

Scholz, O. B. Zur empirischen Indikationsstellung für die Modifikation gestörter ehelicher Kooperation. In *Scholz, O. B.* (Hrsg.), Diagnostik in Ehe- und Partnerschaftskrisen. München: Urban & Schwarzenberg, 1978.

Schulte, D. Der diagnostisch-therapeutische Prozeß in der Verhaltenstherapie. In *Brengelmann, J. C. & Tunner, W.* (Hrsg.), Behaviour Therapy – Verhaltenstherapie. München: Urban & Schwarzenberg, 1973.

Scriven, M. S. The methodology of evaluation. In perspectives of curriculum evaluation. AERA Monograph Series on Curriculum Evaluation, No 1. Chicago: Rand McNally, 1967.

Scriven, M. S. Pros and cons about goal-free evaluation. *Journal of educational evaluation*, 1972, *3*, 1 - 8.

Segeth, W. Aufforderung als Denkform. Berlin, 1974.

Shapiro, D. A. Some implications of psychotherapy research for clinical psychology. *British Journal of Medical Psychology*, 1975, *48*, 199 - 206.

Shapiro, D. A. et al. Personal Questionnaire

changes and their correlates in a psycho-therapeutic group. *British Journal of Medical Psychology*, 1975, *48*, 207 - 215.

Shapiro, M. B. A method of measuring psychological changes spezific to the individual psychiatric patients. *British Journal of Medical Psychology*, 1961, *34*, 151 - 155.

Shapiro, M. B. The measurement of clinically relevant variables. *Journal of psychosomatic Research*, 1964, *8*, 245 - 254.

Slater, P. The use of the repertory grid technique in the individual case. *British Journal of Psychiatry*, 1965, *111*, 965 - 975.

Slovic, P. & Lichtenstein, S. Comparison of Bayesian and regression approaches to the study of information processing in judgment. *Organisational Behavior and Human Performance*, 1971, *6*, 649 - 744.

Smith, D. L. Goal attainment scaling as an adjunct to counseling. *Journal of Consulting Psychology*, 1976, *23*, 22 - 27.

Strupp, H. H. & Boxom, A. L. Preparing lower-class patients for group psychotherapy: Development and evaluation of a role-induction film. *J. consult. clin. psychol.* 1973, *41*, 373 - 384.

Sydow, H. Versuche zur strukturellen und metrischen Darstellung von Problemzuständen in Lösungsprozessen. In *Klix, F.* (Hrsg.), Kybernetische Analysen geistiger Prozesse. München: Verl. Dokumentation, 1968.

Thompson, A. & Zimmerman, R. Goals of counseling: Whose? When? *Journal of Counseling Psychology*, 1969, *16*, 121-125.

Urban, H. B. & Ford, D. H. Some historical and conceptual perspectives on psychotherapy and behavior change. In *Bergin, A. E. & Garfield, S. L.* (Hrsg.), Handbook of psychotherapy and behavior change. New York: Wiley, 1971.

Vandergoot, D. Further evidence of the factorial validity of the service outcome measurement form. *Rehab. Couns. Bull.*, 1976, *20*, 144 - 147.

Watson, J. P. A repertory grid method of studying groups. *British Journal of Psychiatry*, 1970, *117*, 309 - 318.

Weinstein, M. S. & Ricks, F. A. Goal attainment scaling: planning and outcome. *Canad. J. Behav. Science*, 1977, *9*, 1 - 11.

Zur Bedeutung der Analyse rhythmischer Prozesse in der klinischen Medizin

Wolf Langewitz

1. Einleitung

Bei der Sammlung biologischer Signale wie Atmungs- oder Kreislaufgrößen sind spontane Oszillationen ein alltägliches Phänomen. Es ist allgemein gebräuchlich, diese spontanen Schwingungen im Signal zu unterdrücken, indem z.B. Phasenmittelwerte angegeben werden. Vergleich man jedoch die in Abbildung 30 dargestellte Abfolge von Herzschlagabständen eines entspannten Individuums mit dem gleichen Signal während eines Reiz-Reaktionstestes wird deutlich, daß sich Ruhe- und Belastungsphasen nicht nur durch ihren Mittelwert unterscheiden; auch die Charakteristik der Oszillationen im Signal hat sich geändert.

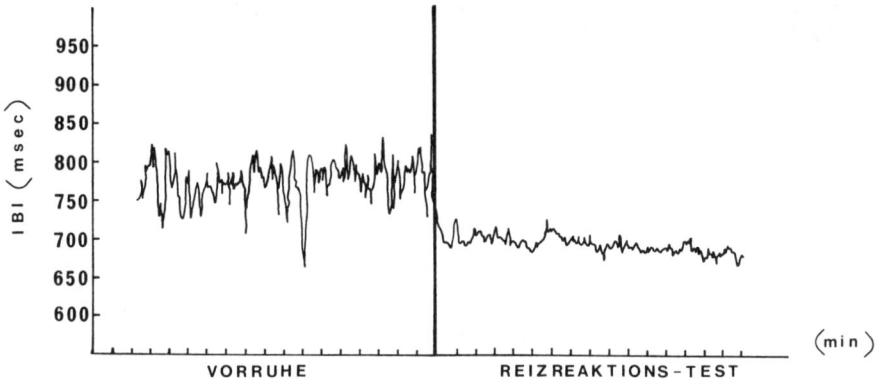

Abb. 30.
Herzschlagabstände (IBI) einer Vpn in Ruhe und während eines Reizreaktionstestes (Bonn-Det; Langewitz et al., 1987).

Zur quantitativen Erfassung der Variabilität der Herzschlagabstände im oben genannten Beispiel bieten sich auf der Zeitachse gängige Parameter wie die Standardabweichung, der Variationskoeffizient oder, weniger gebräuchlich, die Berechnung der Quadratwurzel sukzessiver Differenzwerte an. In einer Übersicht zeigten *van Dellen* et al. (1985), welche Maßeinheiten am ehesten geeignet sind, Variabilität in der Herzschlagabfolge zu beschreiben. Beurteilungskriterien waren dabei:

● Unabhängigkeit des Variabilitätsmaßes vom Ausgangswert
Die Bedeutung dieser Bedingung wird deutlich am ersten Beispiel: Wenn ein statistisches Verfahren gewählt wird, das Unterschiede in der Signal-Variabilität mit Unterschieden im Signal-Mittelwert konfundiert, sind die beiden Phasen des Versuchs in Abbildung 30 in ihrer Unterschiedlichkeit nicht reliabel erfaßbar. In klinischen Anwendungen interessieren aber gerade Phasen- oder Gruppenvergleiche, z.B. zwischen Kranken und gesunden Kontrollpersonen, die sich häufig bereits im Mittelwert der jeweiligen Kriteriumsvariable unterscheiden.

● Gleiche Sensitivität in der Wiedergabe von Oszillationen unterschiedlichen
   Frequenzgehaltes
Es wird im folgenden dargelegt werden, daß an der Genese von Herzfrequenzschwankungen distinkte Schwingungen mit definiertem Frequenzgehalt beteiligt sind. Wenn also ein Variabilitätsmaß Schwingungen eines bestimmten Frequenzgehaltes unterdrückt und damit als Filter wirkt, wird die tatsächliche Schwingung im Signal nicht korrekt wiedergegeben. Wie *van Dellen* und Mitarbeiter (1985) in umfangreichen Simulationsversuchen nachweisen konnten, zeigen – mit Ausnahme des Variationskoeffizienten – alle untersuchten Variabilitätsmaße im Zeitbereich eine Abhängigkeit vom Signalmittelwert. Zusätzlich weisen sie die Charakteristika eines Hochpaß-Filters auf, d.h., daß die Effekte niedrig-frequenter Schwingungen eher unterdrückt, die Effekte hoch-frequenter Schwingungen bevorzugt wiedergegeben werden.

Allerdings beschreibt auch der Variationskoeffizient nur die globale Variabilität des Signals, die Verteilung des Frequenzspektrums läßt sich nicht angeben. Dies gelingt mit Verfahren, die die Variabilität im Frequenzbereich beschreiben. Dabei wird untersucht, ob sich in einem spontan oszillierenden Signal Rhythmen einer ganz bestimmten Frequenz identifizieren lassen. Um Periodizitäten zum Beispiel in der Herzfrequenz quantitativ beschreiben zu können, muß zunächst die Abfolge von Herzaktionen in Signale umgewandelt werden, die als Basis für Periodizitätsanalysen in Frage kommen. Hierfür stehen mehrere Verfahren zur Verfügung, die von *de Boer* (1985) ausführlich diskutiert wurden. Zum besseren Verständnis des folgenden Textes sei der Begriff des Schlag-auf-Schlag-Abstandes erläutert: über ein Elektrokardiogramm (EKG) lassen sich an der Oberfläche des Brustkorbes Spannungsänderungen ableiten, die durch den wechselnden Ladungszustand der Herzmuskelfasern hervorgerufen werden. Bei jeder Kontraktion des Herzens werden im EKG distinkte elektrische Phänomene, sogenannte „R-Zacken", nachweisbar. Der Abstand zwischen aufeinanderfolgenden R-Zacken wird als Schlag-auf-Schlag-Abstand in Millisekunden angegeben. Die Herzfrequenz pro Zeiteinheit ergibt sich als reziproker Wert der Herzschlagabstände. Wenn nach entsprechender Transformation ein geeignetes Rohsignal vorliegt, wird es entweder über eine diskrete FOURIER Transformation (vgl. *Luczak & Laurig*, 1973; *Mulder &*

Mulder, 1973; *Pomeranz* et al., 1985; *Mulder,* 1988), eine FAST FOURIER Transformation (FFT, vgl. *Bendat & Piersol,* 1971; *Kay & Marple,* 1981) oder über autoregressive Verfahren (vgl. *Cerutti* et al., 1985; *Baselli* et al., 1985) in seine spektralen Anteile zerlegt. Beim „Power-Spektrum" der Herzschlagabstände wird die Variabilität des Signals in Abhängigkeit von einer bestimmten Frequenz aufgetragen (*de Boer,* 1985). Dies ist von großem klinischen Interesse, da sich hier die Möglichkeit bietet, mit nicht-invasiven Methoden Einblick in Regulationsvorgänge des menschlichen Kreislaufsystems zu erhalten. Zum besseren Verständnis der normalerweise, also unter physiologischen Bedingungen zu beobachtenden Verhältnisse und der unter pathologischen Bedingungen sich ergebenden Abweichungen sind die wesentlichen Komponenten dieses Systems vereinfacht in Abbildung 31 wiedergegeben.

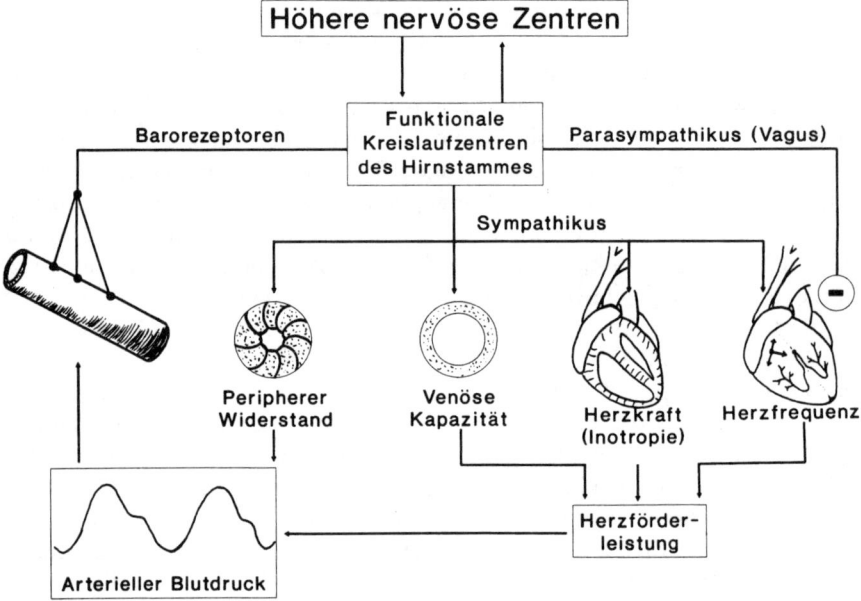

Abb. 31.
Vereinfachtes Kreislaufmodell zur Erläuterung der sympathisch und parasympathisch vermittelten Kreislaufeffekte.

Die mit der Kreislaufregulation im Hirnstamm befaßten Zellgruppen erhalten im wesentlichen Informationen über Druck (Baro-) Rezeptoren in der Halsschlagader, bzw. im Aortenbogen. Der Verlauf des arteriellen Blutdrucks wird kontinuierlich über die Entladungsrate der Barorezeptoren an den Hirnstamm gemeldet, der über den sympathischen und den parasympathischen Zügel des autonomen Nervensystems (NS) auf unterschiedliche Effektororgane einwirken kann. Das autonome Nervensystem kennzeichnet den nicht-willkürlich beeinflußbaren Teil des peripheren Nervensystems. Der Blutdruck resultiert aus dem Produkt von Förderleistung des Herzens und Gesamtwiderstand im Gefäßsystem. Die Pumpleistung des Herzens pro Zeiteinheit wird zum einen selbst bei gleichbleibendem Schlagvolumen vom Tempo der Pumpaktionen, also von der Herzschlagfrequenz bestimmt. Zum anderen hängt sie mit dem Blutangebot an das Herz zusammen, das über die venösen Kapazitätsgefäße geregelt wird: Ziehen sich die venösen Gefäße zusammen, wird mehr Blut aus der Peripherie zum Herzen transportiert und umgekehrt. Vergrößertes Blutangebot und gesteigerte Pumpkraft des Herzens erhöhen das pro Schlag in das arterielle Gefäßsystem beförderte Blutvolumen.

Peripherer Widerstand, Wandspannung der venösen Kapazitätsgefäße und Herzkraft stehen unter Kontrolle des sympathischen Anteils am autonomen Nervensystem. Nur die Herzfrequenz wird sowohl vom sympathischen als auch vom parasympathischen Nervensystem gesteuert. Vereinfacht läßt sich der Baroreflexbogen so beschreiben: Ein Blutdruckanstieg wird mit einer Verlangsamung der Herzfrequenz bzw. einer Verlängerung der Herzschlagabstände, ein Blutdruckabfall hingegen mit einer Verkürzung der Herzschlagabstände beantwortet. Ein Teil der Herzfrequenzschwankungen reflektiert also Änderungen des Blutdrucks, die auch unter Ruhebedingungen beobachtet werden können. Eine andere Möglichkeit, Herzfrequenzschwankungen auch ohne wesentliche Blutdruckänderungen zu erhalten, ist die sogenannte „Baromodulation", womit *Wesseling & Settels* (1985) Änderungen in der Sensibilität des Baroreflexbogens bezeichnen. Tatsächlich ändert sich die Empfindlichkeit des Baroreflexes zum Beispiel synchron mit der Atmung, wobei in der Einatemphase der Baroreflex weniger empfindlich als in der Ausatemphase arbeitet (*Eckberg & Orshan,* 1980). Wesentlich für die folgenden klinischen Überlegungen ist, daß sich tatsächlich in der Analyse der spontanen Oszillationen der Herzfrequenz mit nicht-invasiven Methoden autonome Regulationsphänomene abbilden lassen. Diese Aussage läßt sich am Versuchstier durch direkte elektrophysiologische Untersuchungen am Vagusnerven bzw. an den zum Herzen ziehenden Sympathikusfasern verifizieren. Beim Menschen kann man durch pharmakologische Blockade vagaler Effekte durch Atropin und sympathischer Effekte mit Beta-Blockern (Medikamente, die vor allem sympathische Effekte am Herzen unterdrücken) untersuchen, ob sich distinkte Regulationsprozesse durch eine sympathische oder vagale Blockade unterdrücken lassen. Solche Untersuchungen sind möglich, da Spektralanalysen der Herzfrequenzvariabilität reproduzierbare Frequenzmaxima identifizieren, die sympathischen oder vagalen Regulationsphänomenen zugeordnet werden können (vgl. CARSPAN in der Einführung zu Kapitel III).

In einem typischen Power-Spektrum der Herzfrequenzvariabilität des Menschen lassen sich in Ruhe drei wesentliche Frequenzmaxima unterscheiden: ein niedrig-frequenter Anteil im Bereich von 0,01-0,06 Hz, ein mittelfrequenter

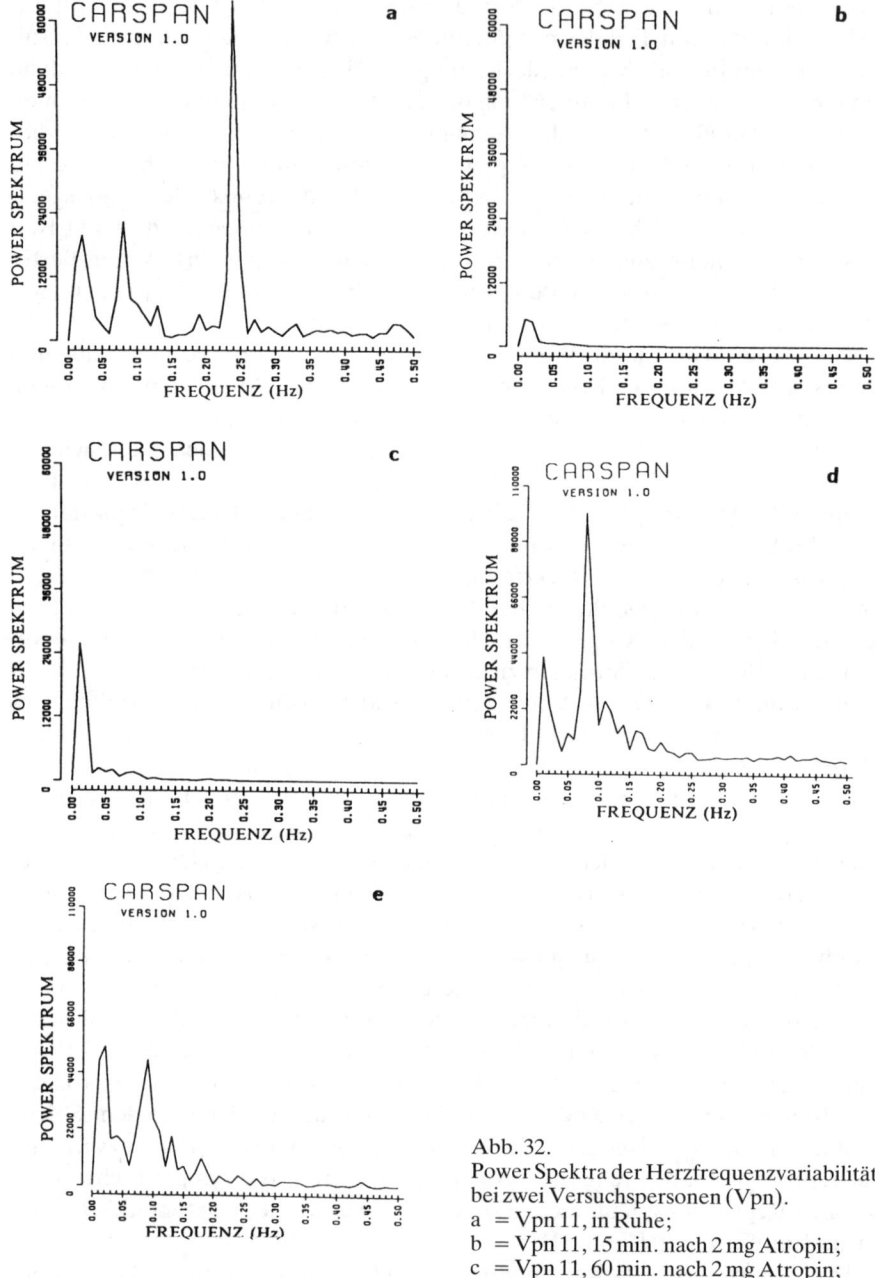

Abb. 32.
Power Spektra der Herzfrequenzvariabilität
bei zwei Versuchspersonen (Vpn).
a = Vpn 11, in Ruhe;
b = Vpn 11, 15 min. nach 2 mg Atropin;
c = Vpn 11, 60 min. nach 2 mg Atropin;
d = Vpn 12, in Ruhe;
e = Vpn 12, 60 min. nach Einnahme eines
      β-Blockers.

Anteil im Bereich von 0,07-0,14 Hz und ein hochfrequenter Anteil im Bereich der Atemfrequenz (im Beispiel bei 0,23-0,28 Hz).

Seit den frühen Arbeiten von *Eppinger & Hess* (1915) gilt die hochfrequente Komponente der Spektralanalyse der Herzfrequenzvariabilität als rein vagal vermittelt. Sie läßt sich vollständig durch Atropin unterdrücken (s. Abbildung 32b).

Allerdings zeigt Abb. 32, daß neben der hochfrequenten Komponente auch die Energie in den anderen Frequenzbereichen vermindert ist. 60 Minuten nach Atropingabe zeigt sich eine beginnende Erholung der sympathisch vermittelten, also durch Atropin nicht unterdrückbaren Phänomene (s. Abbildung 32c).

Die niedrig-frequente Komponente spiegelt Änderungen im peripheren Widerstand der venösen Kapazitätsgefäße wider (*Roy & Brown*, 1879; *Seller*, 1967; *Walstra*, 1981). Solche Änderungen im peripheren Widerstand dienen zum Beispiel der Temperaturregulation an der Oberfläche des Körpers; sie stehen am ehesten unter neuronaler sympathischer oder sympathisch vermittelter humoraler Kontrolle. Beim mittelfrequenten Band, dem sogenannten „Blutdruckband", ist bereits die Genese strittig. *Hyndman* und Mitarbeiter (1971) schließen aus ihren Untersuchungen, daß sich im Blutdruckband die rhythmische Aktivität eines zentralen Kreislaufoszillators widerspiegelt. Dies wird von *Koepchen* (1984) unterstützt, der auch nach Ausschalten des vagalen Anteils am Baroreflexbogen rhythmische Blutdruckschwankungen im 10-Sekunden-Rhythmus findet. *Wesseling & Settels* (1985) dagegen führen 10-Sekunden-Rhythmik auf peripher induzierte Resonanzphänomene im Baroreflexbogen zurück. Sie schließen aus ihren Simulationsergebnissen, daß es erst dann zu einem 0,1 Hz Peak kommt, wenn eine 1/F-Rauschkomponente in das Kreislaufmodell eingegeben wird. Als biologische Quelle solcher Rauschkomponenten kommen zum Beispiel Tonusänderungen der peripheren Gefäße in Frage. Während zentrale und periphere Genese der 0,1 Hertz-Rhythmik durchaus nebeneinander existieren können, sind die Ergebnisse zur autonomen Kontrolle des Bandes widersprüchlich. Sie stammen im wesentlichen aus zwei Quellen, Orthostaseversuchen (Kipptischuntersuchungen, bei denen ein Proband passiv vom Liegen zum Stehen gekippt wird) und mentalen Belastungstests.

Pagani und Mitarbeiter (1986) sind der Überzeugung, daß eine Zunahme der Energie im 0,1 Hertz-Bereich als *der* Indikator einer sympathischen Stimulation zu gelten hat. Zur Stützung ihrer Hypothese veröffentlicht die Arbeitsgruppe um Pagani Ergebnisse von Kipptischuntersuchungen, bei denen es nach Aufrichten des Probanden zu einer deutlichen Zunahme der 0,1 Hertz-Komponente kommt. Da Kipptischuntersuchungen als ein klassisches Paradigma einer sympathischen Kreislaufstimulation gelten, wird gefolgert, daß eine Zunahme der 0,1 Hertz-Komponente eine sympathisch vermittelte Änderung darstellen muß. Diese Hypothese wird durch Blockade-Experimente belegt, bei denen sich sowohl bei akuter als auch bei chronischer Betablockade eine deutliche

Verminderung des 0,1 Hz Peaks unter Kipptischbedingungen nachweisen läßt. *Pomeranz* (1985) zeigte dagegen, daß die durch die Lageveränderung beobachtete Zunahme der 0,1 Hertz-Komponente durch Beta-Blockade *und* durch Atropin um jeweils 70% abgeschwächt wird. Auch die Blockadeergebnisse von *Pagani* zeigen übrigens, daß nach Beta-Blockade weiterhin ein deutlicher 0,1 Hertz Peak nachweisbar bleibt. Gemeinsamer Nenner der im wesentlichen von *Pagani* (1986) und *Pomeranz* (1985) vorgestellten Ergebnisse ist, daß eine zunehmende sympathische Efferenz die 0,1 Hertz-Komponente verstärkt.

Ganz anders sehen die Ergebnisse aus, wenn der Einfluß mentaler Belastungen auf das Frequenzspektrum untersucht wird. Es besteht Einigkeit darin, daß mentale Belastung grundsätzlich zu einer Zunahme des Sympathikustonus führt. Wir sollten daher in Analogie zu *Pagani* (1986) eine Zunahme der 0,1 Hertz-Komponente unter mentaler Belastung erwarten. Wir beobachten allerdings während eines Reiz-Reaktionstestes eine *deutliche* Abnahme der 0,1 Hertz-Komponente. Wie Tabelle 24 deutlich zeigt, findet sich gleichzeitig eine deutliche Verminderung der respiratorischen Komponente, so daß zunächst einmal ein Zurückfahren des Parasympathikus unter mentaler Belastung zu konstatieren ist (s. Tabelle 24).

Tabelle 24. Änderungen des Power-Spektrums der Herzfrequenzvariabilität unter mentaler Belastung. Gesamtenergie = Power-Spektrum im gesamten Frequenzbereich (0.02-0.50 Hz); niedriger Frequenzbereich = 0.02-0.06 Hz; mittlerer Frequenzbereich = 0.07-0.14 Hz; hoher Frequenzbereich = im Bereich der individuellen Atemfrequenz $\pm$ 0.03 Hz (N = 138).

	Vorruhe	Reaktionstest	Nachruhe
Gesamtenergie	2640 $\pm$ 1570	1375 $\pm$ 853	3682 $\pm$ 1847
Niedriger Freq.-Bereich	1086 $\pm$ 700	570 $\pm$ 450	1759 $\pm$ 1014
Mittlerer Freq.-Bereich	899 $\pm$ 641	603 $\pm$ 525	1193 $\pm$ 710
Hoher Freq.-Bereich	343 $\pm$ 400	116 $\pm$ 162	323 $\pm$ 382

Da wir allerdings unter Beta-Blockade bei einigen Versuchspersonen ebenfalls eine weitere Abnahme der Energie im 0,1 Hertz-Band gesehen haben (s. Abbildung 32d, e), ist am ehesten Pomeranz zuzustimmen, der beide Schenkel des autonomen Nervensystems für die Genese der 0,1 Hertz-Komponente verantwortlich macht.

Die Unterschiede im Verhalten des Blutdruckbandes zwischen Orthostase-Versuchen und mentaler Belastung mit einem Computer-gestützten Reiz-Reaktionsgerät (BonnDet; *Langewitz* et al., 1987) sind am ehesten als Reiz-spezifische Effekte anzusehen.

Ansatzweise wird aus dem bisher Dargelegten klar geworden sein, daß die Kreislaufregulation ein komplexes Geschehen ist, bei dem es auch mit aufwendigen Analyseverfahren nicht sicher gelingt, sympathische und vagale Anteile separat zu erfassen. Wie Abbildung 32 zeigte, hat der Parasympathikus einen ganz wesentlichen Anteil am Zustandekommen spontaner Herzfrequenzschwankungen; seine Blockade führt zu einem fast linearen Herzfrequenzverlauf. Von daher ist verständlich, daß auch vergleichsweise grobe klinische Verfahren relevante Ergebnisse zeitigen, wenn sie innerhalb gewisser physiologischer Herzfrequenzgrenzen (bis 110-120 Schläge/Minute) arbeiten: dann werden zumindest in der Herzfrequenz vor allem vagale Effekte erfaßbar.

2. Beispiele für die Anwendung von Rhythmizitätsanalysen in der klinischen Medizin

Die Anwendung von Zeitreihenanalysen in der klinischen Medizin orientiert sich an dem Konzept, daß Oszillationen im Herz-Kreislaufsystem über das autonome Nervensystem vermittelt sind. Daraus erklärt sich, daß Ergebnisse vor allem bei solchen Erkrankungen vorliegen, bei denen eine Mitbeteiligung des autonomen Nervensystems anzunehmen ist. Diese Krankheitsbilder lassen sich grob in solche einteilen, bei denen eine metabolische Störung unmittelbar und sekundär eine Rolle spielt (Diabetes mellitus, Urämie) und Erkrankungen am Herz-Kreislaufsystem, die selbst die Folge einer autonomen Regulationsstörung sein können oder ihrerseits auf die Kreislaufregulation rückwirken. Eine besondere Stellung nehmen die Anwendungen der Rhythmizitätsanalyse der Herztätigkeit in der Neugeborenen-Medizin ein, denen zum einen – ähnlich wie in der Erwachsenenmedizin – das Konzept zugrunde liegt, daß pathologische Stoffwechselverhältnisse vor oder unter der Geburt sich in Änderungen der Herzfrequenzvariabilität ausdrücken. Zum anderen beruht die neonatalogische klinische Bedeutung der Herzfrequenzvariabilität auf der Tatsache, daß auch das autonome Nervensystem eine dem Willkürsystem vergleichbare Reifung durchmacht, deren Ausmaß zum Beispiel bei zu früh geborenen Kindern abgeschätzt werden kann.

In den folgenden Kapiteln werden die klinischen Anwendungen von Herzfrequenzvariabilitätsmaßen getrennt nach Krankheitsbildern dargestellt. Jedem Unterkapitel geht eine kurze Beschreibung des Krankheitsbildes und der Pathophysiologie voraus.

2.1 Nierenerkrankungen

Beschreibung des klinischen Bildes: Entzündliche Veränderungen (z.B. Glomerulonephritiden) oder narbige Umwandlungen des Nierengewebes (z.B. nach wiederholten Nierenbeckenentzündungen) führen zu einem Verlust funktionsfähigen Nierenparenchyms. Dadurch ist die Niere zunehmend weniger in der Lage, ihre Aufgaben als Entgiftungsorgan und bei der Aufrechterhal-

tung der Salz- und Wasserhomöostase zu erfüllen. Daraus folgt eine Akkumu-
lation von Stoffwechselprodukten im Organismus, die nicht mehr ausreichend
eliminiert werden können (Urämie). Wenn die Erkrankung bis zur terminalen
Niereninsuffizienz fortschreitet, muß das versagende Organ entweder durch
die Blutwäsche (Dialyse) oder durch die Tansplantation einer Spenderniere ersetzt werden. Sowohl bei niereninsuffizienten Patienten in einer Krankheits-
phase mit deutlichen Nierenfunktionseinschränkungen ohne wesentliche Symptome als auch bei Patienten, die bereits chronisch dialysiert werden, finden
sich Störungen des autonomen Nervensystems. Wie Abbildung 33 an vier Ein-

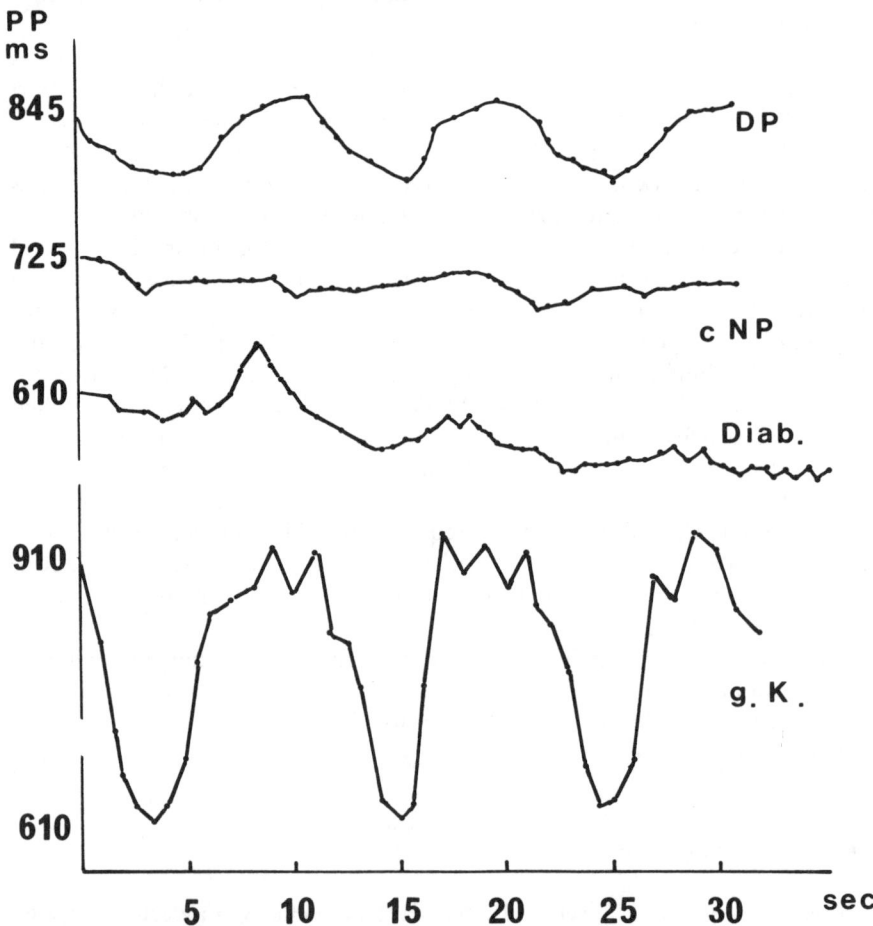

Abb. 33.
Schlag-auf-Schlag-Abstände von vier Personen bei forcierter Atmung im 5-Sekunden-Rhyth-
mus. Von oben nach unten: Dialysepatient, Patient mit chronischer Niereninsuffizienz, Patient
mit Diabetes mellitus, gesunde Versuchsperson. Nach: Kleint, 1985.

zelpersonen verdeutlicht, zeigen Patienten mit einer Urämie ebenso wie Patienten mit einem Diabetes mellitus (s.u.) deutlich abgeschwächte Oszillationen der Schlag-auf-Schlag-Abstände bei forcierter Atmung in 5-Sekunden-Intervallen (*Kleint*, 1985).

Eine Spektralanalyse der spontanen Herzfrequenzvariabilität zeigt, daß die Abschwächung der Oszillationen in allen Frequenzbereichen eintritt, besonders deutlich aber im Bereich der vagalen Kreislaufkontrolle (*Akselrod* et al., 1987). Der Vergleich Gesunder mit chronisch niereninsuffizienten Patienten legt die Annahme nahe, daß die bei nierenkranken Patienten akkumulierten Stoffwechselgifte verantwortlich sein könnten für die von *Akselrod* et al. (1987) oder *Kleint* (1985) beobachteten Unterschiede. Da bei der Dialyse toxische Substanzen aus dem Organismus entfernt werden, stellt sich die Frage, ob dies zu einer Zunahme der Herzfrequenzvariabilität führt, damit zu einer Verbesserung der autonomen Regulation. Genau dies wird von *Forsström* et al. (1986) berichtet, die in Variationskoeffizienten und im 10-Sekunden Band (0,075-0,125 Hz) eine deutliche Zunahme der Herzfrequenzvariabilität nach der Dialyse finden. Wenn sich diese Ergebnisse an größeren Fallzahlen bestätigen lassen, könnte man das Ausmaß der Sekundärschäden der Urämie exakter definieren (*Akselrod* et al., 1987) und die Effizienz verschiedener Dialyseverfahren eindeutiger feststellen (*Zucchelli* et al., 1983).

2.2 Diabetes mellitus

Beschreibung des klinischen Bildes: Grundsätzlich liegt beim Diabetes mellitus („honigsüßer Harnfluß") eine Erhöhung des Traubenzucker-Blutspiegels vor. Über die vermehrte Ausscheidung von Zucker im Urin wird dem Körper passiv Wasser entzogen, was zu den typischen Folgen Blutzuckererhöhung (Hyperglykämie), gesteigerter Durst (Polydipsie) und vermehrte Urinproduktion (Polyurie) führt. Man unterscheidet im wesentlichen zwei Formen des Diabetes mellitus: eine bevorzugt in der Jugend eintretende Form, bei der die Insulinproduktion der Bauchspeicheldrüse zum Stillstand kommt und eine bevorzugt im Erwachsenenalter auftretende Variante, bei der in erster Linie die Empfindlichkeit der Insulinrezeptoren bei zunächst normaler Insulinproduktion vermindert ist.

Erste Hinweise auf die Bedeutung des autonomen Nervensystems beim Diabetes mellitus ergaben sich aus der Beobachtung einer erhöhten Herzfrequenz bei Diabetes-Patienten (*Eichhorst*, 1892; *Rundles*, 1945). Die defekte autonome Regulation wird besonders deutlich in der Unfähigkeit des Kreislaufs vieler Diabetes-Patienten, die hydrostatischen Effekte eines Lagewechsels des Körpers (vom Liegen zum Stehen oder umgekehrt) abzufangen: Beim Diabetes-Patienten bleibt eine angemessene Tonusänderung der Gefäße und eine Anpassung des Fördervolumens des Herzens aus. Für eine Beteiligung des autonomen Nervensystems bei Diabetes-Patienten sprechen auch überwiegend nächtliche Durchfallattacken und vermehrtes Schwitzen beim Anblick appetitanregender Speisen. Seltener finden sich Tonusverminderung von Speiseröhre und Magen, Harnblasenatonie und im Zusammenhang mit einer Narkose eintretender plötzlicher Herz-Kreislaufstillstand (*Mackay* et al., 1980).

Wie eine Literaturübersicht von *Krönert* (1983) zeigt, werden unterschiedliche Methoden eingesetzt, um das Ausmaß der Schädigung des autonomen Nervensystems zu quantifizieren. Gerade am Beispiel der autonomen Neuropathie des Diabetikers läßt sich verdeutlichen, welche konkreten Auswirkungen niedrige Signal-Rausch-Abstände in der klinischen Medizin haben. Die Anwendung einfacher und grober Methoden zur Quantifizierung der Variabilität wie der Differenz von Minima und Maxima, können nur dann sinnvolle Ergebnisse geben, wenn die Interventionen so gewählt werden, daß der zu erwartende Effekt auf die Herzschlagfolge (Nutzsignal) deutlich größer ausfällt als die spontanen Herzfrequenzschwankungen (unerwünschtes Rauschen im Signal). Beispiele für solche technisch einfachen Verfahren sind:

1) die unmittelbare Herzfrequenzreaktion auf Hinlegen (längste Herzperiode in den fünf Schlägen vor dem Hinlegen zur kürzesten Herzperiode in den ersten zehn Schlägen nach dem Hinlegen (vgl. *Rodrigues & Ewing, 1983)),
2) die unmittelbare Herzfrequenzreaktion auf Hinstellen als der Verhältnis aus kürzester Herzperiode im 15. Schlag-auf Schlag-Intervall zu längster Herzperiode im 30. Schlag-auf-Schlag-Intervall (*Ewing* et al., 1978).

Auf der anderen Seite ist es mit Spektralanalysen der Herzfrequenzvariabilität möglich, rhythmische Schwankungen in Ruhe, ohne jegliche Manipulation zur Veränderung von Herzschlagabständen, zu erfassen (*Akker* et al., 1983; *Lishner* et al., 1987). Mit solch subtilen Untersuchungsverfahren läßt sich in Ruhe nachweisen, daß die spontane Herzfrequenzvariabilität des Diabetikers vermindert ist (s. Abbildung 34).

Wie *Ewing* et al. (1980) zeigen konnten, haben diabetische Patienten mit autonomer Neuropathie eine deutlich verkürzte Lebenserwartung gegenüber Patienten ohne diese Veränderungen. Wie Abbildung 35 verdeutlicht liegt die Sterberate in einer Beobachtungszeit von fünf Jahren bei 56% bei den Patienten mit autonomer Neuropathie und bei 21% bei Patienten mit normaler autonomer Funktion.

Es könnte also von großer klinischer Bedeutung sein, in größeren Fallzahlen den Vorhersagewert der autonomen Neuropathie zu bestimmen, um so Patienten mit hohem Risiko zu identifizieren und gegebenenfalls geeignete therapeutische Strategien zu entwickeln.

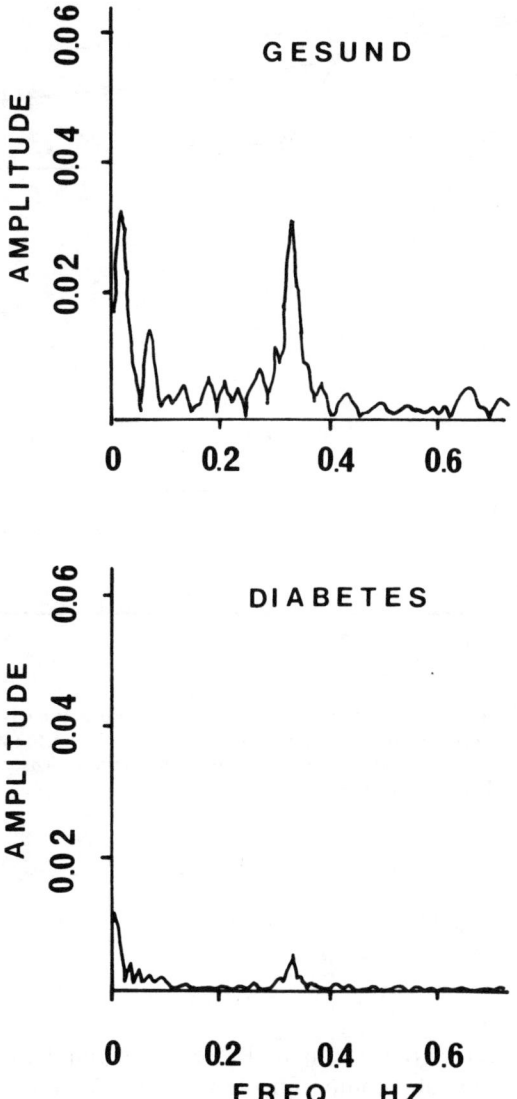

Abb. 34.
Herzfrequenz-Variabilitätsspektra eines Gesunden und eines Patienten mit diabetischer Neuropathie bei einer Atemfrequenz von 0,3 Hz. Nach: Kitney et al., 1982.

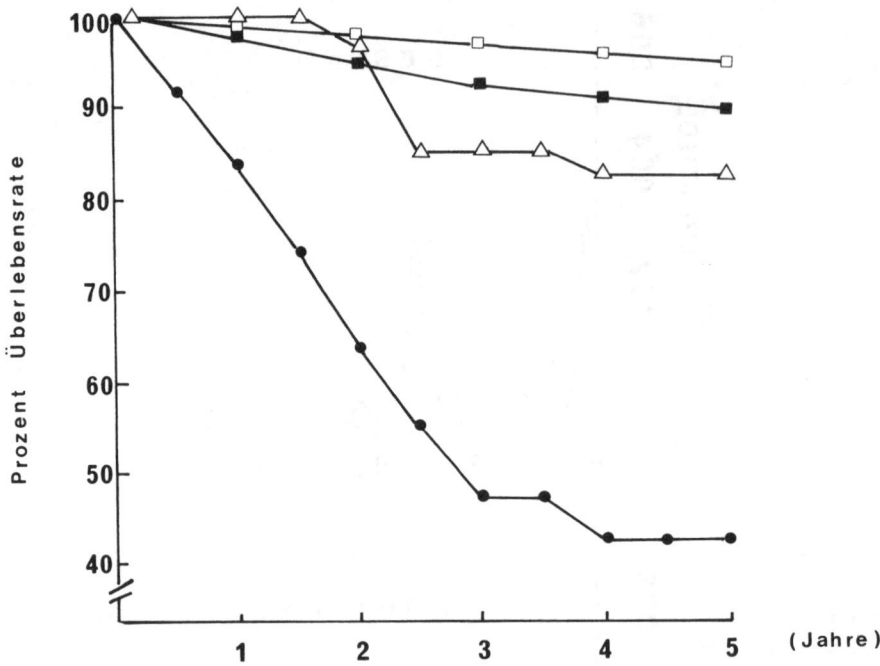

Abb. 35.
Fünf-Jahres-Überlebensrate einer alters- und geschlechtsentsprechenden Normalbevölkerung
(□), einer alters- und geschlechtsentsprechenden diabetischen Kohorte (■), 33 diabetischen
Patienten mit normalen (△) und 40 diabetischen Patienten mit pathologischen (●) autonomen
Funktionstests. Nach: Ewing et al., 1980.

2.3 Geburtshilfe

Beurteilungen der Herzfrequenz und ihrer Variabilität werden in der Ge-
burtshilfe bereits seit Jahrzehnten für die klinische Routinediagnostik eingesetzt. Die kontinuierliche Aufzeichnung der fetalen Herzaktion und des Kon-
traktionszustandes der Gebärmutter durch einen sogenannten „Cardiotoko-
graphen" (CTG) erlaubt Rückschlüsse auf das Befinden des Feten. CTG-Be-
funde sind zu einem wichtigen Entscheidungskriterium für den Einsatz geburts-
hilflicher Maßnahmen geworden. Nach ihrer überwiegenden Frequenz werden
mittelfristige (im Minutenbereich) von kurzfristigen (im Bereich von 10 bis 30
Sekunden) Änderungen unterschieden; die gebräuchlichen Kennwerte befinden sich somit alle im Zeitbereich.

Zu den mittelfristigen Änderungen der fetalen Herzfrequenz zählen Beschleunigungen (Akzelerationen) von weniger als zehn und Verlangsamungen (Dezelerationen) von weniger als drei Minuten Dauer. Bei den Dezelerationen, denen die größere Bedeutung zukommt, unterscheidet man periodische von sporadischen. Die periodischen Dezelerationen stehen jeweils in Beziehung zu Uteruskontraktionen: Je nachdem, ob die minimale fetale Herzfrequenz während oder nach dem Uterusdruckmaximum erreicht wird, werden sie als DIP I (frühe Dezeleration) oder als DIP II (späte Dezeleration) bezeichnet.

Zu den sporadischen Dezelerationen zählen wehenunabhängige Frequenzabfälle, wie sie beispielsweise durch Nabelschnurkompression bei Kindsbewegungen ausgelöst werden können (DIP 0) und sogenannte „prolongierte Dezelerationen". Diese lassen sich immer einem definierten auslösenden Ereignis zuordnen, so z.B. einem akuten Blutdruckabfall der Mutter oder einer Uterusdauerkontraktion.

Kurzfristige Frequenzänderungen (Oszillationen) sind Schwingungen mit einer Frequenz von 2-6/min. Sie werden nach ihrer Amplitude, der Differenz von Herzfrequenzmaximum und -minimum, unterteilt. Beträgt die Amplitude mehr als 25 Schläge pro Minute, spricht man von saltatorischen Oszillationen. Sie sind Ausdruck der Kompensationsleistung des kindlichen Kreislaufs bei Zirkulationsstörungen zwischen Fetus und Plazenta. Undulatorische Oszillationen haben eine Amplitude von 10 bis 25 Schlägen pro Minute und entsprechen der physiologischen Situation. Als eingeengt undulatorische werden Oszillationen mit einer Amplitude von 5 bis 10 Schlägen pro Minute bezeichnet. Sie werden beispielsweise registriert, wenn der Fetus sich wohl befindet; bei zu häufiger Registrierung eingeengt undulatorischer Oszillationen kann sich daraus aber auch ein Hinweis auf Mißbildungen im Bereich des Kreislaufs oder des Gehirns ergeben. Bei einer Amplitude von weniger als fünf Schlägen pro Minute handelt es sich um sogenannte „silente Oszillationen", sie gelten als Zeichen eines akuten Sauerstoffmangels.

Diese vergleichsweise grobe Analyse der Herzfrequenzvariabilität ermöglicht somit Rückschlüsse auf den Zustand des Feten und bedingt entscheidend das Handeln des Geburtshelfers. Dafür seien im folgenden einige Beispiele angefügt:

Bei prolongierten Dezelerationen unter der Geburt sollte die Gebärende zunächst in Seitenlage gebracht werden, um eine Kompression der unteren Hohlvene durch den schwangeren Uterus mit daraus folgendem Blutdruckabfall zu vermeiden. Bleiben frühe Dezelerationen länger als 30 Minuten bestehen, sollte mit einer medikamentösen Wehenhemmung die Wehenkraft reduziert werden. Fehlende Oszillationen bei beschleunigter oder verlangsamter basaler Herzfrequenz machen eine baldige Entbindung notwendig (dargestellt nach *Goeschen*, 1984).

2.4 Plötzlicher Kindstod

Beschreibung des klinischen Bildes: Als SIDS (sudden infant death syndrome) bezeichnet man den plötzlichen und unerwarteten Tod eines scheinbar gesunden Säuglings, ohne daß Vorgeschichte oder Autopsie die Ursache klären
können. Der Tod tritt meist unbeobachtet und nachts im Schlaf auf. Der plötzliche und unerwartete Kindstod, so die deutsche Bezeichnung, stellt die häufigste Todesursache im ersten Lebensjahr dar; in der Bundesrepublik versterben
daran jährlich etwa 4000 Säuglinge. Am häufigsten tritt der Kindstod im dritten
Lebensmonat ein, Kinder im ersten sowie nach dem sechsten Lebensmonat
sind nur selten betroffen.

Trotz vielfältiger Erklärungsversuche ist die Ursache für das SIDS letztlich
noch unbekannt. Früher glaubte man an das Ersticken des Kindes unter Kissen
und Bettdecken oder an den sogenannten „Status thymikolymphatikus", ein
Ersticken durch die vergrößerte, hinter dem Brustbein gelegene Thymusdrüse,
ein beim Kind nachweisbares lymphatisches Organ. Auch virale Infektionen,
Rückfluß von Magensekret in die Speiseröhre, die Verlegung der Atemwege
wurden als mögliche Ursachen diskutiert. Gestützt auf neuroanatomische Untersuchungen macht man heute die Unreife des autonomen Nervensystems und
die daraus resultierende gestörte bzw. unzureichende Funktion der kardiovas-
kulären und respiratorischen Kontrollsysteme für das SIDS verantwortlich.
Diese Störungen der Regelmechanismen versucht man mit Hilfe der Herzfre-
quenzvariabilitäts-Analyse nachzuweisen und zu quantifizieren, um zu Voraus-
sagen über die SIDS-Gefährdung eines Säuglings zu kommen.

Ein erhöhtes Risiko besteht u.a. bei Geschwistern von an SIDS verstorbenen
und bei den Kindern, bei denen durch unmittelbare Wiederbelebungsmaßnah-
men der Tod durch Atemstillstand verhindert werden konnte (*Brady* et al.,
1983). Mit Hilfe der Spektralanalyse der Herzfrequenzvariabilität lassen sich
auch beim Neugeborenen unterschiedliche Frequenzgipfel nachweisen: Man
unterscheidet einen sehr niedrigen (0-0,04 Hz), niedrigen (0,04-0,20 Hz) und
hohen (über 2,0 Hz) Frequenzgipfel. Hinsichtlich der Werte für Herzfrequenz,
den Frequenzgipfel für das sogenannte „Blutdruckband" und für atemfre-
quenzabhängige Schwingungen gibt es deutliche Unterschiede zwischen Erwachsenen und Neugeborenen: Die mittlere Pulsfrequenz des Erwachsenen
beträgt ca. 1,2 Hz, die des Neugeborenen 2,1 Hz; der Gipfel des Blutdruckbandes findet sich beim Erwachsenen bei 0,1 Hz und beim Neugeborenen bei 0,07
Hz; die mittlere Atemfrequenz des Erwachsenen liegt bei 0,25 Hz, die des Neugeborenen bei 0,84 Hz. Vor allem wegen der hohen Atemfrequenz des Neugeborenen ist im Vergleich zum Erwachsenen die hochfrequente Komponente im
Frequenzspektrum der Herzfrequenzvariabilität sehr viel schwächer ausgeprägt. Die Verschiebung des Frequenzmaximums des Blutdruckbandes von ca.
0,1 beim Erwachsenen auf 0,07 Hz beruht wahrscheinlich auf einer verlänger-
ten Reflexzeit des Baroreflexbogens. Da bei Säuglingen das autonome Nerven-

system noch nicht voll ausgebildet ist, ist die Nervenleitgeschwindigkeit verlangsamt und die Übertragung an der motorischen Endplatte verzögert (*Giddens & Kitney,* 1985).

Im Frühkindesalter können Variabilitätsuntersuchungen nur eingeschränkt angewandt werden, da jeweils nur für kurze Zeit stationäre Untersuchungsbedingungen herrschen. Am geeignetsten sind Messungen während des Tiefschlafs mit gleichmäßiger ruhiger Atmung.

Bei Herzfrequenzvariabilitäts-Analysen zur Vorhersage einer SIDS-Gefährdung besteht heute noch keine Einigkeit. In einer retrospektiven Studien (*Gordon* et al., 1986) ließen sich keine signifkanten Unterschiede für Mittelwerte der Herzfrequenz und der Atemfrequenz oder hinsichtlich der respiratorischen Sinusarrhythmie zwischen normalen Säuglingen finden und solchen, die an SIDS verstorben waren. *Kitney & Ong* (1986) und *Giddens & Kitney* (1985) kommen nach umfangreichen prospektiven Verlaufsstudien zu anderen Ergebnissen: Die Mittelwerte von Herz- und Atemfrequenz (jeweils bezogen auf das Lebensalter) erweisen sich wie in der Studie von *Gordon* (1986) als untaugliche Mittel zur prospektiven Bestimmung von SIDS-Kindern. Unter gewissen Vorbedingungen jedoch, wenn z.B. das Lebensalter der Kinder über 30 Tage betrug, wenn nur Phasen mit deutlich sichtbarem niedrigem und hohem Frequenzgipfel ausgewertet wurden, konnte man durch das Verhältnis der spektralen Energie im niedrig-frequenten Bereich (0-0,1 Hz) zur Spektralenergie im hoch-frequenten Bereich (0,25-1,0 Hz) SIDS-Kinder identifizieren. Ein hoher Quotient in diesem von *Kitney* und Mitarbeitern (1984, 1986) entwickelten Test steht für eine mangelnde Reife des autonomen Nervensystems. Weitere Verlaufsstudien müssen zeigen, ob sich die Spektralanalyse der Herzfrequenzvariabilität auch bei größeren Fallzahlen zur Vorhersage des plötzlichen Kindstodes eignet.

2.5 Koronare Herkrankheit, Herzrhythmusstörungen

Beschreibung des klinischen Bildes: Die Sauerstoffversorgung des Herzens wird über die Herzkranzgefäße (Koronararterien) sichergestellt. Sie entspringen unmittelbar nach dem Herzen aus der großen Körperschlagader. Wenn der Blutstrom in den Koronararterien durch Kalkeinlagerungen in die Gefäßwand behindert wird, kann sich ein Mißverhältnis zwischen Sauerstoffbedarf des Herzmuskels und Sauerstoffzufuhr über die Herzkranzgefäße ausbilden. Dies kann ohne Symptome erfolgen (stumme Sauerstoffnot) oder zum typischen Herzanfall mit Engegefühl in der Brust (Angina pectoris), Schmerzen und Angst führen. Wenn die Sauerstoffnot (Ischämie) des Herzmuskels lange anhält, stirbt der betroffene Muskelbezirk ab, es bildet sich ein Herzinfarkt aus. Dieser kann unmittelbar zum Tod führen, wenn ein so großer Muskelbezirk abgestorben ist, daß ein mechanisches Pumpversagen resultiert oder aber mittelbar über die Induktion schwerer *Herzrhythmusstörungen*. Normalerweise wird die Herztätigkeit durch die rhythmische Aktivität des Sinusknotens unterhalten, der eine elektrischen Impuls an die Umgebung abgibt. Dieser Impuls wird über spezielle Leitungsbahnen von den Vorhöfen an die Herzkammern und schließlich in der Herzmuskulatur selbst über enge Verbindungen von Muskelzelle zu Muskelzelle weitergeleitet. Der Begriff der „Rhythmusstörung" bezeichnet im folgenden Zustände, bei denen nicht der Sinusknoten elektrischer Ursprung der Herzaktion ist, sondern bei denen ungeordnete Impulse irgendwo in der Muskulatur der Herzkammern (Ventrikel) entstehen. Solche ventrikulären Rhythmusstörungen sind häufige Ursache des plötzlichen Herztodes, von dem pro Jahr ca. 500 000 US-Amerikaner betroffen sind (*Myers* et al., 1986). Der plötzliche Herztod tritt gehäuft bei Patienten mit vorgeschädigtem Herzen auf, vor allem nach durchgemachtem Herzinfarkt. Es ist prinzipiell möglich, Herzrhythmusstörungen medikamentös vorzubeugen, da aber die therapeutische Breite der Medikamente (der Abstand zwischen Nutzen und Schaden einer Therapie) schmal ist, wäre es wichtig, besonders durch Herzrhythmusstörungen gefährdete Patientengruppen zu identifizieren.

Sowohl bei der Entstehung von normalen Herzaktionen am Sinusknoten als auch bei der Unterdrückung oder Bahnung ventrikulärer Rhythmusstörungen ist das autonome Nervensystem beteiligt. Störungen im Verhältnis vagaler und sympathischer Anteile der Kreislaufregulation sind zunächst mit den typischen Provokationstests parasympathischer und sympathischer Reflexantworten bei Patienten mit schweren Herzfunktionsstörungen unterschiedlicher Genese untersucht worden. Bereits 1971 berichteten *Eckberg* und Mitarbeiter, daß bei herzkranken Patienten die überwiegend parasympathisch vermittelte Verlangsamung der Herzfrequenz auf medikamentös induzierte Blutdruckerhöhung abgeschwächt ist. *Goldstein* und Mitarbeiter wiesen 1975 nach, daß auch der überwiegend sympathisch vermittelte Anstieg der Herzfrequenz auf Blutdruckabfall bei Herzpatienten deutlich geringer ausfällt als bei gesunden Kontrollpersonen. Die Abschwächung beider Blutdruck-regulierender Kreislaufreflexe hat zur Folge, daß – im Gegensatz zu Gesunden – der Blutdruck nicht in engen Grenzen geführt wird. Sowohl überschießende Blutdruckanstiege als auch plötzliche Blutdruckabfälle sind möglich; sie werden nur ungenügend von den autonom kontrollierten Reflexen abgepuffert.

Diese Befunde an chronisch Herzkranken ließen sich in der Folgezeit für Patienten bestätigen, die einen akuten Herzinfarkt erlitten hatten oder an einem plötzlichen Herztod verstorben waren. In einer Serie von 176 Patienten mit einem akuten Herzinfarkt ließ sich bei 73 Patienten eine deutliche Variabilität der Herzschlagabstände nachweisen. Dabei wurde über 30 konsekutive Herzschlagabstände die Varianz über

$$\text{Varianz} = \frac{\Sigma \text{IBI}^2 - (\Sigma \text{IBI})^2/n}{n-1}$$

berechnet, wobei IBI (interbeat intervals) den Herzschlagabstand in Millisekunden und n die Anzahl der Herzschlagabstände (= 30) angibt (*Wolf* et al., 1978). Patienten mit einer Varianz über 1000 („deutliche Variabilität") hatten mit 4,1% eine signifikant niedrigere Krankenhausmortalität als Patienten mit einer Varianz unter 1000 (15,5%). Diese Ergebnisse zur kurzfristigen Sterblichkeit infolge eines Herzinfarktes werden durch eine Verlaufstudie von *Kleiger* und Mitarbeitern (1987) eindrucksvoll bestätigt, die die kontinuierlich über 24 Stunden aufgezeichneten Elektrokardiogramme von 808 Herzinfarkt-Patienten analysierten und die Patienten über 31 Monate nachbeobachten konnte. Die 24-Stunden-EKG's wurden 1 bis 2 Wochen nach dem akuten Herzinfarkt durchgeführt, als Variabilitätsmaß diente die Standardabweichung der Herzschlagabstände vom Mittelwert in artefaktfreien Perioden regulärer Herz-

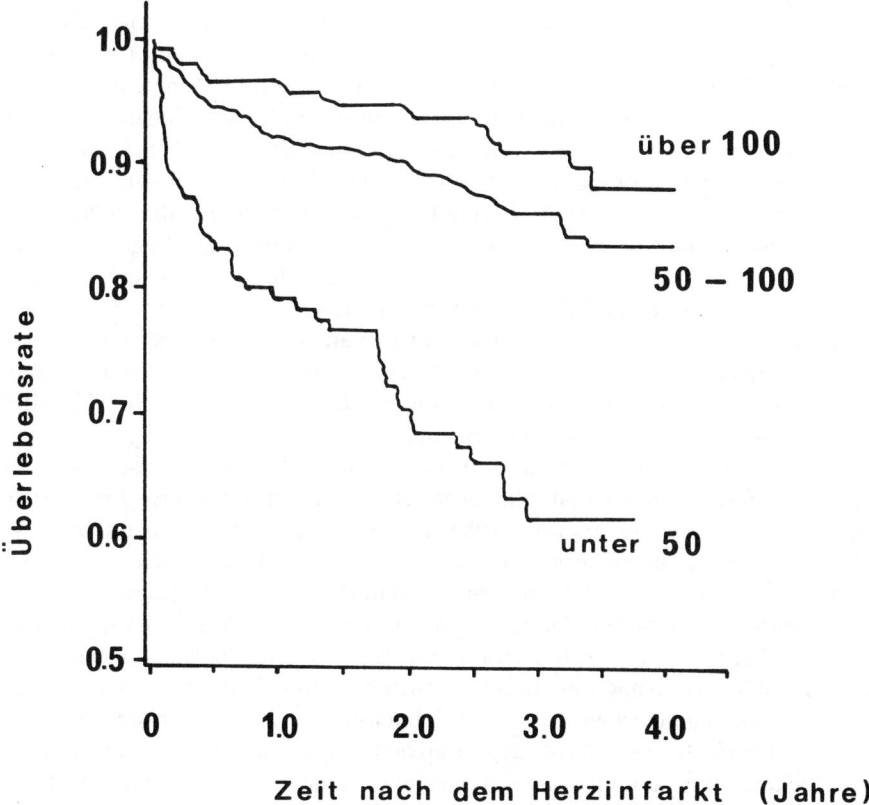

Abb. 36.
Kummulative Überlebensrate nach Herzinfarkt über die Beobachtungszeit als Funktion der Herzfrequenz-Variabilität. Überlebenskurven wurden nach Kaplan und Meier (1958) berechnet. Nach: Kleiger et al., 1987.

tätigkeit. Wie Abbildung 36 demonstriert, findet sich ein drastischer Anstieg der Mortalität in der Gruppe der Patienten mit besonders niedriger Herzfrequenzvariabilität (Standardabweichung < 50 msec.).

Diese Zusammenhänge bleiben auch bestehen, wenn andere klassische Risikofaktoren für die Mortalität nach Herzinfarkt in eine multivariate Analyse einbezogen werden: Die Variabilität der Herzfrequenz, gemessen als Standardabweichung vom Mittelwert, bleibt der beste Prädiktor. Trotz der großen klinischen Bedeutung dieser Arbeit erlaubt die angewandte Methode nicht, die vagalen/sympathischen Anteile an der Herzfrequenzregulation zu differenzieren, so daß die Autoren in der Diskussion ihrer Ergebnisse zu dem Schluß kommen: „Diese Untersuchung legt die Annahme nahe, daß Patienten mit einer erniedrigten Herzfrequenzvariabilität einen niedrigen Vagustonus *oder* einen erhöhten Sympathikustonus besitzen. Sie scheinen ein höheres Risiko maligner Herzrhythmusstörungen aufzuweisen." (*Kleiger* et al. 1987, S. 125).

Es bleibt der Spektralanalyse der Herzfrequenz vorbehalten, diese Zusammenhänge mit größerer Präzision aufzuklären: *Lombardi* et al. (1987) untersuchten 70 Herzinfarkt-Patienten nach 2 Wochen, 6 und 12 Monate nach einem Herzinfarkt. Zwei Wochen nach dem Herzinfarkt findet sich eine im Vergleich zu Kontrollpersonen überhöhte spektrale Komponente im 0,1 Hz-Band, wobei die hochfrequente Komponente deutlich vermindert war. Ein Jahr nach dem Infarkt hat die Energie im 0,1 Hz-Band abgenommen, im hochfrequenten Bereich ist sie auf die Normalwerte eines Kontrollkollektivs angestiegen. Die Autoren interpretieren ihre Ergebnisse dahingehend, daß es nach einem Infarkt zunächst zu einem deutlichen Überwiegen des sympathischen Anteils der Kreislaufregulation bei gleichzeitiger Zurücknahme des Vagus kommt. In den Monaten nach dem Infarkt wird diese Dysregulation durch allmähliche Abnahme des Sympathikustonus und eine Erhöhung der parasympathischen Herzfrequenzkomponente normalisiert (s. Abbildung 37).

Die von *Lombardi* und Mitarbeitern angewandte Methode der Spektralanalyse der Herzfrequenzvariabilität arbeitet mit einem autoregressionsstatistischen Verfahren (*Pagani* et al., 1986; *Brovelli* et al., 1983), das quantitative Aussagen zur Spektralenergie in bestimmten Frequenzbereichen ermöglicht. Damit wird es möglich, Patienten mit hohem Risiko zu identifizieren, die von einer antiarrhythmischen Therapie profitieren sollten. Aus den Ergebnissen von *Lombardi* et al. (1987) ist zu folgern, daß eine solche Therapie zumindest in den ersten Monaten nach einem Infarkt in erster Linie dem erhöhten Sympathikustonus entgegenwirken sollte. Tatsächlich haben die Ergebnisse der Beta-Blocker Heart Attack Trial Study Group den Nutzen einer Behandlung mit Beta-Blockern (Propanolol) nach Herzinfarkt zeigen können (*Furberg* et al., 1984). In einem Übersichtsartikel des New England Journal of Medicine werden von *Frishman* et al. (1984) die Ergebnisse von 13 klinischen Studien mit über 16000 behandelten Patienten einer kritischen Analyse unterzogen. Sie kommen zu dem Ergebnis, daß es durch die Anwendung von β-Blockern nach

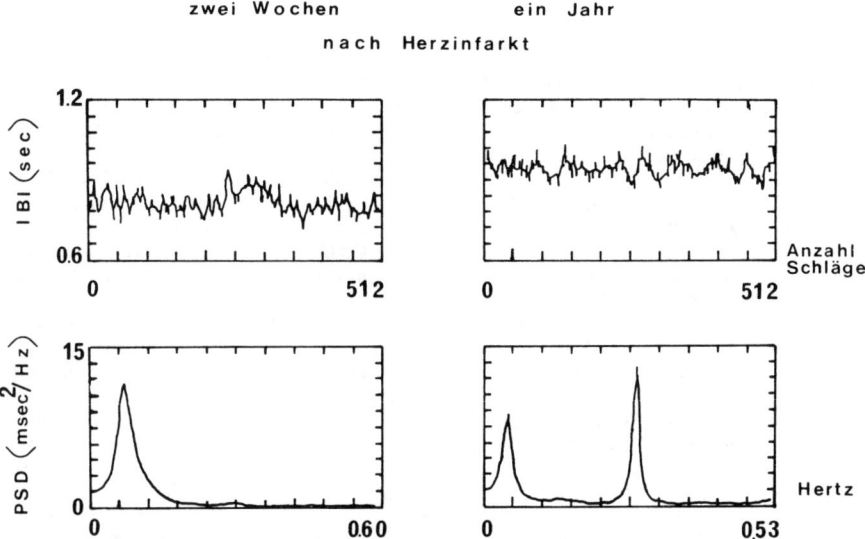

Abb. 37.
Fortlaufend registrierte Herzschlagabstände (IBI) und Autospektra der Herzschlagabstände eines Patienten zwei Wochen und ein Jahr nach Herzinfarkt. Nach 2 Wochen überwiegt eine Komponente im 10-Sekunden-Bereich, nach einem Jahr findet sich eine deutliche hochfrequente Komponente im Bereich der Atemfrequenz. Nach: Lombardi et al., 1987.

einem akuten Herzinfarkt zum ersten Mal gelungen ist, die Überlebenschancen der Patienten deutlich zu verbessern. Bei den Studien, die über die Inzidenz des plötzlichen Herztodes berichtet haben, wird deutlich, daß ein Großteil der Wirkung der β-Blocker auf einer Reduktion der Mortalität am plötzlichen Herztod beruht.

3. Ausblick

Die dargestellten Beispiele für die Anwendung von Einzelfallanalysen in der klinischen Medizin haben verdeutlicht, daß bereits mit einfachen Verfahren Aussagen von großem Vorhersagewert für das weitere Schicksal eines Patienten möglich sind. Rechentechnisch aufwendige subtile Analyseverfahren sind zum jetzigen Zeitpunkt nur von wenigen Forschungsgruppen eingesetzt worden. Anwender waren überwiegend Physiologen, im Medizinbereich arbeitende Ingenieure und selten Ärzte. Mit der Entwicklung leistungsfähiger Kleinrechner und anwenderfreundlicher Programme werden auch Spektralanalysen biologischer Signale Eingang in die klinische Praxis finden. Dies wird in größerem Umfang als bisher dazu führen, daß Patienten mit deutlichen autonomen Regulationsstörungen früher und präziser identifiziert werden, um sie dann gezielt einer intensivierten Therapie zuzuführen.

Literatur

Akker, T. J. van den, Koeleman, A. S. M., Hogenhuis, L. A. H. & Rompelman, O. Heart rate variability and blood pressure oscillations in diabetics with autonomic neuropathy. Automedica, 1983, 4, 201-208.

Akselrod, S., Lishner, M., Oz, O., Bernheim, J. & Ravid, M. Spectral analysis of fluctuations in heart rate: An objective evaluation of autonomic nervous control in chronic renal failure. Nephron, 1987, 15, 202-206.

Baselli, G., Cerutti, S., Civardi, S., Lombardi, F., Malliani, A. & Pagani, M. Methodological aspects for studying the relations between heart rate and blood pressure variability signals. In G. Lown, A. Malliani & M. Prosdocimi (Eds.), Neural Mechanisms and Cardiovascular Disease. Fidia Research Series, 1986, 5, 251-264.

Bendat, J. S. & Piersol, A. G. Random data: analysis and measurement procedures. New York, NY: Wiley Interscience, 1971.

Brady, J. P. & Gould, J. B. SID-syndrome. The physician's dilemma. Advances in Paediatrics, 1983, 30, 635-672.

Brovelli, M., Baselli, G., Cerutti, S., Guzzetti, S., Ciberati, D., Lombardi, F., Maillani, A., Pagani, M. & Pizzinelli, P. Computerized analysis for an experimental validation of neurophysiological models of heart rate control. In Computers in Cardiology. Silver Spring, Maryland: Institute of Electrical and Electronic Engineering (Computer Society Press), 1983.

Cerutti, S., Baselli, G., Civardi, S., Lombardi, F., Malliani, A. & Pagani, M. Parametric identification and power spectrum estimation in heart rate variability signal. In Stott, F. D. et al. (Eds.), Proceedings of the Fifth International Symposium on Ambulatory Monitoring. London: Academic Press (in press).

de Boer, R. W. Beat-to-beat blood-pressure fluctuations and heart-rate variability in man: physiological relationships, analysis techniques and a simple model. Utrecht: Promotionsschrift, 1985, 28-38.

Dellen, H. J. van, Aasman, J., Mulder, L. J. M. & Mulder, G. Time domain versus frequency domain measures of heart-rate variability. In Orlebeke, J. F., Mulder, G. & Doornen, L. P. J. v. (Eds.), The psychophysiology of cardiovascular control. New York: Plenum Press, 1985.

Eckberg, D. L., Drabinsky, M. D. & Braunwald, E. Defective cardiac parasympathetic control in patients with heart disease. New England Journal of Medicine, 1971, 285, 16, 877-883.

Eckberg, D. L. & Orshan, C. R. Central respiratory baroreflex interaction in man. In Koepchen, H. P., Hilton, S. M. & Trzebski, A. (Eds.), Central interaction between respiratory and cardiovascular control systems. Berlin: Springer, 1980.

Eichhorst, H. Beiträge zur Pathologie der Nerven und Muskeln. Archiv für Pathologische Anatomie und Physiologie und für klinische Medizin, 1892, 127, 1-17.

Eppinger, H. & Hess, L. Vagotonia: A clinical study in vegetative neurology. Journal of Nervous and Mental Disease, 1915, Monograph Series, Whole Issue # 20.

Ewing, D. J., Campbell, I. W. & Clarke, B. F. Assessment of cardiovascular effects in diabetic autonomic neuropathy and prognostic implications. Annals of Internal Medicine, 1980, 92 (Part 2), 308-311.

Ewing, D. J., Campbell, I. W., Murrey, A., Neilson, J. M. M. & Clarke, B. F. Immediate heart-rate response to standing: Simple test for autonomic neuropathy in diabetes. British Medical Journal, 1978, i: 145-147.

Forsström, J., Heinonen, E., Valimäki, I. & Antila, K. Effects of haemodialysis on heart rate variability in chronic renal failure. Scandinavian Journal of Clinical Laboratory Investigation, 1986, 46, 665-670.

Frishman, W. H., Furberg, C. D. & Friedewald, W. T. β-adrenergic blockade for survivors of acute myocardial infarction. New England Journal of Medicine, 1984, 310 (13), 830-837.

Furberg, C. D., Hawkins, C. M. & Lichstein, E. The β-Blocker Heart Attack Trial Study Group: Effect of propanolol in postinfarction patients with mechanical or electrical complications. Circulation, 1984, 69, 761-765.

Giddens, D. P. & Kitney, R. I. Neonatal heart rate variability and its relation to respiration. Journal of Theoretical Biology, 1985, 113, 759-780.

Goeschen, K. Cardiotokographische Praxis. Stuttgart: Thieme 1985, 2. Auflage.

Goldstein, R. E., Beiser, G. D., Stampfer, M. & Epstein, S. E. Impairment of autonomically mediated heart rate control in patients with cardiac dysfunction. Circulation Research, 1975, 36, 571-578.

Gordon, D., Southall, D. P., Kelly, D. H., Wilson, A., Akselrod, S., Richards, J., Kennet, B., Kenet, R., Cohen, R. J. & Shannon, D. C. Analysis of heart rate and respiratory patterns in SIDS victims and control infants. Pediatric Research, 1986, 20, 7, 680-684.

Hyndman, B. W., Kitney, R. I. & Sayers, M. McA. Spontaneous rhythms in physiological control systems. Nature, 1971, 233, 339-341.

Kaplan, E. L. & Meier, P. Nonparametric estimation from incomplete observations. Journal of the American Statistical Association, 1958, 53, 457-481.

Kay, S. M. & Marple, S. L. Spectrum analysis – a modern perspective. Proceedings of the Institute of Electrical and Electronic Engineering, 1981, 69, 1380-1419.

Kitney, R. I., Byrne, S., Edmonds, M. E., Watkinds, D. J. & Roberts, V. C. Heart rate variability in the assessment of autonomic diabetic neuropathy. Automedica, 1982 4, 155-167.

Kitney, R. I. Magnitude and phase changes in heart rate variability and blood pressure during respiratory entrainment. Journal of Physiology, 1977, 270, 40-41 P.

Kitney, R. I. New findings in the analysis of heart rate variability in infants. Automedica, 1984, 5, 289-310.

Kitney, R. I. & Ong, H. G. An analysis of cardio-respiratory control in babies and its relation to SID syndrome. Automedica, 1986, 7, 105-126.

Kitney, R. I. & Rompelman, O. Thermal entrainment pattern in heart rate variability. Journal of Physiology, 1977, 270, 41-42 P.

Kleiger, R. E., Miller, J. P., Bigger, J. T. Jr. & Moss, A. J. Multicenter Post-Infarction Research Group. Decreased heart rate variability and its association with increased mortality after acute myocardial infarction. American Journal of Cardiology, 1987, 59, 256-262.

Kleint, V. Zur kardialen autonomen Neuropathie bei Dialysepatienten und Niereninsuffizienten. Zeitschrift für die gesamte innere Medizin und ihre Grenzgebiete, 1985, 40, 1, 12-17.

Koepchen, H. P. History of studies and concepts of blood pressure waves. In Miyakawa, K. et al. (Eds.), Mechanisms of blood pressure waves. Tokyo: Japanese Science Society Press, 1984.

Krönert, K., Luft, D. & Eggstein, M. Die diabetische Neuropathie des autonomen Nervensystems. Deutsche Medizinische Wochenschrift, 1983, 108, 749-753.

Langewitz, W., Bieling, H., Stephan, I. A. & Otten, H. A new self adjusting reaction time device (BonnDet) with high test-retest reliability. Journal of Psychophysiology, 1987, 1, 67-77.

Lishner, M., Akselrod, S., Moravi, v., Oz, O., Divon, M. & Ravid, M. Spectral analysis of heart rate fluctuations. A non-invasive sensitive method for the early diagnosis of autonomic neuropathy in diabetes mellitus. Journal of the Autonomic Nervous System, 1987, 19, 119-125.

Lombardi, F., Sandrone, G., Pernpruner, S., Sala, R., Garmoldi, M., Cerutti, S., Baselli, G., Pagani, M. & Malliani, A. Heart rate variability as an index of sympathovagal interaction after acute myocardial infarction. American Journal of Cardiology, 1987, 60, 1239-1245.

Luczak, H. & Laurig, W. An analysis of heart-rate variability. Ergonomics, 1973, 16, 85-97.

Mackay, J. D., Page, M. McB., Cambridge, J. & Watkins, P. J. Diabetic autonomic neuropathy. The diagnostic value of heart rate monitoring. Diabetologia, 1980, 18, 471-478.

Mulder, L. J. M. Assessment of cardiovascular reactivity by means of spectral analysis. Groningen: Thesis, 1988.

Mulder, G. & Mulder-Hajonides van der Meulen, W. R. E. H. Mental load and the measurement of heart-rate variability. Ergonomics, 1973, 16, 69-83.

Myers, G. A., Martin, G. J., Magid, N. M., Barnett, P. S., Schaad, J. W., Weiss, J. S., Lesch, M. & Singer, D. H. Power spectral analysis of heart rate variability in sudden cardiac death: Comparison to other methods. IEEE Transactions on biomedical engineering BME-33, 1986, 12, 1149-1156.

Pagani, M., Lombardi, F., Guzzetti, S., Rimoldi, O., Furlan, R., Pizzinelli, P., Sandrone, G., Malfatto, G., Dell'Orto, S., Piccaluga, E., Turiel, M., Baselli, G., Cerutti, S. & Malliani, A. Power spectral analysis of heart rate and arterial pressure variabilities as a marker of sympatho-vagal interaction in man and conscious dog. Circulation Research, 1986, 59, 178-193.

Pomeranz, B., Macaulay, R. J. B., Caudill, M. A., Kutz, I., Adam, D., Gordon, D., Kilborn, K. M., Barger, A. C., Shannon, D. C., Cohen, R. J. & Benson, H. Assessment of autonomic function in humans by heart rate spectral analysis. American Journal of Physiology, 1985, 248 (Heart and Circulatory Physiology 17), H151-H153.

Rodrigues, E. a. & Ewing, D. J. Immediate heart rate response to lying down: Simple test for cardiac parasympathetic damage in diabetics. British Medical Journal, 1983, 287, 800.

Roy, c. S. & Brown, J. G. The blood pressure and its variations in the arteriols, capillaries and small veins. Journal of Physiology, 1879, 2, 323-359.

Rundles, R. W. Diabetic neuropathy: general review with report of 125 cases. Medicine (Baltimore), 1945, 24, 111-160.

Seller, H., Langhorst, P., Polster, J. & Koepchen, H. P. Zeitliche Eigenschaften der Vasomotorik. II. Erscheinungsformen und Entstehung spontaner und nervös induzierter Gefäßrhythmen. Pflügers Archiv, 1967, 296, 110-132.

Wesseling, K. H. & Settels, J. J. Baromodulation explains short-term blood pressure variability. In Orlebeke, J. F., Mulder, G. & Doornen, L. P. J. v. (Eds.): The psychophysiology of cardiovascular control. New York: Plenum Press, 1985.

Walstra, H. G. Modelonderzoek aan de baroreflex bloedrukregeling. Eindhoven: Thesis, 1981.

Wolf, M. M., Varigos, G. A., Hunt, D. & Sloman, J. G. Sinus arrhythmia in acute myocardial infarction. Medical Journal of Australia, 1978, 2, 52-53.

Zucchelli, P., Chiarini, C., Esposti, E. D., Fabbri, L., Santoro, A., Sturani, A. & Zuccala, A. Influence of continuous ambulatory peritoneal dialysis on the autonomic nervous system. Kidney International, 1983, 23, 46-50.

Einzelfall- und Zeitreihenanalyse biochemischer Indikatoren

Immo Curio

1. Einleitung

Mit der Entwicklung preiswerter und relativ einfach zu handhabender Analyseverfahren für eine Reihe sogenannter „Streßhormone" wird die Bestimmung derartiger Parameter in psychologischen Untersuchungen in breiterem Umfang möglich. Durch die Verwendung von Speichel- anstelle von Blut- oder Urinproben ist zudem eine weitgehend rückwirkungsarme Gewinnung der Proben möglich, es kann von den zusätzlichen Belastungen der Personen beim Legen eines Verweilkatheters und bei der Blutentnahme abgesehen werden. Der zeitliche Abstand zwischen zwei Proben kann bis auf etwa 20 Minuten verringert werden, so daß auch Verlaufseigenschaften der betreffenden biochemischen Parameter untersucht werden können.

Bei der Analyse der sich daraus ergebenden Zeitreihen stellen sich die bekannten Probleme der seriellen Abhängigkeit der Meßwerte und bedürfen besonderer Beachtung. Weitere Probleme bestehen darin, daß die meisten biochemischen Parameter eine ausgeprägte zirkadiane Rhythmik haben, die unbedingt berücksichtigt werden muß. Wiederholte Untersuchungen an mehreren Tagen finden daher jeweils zur gleichen Tageszeit statt.

Weitere Besonderheiten bei der Verwendung biochemischer Indikatoren liegen in deren hoher intra- und interindividuellen Streuung begründet. Für eine adäquate Auswertung sind daher Methoden der Zeitreihen- und Einzelfallanalyse besonders geeignet.

Im folgenden sollen am Beispiel der Auswertung von Cortisolbestimmungen einige Probleme näher erläutert und ein Analyseverfahren vorgeschlagen werden, das die Eliminationskinetik des Cortisol berücksichtigt.

2. Cortisol als Streßindikator: Physiologische Grundlagen

Cortisol (Hydrocortison) entsteht beim Menschen in der Nebennierenrinde. Die Abgabe in das Blut erfolgt in etwa 8 bis 10 Episoden im zirkadianen Rhythmus, etwa 80% der gesamten Tagesproduktion morgens in der Zeit von 4 bis 8 Uhr. Die Cortisolproduktion wird durch Corticotropin (ACTH) aus dem Hypophysenvorderlappen angeregt und vom Zentralnervensystem gesteuert. Der Plasmaspiegel schwankt zwischen 4 und 20 µg/dl, die höchsten Werte werden zwischen 3 und 8 Uhr morgens gemessen. Danach fällt die Cortisolkonzentration langsam auf minimale Werte zwischen 18 und 24 Uhr ab. Der tageszeitliche Verlauf ist in Abbildung 38 dargestellt.

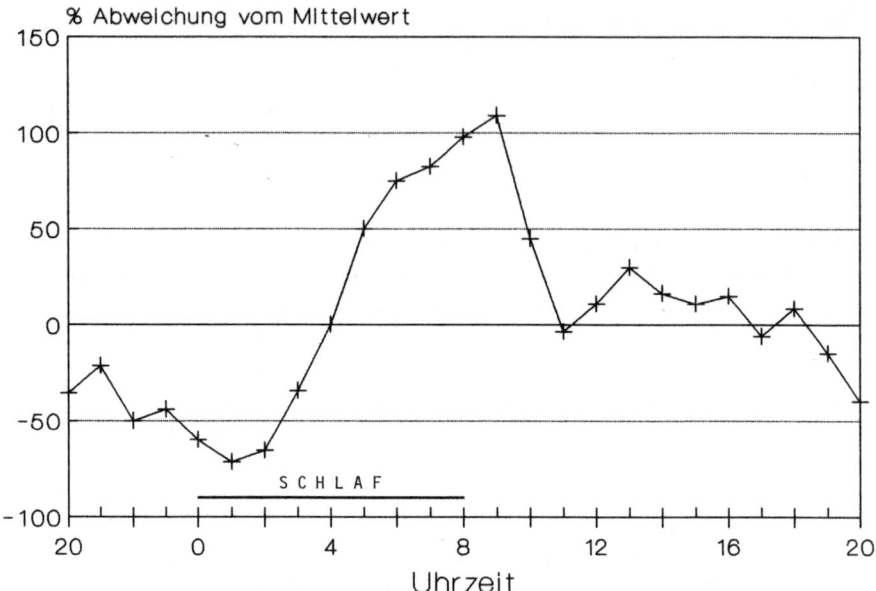

Abb. 38.
Zirkadianer Rhythmus der Cortisolkonzentration im Plasma gesunder Probanden (nach *Neumann & Schenck*, 1987, verändert). Es sind die prozentualen Abweichungen vom Tagesmittelwert dargestellt. Die Cortisolproduktion erfolgt überwiegend zwischen 1 und 8 Uhr morgens, im Tagesverlauf sind weitere 5 Episoden vermehrter Produktion festzustellen.

Bei physischen und psychischen Belastungen (Streß) nehmen Höhe und Frequenz der Sekretionsspitzen zu. Der Abbau des Cortisols erfolgt überwiegend in der Leber und gehorcht bestimmten Gesetzmäßigkeiten. Darauf wird weiter unten näher eingegangen. Das freie Cortisol im Plasma ist innerhalb weniger Sekunden auch im Speichel nachweisbar. Die Werte für Speichelcortisol können mit nahezu der gleichen Präzision wie die Plasmawerte bestimmt werden.

3. Beispiele für statistische Auswertungsmethoden

Der enge Zusammenhang zwischen zentralnervöser Steuerung und dem Plasma- oder Speichelcortisol wird vielfach ausgenutzt, um Stressoren in ihrer psychophysiologischen Wirksamkeit zu beurteilen. Der Vorteil gegenüber z.B. elektrophysiologischen Indikatoren liegt neben der einfachen Datenerhebung unter Feldbedingungen und der anschaulichen Interpretation vor allem in der Möglichkeit, kumulierende Effekte bei Streßexpositionszeiten länger als ca. 20 min zu erfassen. Daneben ist Cortisol als Streßindikator besonders für Verlaufsuntersuchungen geeignet, da aufgrund seiner relativ großen Halbwertszeit

Proben, welche im Abstand von ca. 20 min genommen wurden, etwa dem tatsächlichen Verlauf entsprechen.

Es gibt verschiedene Möglichkeiten der Auswertung. In jedem Falle müssen die serielle Abhängigkeit der Daten und die zirkadiane Rhythmik beachtet werden. Im allgemeinen wird daher der Cortisolverlauf unter Expositionsbedingungen mit dem unter Kontrollbedingungen zur gleichen Tageszeit verglichen.

Charakteristisch für die Studien, bei denen Plasmacortisol bestimmt wurde, ist die geringe Anzahl von Personen. Dies hängt in erster Linie mit dem sehr hohen Durchführungs- und Auswertungsaufwand zusammen. Entsprechend häufig sind auch die Darstellung und Diskussion von individuellen Verläufen.

3.1 Publikation der Rohdaten

Curtis et al. (1978) bestimmten bei 6 Phobikern 3 Stunden lang Plasmacortisol im Abstand von jeweils 20 Minuten in 5 Sitzungen. Bei zwei Sitzungen exponierten sie die Personen jeweils eine Stunde lang in vivo mit dem phobischen Objekt. Die Schwierigkeiten der Auswertung umgingen sie, indem sie die Rohdaten publizierten und lediglich einen Scheffe'-Test der Sitzungsmittelwerte berechneten. Anhand der Rohdaten wurden die Ergebnisse qualitativ diskutiert.

Ähnlich sind *Brandenberger* et al. (1977) vorgegangen. Sie bestimmten Plasmacortisol in Abständen von 10 Minuten bei 8 Personen, die unterschiedlichen Lärmbedingungen ausgesetzt waren. Bei der Auswertung beschränken sich die Autoren auf die graphische Darstellung und Interpretation der Rohdaten.

3.2 Gepaarter t-Test

Für den Vergleich von Verläufen unter Kontroll- und Streßbedingungen werden aufgrund der seriellen Abhängigkeit der Daten gelegentlich gepaarte t-Tests zwischen korrespondierenden Zeitpunkten berechnet. *Follenius* et al. (1980) maßen bei 7 Personen über einen Zeitraum von mehreren Stunden in 20-minütigen Abständen Plasmacortisol unter Lärm- und Kontrollbedingungen. Sie verglichen jeweils korrespondierende Zeitpunkte mit dem gepaarten t-Test und fanden Unterschiede zwischen den Bedingungen nur für die Versuchsphasen mit Lärmexposition. Ein ähnliches Verfahren wurde von *Yamamura* et al. (1982) für die Analyse von Speichelcortisolverläufen bei 8 Personen angewendet. Die Autoren bestimmten Speichelcortisol in dreistündigen Abständen bei 14-stündiger Lärmbelastung und verglichen die Werte mit denen der Kontrollbedingung varianzanalytisch. Es ist offensichtlich, daß bei der getrennten Betrachtung der Meßzeitpunkte ein erheblicher Informationsverlust eintritt. Dieser Informationsverlust wird noch größer, wenn anstelle einzelner Zeitpunkte die Mittelwerte mehrerer Zeitpunkte miteinander verglichen werden. Infolge der zirkadianen Rhythmik wird die Streuung zusätzlich vergrößert. *Branden-berger* et al. (1980) beispielsweise untersuchten auf diese Weise wiederum Lärmwirkungen bei 8 Personen und verglichen die Mittelwerte korrespondie-render Versuchsphasen.

3.3 Varianzanalysen

Ein varianzanalytisches Auswertungsverfahren, das den Bedingungen der seriellen Abhängigkeit der Daten gerecht wird, ist die multivariate Profilanaly-se, wie sie beispielsweise zur Analyse von Wachstumskurven verwendet wird (*Morrison* 1976). Die aufeinanderfolgenden Messungen werden als Meßwie-derholungen betrachtet. Mit geeignet konstruierten Matrizen für die Kontraste können dann nicht nur Differenzen oder polynomiale Trends, sondern auch be-liebige Verläufe untersucht werden. Von *Curio* (1988) wurden bei 31 Personen vier im Abstand von 20 Minuten aufeinanderfolgende Messungen von Spei-chelcortisol unter unterschiedlichen Lärmbedingungen mittels polynomialer Kontraste auf linearen, quadratischen und kubischen Verlauf getestet. Ein si-gnifikanter linearer Trend gilt als Hinweis für eine ungestörte zirkadiane Perio-dik, wogegen signifikante quadratische und kubische Trends als Indikatoren für erhöhte Ausscheidung von Cortisol als Folge der Lärmexposition angese-hen werden. Eine Einzelfallanalyse ist mit diesen Methoden jedoch nicht mög-lich.

4. Evasionskinetik des Cortisol

Das von den Nebennieren ins Blut abgegebene Cortisol wird ständig abge-baut, damit sinkt die Konzentration im Blutplasma und auch im Speichel. Der eliminierte Anteil des Cortisols nimmt dabei mit fallender Konzentration ab. Man bezeichnet einen derartigen Verlauf als Kinetik 1. Ordnung. Sie wird durch eine Exponentialfunktion beschrieben:

$$y = y_0 \exp(- k_e t)$$

Dabei ist y die Konzentration zum Zeitpunkt t, y_0 die Ausgangskonzentra-tion und k_e die Eliminationskonstante, auch Evasionskonstante genannt. Die Zeit, bis die Konzentration y genau auf die Hälfte der Ausgangskonzentration

y_0 abgesunken ist, wird als Halbwertszeit $t_{1/2}$ bezeichnet und durch Logarithmieren aus der Evasionsgleichung bestimmt:

$$t_{1/2} = \ln 2/k_e$$

Umgekehrt kann aus der Halbwertszeit die Evasionskonstante berechnet werden.

Die Plasma-Halbwertszeit für Cortisol beträgt beim Menschen ca. 90 Minuten (*Neumann & Schenck,* 1987), es werden jedoch in der Literatur Werte zwischen 80 und 150 Minuten angegeben (*Kuschinsky & Lüllmann,* 1987). Die Evasionskinetik ist mengenabhängig, daher ist die Halbwertszeit bei hohen Konzentrationen kleiner, die Konzentration sinkt schneller ab. Aus der Abbildung 38 wird deutlich, daß in den Vormittagsstunden der Konzentrationsabfall besonders steil ist. Nachmittags erfolgt der Abbau infolge zusätzlicher Episoden von Cortisolausschüttung langsamer. Soll auf diesem Hintergrund die Wirkung eines Stressors geprüft werden, so muß sich die zusätzliche Ausschüttung von Cortisol als Verlängerung der Halbwertszeit bemerkbar machen. Die Halbwertszeit kann durch Bestimmung der Evasionskonstanten k_e aus den Verlaufsdaten für jede Person getrennt berechnet werden. Damit liegt für jede Person lediglich *ein* Parameter vor, der proportional der gesamten während der Untersuchungsphase produzierten Cortisolmenge ist und damit genauere Rückschlüsse auf den zugrundeliegenden Stressor zuläßt als beispielsweise der Vergleich von Mittelwerten zwischen Streß- und Kontrollbedingungen.

5. Beispiel: Cortisolverlauf bei Streßexposition

Das gesamte Vorgehen soll an einem Beispiel demonstriert werden. Die Daten wurden freundlicherweise von *Dr. W. Hubert* (Universität Münster, Psychologisches Institut 1) zur Verfügung gestellt (*Hubert & de Jong-Meyer,* 1989). Es handelt sich um Speichelcortisol-Konzentrationen, die bei insgesamt 47 Personen im Abstand von jeweils 20 Minuten vor, während und nach der Darbietung eines spannenden Filmes bestimmt wurden. Die Adaptionsphase bis zum Filmbeginn betrug eine Stunde, der Film lief von 15:00 bis 17:00 Uhr. Die erste Speichelprobe wurde um 14:40 entnommen, die letzte um 18:00.

5.1 Berechnung der Evasionskonstanten für die Gesamtgruppe

Mit Hilfe des Programmes NONLIN des Programmpaketes SYSTAT (Fa. Systat, Inc., Chikago, USA) wurde nach dem Quasi-Newton-Algorithmus aus den Rohdaten der beiden Messungen vor Filmbeginn für die Gesamtgruppe die Evasionskonstante bestimmt. Die Mittelwerte der Rohdaten und die entsprechende Evasionsfunktion sind in Abbildung 39 dargestellt.

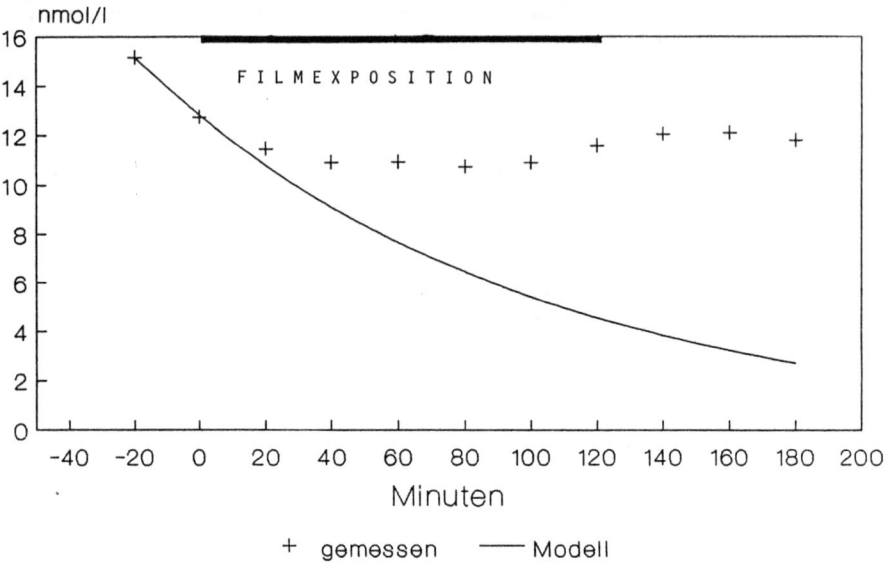

Abb. 39.
Verlauf der Plasmacortisol-Konzentration vor, während und nach der Darbietung eines spannenden Filmes. Es sind die Mittelwerte (n = 47 Personen) als Kreuze eingetragen. Die durchgezogene Linie stellt den Verlauf der aus den beiden Vormessungen berechneten Evasionsfunktion y = 15,1exp (−0,517t) dar. Die entsprechende Halbwertszeit beträgt 80 Minuten.

Die Evasionskonstante von 0,517 h^{-1} bzw. die zugehörige Halbwertszeit von
80,4 Minuten entsprechen gut den Literaturangaben. Es wird deutlich, daß bereits 20 Minuten nach Filmbeginn die Elimination des Cortisol durch zusätzliche Ausschüttung überlagert wird.

5.2 Parameterschätzung im Einzelfall

Die Bestimmung der Halbwertszeit aus nur zwei Meßpunkten kann im Einzelfall problematisch sein, da sich jeder Fehler in diesen beiden Messungen auf
das gesamte Modell auswirken würde. Es sollte daher geprüft werden, ob nach
Filmbeginn noch weitere Meßpunkte herangezogen werden können. Dies ist
dann gerechtfertigt, wenn im Film beispielsweise die Spannung erst allmählich
ansteigt. Anhand der Daten von zwei Personen (Vp 36 und Vp 37) ist dies beispielhaft durchgerechnet und in Tabelle 25 dargestellt worden. Es sind zusätzlich zu den beiden Messungen vor Filmbeginn die beiden Messungen unmittelbar nach Filmbeginn berücksichtigt, zum anderen sind alle 11 Meßpunkte bei
der Parameterschätzung zugrundegelegt worden.

Tabelle 25. Evasionskonstanten (in 1/h) und Halbwertszeiten (in Klammern, in Minuten) für die Gesamtgruppe und zwei Einzelfälle. Es sind die Ergebnisse von 3 Methoden der Parameterschätzung dargestellt. Werden nur zwei Vormessungen zugrundegelegt, so werden die Halbwertszeiten unterschätzt. Zusätzlich ist die Wirkfläche (Fläche zwischen gemessenen Werten und der Modellkurve) für das aus zwei Vormessungen bestimmte Modell berechnet worden.

	Gruppe (n = 47)	Vp 36	Vp 37
Parameterschätzung:			
2 Vormessungen	0,517 (80)	0,906 (46)	0,676 (62)
4 Messungen	0,343 (121)	0,631 (66)	0,405 (102)
11 Messungen	0,040 (1039)	0,343 (121)	−0,149
Wirkfläche (n mol · h/l)	149,0	56,2	139,8

Bei Zugrundelegung von 4 Werten für die Parameterschätzung erscheinen die Halbwertszeiten plausibel. In einzelnen Fällen kann bereits vor der Exposition ein Anstieg der Speichelcortisolkonzentration eintreten, in solchen Fällen kann eine Zuordnung zum Stressor nur erfolgen, wenn später wiederum ein Abfall mit verlängerter Halbwertszeit einsetzt. In Abbildung 40 sind die Verläufe für die zwei Personen und die verschiedenen Modelle graphisch dargestellt.

5.3 Beginn der Streßwirkung und Wirkfläche

Aus Abb. 40 wird deutlich, daß mit Hilfe der Parameterschätzung durch unterschiedlich viele Meßwerte auch der Beginn der streßbedingten Cortisolproduktion abgeschätzt werden kann: Berechnet man die Parameter jeweils für eine unterschiedliche Anzahl von Meßwerten auch nach dem Filmbeginn, so kann anhand der Abweichungen der jeweiligen Evasionsmodelle von den beobachteten Werten der Beginn der Cortisolproduktion geschätzt werden.

In Anlehnung an die in der Pharmakokinetik übliche Betrachtungsweise kann die „Wirkfläche" definiert werden als die Fläche zwischen den Meßwerten und der Modellkurve. Diese Fläche ist proportional der durch das zusätzlich produzierte Cortisol verursachten biologischen Wirkung (siehe Tabelle 25).

Eine weitere Möglichkeit der Verlaufsanalyse der Einzelfälle besteht darin, mit Hilfe der Ausgangskonzentration und einer festgelegten Halbwertszeit von 90 Minuten das entsprechende Evasionsmodell zu berechnen und die Abweichungen von den beobachteten Werten zu betrachten. Die meisten Programme zur Parameterschätzung bei nichtlinearen Modellen geben die Werte der Residuen und deren Quadratsummen aus.

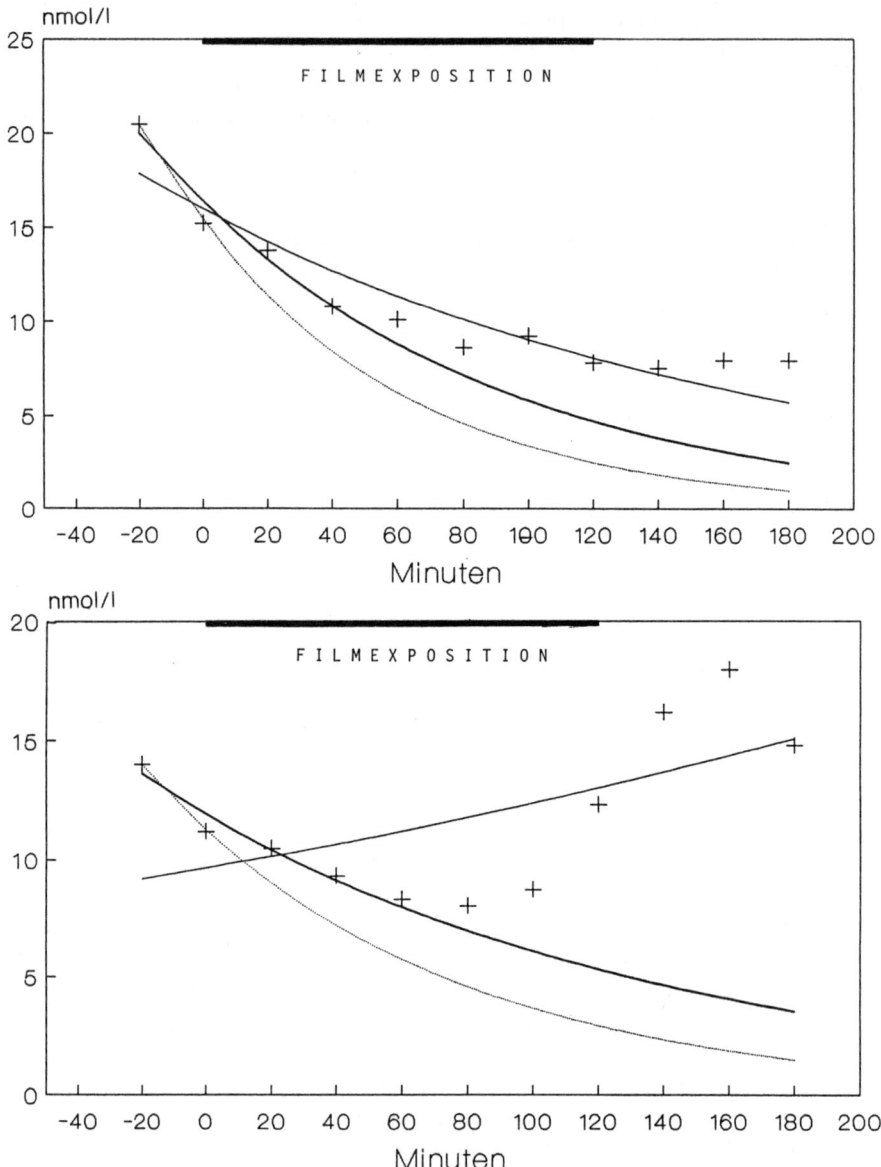

Abb. 40.
Verlauf der Speichelcortisol-Konzentration bei Vp 36 (oben) und Vp 37 (unten). Die Meßwerte sind durch Kreuze gekennzeichnet. Es sind drei verschiedene Modelle eingetragen: Die dünne gepunktete Linie beschreibt die Kinetik unter Zugrundelegung der beiden Messungen vor Filmbeginn. Legt man für die Schätzung der Modellparameter die ersten vier Meßwerte zugrunde, so wird das Modell durch die durchgezogene dicke Linie dargestellt. Die durchgezogene dünne Linie dagegen stellt das (inadäquate) Modell dar, wenn sämtliche elf Meßwerte zugrundegelegt werden.

6. Abschließende Bemerkungen

Das Interesse an einer biochemischen Analyse der Wirkung von Streßsituationen wird mit der zunehmenden Verfügbarkeit einfach zu handhabender und belastungsarmer biochemischer Methoden weiter zunehmen. Neben Cortisol können aus dem Speichel heute bereits eine Reihe weiterer Hormone bestimmt werden. Mit den dargestellten Verfahren werden Vorschläge für eine adäquate Auswertung von Verlaufsanalysen gegeben, die den physiologischen Besonderheiten hinsichtlich des zirkadianen Rhythmus und der Evasionskinetik gerecht werden. Der rechentechnische Aufwand ist gering: wenn die Konzentrationswerte vorher logarithmiert werden, läßt sich die gesamte Prozedur als einfache lineare Regression durchführen. Die weitere Verrechnung der am Einzelfall gewonnenen Daten kann in der üblichen Weise mit parametrischen Methoden erfolgen.

Literatur

Brandenberger, G., Follenius, M. & Tremolieres, C. Failure of noise exposure to modify temporal patterns of plasma cortisol in man. European Journal of Applied Physiology, 1977, 36, 239-246.

Brandenberger, G., Follenius, M., Wittersheim, G. & Salame, P. Plasma catecholamines and pituitary adrenal hormones related to mental task demand under quiet and noise conditions. Biological Psychology, 1980, 10, 239-252.

Curio, I. Peripher-physiologische und psychologische Wirkungen auf militärischen Tieffluglärm (Laborstudie). Teilbericht zum Forschungsvorhaben: Gesundheitliche Auswirkungen des militärischen Tieffluglärms. Berlin: Bundesgesundheitsamt 1988.

Curtis, G. C., Nesse, R., Buxton, M. & Lippman, D. Anxiety and plasma control at the crest of the circadian cycle: Reappraisal of a classical hypothesis. Psychosomatic Medicine, 1978, 40, 368-378.

Follenius, M. & Brandenberger, G. Evidence of a delayed feedback effect on the mid-day plasma cortisol peak in man. Hormone and Metabolism Research, 1980, 12, 638-639.

Hubert, W. & de Jong-Meyer, R. Emotional stress and saliva cortisol response. Journal of Clinical Chemistry and Clinical Biochemistry, 1989, 27, 235-237.

Kuschinsky, G. & Lüllmann, G. Kurzes Lehrbuch der Pharmakologie und Toxikologie. Stuttgart: Thieme, 1987.

Morrison, D. F. Multivariate statistical methods. New York: McGraw-Hill, 1976.

Neumann, F. & Schenck, B. Endokrinpharmakologie. In W. Forth, D. Henschler & W. Rummel (Hrsg.), Allgemeine und spezielle Pharmakologie und Toxikologie. Mannheim: Wissenschaftsverlag, 1987.

Yamamura, K., Maehara, N., Sadamoto, T. & Harabuchi, I. Effect of intermittent (traffic) noise on man – temporary threshold shift, and change in urinary 17-OHCS and saliva cortisol levels. European Journal of Applied Physiology, 1982, 48, 303-314.

Verzeichnis der Autoren

Dr. Immo Curio
Psychologisches Institut der
Universität Bonn
Römerstraße 164, 53117 Bonn

Prof. Dr. Manfred M. Fichter
Klinik Roseneck
Am Roseneck, 83209 Prien

Prof. Dr. Helmuth P. Huber
Institut für Psychologie der
Universität Graz
Schubertstr. 6a/II, A-8010 Graz

Prof. Dr. Reinhold S. Jäger
Zentrum für empirische pädagogi-
sche Forschung der EWH Landau
Im Fort 7, 76829 Landau

Dr. Wolfgang Keeser
Praxis für Schmerztherapie
Leopoldstraße 19, 80802 München

PD Dr. Wolf Langewitz
Zentrum für Innere Medizin –
Vegetatives Nervensystem und
Psychosomatik
Sigmund-Freud-Straße 25,
53127 Bonn-Venusberg

Dr. Herbert Noack
Institut für medizinische Biometrie
und medizinische Statistik der
Universität Heidelberg
Im Neuenheimer Feld 325,
69120 Heidelberg

Prof. Dr. Franz Petermann
Zentrum für Rehabilitations-
forschung der Universität Bremen
Grazer Straße 2 u. 6,
28359 Bremen

Prof. Dr. Dirk Revenstorf
Psychologisches Institut der
Universität Tübingen
Friedrichstraße 21, 72072 Tübingen

Prof. Dr. Brigitte Rollett
Institut für Psychologie der
Universität Wien
Liebiggasse 5, A-1010 Wien

Dr. Karin Schermelleh-Engel
Institut für Psychologie der
Universität Frankfurt
Mertonstr. 17, 60325 Frankfurt

Prof. Dr. O. Berndt Scholz
Psychologisches Institut der
Universität Bonn
Römerstraße 164, 53117 Bonn

Prof. Dr. Werner H. Tack
Fachrichtung Psychologie der
Universität des Saarlandes
Universitätscampus Bau I,
66123 Saarbrücken

Dr. Bernd Vogel
ehem. Max-Planck-Institut für
Psychiatrie
Kraepelinstr. 10, 80804 München

Prof. Dr. Hans Westmeyer
Institut für Psychologie der Freien
Universität Berlin
Habelschwerdter Allee 45,
14195 Berlin

Sachwortverzeichnis